全国动物卫生监督执法培训参考丛书①

非洲猪瘟等动物疫病防控及畜产品质量安全

涉刑案例与实务

中国动物卫生与流行病学中心　组编

中国农业出版社

北　京

本书编写人员

主　　编　邓　勇　肖　颖　李卫华　郑云丹

副 主 编　宋晓晖　郑耀辉　孙淑芳　范钦磊　李　昂
　　　　　舒国兵

顾　　问　张衍海　刘俊辉　沈鹏程　马志强　袁孟伟
　　　　　李　昕

参编人员（按姓氏笔画排序）

于　杰　王　平　王　岩　王世状　王永斌

王媛媛　王登成　王瑞红　王鉴波　邓文煌

石　兰　龙　云　白成友　冯利霞　任守爱

任远志　刘加寿　刘秋杉　刘维华　关婕葳

许　颖　农英相　孙　建　李　权　李小华

李宗金　杨敦婧　杨登付　杨瑞冬　肖　肖

何述辉　张志远　张国富　张桂芳　张晓雷

张雪松　陈　波　陈远东　罗小松　周晓翠

庞　璞　郑文科　封　林　赵英光　侯　路

姜正天　姜东平　洪　杰　姚　璐　贾智宁

黄　夏　常　鹏　盖文燕　韩玉刚　程　双

解殿玉　谭聪灵　瞿海华　籍晓敏

依法行政是依法治国战略的重要内容，党的十九大报告中明确提出"建设法治政府，推进依法行政，严格规范公正文明执法"。动物卫生监督执法作为公共卫生事业的重要组成部分，涉及动物检疫、疫病防控、行政处罚和司法衔接等方面，为维护养殖业安全、动物源性食品安全、公共卫生安全和生态安全发挥了至关重要的作用。当前动物疫病防控和公共卫生安全形势日益严峻，动物卫生监督执法工作面临更多挑战，对监督执法人员的能力水平也提出了更高的要求，亟须打造一支懂专业、能力强、素质高的监督执法队伍。

近年来，中国动物卫生与流行病学中心承担了国家官方兽医师资培训工作，各地也开展了形式多样的培训，取得了显著成效。但我们也发现，动物卫生监督执法工作人员在动物卫生行政法学基础理论、重大动物疫病防控政策掌握、动物检疫技术和动物卫生监督执法技巧等方面仍存在一些不足之处，一定程度上影响了工作的开展。为满足实际工作需要，我中心邀请了长期工作在动物卫生监督执法一线，又有一定理论积累的专家，组织编写了"全国动物卫生监督执法培训参考丛书"，分不同主题，从基础理论、政策解读和实务案例等方面给予一定的指导，供广大动物卫生监督执法人员工作、学习参考使用。

受知识水平和时间所限，书中对某些政策法规的解读和理论观点可能会有不妥或有待进一步商榷之处，敬请广大读者批评指正。

编　者

2019 年 6 月

预防和打击养殖、屠宰及动物产品流通环节中的犯罪行为，是做好非洲猪瘟等动物疫病防控及畜产品安全工作的"保护伞"，而加强行政执法和刑事司法衔接则是预防与打击此类犯罪行为的"推进器"。大力开展非洲猪瘟等动物疫病防控及畜产品安全环节行政执法与刑事司法衔接，积极探索行政执法和刑事司法衔接的制度化，是严厉打击违法犯罪活动的迫切要求和重要手段，事关非洲猪瘟等动物疫病防控成效，事关养殖者、经营者和消费者合法权益保障。近年来，行政执法部门及时将涉嫌犯罪案件移送司法部门，或者在当地政府领导下多部门加强配合，司法部门直接牵头查办涉嫌犯罪案件，一大批违法犯罪分子受到刑事制裁，有力地遏制了违法犯罪行为的发生，为保障畜禽养殖安全、动物产品安全、公共卫生安全和生态环境安全做出了重要贡献。

在全国上下全力阻击非洲猪瘟疫情，持续严厉打击食品安全犯罪行为的大背景下，充分总结各地成功办理刑事案件的经验，找准行政执法和刑事司法的衔接点，推广各地好的做法，进一步加强行政执法部门与司法部门的配合，建立健全行政执法与刑事司法衔接机制，有利于发挥部门协作、司法衔接的整体优势，全社会共同筑牢动物疫病防控和动物产品安全保障防线，打通监管的"最后一公里"。

本书用 160 多个真实、鲜活的动物养殖、屠宰及动物产品流通环节涉刑典型案例，展现了多部门打击违法犯罪行为、严格动物疫病防控、保障广大人民群众舌尖上安全的决心，探讨了面临的问题，为进一步完善行政执法与刑事司法衔接机制提供了有力借鉴和指导。本书既是一本严厉打击违法犯罪活动的学习参考教材，也是一本执法人员及动物养殖者、经营者应当学习的警示读本。

编　者

2019 年 6 月

CONTENTS

目　　录

丛书序

前言

第一章　妨害动植物防疫、检疫罪 **001**

第一节　妨害动植物防疫、检疫罪研读 002

第二节　违反动物防疫、检疫规定引发动物疫情案例 004

一、湖南常德查获转运染疫生猪案 004

二、四川攀枝花查获违规从疫情省份调入生猪案 004

三、辽宁抚顺查获违规销售生猪案 004

四、上海金山泔水喂猪引发疫情案 004

五、内蒙古多地查获从疫情省份违规调入生猪案 005

六、四川成都查获违规从疫情省份调入生猪产品案 005

七、贵州省非洲猪瘟疫情防控违法违纪典型案 006

八、四川邻水拦截跨省调运染疫生猪，通缉作案嫌疑人案 006

九、农业农村部通报非洲猪瘟防控期间违规买卖生猪案 006

十、跨省违规调入生猪引发疫情案 007

十一、跨省销售染疫仔猪案 008

十二、跨省销售染疫羊只案 011

十三、跨省违规调入山羊引发疫情案 012

十四、跨省违规调入带毒牛只案 013

十五、江苏海门销售染疫羊只案 014

十六、跨省销售染疫羊只案 014

第三节　违反动物防疫、检疫规定引发重大动物疫情案件专题分析 015

第四节　违反植物检疫规定引发植物疫情案例 016

一、浙江江山松材线虫案 016

二、重庆南川松材线虫案　　　　　　　　　　　　017

第二章　生产、销售伪劣产品罪　　　　　019

第一节　生产、销售伪劣产品罪研读　　　　　　　020
第二节　注水案例　　　　　　　　　　　　　　　024
　　一、湖南永州注水牛肉案　　　　　　　　　　024
　　二、湖南娄底注水牛肉案　　　　　　　　　　026
　　三、江苏南通注水牛肉案　　　　　　　　　　027
　　四、广东东莞注水牛肉案　　　　　　　　　　027
　　五、河北无极注水牛肉案　　　　　　　　　　028
　　六、河南郑州注水猪肉案　　　　　　　　　　029
　　七、四川阆中注水牛肉案　　　　　　　　　　029
　　八、浙江瑞安注水牛肉案　　　　　　　　　　030
　　九、浙江景宁注水牛肉案　　　　　　　　　　031
　　十、山东高密注水猪肉案　　　　　　　　　　031
　　十一、重庆注水猪肉案　　　　　　　　　　　032
　　十二、江苏灌南注水猪肉案　　　　　　　　　033
第三节　注水案件专题分析　　　　　　　　　　　034
第四节　其他生产、销售伪劣产品案例　　　　　　037
　　一、江苏盐城以猪肉冒充牛肉案　　　　　　　037
　　二、浙江丽水骡肉冒充牛肉案　　　　　　　　038
　　三、浙江苍南假牛肉干案　　　　　　　　　　039
　　四、山东郓城狐狸肉冒充羊肉案　　　　　　　039
　　五、浙江嘉兴不合格肉馅案　　　　　　　　　040
　　六、上海福喜公司过期肉案　　　　　　　　　041

七、河南郑州假兽药案　　　　　　　　　　　　　041

八、山东潍坊假兽药案　　　　　　　　　　　　　042

九、河南郑州假兽药案　　　　　　　　　　　　　044

十、辽宁东港伪劣饲料案　　　　　　　　　　　　045

第三章　生产、销售不符合安全标准的食品罪　　**047**

第一节　生产、销售不符合安全标准的食品罪研读　　048

第二节　加工、经营病死动物及动物产品案例　　　　050

一、非洲猪瘟防控期间销售染疫生猪被刑拘案　　　050

二、浙江瑞安染疫生猪产品案　　　　　　　　　　051

三、广西玉林病死猪案　　　　　　　　　　　　　051

四、广东揭阳病死猪肉案　　　　　　　　　　　　051

五、吉林延边死因不明牛肉案　　　　　　　　　　052

六、云南施甸死因不明牛案　　　　　　　　　　　052

七、四川阿坝死因不明牦牛肉案　　　　　　　　　053

八、山东东港病死猪肉案　　　　　　　　　　　　053

九、四川攀枝花病死动物产品案　　　　　　　　　053

十、云南曲靖病死动物案　　　　　　　　　　　　054

十一、河南洛阳病死猪肉案　　　　　　　　　　　058

十二、广东佛山病死猪肉案　　　　　　　　　　　060

十三、吉林延边病死牛肉案　　　　　　　　　　　064

十四、内蒙古赤峰死牛死马案　　　　　　　　　　068

十五、重庆病死动物产品案　　　　　　　　　　　070

十六、江西九江病死猪肉案　　　　　　　　　　　073

十七、河南安阳病死猪肉案　　　　　　　　　　　076

十八、重庆黔江病死猪案 078

十九、四川双流病死生猪案 079

二十、福建福清病死猪肉案 079

二十一、广东深圳病死猪肉案 080

二十二、云南陆良病死猪肉案 080

二十三、湖南邵阳病死猪肉案 080

二十四、广西博白病死猪肉案 081

二十五、重庆南川病死猪肉案 082

二十六、山东临沭病死猪肉案 083

二十七、安徽宿州死狗案 083

二十八、四川旺苍盗掘死牛案 085

二十九、黑龙江伊春盗掘布鲁氏菌病牛只案 086

第三节　生产、销售病死或检疫不合格动物案件专题分析 086

第四节　其他生产、销售不符合安全标准动物产品案例 087

一、山东枣庄销售禁止进口国家牛肉案 087

二、浙江绍兴销售禁止进口国家牛肉案 091

三、重庆合川假蜂蜜案 093

第四章　生产、销售有毒、有害食品罪 095

第一节　生产、销售有毒、有害食品罪研读 096

第二节　养殖环节使用"瘦肉精"案例 100

一、河北唐山"瘦肉精"案 100

二、安徽淮北"瘦肉精"案 101

三、新疆塔城"瘦肉精"案 103

四、天津武清"瘦肉精"案 103

　　五、山东利津"瘦肉精"案　104

　　六、江西高安"瘦肉精"案　104

　　七、天津宝坻"瘦肉精"案　104

第三节　屠宰前注射"瘦肉精"并注水案例　105

　　一、山西大同宰前注入沙丁胺醇案　105

　　二、山东济宁宰前注入沙丁胺醇案　108

　　三、江苏南京特大注药注水案　110

第四节　屠宰前注射肾上腺素等药物并注水案例　111

　　一、山东菏泽屠宰生猪注射肾上腺素并注水案　111

　　二、山东嘉祥屠宰生猪注射肾上腺素并注水案　112

　　三、安徽霍邱屠宰生猪注射肾上腺素、盐酸异丙嗪并注水案　113

第五节　屠宰环节注射肾上腺素等药物并注水案件专题分析　113

　　一、打击注药注水相关规定　113

　　二、屠宰前注射肾上腺素等药物并注水案件专题分析　114

第六节　生产、销售有毒、有害猪油案例　116

　　一、重庆有毒、有害猪油案　116

　　二、浙江台州有毒、有害猪油案　121

第七节　其他生产、销售有毒、有害动物产品案例　122

　　一、上海"瘦肉精"走私牛肉案　122

　　二、山东菏泽毒狗案　124

　　三、湖南长沙毒狗案　125

　　四、浙江海宁毒狗案　129

　　五、江苏沛县毒狗案　129

　　六、浙江温州工业松香脱毛案　130

　　七、广西良庆双氧水加工动物产品案　133

八、山东临沂双氧水加工动物产品案　133

第八节　其他生产、销售有毒、有害农产品案例　134

一、广州从化生产销售含有硝基呋喃鱼苗案　134

二、福建东山生产销售含有呋喃西林、孔雀石绿水产品案　134

三、浙江台州生产销售含有氯霉素牛蛙案　134

四、广东中山水产养殖使用呋喃唑酮案　135

五、浙江德清黄颡鱼产品使用孔雀石绿案　135

六、山西永济生产含有限用农药山药案　135

七、天津宝坻香菜使用限用农药案　135

八、新疆霍城生产含有限用农药蔬菜案　136

九、新疆特克斯生产销售含有限用农药芹菜案　136

十、甘肃金川生产含有限用农药洋葱案　136

第五章　非法经营罪　137

第一节　非法经营罪研读　138

第二节　未经定点从事生猪屠宰案例　140

一、四川成都私设生猪屠宰场案　140

二、湖南浏阳私设生猪屠宰场案　141

三、湖南天心私设生猪屠宰场案　142

四、河北保定私设生猪屠宰场案　142

五、江苏兴化私设生猪屠宰场案　145

六、广西柳州私设生猪屠宰场加工、销售病死生猪案　148

七、浙江台州私设生猪屠宰场案　149

八、福建宁德私设生猪屠宰场案　150

九、广东广州私设生猪屠宰场案　150

十、福建龙岩私设生猪屠宰场案 150

十一、福建福鼎私设生猪屠宰场案 150

十二、广东汕尾私设生猪屠宰场案 150

第三节 未经定点从事生猪屠宰案件专题分析 151

第四节 其他相关案例 152

河南周口无饲料生产许可证生产、经营饲料案 152

第六章 伪造、买卖国家机关公文、证件、印章罪 153

第一节 伪造、买卖国家机关公文、证件、印章罪研读 154

第二节 伪造、买卖动物检疫证明、印章案例 155

一、广西玉林买卖动物检疫证明案 155

二、山东临沂买卖动物检疫证明案 156

三、安徽宿州买卖检疫证明、动植物检疫徇私舞弊案 157

四、江苏无锡买卖检疫证明案 161

五、江苏无锡使用空白检疫证明案 162

六、浙江金华伪造定点屠宰印章案 163

七、云南昆明伪造检疫证明运输走私动物产品案 164

八、江苏无锡查处买卖检疫证明系列案 167

第三节 伪造、买卖动物检疫证明、印章案件专题分析 167

第七章 以危险方法危害公共安全罪 169

第一节 以危险方法危害公共安全罪研读 170

第二节 以危险方法危害公共安全案例 171

一、黑龙江尚志布鲁氏菌病羊只案 171

二、三鹿奶粉事件 176

CHAPTER 08

第八章　走私罪 | **177**

第一节　走私国家禁止进出口的货物、物品罪研读 | 178

第二节　走私动物及动物产品案例 | 180

一、云南红河走私鸡脚等冻品案 | 180

二、广西防城港走私牛肉案 | 181

三、广西防城港走私生猪案 | 182

四、重庆走私牛肉案 | 183

五、海关总署2018年打击走私动物联合行动 | 184

六、湖南长沙走私鸭案 | 185

七、云南文山伪造动物检疫证明贩卖走私生猪案 | 186

八、云南文山屠宰场走私生猪案 | 186

九、云南金平盗掘走私冻肉案 | 186

第三节　走私动物及动物产品案件专题分析 | 187

一、打击走私动物及动物产品相关规定 | 187

二、走私动物及动物产品案件专题分析 | 188

CHAPTER 09

第九章　污染环境罪 | **189**

第一节　污染环境罪研读 | 190

第二节　污染环境案例 | 192

一、北京房山养殖场污染环境案 | 192

二、四川通报环境督察典型案件 | 192

CHAPTER 10

第十章　渎职罪 | **193**

第一节　渎职罪研读 | 194

第二节　渎职案例   199

 一、非洲猪瘟防控期间多省公职人员因渎职被刑拘和接受纪检调查案   199

 二、徇私舞弊伪造检疫结果案   200

 三、滥用职权，为病死鸡出具检疫证明案   200

 四、玩忽职守，销售"瘦肉精"猪肉案   202

 五、滥用职权，骗取屠宰环节病害猪补贴资金案   209

 六、滥用职权，未履行屠宰环节病害猪无害化补贴审查职责案   213

 七、徇私舞弊不移交刑事案件，收购病死猪肉生产、加工腌腊制品案   214

 八、食品监管渎职，放纵管理相对人加工病死动物案   217

 九、徇私舞弊，售出检疫证明案   221

 十、徇私舞弊，违规出具狗肉检疫证明案   224

 十一、检疫失职，违规出具检疫证明案   225

 十二、放纵管理相对人制售病死动物产品案   227

 十三、病死猪肉监管渎职案   231

 十四、玩忽职守，病死猪监管失职案   231

 十五、徇私舞弊，不移交"瘦肉精"监测阳性案   232

 十六、病死猪肉监管渎职案   233

 十七、徇私舞弊，违规出具检疫证明案   233

 十八、注水猪"放行"案   233

 十九、徇私舞弊，售出空白检疫证明案   234

 二十、徇私舞弊，违规出具检疫证明案   235

 二十一、徇私舞弊，虚开检疫证明案   235

 二十二、徇私舞弊，虚开检疫证明案   235

 二十三、徇私舞弊，虚开检疫证明案   235

 二十四、贪污，违规检疫案   236

二十五、徇私舞弊，违规检疫案 236

二十六、徇私舞弊，违规检疫造成走私生猪流入案 237

二十七、徇私舞弊，售出检疫证明案 237

二十八、玩忽职守，造成"瘦肉精"生猪流出案 238

二十九、放纵制售伪劣商品，发现"瘦肉精"不收缴案 239

三十、滥用职权，造成有害肉品流出案 239

三十一、违规为走私牛产品开具检疫证明案 240

三十二、滥用职权，致使养殖场套取国家专项资金案 240

三十三、滥用职权，动物卫生监督所所长卷入大型生猪交易涉黑案 241

第三节　渎职案件专题分析 242

第十一章　妨害公务罪　　　　　　　　　　　　　　**245**

第一节　妨害公务罪研读 246

第二节　妨害公务案例 247

山东岚山私设屠宰场暴力抗法案 247

CHAPTER 11

第十二章　相关法律法规和规定要求　　　　　　　　**249**

一、农业农村部办公厅关于非洲猪瘟疫情防控中违法违纪典型案例的通报 250

二、国务院办公厅关于做好非洲猪瘟等动物疫病防控工作的通知（节选） 252

三、行政执法机关移送涉嫌犯罪案件的规定 253

四、公安机关受理行政执法机关移送涉嫌犯罪案件规定 256

五、中组部、中宣部、司法部、人力资源和社会保障部关于完善国家
工作人员学法用法制度的意见 258

六、最高人民法院、最高人民检察院关于办理危害食品安全刑事案件
适用法律若干问题的解释 261

CHAPTER 12

七、人民检察院办理行政执法机关移送涉嫌犯罪案件的规定 265

八、最高人民检察院、全国整顿和规范市场经济秩序领导小组办公室、
公安部、监察部关于在行政执法中及时移送涉嫌犯罪案件的意见 267

九、最高人民法院关于审理编造、故意传播虚假恐怖信息刑事案件适用
法律若干问题的解释 270

十、中共中央办公厅、国务院办公厅印发关于实行国家机关
"谁执法谁普法"普法责任制的意见 271

十一、中共中央办公厅、国务院办公厅转发国务院法制办关于加强
行政执法与刑事司法衔接工作的意见 274

十二、国务院食品安全办等五部门关于进一步加强农村食品安全
治理工作的意见 277

十三、国务院食品安全办等 11 部门关于做好食品药品重大违法犯罪
案件信息通报和发布有关工作的通知 282

十四、农业部关于加强农业行政执法与刑事司法衔接工作的实施意见 282

十五、《中华人民共和国刑法》及修正案摘选 284

十六、相关法律法规规定摘录 288

后记 293

CHAPTER

第一章 01

妨害动植物防疫、
检疫罪

第一节

妨害动植物防疫、检疫罪研读

［刑法法条及相关规定］

1. 《中华人民共和国刑法修正案（七）》（2009 年）

第三百三十七条［妨害动植物防疫、检疫罪］ 违反有关动植物防疫、检疫的国家规定，引起重大动植物疫情的，或者有引起重大动植物疫情危险，情节严重的，处三年以下有期徒刑或者拘役，并处或者单处罚金。

2. 最高人民检察院、公安部关于公安机关管辖的刑事案件立案追诉标准的规定（一）的补充规定（2017 年 4 月 27 日印发，公通字〔2017〕12 号）（节选）

九、将《立案追诉标准（一）》第五十九条修改为：［妨害动植物防疫、检疫案（刑法第三百三十七条）］违反有关动植物防疫、检疫的国家规定，引起重大动植物疫情的，应予立案追诉。

违反有关动植物防疫、检疫的国家规定，有引起重大动植物疫情危险，涉嫌下列情形之一的，应予立案追诉：

（一）非法处置疫区内易感动物或者其产品，货值金额五万元以上的；

（二）非法处置因动植物防疫、检疫需要被依法处理的动植物或者其产品，货值金额两万元以上的；

（三）非法调运、生产、经营感染重大植物检疫性有害生物的林木种子、苗木等繁殖材料或者森林植物产品的；

……

（七）其他情节严重的情形。

本条规定的"重大动植物疫情"，按照国家行政主管部门的有关规定认定。

［罪名解读］

妨害动植物防疫、检疫罪，是指违反《中华人民共和国进出境动植物检疫法》《中华人民共和国动物防疫法》《植物检疫条例》等动植物防疫、检疫规定，引起重大动植物疫情或有引起重大动植物疫情危险的行为。

本罪的主体为一般主体，自然人、外国人和单位都可构成本罪。本罪在主观方面表现为行为人应当预见自己逃避或拒绝接受动植物防疫、检疫、检查的行为可能发生危害社会的结果。

本罪侵犯的客体为国家动植物防疫、检疫制度。本罪在客观方面表现为违反国家动植物检疫相关法律法规的规定，逃避动植物防疫、检疫，引起重大动植物疫情或有引起重大动植物疫情危险的行为。所谓"动物"，是指饲养、野生的畜、禽等；"动物产品"，是指来源于动物未经加工或经加工但仍有可能传播疫病的产品，如生皮张、肉类等。所谓"植物"是指栽培植物、野生植物及其种子、种苗及其他繁殖材料等；"植物产品"是指来源于植物未经加工或经加工但仍有可能传播病虫害的产品。

妨害动植物防疫、检疫罪是 2009 年《中华人民共和国刑法修正案（七）》第十一条对 1997 年《中华人民共和国刑法》第三百三十七条第一款修改后重新确定的新罪名。原刑法条文对该犯罪行为的表述是"违反进出境动植物检疫法的规定，逃避动植物检疫，引起重大动植物疫情的"，《中华人民共和国刑法修正案（七）》第十一条修改后的表述是"违反有关动植物防疫、检疫的国家规定，引起重大动植物疫情的，或者有引起重大动植物疫情危险，情节严重的"。本罪的构成要件已经发生重大变化，原有罪名已不适用。《最高人民法院、最高人民检察院关于执行〈中华人民共和国刑法〉确定罪名的补充规定（四）》（法释〔2009〕13 号）取消原逃避动植物检疫罪罪名，新罪名确定为"妨害动植物防疫、检疫罪"。

通过《中华人民共和国刑法修正案（七）》对第三百三十七条的修改和完善，本罪的客观方面中，行为人的行为已经不再仅限于违反《中华人民共和国进出境动植物检疫法》，而是所有有关动植物防疫和检疫的国家规定，并且此罪由结果犯变成了危险犯与结果犯的混合。我国有关的动植物防疫、检疫的管理制度主要是指《中华人民共和国动物防疫法》《中华人民共和国进出境动植物检疫法》《植物检疫条例》等一系列法律、法规所确立的国家关于动植物防疫、检疫的管理制度。《中华人民共和国刑法修正案（七）》对刑法第三百三十七条的修改，扩大了对违反动植物防疫、检疫行为的惩治范围，增强了对违反动植物防疫、检疫犯罪行为的刑事处罚力度，有助于提高《中华人民共和国刑法》对妨害动植物防疫、检疫行为的震慑力，使刑法对国家防疫、检疫制度的保护更加全面和有力。

违反动物防疫、检疫规定引发
动物疫情案例

一、湖南常德查获转运染疫生猪案

2018 年 10 月，湖南省常德市公安局破获一起妨害动植物防疫、检疫案，抓获犯罪嫌疑人 4 名。经查，2018 年 9 月，犯罪嫌疑人刘某某、蔡某在意识到公司养殖基地的生猪可能患非洲猪瘟的情况下，仍然瞒报并加快将部分生猪转出，企图减少公司损失。经查，自 2018 年 9 月 1 日至 10 月 24 日，2 个养殖场共向外转运生猪 1.3 万余头。相关生猪流向已全部查清并妥善处置。

二、四川攀枝花查获违规从疫情省份调入生猪案

2018 年 10 月，四川省攀枝花市公安局破获一起妨害动植物防疫、检疫案，抓获犯罪嫌疑人 6 名，当场查扣生猪 32 头。经查，2018 年 10 月中旬，犯罪嫌疑人刘某某在云南省（非洲猪瘟疫情省份）丽江市永胜县购买 32 头生猪，手持通过犯罪嫌疑人宋某某委托攀枝花市某镇动物检疫点协检人员张某某办理的伪造动物检疫合格证明，驾驶货车将收购的生猪贩运至攀枝花市后被公安机关、畜牧部门执法人员截获。

三、辽宁抚顺查获违规销售生猪案

2018 年 12 月，根据辽宁省抚顺市非洲猪瘟防控工作督导组移送线索，市公安局食药侦支队破获一起妨害动植物防疫、检疫案，抓获犯罪嫌疑人 2 名。经查，犯罪嫌疑人韩某某兄弟二人为将从他人手中购进的外地生猪售出，将从抚顺市金汇屠宰场取得的有效动物检疫合格证明进行扫描复印后，随同生猪一起交给买主。二人共制作 48 张假动物检疫合格证明。

四、上海金山泔水喂猪引发疫情案

2018 年 11 月，上海市公安局金山分局破获一起妨害动植物防疫、检疫案，抓获犯罪

嫌疑人 1 名，查缴生猪 314 头。经查，2018 年 9 月以来，犯罪嫌疑人谭某某作为金山区廊下镇富莲合作社生猪散养户养殖场饲养员，在明知不能用餐厨垃圾（泔水）饲喂生猪的情况下，多次从浙江省平湖市收集餐厨垃圾，将饲料和泔水按照一定比例搅拌后饲喂生猪。经市、区两级动物疫病预防控制中心检测，该养殖场内病死猪均为非洲猪瘟核酸阳性。案发后，农业行政部门组织对该养殖场及周围疫区生猪进行了扑杀处理。

五、内蒙古多地查获从疫情省份违规调入生猪案

2018 年 9 月，内蒙古自治区呼和浩特市、通辽市、乌兰察布市公安机关先后破获 3 起妨害动植物防疫、检疫案，抓获犯罪嫌疑人 10 名。经查，2018 年 9 月，犯罪嫌疑人邱某通过犯罪嫌疑人董某某委托通辽市奈曼旗农牧局动物卫生监督所检疫员杨某某在没有进行实际检验检疫的情况下，开具 4 张生猪动物检疫合格证。邱某使用该合格证将从辽宁省（非洲猪瘟疫情省份）铁岭市昌图县生猪养殖户手中先后收购的 407 头生猪分 4 车运往呼和浩特市瑞天隆屠宰厂等食品企业。

2019 年 3 月 19 日，内蒙古食品安全领域刑事附带民事公益诉讼案的 4 名被告人（杨某、宋某、陈某、王某），因跨省从辽宁省铁岭市昌图县贩运生猪到呼和浩特市，在《内蒙古日报》上公开向社会公众道歉，并愿意接受法律的处罚。公开道歉信内容如下：

"我们（杨某、宋某、陈某、王某）为了牟取私利，违法跨省贩运生猪，虽然经政府部门采取应急措施控制了疫情，但我们的行为有引起重大非洲猪瘟疫情的危险，浪费了政府大量的人力、物力和财力，影响了呼和浩特市地区生猪行业的发展，也给广大消费者的生活带来了极大的不便，在此我们（杨某、宋某、陈某、王某）登报向社会公开道歉，也愿意对我们的违法犯罪行为承担相应的法律责任。"

六、四川成都查获违规从疫情省份调入生猪产品案

2018 年 11 月，四川省成都市公安局破获一起妨害动植物防疫、检疫案，抓获犯罪嫌疑人 6 名。经查，2018 年 9 月以来，犯罪嫌疑人方某某等明知辽宁省被划为非洲猪瘟疫情省份，仍通过混装货物，出具与实际货物不相符的检验检疫合格证等手段，以成都千之喜食品经营部名义，从辽宁千喜鹤食品有限公司、辽宁开原千喜食品有限公司购入生猪产品 68.5 吨对外出售。经四川省动物疫病预防控制中心检测，其中 6 批次产品非洲猪瘟病毒核酸检测均呈阳性。

七、贵州省非洲猪瘟疫情防控违法违纪典型案

2018 年 12 月，贵州省通报非洲猪瘟疫情防控违法违纪典型案例的查处情况和追责问责情况。全省已查处 8 起非洲猪瘟疫情防控违法违纪典型案例，刑事拘留 10 人，纪委监察部门立案审查 5 人、诫勉谈话 28 人、通报 17 人。其中，清镇市官方兽医违法出具动物检疫证明案件刑拘 5 人，纪检监察部门立案查处 2 人；白云区非洲猪瘟疫情案件查处刑拘 2 人，约谈 17 人；黔南州龙里县非洲猪瘟疫情案件刑拘养殖户、经营户 3 人。

八、四川邻水拦截跨省调运染疫生猪，通缉作案嫌疑人案

2019 年 3 月 10 日，四川省邻水县执法人员在邻水县包茂高速邻水南收费站查获一辆生猪货运车，该货运车运载生猪 150 头，死亡 9 头。经四川省动物疫病预防控制中心检测为非洲猪瘟病毒核酸阳性。邻水县对全部病死和扑杀猪进行无害化处理，公安部门介入调查。经查，广西壮族自治区博白县黄某有重大作案嫌疑。3 月 25 日，博白县公安局发布通缉令："为尽快抓捕在逃涉案人员黄某，博白县公安局鼓励广大人民群众积极提供相关线索。对提供线索并成功抓获在逃人员黄某的举报人或协助缉捕有功的单位、个人，将奖励一万元（10 000 元）人民币，并严格保密。"目前，犯罪嫌疑人黄某已自首。

九、农业农村部通报非洲猪瘟防控期间违规买卖生猪案

农业农村部办公厅于 2018 年 9 月 29 日公布了《农业农村部办公厅关于非洲猪瘟疫情防控中违法违纪典型案例的通报》（农办牧〔2018〕46 号）。从多省、自治区非洲猪瘟疫情处置和疫源追踪情况来看，有的养殖场（户）、生猪贩运人非法调运生猪，甚至出售发病生猪同群猪，造成疫情扩散传播。目前，多地数人因违规买卖生猪，涉嫌妨害动植物防疫、检疫罪等罪名被刑事拘留或正在抓捕中。

1. 辽宁省王某、各某逃避检疫，销售生猪引发非洲猪瘟疫情案。2018 年 6 月，辽宁省沈阳市浑南区养殖户王某通过辽宁省生猪经纪人朱某、吉林省生猪经纪人郑某购入 100 头仔猪，后陆续发病死亡，王某及其妻各某未经申报检疫将同群猪全部售出。其中，出售给沈阳市沈北新区沈北街道养殖户张某的 45 头生猪，于 8 月 2 日确诊为非洲猪瘟疫情。目前，养殖户王某及其妻各某，生猪经纪人朱某、郑某等以涉嫌妨害动物防疫、检疫罪和生产、销售不符合安全标准的食品罪被刑事拘留。

2. 黑龙江省陈某逃避检疫，销售生猪引发非洲猪瘟疫情案。2018 年 8 月 11 日，生猪经纪人陈某从黑龙江省佳木斯市通河县某祖代种猪有限公司购买 257 头商品猪，委托中间

人杨某请托黑龙江省哈尔滨市汤原县鹤立镇畜牧兽医综合服务站官方兽医王某，非法获取动物检疫证明和生猪耳标，该批生猪运输至河南郑州双汇屠宰场后，发生非洲猪瘟疫情。目前，生猪经纪人陈某、中间人杨某被刑事立案查处。

3. 内蒙古自治区杨某违规出具检疫证明案。2018 年 9 月 24 日，内蒙古自治区呼和浩特市某屠宰场发生非洲猪瘟疫情。经查，9 月 20 日，内蒙古自治区通辽市奈曼旗某养猪场副总经理董某找到驻场官方兽医杨某，让其违法异地出具生猪检疫证明（B 证）给辽宁省铁岭市昌图县夏某、邱某，杨某收受董某支付的好处费 8 000 元。9 月 21 日，夏某、邱某二人从铁岭市偷运 96 头生猪至某屠宰场；9 月 22 日，驻该屠宰场官方兽医发现该批生猪待宰过程中有 4 头临床症状异常、2 头死亡；9 月 24 日经确诊为非洲猪瘟疫情。目前，奈曼旗某养猪场总经理刘某、副总经理董某、销售员张某等嫌疑人已被当地公安部门刑事拘留，辽宁省铁岭市夏某、邱某等涉案人员正在抓捕中。

十、跨省违规调入生猪引发疫情案

行为人蒋某违反有关动物防疫、检疫的国家规定，故意逃避检疫，在未办理动物检疫手续的情况下，跨区域运输生猪，且在发现饲养生猪出现疑似重大病症状时未按国家规定及时上报，其行为构成了妨害动植物防疫、检疫罪。

案情概况 CASE OVERVIEW

重庆市 A 区人民检察院指控被告人蒋某犯妨害动植物防疫、检疫罪一案，于 2017 年 4 月 14 日提起公诉，法院依法适用普通程序，公开开庭审理了本案。

审理查明，2016 年 12 月 27~29 日，被告人蒋某分三次从四川省一养殖公司购买生猪 500 余头。在运输生猪时，未经出售方所在地动物卫生检疫机构检疫，未取得动物检疫合格证，且在司机告知所购买的生猪出现病症时，仍抱有侥幸心理，并绕过动物卫生监督机构的跨省过境检查，直接将生猪运至重庆市 A 区一养殖场，到达后也未向动物卫生监督机构报告。

2016 年 12 月 31 日，被告人蒋某为逃避动物卫生监督机构检查，购买上述生猪假冒虚开的外地动物检疫合格证明 5 张。2017 年 1 月 1 日，部分生猪出现疑似重大病症状，蒋某未按国家规定向 A 区兽医部门汇报。2017 年 1 月 3 日，重庆市 A 区动物卫生监督所执法人员巡查时发现一养殖场生猪出现疑似重大病感染。2017 年 1 月 6 日，经重庆市农业委员会认定，2017 年 1 月 3 日重庆市 A 区一养殖有限公司养殖场因重大病引发的动物疫情为重大动物疫情。

部分证据
SOME EVIDENCE

受案登记表、立案决定书等法律文书，被告人蒋某的供述，证人童某、郭某、冉某甲、胡某、陈某、冷某、何某、冉某乙、殷某、陈某等人的证言，购买生猪出库单、合同等文书，冒开的动物检疫合格证 5 张，四川省车辆通行票据，银行交易记录，通话记录，扣押决定书，A 区动物卫生监督所巡查笔录、照片、重大动物疫情认定书，A 区人民政府扑杀令等证据证实，且被告人蒋某在开庭审理过程中无异议，足以认定。

法院判决
COURT JUDGMENT

法院认为，被告人蒋某违反有关动物防疫、检疫的国家规定，故意逃避检疫，在未办理动物检疫手续的情况下，跨区域运输生猪，未按国家规定及时上报疫情，引起重大动物疫情，其行为构成了妨害动植物防疫、检疫罪。被告人蒋某到案后如实供述自己的犯罪事实，因其犯罪行为未直接造成其他人的人身及财产损失，依法可从轻处罚。依照《中华人民共和国刑法》第三百三十七条第一款、第六十七条第三款、第五十二条、第五十三条之规定，判决被告人蒋某犯妨害动植物防疫、检疫罪，判处有期徒刑九个月，并处罚金 10 000 元。

关键点分析
KEY POINTS

不同的做法导致两种截然不同的结果。如果本案当事人按照检疫规定执行，起运前申报检疫，跨省调运生猪附有合法的检疫证明，那么即使最后由于多方面原因发生了重大病，政府扑杀生猪还会给予补偿，并帮助养殖者恢复生产，减少损失。但本案当事人就为了少一些"麻烦"，不按照规定去申报检疫，结果最后生猪全部扑杀且没有任何补偿，倾家荡产还得锒铛入狱。

注意本案省级兽医主管部门出具了重大动物疫情认定书。

十一、跨省销售染疫仔猪案

行为人违反有关动物防疫、检疫的国家规定，在未办理动物检疫手续的情况下，运输、销售感染重大病的仔猪，有引起重大动物疫情危险，情节严重，其行为构成妨害动植物防疫、检疫罪。

案情概况
CASE OVERVIEW

重庆市 B 县人民检察院指控被告人赵某甲、郭某某犯妨害动植物防疫、检疫罪一案，于 2014 年 6 月 10 日向 B 县人民法院提起公诉。法院依法适用简易程序，组成合议庭，公开开庭审理了本案。

经审理查明，2014年3月初，被告四川省D县人赵某甲与被告重庆市B县人郭某某商量，在不办理相关检疫手续的情况下，拟将一车仔猪从四川省卖到重庆市。2014年3月10日，赵某甲雇请司机唐某甲及搬运工邓某某，在四川省D县收购126头仔猪并装车，于3月11日凌晨运抵B县后与郭某某取得联系。郭某某及妻子许某某在挑选仔猪时发现部分有疑似疫病症状，从中只挑选购买了103头。后赵某甲、唐某甲、邓某某三人载着余下的23头仔猪在城万快速通道再次出售未果，被重庆市B县动物卫生监督所执法人员当场查获，赵某甲现场逃逸。工作人员当场对查获的仔猪进行检查和采样送检。经现场临床诊断，其结果为该批仔猪患疑似重大病。调运前，赵某甲未按照《中华人民共和国动物防疫法》的规定向四川省D县动物卫生监督机构申报检疫，未取得检疫手续，郭某某也未按照《重庆市动物防疫条例》的规定向重庆市B县动物卫生监督机构申请办理调运手续。

郭某某从赵某甲处购买该批仔猪后，未按照规定向重庆市B县动物检疫部门报告以及隔离观察饲养，便将其中的54头于购买当日直接卖给了B县龙田乡、高燕镇等6个乡镇街道的农户，对B县169.56千米^{2}面积内的牲畜构成感染疫病的威胁。为防止染疫病猪的扩散和疫病的蔓延，重庆市B县动物卫生监督所、B县农业委员会等部门组织人员、车辆及时追回染疫病猪，并按规定对全部病猪进行无害化处理。

2014年3月12日，经重庆市动物疫病预防控制中心检测，从该批仔猪中检测出重大病病毒。2014年6月，经认定，被告人赵某甲、郭某某的行为违反动物防疫法的相关规定，有在本县引发重大动物疫情的危险。

部分证据
SOME EVIDENCE

上述事实，被告人赵某甲、郭某某在开庭审理过程中无异议，且有经庭审举证、质证的被告人赵某甲、郭某某的供述及辩解，证人唐某甲、邓某某、赵某乙、许某某、李某甲、张某某、向某、李某乙、唐某乙、冯某某的证言，郭某某、许某某的辨认笔录，现场勘验检查工作记录、现场图、现场照片，B县动物卫生监督所案件移送函及移送材料，现场取证照片，动物组织样品信息表，重庆市动物疫病预防控制中心检测报告，诊断报告，B县农业委员会及B县防治重大动物疫病指挥部办公室制作的情况报告、危害性报告、情况说明及相关材料，B县动物卫生监督所关于处置染疫仔猪的报告及登记表，国家突发重大动物疫情应急预案，重庆市突发重大动物疫情应急预案，易感动物数量统计表及相关资料，B县动物卫生监督所出具的证明，D县动物卫生监督所出具的证明及调查材料，扣押物品清单，随案移交物品清单，笔记本两本，抓获经过，户籍证明，B县农业局出具的非税收入一般缴款书一张等证据证实，足以认定。

法院判决
COURT JUDGMENT

法院认为，被告四川省 D 县人赵某甲违反有关动物防疫、检疫的国家规定，在未办理动物检疫手续的情况下，将感染重大病的仔猪运至重庆市 B 县出售，有引起重大动物疫情危险，情节严重，其行为已构成妨害动植物检疫罪，应予刑罚处罚；被告人郭某某违反有关动物防疫、检疫的国家规定，在未办理动物检疫相关手续的情况下，购买感染重大病的仔猪并进行销售，有引起重大动物疫情危险，情节严重，其行为已构成妨害动植物检疫罪，应予刑罚处罚。

公诉机关指控被告人赵某甲、郭某某犯妨害动植物检疫罪的事实清楚，证据确实、充分，指控罪名成立，其公诉意见予以采纳。公诉机关认为，被告人赵某甲、郭某某到案后如实供述犯罪事实，认罪态度较好，建议对被告人赵某甲、郭某某均在有期徒刑一年左右判处刑罚，其量刑建议不符合法律规定，法院不予采纳。对被告人赵某甲的辩护人提出的赵某甲犯罪情节相对较轻，其主观上系过失，社会危害性较小，建议适用缓刑的辩护意见，经查，二被告人经营仔猪收购、贩卖生意多年，对从事该行业需要办理的手续及有关防疫、检疫的国家规定较为熟悉，但为逃避检疫费用和追求仔猪销售利益最大化，二被告人将未经检疫的仔猪收购、贩卖，而该批仔猪经检测带有可通过空气传播的传染性极强的病毒，两人的行为侵犯了国家动植物防疫、检疫的管理制度，导致病毒的传播、扩散，有引发重大动物疫情的危险，给本地的牲畜养殖乃至人民的生命健康带来威胁，情节严重，故对此辩护意见不予采纳，同时被告人赵某甲在返回途中仍试图销售剩余仔猪并在案发后现场逃逸，应酌情从重处罚；对其提出的赵某甲系初犯、偶犯，且到案后如实供述犯罪事实，认罪态度较好，建议对其判处一年以下有期徒刑的辩护意见与庭审查明事实一致，且不违反法律规定，法院予以采纳；对被告人郭某某提出的其案发后积极配合相关部门将销售出去的仔猪追回，并缴纳罚款，认罪态度较好，有悔罪表现，希望对其从轻处罚的辩解意见与庭审查明的事实一致，法院予以采纳。

综上，为了维护社会管理秩序，依照《中华人民共和国刑法》第三百三十七条等规定，判决被告人赵某甲犯妨害动植物检疫罪，判处有期徒刑六个月，并处罚金一万五千元；被告人郭某某犯妨害动植物检疫罪，判处拘役四个月，并处罚金一万元；没收涉案赃物 126 头仔猪，予以无害化处理；二被告人违法所得的财物责令退赔。

关键点分析
KEY POINTS

本案是全国第一个违反国内动物防疫、检疫规定的刑事案件（非进出境案件）。笔者在第一时间赶到现场督办，并力推此案追刑责。因当事人在第一时间已逃回外省老家，如此案不能追刑责，那么按照《中华人民共和国动物防疫法》实施行政处罚将难以办结。

十二、跨省销售染疫羊只案

行为人违反国家有关动物检疫的规定，销售感染小反刍兽疫的山羊，引起重大动物疫情，其行为构成妨害动植物检疫罪。

湖南省 B 县人民检察院指控被告人李某某犯妨害动植物检疫罪，于 2014 年 12 月向 B 县人民法院提起公诉。法院受理后，依法组成合议庭，公开开庭进行了审理。

经审理查明：2014 年 2 月 20 日左右，被告人李某某通过廖某某的介绍从四川省成都市金堂县当地农户手中调运回 233 头种用山羊，并将羊拍照通过 QQ 群进行售卖。2014 年 3 月初，湖南省邵阳市洞口县洞口镇青山村四组的肖某某通过 QQ 认识李某某并在未经检疫部门检疫的情况下，从被告人李某某处购买了 14 只羊，并与自家的羊圈养在一起。之后肖某某将羊卖给了洞口县又兰镇金竹村的养殖户王某某、朱某某、肖某，随后王某某、朱某某、肖某家的羊群出现死亡。被告人李某某销往宁乡、邵阳、湘潭、益阳等地养殖户的羊同样出现大量死亡。经中国动物卫生与流行病学中心、国家外来动物疫病诊断中心检验：羊只感染小反刍兽疫。湖南省兽医局认定洞口县发生的该省首例小反刍兽疫疫情为重大动物疫病。经湖南省动物疫病预防控制中心检验：李某某家剩下的羊感染了小反刍兽疫。被告人李某某配合执法部门对剩下的已感染了小反刍兽疫的羊进行了扑杀、掩埋。案发后，被告人李某某与被害人（养殖户）董某某、赵某某、唐某某、刘某、董某连、肖某某、钟某平、龙某武、许某军、周某、余某明、周某红达成赔偿协议，共计赔偿上述被害人经济损失 193 200 元，并取得了上述被害人的谅解。

上述事实，被告人李某某在开庭审理过程中亦无异议，且有户籍证明，到案经过，现实表现材料，廖某某提供的明细，B 县动物卫生监督所行政处罚立案审批表，案件移送函，情况汇报，采样凭证，调解协议书、收条、说明，证明等书证；检验报告，现场检查勘验笔录；证人及被害人王某华、谢某松、邹某寿、廖某某、周某、余某明、许某军、唐某某、周某红、刘某、刘某强、卢某君、钟某平、龙某武、黄某连、朱某某、王某某、肖某、肖某某、胡某的证言；被告人李某某的供述与辩解等证据在卷予以证明。

法院认为，被告人李某某违反国家有关动物检疫的规定，引起重大动物疫情，其行为已构成妨害动植物检疫罪，B 县人民检察院对其指控成立。被告人归案后，如实供述了自己的罪行，依法可以对其从轻处罚。

　　被告人积极赔偿了被害人的经济损失，并取得了全体被害人的谅解，可酌情从轻处罚。被告人李某某配合B县动物卫生监督所将剩下的已感染了小反刍兽疫的羊进行了扑杀、掩埋，防止了疫情的扩大，又可对其酌情从轻处罚。被告人的辩护人提出请求对被告人从轻处罚并适用缓刑的辩护意见，法院予以采纳。

　　依照《中华人民共和国刑法》第三百三十七条等规定，判决被告人李某某犯妨害动植物检疫罪，判处有期徒刑六个月，宣告缓刑一年，并处罚金人民币五千元。

关键点分析
KEY
POINTS

　　注意本案中，由湖南省兽医局认定此次疫情为重大动物疫情。

十三、跨省违规调入山羊引发疫情案

　　广西壮族自治区南宁市横县一男子苏某，在未办理相关审批手续的情况下，购进未经检疫的山羊引发重大疫情。经横县人民检察院提起公诉，横县人民法院以犯妨害动植物防疫、检疫罪，判处苏某有期徒刑十个月，缓刑一年，并处罚金5 000元。

　　2016年7月26日，被告人苏某与刘某、覃某到江苏省丰县购进233只未经检疫的山羊，三人在未办理相关审批手续的情况下，将山羊运至横县马岭镇苏某经营的广西某山羊有限公司进行养殖，未向该县动物卫生监督机构申报及隔离观察。之后，所购进的233只山羊发生动物疫病，截至2016年8月16日，共死亡130只山羊。经抽样送中国动物卫生与流行病学中心检验，确认为小反刍兽疫。2016年8月20日，该县动物卫生监督所对广西某有限公司余下染疫的山羊进行无害化处理，认定其发生的小反刍兽疫为Ⅱ级重大疫情。

　　一审法院认为，被告人苏某违反有关动植物防疫、检疫的国家规定，引起重大动物疫情，其行为已构成妨害动植物防疫、检疫罪。公安机关立案侦查后，苏某经公安机关电话通知主动到案接受调查，并如实供述自己的罪行，应视为自首，可以从轻处罚。鉴于苏某犯罪情节较轻，有自首情节，有悔罪表现，对其宣告缓刑没有再犯罪的危险，对所居住社区没有重大不良影响，符合宣告缓刑法定条件，可以宣告缓刑，故作出上述判决。苏某不服，向南宁市中级人民法院提出上诉。

　　南宁市中级人民法院审理后认为，苏某的行为已构成妨害动植物防疫、检疫罪。公安机关立案侦查后，苏某经公安机关电话通知主动到案接受调查，并如实供述自己的罪行，应视为自首，可以从轻处罚。

另外查明，2012年12月10日，苏某未办理跨省引进审批手续，从江苏省引进48只种羊；2014年3月25日，被横县动物卫生监督所处以罚款2 000元的行政处罚。现又因其类似违法行为导致发生疫情。据此，不能认定苏某的行为属情节显著轻微，不宜免予刑事处罚。中院依法裁定驳回上诉，维持原判。

十四、跨省违规调入带毒牛只案

2015年7月23日晚，陈某从广东省徐闻县海安码头租赁渔船，在违反有关动植物检疫的国家规定、应办而未办动物检疫手续的情况下，运送活牛35头进入海南省海口市美兰区塔市村海岸。海口市公安局塔市边防派出所民警当场抓获陈某，查获涉案活牛，并将该批活牛移交海口市动物卫生监督所。海口市动物卫生监督所对该批活牛进行抽样，委托海南省动物疫病预防控制中心进行疫病检测，检出重大病病毒阳性，依法处理该批活牛，并将案件材料移送海口市公安局美兰分局。海口市公安局美兰分局经审查未予立案，将案件材料退回海口市动物卫生监督所。

2016年3月14日，美兰区检察院侦监部门在工作中发现该监督线索，高度重视，及时向海口市动物卫生监督所调阅案卷，梳理案件证据，深入研讨妨害动植物检疫罪经《中华人民共和国刑法修正案（七）》修正后的立案追诉标准。根据《中华人民共和国刑法修正案（七）》新增该罪"危险犯"的规定，考虑涉案动物数量多，带疫比例高，重大病传播快、发病急，极有可能造成海口市演丰地区重大动物疫情的发生和扩散，对整个海口地区甚至海南岛的畜类都有极大危害。美兰区检察院认定本案"有引起重大动植物疫情危险，情节严重"，应以妨害动植物检疫罪立案追诉。

2016年4月，美兰区检察院依法监督海口市动物卫生监督所将本案移送海口市公安局美兰分局审查，并积极引导公安机关转化行政机关移送证据，补充完善案件证据。之后，海口市公安局美兰分局决定对陈某涉嫌妨害动植物检疫罪案立案侦查，依法提请美兰区检察院批准逮捕。美兰区检察院经依法审查，作出批准逮捕决定。

2017年1月，美兰区人民法院判处陈某拘役四个月，处罚金4 000元。

关键点分析
KEY
POINTS

1. 本案与其他案件不同，其牛只是带毒而没有发病，同样被检察机关认定为"有引起重大动植物疫情危险，情节严重"的情形，此乃全国首例。

2. 注意检察机关有权力监督行政部门和公安机关是否在办理涉嫌犯罪案件中充分履职。

3．行政部门在向公安机关移送涉嫌犯罪案件时，移送书必须同时抄送检察机关。《最高人民检察院、全国整顿和规范市场经济秩序领导小组办公室、公安部、监察部关于在行政执法中及时移送涉嫌犯罪案件的意见》（高检会〔2006〕2 号）规定，"行政执法机关在查办案件过程中，对符合刑事追诉标准、涉嫌犯罪的案件，应当制作《涉嫌犯罪案件移送书》，及时将案件向同级公安机关移送，并抄送同级人民检察院。"

十五、江苏海门销售染疫羊只案

2015 年 4 月初，顾某在其位于江苏省海门市高新区双桥村的羊场内，运出一批小羊销售给余东镇新河村的陆某。卖给陆某后，这批羊只发生了国家一类重大动物疫病小反刍兽疫疫情：没过几天，陆某就发现了羊只"不适"，随即向兽医部门反映。经检查检验，发现此批羊只已感染小反刍兽疫。因疫情的严重性以及顾某涉嫌刑事犯罪，市动物卫生监督所将案件移交给警方处理。

海门市公安局治安大队查禁中队接案后，立即立案处理，派民警赶赴现场调查取证，并对顾某展开调查。经调查发现，这批羊只共计 130 头，未向当地动物卫生监督机构报检，没有取得动物检疫合格证明，也没有免疫耳标，涉案金额达 6.5 万元。顾某涉嫌妨害动植物防疫、检疫罪，海门市人民法院于 2016 年依法作出判决。

十六、跨省销售染疫羊只案

肖某自 2009 年开始便在湖南省常德市鼎城区某村经营黑山羊养殖基地，从事黑山羊养殖、销售。2015 年 6 月，洪江市山羊经营户江某决定到肖某处购买黑山羊。因肖某所养殖的数量有限，肖某便从四川省自贡市的羊贩子代某处购买 260 只黑山羊，运回自己的黑山羊养殖基地。后肖某在其所购回的黑山羊没有检疫证明也没有将购回的黑山羊申报检疫的情况下，卖给江某 246 只，收取货款共计人民币 16.8 万元。2015 年 7 月 23 日开始，江某购买的黑山羊就陆续开始出现死亡的情况，引发动物疫病疫情。经当地动物卫生监督所抽样送湖南省动物疫病预防控制中心检测，确定该批黑山羊感染了小反刍兽疫病毒，属国家一类动物疫病。到 2015 年 8 月 17 日，江某购回的 246 只黑山羊已死亡 240 只，剩余的 6 只被当地动物卫生监督所扑杀，进行无害化处理。

2015 年 7 月，肖某伙同刘某从四川泸州市羊贩子手中购进 150 只黑山羊。肖某在明知刘某所购回的黑山羊没有检疫证明也没有将购回的黑山羊申报检疫的情况下，将其中的 128 只黑山羊以及自己养殖基地的 20 只黑山羊卖给江西省赣州市山羊经营户叶某。叶某购回的黑山羊在运输途中死亡 2 只，从当年 7 月 24 日开始，其余的黑山羊陆续开始出现死亡情况，引发动物疫病疫情。经江西省动物疫病预防中心抽样送中国动物卫生与流行病学中心、国家外来动物疫病诊断中心检测，确定该批黑山羊感染了小反刍兽疫病毒，属国家一类动物疫病。到 2015 年 8 月 22 日，叶某购回的 148 只黑山羊已死亡 124 只，剩余的 24 只被当地畜牧兽医局扑杀，进行无害化处理。

鼎城区人民法院审理后认为，被告人肖某、刘某的行为已构成了妨害动植物检疫罪。遂作出一审判决，判处被告人肖某有期徒刑十个月，缓刑一年，并处罚金人民币一万元；被告人刘某有期徒刑八个月，缓刑一年，并处罚金人民币八千元。

第三节

违反动物防疫、检疫规定引发重大动物疫情案件专题分析

1. 通报的非洲猪瘟疫情防控中涉嫌妨害动植物防疫、检疫罪案件情况

2018 年 9 月 29 日，《农业农村部办公厅关于非洲猪瘟疫情防控中违法违纪典型案例的通报》（农办牧〔2018〕46 号）对前期发生非洲猪瘟的 8 个省（自治区）中，6 个省（自治区）存在的违法违纪行为进行了通报。这 6 个省（自治区）中，辽宁、黑龙江、内蒙古 3 个省（自治区）已刑事立案并刑拘、抓捕养殖场（户）负责人、经纪人共 11 人。其中，辽宁公布的刑拘当事人就涉嫌妨害动植物防疫、检疫罪和生产、销售不符合安全标准的食品罪。通报提到，"有的养殖场（户）、生猪贩运人非法调运生猪、甚至出售发病生猪同群猪，造成疫情扩散传播"；通报还要求，"对引起重大动物疫情的，或者有引起重大动物疫情危险，情节严重的，一律移送公安机关追究刑事责任"。之后，湖南、四川、上海、贵州等省、直辖市在非洲猪瘟防控中由公安部门牵头查办的妨害动植物防疫、检疫罪案件陆续浮出水面。

2. 各省份前期办理妨害动植物防疫、检疫罪案件情况

2009 年 2 月，《刑法修正案（七）》将刑法第三百三十七条原只适用于进出境动植物检疫的规定，扩大到了国内的动植物防疫、检疫。2014 年，违反国内的动物防疫、检疫规定而追究刑事责任的案件第一次出现。经笔者努力收集，截至 2018 年上半年，经法院判决完毕的共 7 个案件，其中 3 个案件涉及口蹄疫疫情，4 个涉及小反刍兽疫疫情。

3. 如何做好妨害动植物防疫、检疫罪案件的司法衔接工作

（1）及时移送司法部门追究刑事责任。目前，全国此类案件办理数量较少、涉及病种少，在一定程度上说明，较多地方的畜牧兽医部门和司法部门对此罪名掌握得不充分，没能很好

地认识到对此类违法行为追究刑事责任，将极大地促进动物防疫秩序的维护和重大动物疫病防控。因此，各地一定要按照农业农村部通报要求，对引起重大动物疫情的，或者有引起重大动物疫情危险，情节严重的案件，一律移送公安机关追究刑事责任。

（2）把握好构成妨害动植物防疫、检疫罪两个要件：①要违反有关动植物防疫、检疫的国家规定，②引起重大动植物疫情或者有引起重大动植物疫情危险的违法行为。例如，故意逃避检疫、无检疫证明运输动物，同时动物感染有重大动物疫病，这种情况下可能构成此罪。但是，在合法情况下持证运输动物，途中检查发现感染口蹄疫，经调查属于长途运输动物因应激等因素在途中发病的，则不构成此罪。

（3）做好重大动物疫情的认定。对《刑法》法条规定的"引起重大动植物疫情"的情形，必须要进行重大动物疫情的认定。例如，某个养殖场发生了口蹄疫，实验室也检出了口蹄疫病毒，但诊断出重大动物疫病并不等于有重大动物疫情，这还需要一个认定的程序。《动物防疫法》第二十七条规定："……其中重大动物疫情由省、自治区、直辖市人民政府兽医主管部门认定，必要时报国务院兽医主管部门认定"。实践中需要注意：①重大动物疫情需要由省级兽医主管部门来认定；②重大动物疫情不仅仅局限于数种重大动物疫病的发生，其他一、二、三类病呈暴发流行，或者给养殖业生产安全造成严重威胁、危害，以及可能对公众身体健康与生命安全造成危害时，也可认定为重大动物疫情。

笔者一直认为，严厉打击恶意传播重大动物疫病违法犯罪行为，依法追究刑事责任，是我们有效控制动物疫病传播的一把利剑，是严厉打击违反动物防疫、检疫规定，传播重大动物疫病违法行为，构建动物防疫新秩序的一大利器。笔者把妨害动植物防疫、检疫罪放在本书第一章，就是想促使打击此类违法犯罪行为的问题引起大家的高度重视。

第四节

违反植物检疫规定引发植物疫情案例

一、浙江江山松材线虫案

2015年，被告人叶某伙同他人（另案处理）为牟取私利，先后两次从松材线虫病疫区收购30余米^{3}枯死松原木。在未办理任何植物检疫手续的情况下，途经江西省德兴铜矿，浙江省开化县、常山县，非法将其运送至非疫区的江山市贺村镇某木材加工厂，被江山市森林病虫害防治检疫站查获。经鉴定，两批次松木样品中有松材线虫活体及传播媒介松褐天牛幼虫活体。浙江省林业有害生物防治检疫局检测评估后，认为叶某等人调运销售疫木的行为违反有关动植物防疫、检疫的国家规定，有引起重大动植物疫情危险，情节严重。

2017年2月，浙江省江山市人民法院公开审理案件，被告人叶某构成妨害动植物防疫、检疫罪，被依法判处有期徒刑八个月，缓刑一年，并处罚金1.5万元。

二、重庆南川松材线虫案

2012年3月3日，被告人姜某在未办理植物检疫手续的情况下，租车将2 180块松材门条从重庆市涪陵区运输至重庆市南川区某工地（该工地向东、南、北三个方向均为马尾松林区，且北面距林区仅60米）。经鉴定，该批松材携带有大量松材线虫活体及传播媒介松褐天牛幼虫活体，带疫比例达62.5%。2012年5月2日，被告人姜某主动到公安机关投案，并如实供述其罪行。据了解，被松材线虫感染后的松树会发生松材线虫病，造成松叶黄褐色或红褐色，枯萎下垂，树脂分泌停止，最终干枯死亡腐烂，是对松树破坏性最强的毁灭性虫害。

重庆市南川区人民法院审理后认为，被告人姜某违反有关动植物检疫的国家规定，在未办理植物检疫手续的情况下，将带有松材线虫的松材门条卖至马尾松树林区内，有引起重大动植物疫情危险，情节严重，构成妨害动植物检疫罪。姜某被判处有期徒刑六个月，并处罚金二千。

生产、销售伪劣产品罪

第一节

生产、销售伪劣产品罪研读

[刑法法条及相关规定]

1. 《中华人民共和国刑法》

第一百四十条［生产、销售伪劣产品罪］　生产者、销售者在产品中掺杂、掺假，以假充真，以次充好或者以不合格产品冒充合格产品，销售金额五万元以上不满二十万元的，处二年以下有期徒刑或者拘役，并处或者单处销售金额百分之五十以上二倍以下罚金；销售金额二十万元以上不满五十万元的，处二年以上七年以下有期徒刑，并处销售金额百分之五十以上二倍以下罚金；销售金额五十万元以上不满二百万元的，处七年以上有期徒刑，并处销售金额百分之五十以上二倍以下罚金；销售金额二百万元以上的，处十五年有期徒刑或者无期徒刑，并处销售金额百分之五十以上二倍以下罚金或者没收财产。

第一百四十七条［生产、销售伪劣农药、兽药、化肥、种子罪］　生产假农药、假兽药、假化肥，销售明知是假的或者失去使用效能的农药、兽药、化肥、种子，或者生产者、销售者以不合格的农药、兽药、化肥、种子冒充合格的农药、兽药、化肥、种子，使生产遭受较大损失的，处三年以下有期徒刑或者拘役，并处或者单处销售金额百分之五十以上二倍以下罚金；使生产遭受重大损失的，处三年以上七年以下有期徒刑，并处销售金额百分之五十以上二倍以下罚金；使生产遭受特别重大损失的，处七年以上有期徒刑或者无期徒刑，并处销售金额百分之五十以上二倍以下罚金或者没收财产。

第一百四十九条　生产、销售本节第一百四十一条至第一百四十八条所列产品，不构成各该条规定的犯罪，但是销售金额在五万元以上的，依照本节第一百四十条的规定定罪处罚。

生产、销售本节第一百四十一条至第一百四十八条所列产品，构成各该条规定的犯罪，同时又构成本节第一百四十条规定之罪的，依照处罚较重的规定定罪处罚。

第一百五十条　单位犯本节第一百四十条至第一百四十八条规定之罪的，对单位判处罚金，并对其直接负责的主管人员和其他直接责任人员，依照各该条的规定处罚。

2.《最高人民检察院、公安部关于公安机关管辖的刑事案件立案追诉标准的规定（一）》（公通字［2008］36号）

第十六条　［生产、销售伪劣产品案（《刑法》第一百四十条）］生产者、销售者在产品中掺杂、掺假，以假充真，以次充好或者以不合格产品冒充合格产品，涉嫌下列情形之一的，应予立案追诉：

（1）伪劣产品销售金额五万元以上的；

（2）伪劣产品尚未销售，货值金额十五万元以上的；

（3）伪劣产品销售金额不满五万元，但将已销售金额乘以三倍后，与尚未销售的伪劣产品货值金额合计十五万元以上的。

本条规定的"在产品中掺杂、掺假"，是指在产品中掺入杂质或者异物，致使产品质量不符合国家法律、法规或者产品明示质量标准规定的质量要求，降低、失去应有使用性能的行为；"以假充真"，是指以不具有某种使用性能的产品冒充具有该种使用性能的产品的行为；"以次充好"，是指以低等级、低档次产品冒充高等级、高档次产品，或者以残次、废旧零配件组合、拼装后冒充正品或者新产品的行为；"不合格产品"，是指不符合《中华人民共和国产品质量法》第二十六条第二款规定的质量要求的产品。

对本条规定的上述行为难以确定的，应当委托法律、行政法规规定的产品质量检验机构进行鉴定。本条规定的"销售金额"，是指生产者、销售者出售伪劣产品后所得和应得的全部违法收入；"货值金额"，以违法生产、销售的伪劣产品的标价计算；没有标价的，按照同类合格产品的市场中间价格计算。货值金额难以确定的，按照《扣押、追缴、没收物品估价管理办法》的规定，委托估价机构进行确定。

3. 《中华人民共和国刑法》对生产、销售伪劣产品行为的法条适用原则的规定

第一百四十九条第一款　生产、销售本节第一百四十一条至第一百四十八条所列产品，不构成各该条规定的犯罪，但是销售金额在五万元以上的，依照本节第一百四十条的规定定罪处罚。

4. 《中华人民共和国刑法》对生产、销售伪劣产品罪从重定罪处罚的规定

第一百四十九条第二款　生产、销售本节第一百四十一条至第一百四十八条所列产品，构成各该条规定的犯罪，同时又构成本节第一百四十条规定之罪的，依照处罚较重的规定定罪处罚。

5. 《最高人民法院最高人民检察院关于办理生产、销售伪劣商品刑事案件具体应用法律若干问题的解释》（法释〔2001〕10号）中的适用性规定

第一条　刑法第一百四十条规定的"在产品中掺杂、掺假"，是指在产品中掺入杂质或者异物，致使产品质量不符合国家法律、法规或者产品明示质量标准规定的质量要求，降低、失去应有使用性能的行为。

刑法第一百四十条规定的"以假充真"，是指以不具有某种使用性能的产品冒充具有该种使用性能的产品的行为。

刑法第一百四十条规定的"以次充好"，是指以低等级、低档次产品冒充高等级、高档次产品，或者以残次、废旧零配件组合、拼装后冒充正品或者新产品的行为。

刑法第一百四十条规定的"不合格产品"，是指不符合《中华人民共和国产品质量法》

第二十六条第二款规定的质量要求的产品。

对本条规定的上述行为难以确定的，应当委托法律、行政法规规定的产品质量检验机构进行鉴定。

第二条　刑法第一百四十条、第一百四十九条规定的"销售金额"，是指生产者、销售者出售伪劣产品后所得和应得的全部违法收入。

伪劣产品尚未销售，货值金额达到刑法第一百四十条规定的销售金额三倍以上的，以生产、销售伪劣产品罪（未遂）定罪处罚。

货值金额以违法生产、销售的伪劣产品的标价计算；没有标价的，按照同类合格产品的市场中间价格计算；货值金额难以确定的，按照国家计划委员会、最高人民法院、最高人民检察院、公安部1997年4月22日联合发布的《扣押、追缴、没收物品估价管理办法》的规定，委托指定的估价机构确定。

多次实施生产、销售伪劣产品行为，未经处理的，伪劣产品的销售金额或者货值金额累计计算。

第九条　知道或者应当知道他人实施生产、销售伪劣商品犯罪，而为其提供贷款、资金、账号、发票、证明、许可证件，或者提供生产、经营场所或者运输、仓储、保管、邮寄等便利条件，或者提供制假生产技术的，以生产、销售伪劣商品犯罪的共犯论处。

6.《最高人民法院关于审理生产、销售伪劣商品刑事案件有关鉴定问题的通知》（法〔2001〕70号）中的适用性规定

对于提起公诉的生产、销售伪劣产品、假冒商标、非法经营等严重破坏社会主义市场经济秩序的犯罪案件，所涉生产、销售的产品是否属于"以假充真""以次充好""以不合格产品冒充合格产品"难以确定的，应当根据《解释》（法释〔2001〕10号）第一条第五款的规定，由公诉机关委托法律、行政法规规定的产品质量检验机构进行鉴定。

经鉴定确系伪劣商品，被告人的行为既构成生产、销售伪劣产品罪，又构成生产、销售假药罪或者生产、销售不符合卫生标准的食品罪，或者同时构成侵犯知识产权、非法经营等其他犯罪的，根据刑法第一百四十九条第二款和《解释》第十条的规定，应当依照处罚较重的规定定罪处罚。

7.《最高人民法院、最高人民检察院关于办理危害食品安全刑事案件适用法律若干问题的解释》（法释〔2013〕12号）中的适用性规定

第十三条　生产、销售不符合食品安全标准的食品，有毒、有害食品，符合刑法第一百四十三条、第一百四十四条规定的，以生产、销售不符合安全标准的食品罪或者生产、销售有毒、有害食品罪定罪处罚。同时构成其他犯罪的，依照处罚较重的规定定罪处罚。

生产、销售不符合食品安全标准的食品，无证据证明足以造成严重食物中毒事故或者其他严重食源性疾病，不构成生产、销售不符合安全标准的食品罪，但是构成生产、销售伪劣

产品罪等其他犯罪的，依照该其他犯罪定罪处罚。

[罪名解读]

生产、销售伪劣产品罪，是指生产者、销售者在产品中掺杂、掺假，以假充真、以次充好或者以不合格产品冒充合格产品，销售金额达 5 万元以上的行为。

本罪的犯罪主体是个人和单位，包括产品的生产者和销售者。生产者、销售者是否具有合法的生产许可证或者营业执照不影响本罪的成立。本罪主观方面表现为故意，一般具有非法牟利的目的。行为人的故意表现为在生产领域内有意制造伪劣产品，在销售领域内包括在销售产品过程中故意掺杂、掺假和明知是伪劣产品而售卖。

本罪侵犯的客体是国家对产品质量的管理制度。国家对产品质量的管理制度是指国家通过法律、行政法规等规范产品生产的标准，产品出厂或销售过程中的质量监督检查内容，生产者、销售者的产品质量责任和义务、损害赔偿、法律责任等制度。生产、销售伪劣产品罪侵犯了国家对产品质量的管理制度，生产、销售不符合产品质量标准的伪劣产品扰乱产品质量监督管理秩序，侵犯广大消费者的合法权益。本罪的客观方面表现为生产者、销售者违反国家的产品质量管理法律法规，生产、销售伪劣产品的行为。本罪在客观方面的行为表现可具体分为四种：①掺杂、掺假，在产品中掺入杂质或者异物，致使产品质量不符合国家法律法规或者产品明示质量标准规定的要求，降低、失去应有使用性能的行为；②以假充真，指行为人以伪造产品冒充真产品，表现为伪造或者冒用产品质量认证书及其认证标志，进行生产或者销售这类产品的行为；③以次充好，指低等级、低档次产品冒充高等级、高档次产品，或者以残次、废旧零配件组合、拼装后冒充正品或者新产品的行为；④以不合格产品冒充合格产品。这四种行为属选择行为，即行为人具有这四种行为之一就构成生产、销售伪劣产品罪。行为人如果同时具有上述两种行为或两种以上行为的，也应视为一项生产、销售伪劣产品罪。同时，本罪属选择性罪名，在司法实践中应根据行为的具体情况分别定为生产伪劣产品罪、销售伪劣产品罪或生产、销售伪劣产品罪。在司法实践中，绝大多数的生产、销售伪劣产品犯罪都是以牟取非法利润为目的，但不能排除其他目的存在的可能性，如在恶性竞争中以败坏对方声誉为目的而实施犯罪，如限定过严格，就不利于打击这类犯罪。《刑法》并没有明文规定此罪必须"以牟取非法利润为目的"，在认定该罪时也无须查明行为人的主观目的。

生产、销售伪劣产品罪与非罪行为的区别：关键是从行为人主观上是否故意和客观方面的结果来考虑。当行为人故意制造、销售伪劣产品，销售金额达到法律规定的 5 万元以上，或尚未销售的货值金额达 15 万元时，即构成犯罪；销售金额不足的制售伪劣产品的行为属一般违法行为，可由行政执法部门依法给予行政处罚。当然，随着我国经济的高速发展，生产、销售伪劣产品罪的具体金额认定将来也可能变化。

学习本节案例还需要关注：①执法人员应当熟悉刑法关于生产、销售伪劣产品罪的内容，准确理解两高解释（法释〔2001〕10号和法释〔2013〕12号）对生产、销售伪劣产品罪的适用性规定，以及生产、销售伪劣产品罪的立案追诉标准。同时，要与《中华人民共和国动物防疫法》《中华人民共和国食品安全法》《生猪屠宰管理条例》查处相关违法行为的规定衔接起来掌握。②要通过对典型案例的分析，结合行政执法实践，掌握屠宰动物注水，生产、销售假兽药、假饲料等违法行为，涉案货值或者案件其他情节明显达到生产、销售伪劣产品罪刑事追诉标准，涉嫌犯罪的，可采取案件移送或线索移送的方式，立即移送公安机关查处。③在执法实践中，执法人员在查处生产、销售伪劣产品案件时，鉴于执法手段及执法权力的限制，可能无法及时收集到重要证据。因此，行政执法机构应该及时向公安机关通报，提供案源线索，同时商请公安机关提前介入，固定关键证据、扣押涉案物品，及时采样送检，有效打击此类违法犯罪行为。

第二节

注水案例

一、湖南永州注水牛肉案

行为人为牟取更多利润，采取注水的方式生产注水牛肉并销售。行为人以牟利为目的，伙同他人在产品中掺杂、掺假，以不合格产品冒充合格产品，销售金额达五万元以上，其行为构成生产、销售伪劣产品罪。

案情概况
CASE OVERVIEW

湖南省 A 县人民检察院起诉指控被告人周某、何某犯生产、销售伪劣产品罪，湖南省 A 县人民法院依法组成合议庭，于 2015 年 5 月公开开庭进行了审理。

经审理查明，2014 年 6 月 23 日至 2014 年 7 月 23 日期间，被告人周某、何某伙同蒋某、王某、何某甲、蒋某甲、何某乙、王某甲、王某乙、刘某、王某丙（均已判刑）合伙宰杀、销售肉牛，合伙无明确分工，在 A 县屠宰场屠宰肉牛，先将牛击倒开膛，接着在牛心脏上戳个口子，将水管插入心脏内注入自来水，注水时间 5~12 分钟，之后将牛剥皮、分解，清理牛肉、牛杂等，再将注水的牛肉拉到 A 县城北农贸市场销售，并当日结算，参与人员平分利润。经 A 县疾病预防控制中心检验，被告人周某、何某等人生产、销售的牛肉所含水分不符合国家标准。据 A 县屠宰场监控视频显示，自 2014 年 6 月 23 日起至 2014 年 7 月 23 日止，被告人周某参与宰杀注水肉牛共 21 头，被告人何某参与宰杀注水肉牛共 11 头。经 A 县价格认证中心鉴定，周某参与宰杀注水肉牛的销售金额为 122 280 元，何某参与宰杀注水肉牛的销售金额为 64 560 元。

部分证据
SOME
EVIDENCE

1. 被扣押的塑胶管、锤子、铁锹、木棒等工具及黄牛照片，证实 2014 年 7 月 24 日凌晨，公安机关在 A 县屠宰场现场查获蒋某等人宰杀注水肉牛的工具及黄牛一头的情况。

2. 《中华人民共和国国家标准畜禽肉水分限量》证实牛肉水分限量国家标准为 ≤ 77%；A 县商务局出具的《关于市场服务中心定点屠宰场监控的有关说明》及《监控牛肉注水详细时刻表》证实 A 县市场服务中心工作人员通过 A 县屠宰场监控发现被告人周某、何某等人在屠宰肉牛时注水等情况，后根据监控视频整理了屠宰肉牛的时间及参与人员，其中周某参与宰杀 21 头，何某参与宰杀 11 头。

3. 证人李某的证言，证实 A 县屠宰场有人在宰杀肉牛时往牛肉里注水，经 A 县商务局工作人员规劝无果，后商务局在屠宰场安装了监控视频的情况；证人罗某、陈某、何某丁的证言，证实通过调取监控发现，2014 年 6 月 23 日至 2014 年 7 月 24 日期间，被告人周某、何某与蒋某等人在 A 县屠宰场宰杀肉牛时往牛肉里注水，宰杀共计 21 头，销售地点为 A 县城北农贸市场的情况；证人何某戊、谢某、周某甲、李某丙的证言，证实他们分别向蒋某、何某甲等人销售肉牛，并通过查看监控视频，估算 21 头肉牛市场价的情况。

4. 样品检测采集记录表、牛肉检验报告，证实 A 县商务局先后三次从蒋某等人销售牛肉的摊点采集样品，并经 A 县疾病预防控制中心检验，牛肉样品含水量均超过国家畜禽肉牛肉类的水分限量标准的情况；价格鉴定结论书，证实 2014 年 6 月 23 日至 2014 年 7 月 23 日，被告人周某参与宰杀的 21 头肉牛注水后销售价格为 122 280 元，被告人何某参与宰杀的 11 头肉牛注水后销售价格为 64 560 元的情况。

5. 现场勘验检查工作记录、示意图及若干照片，证实 A 县屠宰场的现场位置、概貌、作案工具、现场监控室等情况。

6. A 县屠宰场杀牛作坊监控视频及截图，证实被告人周某、何某伙同蒋某等人在 A 县屠宰场宰杀肉牛注水的情况；讯问同步录音录像光盘，证实侦查人员依法讯问被告人何某的情况。

法院判决
COURT
JUDGMENT

法院认为，被告人周某、何某以牟利为目的，伙同他人在产品中掺杂、掺假，以不合格产品冒充合格产品，销售金额五万元以上不满二十万元，其行为已构成生产、销售伪劣产品罪。公诉机关指控被告人周某、何某犯生产、销售伪劣产品罪，事实清楚，证据确实、充分，指控的罪名成立。

被告人周某、何某在共同犯罪中所起的作用相当，应按照其所参与的全部犯罪处罚。

依照《中华人民共和国刑法》第一百四十条等规定，判决被告人周某犯生产、销售伪劣产品罪，判处拘役五个月，缓刑六个月，并处罚金人民币六万五千元；被告人何某犯生产、销售伪劣产品罪，判处拘役三个月，缓刑四个月，并处罚金人民币三万五千元。

关键点分析 KEY POINTS

注意本案的两个关键点：①公安机关在首日实际只查到了一头牛：2014 年 7 月 24 日凌晨，公安机关在 A 县屠宰场现场查获蒋某等人宰杀注水肉牛的工具及黄牛一头。②追查到了之前注水和销售注水牛肉的情况：2014 年 6 月 23 日至 2014 年 7 月 23 日，被告人周某参与宰杀注水肉牛共 21 头，被告人何某参与宰杀注水肉牛共 11 头。

二、湖南娄底注水牛肉案

湖南娄底公安局获得线索：在娄底城区某些市场内，有摊贩在大量出售注水牛肉。警方追查发现，这些注水牛肉来自娄星区一家非法屠宰场。这家非法屠宰场位于娄星区的小巷内，位置十分偏僻。警方介绍，白天这里比较安静，深夜时不法商贩才会给牛注水。经过一周多的蹲守调查，侦查员初步摸清了窝点内的情况：这里平时每天晚上有十多人活动；每天凌晨两三点就开始宰牛注水，大概凌晨五点多的时候，这些注水牛肉就会被运往娄底市各大市场出售。通过跟踪，侦查员发现，这个注水牛肉屠宰场在娄底城区的五大农贸市场内都租用了摊点，注水牛肉自产自销，销量惊人。经过一个多月的蹲守及调查取证，警方决定展开收网。在收网当晚的突击行动中，警方共抓获犯罪嫌疑人 25 人，其中 16 名犯罪嫌疑人因涉嫌生产、销售假冒伪劣产品罪，被依法刑事拘留。

经查明，2015 年 2 月 26 日至 2017 年 4 月 6 日，肖某甲等 19 人为牟取非法利益，在湖南省娄底市娄星区租赁屠宰场地将活牛体灌水、宰杀后对外销售，涉案金额较大。其中，肖某甲等 6 人生产、销售注水牛肉 800 余万元，肖某乙生产、销售注水牛肉 100 余万元，周某甲等 5 人分别购进 16.2 万余元、18.7 万余元、14.2 万余元、36.6 万余元、22.8 万余元注水牛肉对外销售，朱某等 4 人生产、销售注水牛肉 400 余万元，周某乙等 3 人生产、销售注水牛肉 100 余万元。

2018 年 6 月 12 日，湖南省娄底市娄星区检察院对肖某甲等 19 名被告人以涉嫌生产、销售伪劣产品罪依法提起公诉，当地法院对此案进行公开审理，娄底市 20 余名人大代表、政协委员到庭。2019 年 1 月 29 日，娄星区人民法院公开宣判此涉案金额高达 1 000 万余元的特大生产、销售伪劣产品案，被告人肖某甲等 19 人犯生产、销售伪劣产品罪，分别被判处有期徒刑十五年至一年三个月不等，并处罚金人民币五百五十万元至十万元不等。其中

9 人被判处有期徒刑十五年。

注意本案的一些特点：①公安部门准备充分，直接动手；②第一现场抓获犯罪嫌疑人 25 人；③追查到了之前销售注水牛肉的情况。

三、江苏南通注水牛肉案

2016 年 4 月 25 日，江苏南通警方在工作中发现了这起销售注水牛肉案件，于同日立案侦查。在屠宰点查获 9 头尚未宰杀的活牛，用于注水的水管、水泵等物品，同时查获已宰杀的注水肉牛 3 头。经南通市产品质量监督检验所鉴定，其中两头牛的牛肉含水量超过了国家标准，另外一头牛的牛肉含水量处于临界值。

经进一步追查发现，汤某、侯某、汪某、杨某、黄某在江苏省南通市肉牛屠宰点，在宰杀前向牛注水，宰杀后对外销售。2016 年 2 月 12 日至 2016 年 4 月 25 日，在两个多月时间里，汤某、李某等 7 人生产、销售注水牛肉近 60 吨，销售金额累计人民币 270 多万元。

2017 年 6 月，江苏省南通市崇川区法院做出一审宣判：黄某因犯生产、销售伪劣产品罪被判处有期徒刑 7 年，并处罚金 35 万元；汤某、李某等其他 6 名被告人被一审判处有期徒刑，并处数目不等罚金。

注意本案的一些特点：①南通公安部门于发现此案当天立案，直接查处控制屠宰点第一现场；②在第一现场注水牛的货值远远达不到 15 万元的立案标准情况下，公安部门深追细查之前一段时间的累计货值。这两个特点是本案办理成功的关键，而遗憾的是，一些地方在办理此类案件时，公安部门没有突破这两个关键点，最终只是由畜牧兽医部门根据第一现场的货值来实施一定金额的处罚。

四、广东东莞注水牛肉案

2018 年 4 月，媒体报道广东省东莞市茶山镇、清溪镇和黄江镇 3 家活牛屠宰场注水，农业农村部对此高度重视，部领导批示要求加大督办查处力度，坚决取缔非法屠宰场。广东省农业厅立即召开专题会议，责成东莞市农业局迅速开展应急处置，派工作组现场督导，并在全省范围内迅速开展牛羊屠宰专项整治。东莞市农业局在当地市委、市政府组织下，立即会同公安部门，对清溪镇、茶山镇、黄江镇屠宰场牛肉注水问题进行查处，查封待宰牛羊，关停 3 家涉事屠宰场，移交公安部门调查取证；组织开展全面排查，对存在屠宰操作不规范、环境卫生条件差等问题的 8 家牛羊屠宰场停业整顿。当地公安机关已抓获涉案人员 32 人，刑事拘留 15 人。

据查，茶山镇屠宰场从 2018 年 2 月 27 日开始营业，至 4 月 10 日共屠宰活牛 405 头，注水 15 头，出场牛肉全部在东莞市销售。清溪镇屠宰场从 2015 年 6 月 1 日开始营业，每天屠宰活牛 5~6 头，该屠宰场从 2018 年 2 月上旬开始注水，注水活牛数量占日屠宰量 50% 左右，出场牛肉销往东莞、深圳等地。黄江镇屠宰场从 2013 年 1 月开始营业，每天屠宰活牛 10 头左右，该屠宰场从 2017 年 7 月开始注水，注水活牛数量占日屠宰量 50% 左右，出场牛肉销往东莞、深圳等地。

关键点分析 KEY POINTS　　注意本案的一些特点：①新闻报道后没有了注水的第一现场，只有录像；②只要高度重视，公安部门仍可以采取手段，如本案"当地公安机关已抓获涉案人员 32 人，刑事拘留 15 人"，这是最后挖出"2018 年 2 月上旬开始注水，注水活牛数量占日屠宰量 50% 左右，出场牛肉销往东莞、深圳等地"这些重要证据的关键。遗憾的是，很多地方在办理此类案件时，由于媒体曝光的当天涉案货值一般达不到 15 万元，公安部门没有立案追查，而由畜牧兽医部门立案则追查不到之前一段时间的违法证据。

五、河北无极注水牛肉案

2013 年 1 月 27 日，河北省石家庄市无极县私屠滥宰注水牛肉被央视焦点访谈栏目以《问"水"牛横行到何时》为题曝光。该事件促使河北省石家庄市政府对全市畜禽屠宰和肉品销售开展专项整治行动，推进建立健全肉品安全的长效机制。2 月 6 日，无极县公安局将甘某 4 人以生产、销售假冒伪劣产品案移送起诉；12 月 10 日，无极县人民法院对甘某等 4 人以生产、销售假冒伪劣罪判处有期徒刑、罚金等刑事处罚。该事件中商务、畜牧、工商等部门相关责任人也被追究相关责任，其中商务部门牛类定点屠宰执法队队长崔某被追究刑责。

关键点分析 KEY POINTS　　注意本案也是新闻报道后，公安机关挖出了之前一段时间的违法证据。

六、河南郑州注水猪肉案

2011 年 2~5 月，郑州市盛某甲为谋取非法利益，在其承包的肉食厂里，先后收购被告人盛某乙、盛某丙注水生猪 312 头，伙同被告人王某、刘某等人将 3 839 头生猪注水后屠宰，并销售给被告人唐某等人，唐某等人在明知其所购买的是注水猪肉的情况下，仍销售给他人。2013 年，法院遂以生产、销售伪劣产品罪判处被告人盛某甲有期徒刑十二年，并处罚金四百万元，其余 14 名被告人分别被判处有期徒刑八年至十个月等不同刑罚。同时对负有监督、管理职责的 7 名国家工作人员，以玩忽职守罪追究其刑事责任。

> **关键点分析**
> KEY
> POINTS

注意本案公安机关查到了当事人 2011 年 2~5 月的注水证据，将"小案"办成了"大案"。

七、四川阆中注水牛肉案

2015 年 11 月 10 日，备受关注的四川省阆中特大"注水牛肉案"进行了公开宣判，9 名被告人因生产、销售伪劣产品罪被判处一到十三年不等的有期徒刑，经查，2013 年 2~10 月期间，9 名被告人共计向 1 773 头肉牛灌水，销售金额高达 638.23 万元。

法院审理查明，阆中市姜家拐肉牛定点屠宰场将屠宰车间分包给屠宰商，9 名被告人均系该屠宰场的肉牛屠宰商。从 2008 年起，阆中市有关部门发现该宰杀点存在给活牛注水的违法活动，有关部门多次责令屠宰场整改，并对屠宰场进行了检查，同时向各屠宰场经营户下发了打击注水牛肉的通知，并安装视频监控。

2013 年 2~10 月，为了增加宰杀后牛肉的重量，在屠宰的前一天晚上，9 名被告人分别指使屠宰工人王某某对要屠宰的部分肉牛进行灌水，王某某将连接水泵的水管从牛的嘴里插入到牛胃中，一次或两次强行给牛灌水，次日凌晨，杀牛工人将灌过水的牛进行宰杀，牛肉重量增加，然后 9 名被告人将注水牛肉以每斤 24 元的价格各自分别销售给各市场的牛肉经销商。经查，本案原涉及的 11 名涉案人员（1 名在侦查阶段中死亡，1 名在一审宣判前畏罪自杀）共计向 1 773 头肉牛灌水，销售金额 638.23 万元。

依据相关法律规定，阆中法院依法判决九名被告犯生产、销售伪劣产品罪，其中张某被判处有期徒刑十三年，并处罚金人民币一百万元；李某判处有期徒刑十年，并处罚金人民币五十五万元；祝某判处有期徒刑八年六个月，并处罚金人民币四十二万元；岳某判处有期徒刑八年，并处罚金人民币三十七万元；蒲某甲判处有期徒刑七年，并处罚金人民币二十八万元；蒲某乙判处有期徒刑四年，并处罚金人民币十七万元；侯某判处有期徒刑两年，缓刑两年六个月，并处罚金人民币十万元；蒲某乙判处有期徒刑一年六个月，缓刑两年，并处罚金七万六千元；马某判处有期徒刑一年，缓刑一年六个月，并处罚金四万五千元。

关键点分析 KEY POINTS

注意本案作为"特大注水牛肉案"，实际上每天屠宰量不过 11 头牛左右，如果只以当天的货值来计算，不足以刑事立案。如果公安机关不追查当事人前期的注水证据，此案也就可能仅根据当天查到的注水情况，由畜牧兽医部门实施行政处罚。

八、浙江瑞安注水牛肉案

为增加宰杀后牛肉的重量，在屠宰前强行给活牛灌水。浙江省瑞安市人民法院对一起"注水肉"案作出一审判决，12 名被告人均被判刑。此案 12 名被告人中，包某等 10 人分别来自文成、瑞安、鹿城、瓯海等地，均在温州市区水心农贸市场或大南农贸市场拥有摊位，从事牛肉批发或零售；阮某则开了一家牛行，也就是出售活牛的，林某则帮其女婿（被告人之一）买牛，另外还帮这些牛肉贩子给活牛注水。

据法院审理查明，2013 年年底，瑞安人阮某与他人合伙在瑞安市飞云街道云周杏垟村开办了一家菜牛行。包某、林某等 11 人向该菜牛行购买菜牛。

2014 年 3 月至 2014 年 5 月 16 日，为了增加宰杀后牛肉的重量，包某、林某等 11 人分别在购买菜牛的当天早上，在阮某的菜牛行就将水管从活牛的鼻孔插入到牛胃中，强行给牛灌水。待灌入牛胃里的水被吸收后，当天下午灌水后的牛由该菜牛行统一运到龙湾一牛羊定点屠宰场进行宰杀。其中，林某除了替女婿购买菜牛外，其主要工作是帮包某等其他 10 人为购买的菜牛进行灌水，并获取相应报酬。另外，此案中，阮某除了将牛卖给这些牛肉贩子，还曾介绍林某为这些"顾客"的活牛进行注水。

2014 年 5 月 16 日，这些不法行为被有关部门查获。据查，2014 年 3 月至 2014 年 5 月 16 日，包某等 10 名牛肉贩子购买的菜牛中，共对 80 多头进行了注水，他们拿到市场上出售的"注水肉"以每千克 15 元至 16.5 元的价格进行销售。以菜牛被注水后 40% 的出肉率计算，涉案的销售金额共计 90 多万元。瑞安市法院认为，12 名被告人为谋取非法利益，在屠宰前自行或者让他人向活体牛灌水，增加牛肉重量，屠宰后进行销售，以次充好，其行为均已触犯刑律，构成生产、销售伪劣产品罪。

根据这 12 名被告人犯罪的事实、性质、情节和对于社会的危害程度，其中，林某帮人给牛灌水达 50 余头，销售金额在 50 万元以上不满 200 万元，他被判有期徒刑二年，罚金三万元；包某等人分别被判处有期徒刑六个月至一年一个月，但都处缓刑，并处不等罚金。

关键点分析
KEY
POINTS

注意本案查到了 12 名当事人 2014 年 3~5 月的注水和销售注水牛肉的证据。

九、浙江景宁注水牛肉案

2013 年 12 月，从浙江省景宁法院获悉，景宁一对夫妻因贩卖注水牛肉被判刑，这也是景宁首例生产、销售伪劣产品案。

2013 年 8 月以来，叶某和妻子江某为了增加牛肉重量，给活牛灌水后，将"灌水牛"宰杀并将注水牛肉拿到菜市场销售。这对夫妻用此法，每头牛平均能多赚 300 元。

据法官介绍，活牛被注水的过程中，很多致病微生物也同时被肌肉纤维吸收，产生大量细菌霉素物质，且牛肉里的蛋白质也严重流失，更容易腐败变质，严重影响牛肉品质。

景宁法院审理后认为，叶某、江某其行为已构成生产、销售伪劣产品罪，判处叶某有期徒刑一年，缓刑一年六个月，并处罚金人民币九万元；江某拘役三个月，缓刑五个月，并处罚金人民币五万元。

关键点分析
KEY
POINTS

注意本案查到了当事人自 2013 年 8 月以来的注水和销售注水牛肉的证据。

十、山东高密注水猪肉案

2011 年 3 月份以来，宋某甲先后从高密市、平度市等周边县市养猪户中收购生猪，拉回高密市朱家集村猪圈中注水，销售给其胞兄宋某乙、闫某夫妇。宋某乙将注水生猪屠宰成猪白条肉后，由其妻闫某负责对外批发销售。

截至案发，宋某乙共购买宋某甲注水生猪 1.3 万余头，屠宰后销售金额 1 400 余万元。此案经青岛市中级人民法院终审，以生产、销售伪劣产品罪，判处宋某甲有期徒刑十五年，并处罚金人民币三百万元，判处宋某乙有期徒刑十五年，并处罚金人民币三百万元，判处闫某有期徒刑九年，并处罚金人民币八十万元。

关键点分析
KEY
POINTS

注意本案查到了当事人自 2011 年 3 月以来，注水生猪 1.3 万头的证据。

十一、重庆注水猪肉案

行为人通过给生猪灌水，增加猪肉重量，牟取非法利益，从而造成猪肉水分超标，致使猪肉产品不符合国家法律、法规或者产品明示质量标准规定的质量要求，其行为构成生产、销售伪劣产品罪。

案情概况
CASE
OVERVIEW

重庆市 A 区人民检察院指控被告人裴某犯生产、销售伪劣产品罪，于 2012 年 10 月提起公诉。A 区人民法院依法组成合议庭，公开开庭审理了本案。

经审理查明，2012 年 4 月 23 日，被告人裴某为增加猪肉重量，指使其雇佣的工人在其开办的位于 A 区钱塘镇的收猪场内将收购来的生猪灌水后，运往重庆市主城区屠宰场宰杀并销售给猪肉收购商贩王某。当晚 8 时许，公安机关对被告人裴某的收猪场进行检查，当场查获已灌水准备销往重庆市的生猪 221 头。经宰杀获取猪白条肉 14 598.1 千克，价值人民币 271 086.72 元。经对查获的生猪进行宰杀抽样，并由重庆市计量质量检测研究院检验，猪肉水分含量超过国家标准。

部分证据
SOME
EVIDENCE

被告人的犯罪事实，有 24 名证人的证言、检验报告，价格鉴定结论，户口信息，抓获经过说明，搜查笔录，调取证据清单，宰杀记录及情况说明，扣押物品清单及文件，A 区商业委员会扣押决定书，抽样记录，行政处罚决定书，刑事判决书，现场勘验检查笔录，说明以及被告人裴某的供述等证据佐证。

法院判决
COURT
JUDGMENT

法院认为，被告人裴某为达到增加猪肉重量、获取非法利益的目的，通过给生猪灌水的手段，造成猪肉水分超标，致使猪肉这种产品不符合国家法律、法规或者产品明示质量标准规定的质量要求，降低、失去应有使用性能的产品待销售金额达 27 万余元，其行为已触犯国家刑律，构成生产、销售伪劣产品罪。

辩护人关于本案生猪不是产品以及生猪无伪劣产品标准等，因而被告人无罪的辩护意见。经查，被告人裴某虽然是给生猪灌水，但其目的是为了增加猪肉重量，其行为直接导致了本案猪肉这种产品因水分超标而不合格，其行为系在产品中掺杂、掺假，符合生产、销售伪劣产品罪的构成要件，依法应当认定其行为系犯罪行为，故对辩护人的该辩护意见法院不予采纳。

辩护人认为本案系犯罪预备的辩护意见。经查，被告人已经着手实施了给生猪灌水等行为，而非为犯罪准备工具、制造条件，不是犯罪预备，故对辩护人的该辩护意见，法院不予以采纳。

依照《中华人民共和国刑法》第一百四十条等规定，判决被告人裴某犯生产、销售伪劣产品罪，判处有期徒刑六个月，缓刑一年，并处罚金 15 万元。

十二、江苏灌南注水猪肉案

2013 年 1 月 5 日，薛某在其经营的某肉制品有限公司内指使李某等人对 100 余头生猪注水后宰杀。加工成白条肉后连同库存白条肉计 15 000 余千克（货值人民币 36 万余元）装车欲运至上海时，被江苏省灌南县商务局行政执法人员当场查获。经对该批白条肉抽样检测，其中含水量超过国家标准的白条肉占 60%，其货值金额为人民币 21.6 万元。案发后，被告人李某自动到公安机关投案。

法院经审理后认为，薛某、李某违反国家法律规定，对生猪注水屠宰销售，以次充好，虽尚未销售，但货值达人民币 21 万余元，已超过刑法第一百四十条规定的销售金额三倍以上，应当以生产、销售伪劣产品罪（未遂）追究其刑事责任，且属共同犯罪。薛某、李某属于犯罪未遂，可以比照既遂犯从轻处罚。薛某起主要作用，是主犯；李某起次要作用，是从犯，应当依法从轻处罚。李某犯罪后能够自动投案，如实供述自己的罪行，系自首，依法可以从轻处罚。薛某归案后，能如实供述自己的罪行，在庭审中又能自愿认罪，依法可以从轻处罚。

据此，灌南县人民法院遂依法作出判决：薛某犯生产、销售伪劣产品罪（未遂），判处有期徒刑十个月，并处罚八万元；李某犯生产、销售伪劣产品罪（未遂），判处有期徒刑六个月，并处罚金六万元。

关键点分析
KEY
POINTS

注意本案只是收集了当天的注水证据，并没有挖出之前销售的注水肉证据。

注水案件专题分析

本篇重点从追刑责的角度来分析。

1. 收录注水涉刑案件的基本情况

本书随机收录了全国各地办理的 12 个注水涉刑案例。其中，首日注水现场的注水货值达不到定罪量刑的 15 万元（未销售货值），通过一段时间的累计货值来定罪量刑的有 10 个案例；首日注水现场的注水货值达到了定罪量刑的 15 万元，只取得当日货值证据来定罪量刑的有 2 个案例。

2. 对成功办理注水涉刑案件的分析

（1）在通过累计货值来定罪量刑的 10 个案件中，基本上首日注水现场的注水货值都达不到定罪量刑的 15 万元，但最后追究刑事责任均成功。通过对其办案过程的研究，笔者认为，这主要取决于两个关键点：①通过公安机关的强力介入，直接查处控制屠宰点第一现场，控制所有的人员，开展搜查、讯问；②在第一现场注水肉的货值达不到 15 万元的立案标准情况下，或者在新闻曝光当日的注水证据不足的情况下，这些地方的公安机关多方调查取证，深追细查之前一段时间的累计货值，将"小案"办成了"大案"，有的案件累积货值甚至达到了 1000 万元以上。值得思考的是，全国很多地方在办理此类案件中，公安部门没有突破这两个关键点，最终只是由畜牧兽医部门根据第一现场的货值来实施一定金额的处罚。

（2）在只取得当日货值证据来定罪量刑的 2 个案件中，一个案件由公安机关与行政部门一起，在第一现场查获 200 多头注水猪，货值 27 万多元，没有追查到之前注水的货值；另一个案件由行政部门在第一现场查获 100 多头注水生猪和贮存的产品，货值 21 万多元，也没有追查到之前注水产品的货值。这两个案件办理成功的关键点在于：现场已注水的生猪及产品货值超过了 15 万元，达到了刑事立案的标准。没有追查到之前一段时间已销售的注水生猪货值，有时并不是意味着公安机关等部门没有去追查，而是恰好证明了注水案件要追查之前售出的货值实际上难度较高，因为上一天的"伪劣产品"全部在短时间被销售和消费掉了，即便是公安机关主动出击，也不一定成功。这两个案件的成功办理有它的偶然性，而其他很多地方在办理此类案件时，经常会遇到注水现场已注水生猪货值未达 15 万元，公安机关和畜牧兽医也未追查到之前一段时间已销售的注水生猪货值的情况。

3. 把握好注水涉刑案件的特点

注水涉刑案一般有三个特点：①注水案一般情况下第一现场货值达不到 15 万元。生产、销售伪劣产品罪与非罪行为的区别，关键在于行为人故意制造、销售伪劣产品，销售金额是否达到法律规定的 5 万元以上，或尚未销售的货值金额是否达到 15 万。注水案第一现场的注水动物及动物产品属于尚未销售的货物，其货值要达到 15 万，意味着注水生猪要达到 100 头以上（以 1 500 元每头计算），注水牛要达到 19 头以上（以 8 000 元每头计算），而一般情况下，违法分子达不到这样大的生产量。②注水案一般情况下均涉刑。被我们查到的注水窝点不会是第一天开张，一般情况下违法行为均是持续了一段时间。涉刑的额度是销售金额达到 5 万元以上，即累计销售注水生猪34 头以上，牛 7 头以上，这个数量其实并不大，这也就是笔者一直认为注水案均涉刑的原因了。③注水案隐蔽性非常强。注水案与其他制假售假案不一样，其隐蔽性非常强，搜集证据十分困难。其他如生产假药、假牙膏、假洗衣粉、假盐、假烟等，这些伪劣产品不会第一天生产出来，当天卖完，第二天就消费完了，包括农业领域的假农药、假兽药、问题饲料等，也是这样。但是经屠宰后的动物产品就不一样，半夜产出，立即运往农贸市场，一般凌晨至上午就卖完，当天可能就消费食用完了。此外，查处窝点还存在恰当时间进入现场的问题，进早了还没有注水，或未注水完毕；进晚了注过了，且有的注水量不大，采样检测水分可能不超标。

4. 各地对注水涉刑案件的两种应对措施

除当天现场已注水动物产品货值超过 15 万元这种较为特殊、较为少见的案件外，目前各地查办注水案件时，一般会采取两种应对措施：①当天现场动物产品注水货值达不到 15 万元，无论公安是否到现场，他们考虑不予立案，要求畜牧兽医部门进一步调查取证，如最后追查到证据证明货值达到要求，即销售货值达 5 万元或没有销售的货值达 15 万元时，公安就采取刑事立案措施追究刑事责任。②如同前面大部分案例那样，公安机关强力介入，直接查处，并深追细查之前一段时间的注水累计货值。从目前各地成功的案例来看，第二种应对措施才是成功办理注水涉刑案件的有效措施。

采取第二种应对措施，公安机关第一时间控制现场和人员，进行突击搜查和讯问，打违法犯罪分子一个猝不及防，特别是抓住加工工人这个薄弱环节。因为从行政违法的角度，加工工人不违法，所以工人承认有问题没有"好处"，经常是行政执法人员去询问，一无所获；而从刑事违法的角度，加工工人属于共同犯罪，是从犯，承认问题可以减轻刑事处罚或不予刑事处罚，公安人员在这些工人没有任何思想准备的情况下，突击审讯，一般会有所"收获"。反过来，如果当天不追查，而是在第二、三天或更长的时间再去调查，难度相当大。

总的来说，从笔者收集的案例以及了解到的各省份案例来看，注水案件中公安机关如能强力介入和深追细查之前一段时间的注水累计货值，追究刑责的可能性相当大。当然，也有确实查不到足够证据的案件，也只有"疑罪从无"。但是，如果公安机关不强力介入和深追细查，只靠农业农村部门收集一段时间的注水累计货值来证明当事人涉刑，笔者还没有发现成功的案例。

5．对公安机关采取不予立案措施的分析

对于公安机关采取不予立案的措施，也就是第一种应对措施，可以分两步来分析。

（1）对于既是行政违法，又有可能是犯罪的行为，一般情况下，公安机关采取"行政机关先行查处，待收集到相对充分的证据后再移送公安机关"的措施，是公安机关采取的常规措施。在2001年《行政执法机关移送涉嫌犯罪案件的规定》和2016年《公安机关受理行政执法机关移送涉嫌犯罪案件规定》中，均强调了"行政机关先行查处，收集到相对充分的证据后再移送公安机关"的常规措施规定。笔者认为，我们的法律制度在建立时，既要考虑追求公正，又得兼顾效率。行政程序的特点是便捷、经济、高效，而司法程序的精致设计使其具有缓慢、耗费资源多的特点。因此，对于既是行政违法，又有可能涉嫌犯罪的行为，一般情况下，就是应当由行政部门先行介入，公安机关的执法资源毕竟有限，不可能事事提前介入。

（2）前面已介绍，注水案隐蔽性非常强。目前成功办理的注水涉刑案均是公安机关强力介入而成功的，也就是前面分析的第二种措施。这也就意味着，面对注水案件，采用行政机关先行介入的常规措施不足以应对此类案件，它需要公安机关及时动手、强力介入。而问题的关键在于这种应对措施目前没有较为明确、必须遵循的法规制度规定。笔者认为，这就需要通过进一步加强行政执法与刑事司法的衔接来解决。

6．如何进一步做好行政执法与刑事司法的衔接

现有的制度规定解决不了行政执法部门和司法部门所面临的追刑责方面的所有问题。笔者认为，这可能就是国家层面不断强调要进一步加强行政执法与刑事司法衔接的原因了。对于如何加强注水案件办理的行政执法与刑事司法衔接，主要有以下几点思考：①进一步研究成功和不成功的案例。农业农村部门对此要多作研究，不能全推给司法部门去思考。司法部门面对太多的行政执法部门，农业农村部门只是其中之一，而注水案件更是农业农村部门所面对的数十种涉刑行为之一，司法部门不可能面面俱到。②农业农村部门要多与司法部门进行专题研究，多研讨几个"为什么"：为什么有的地方成功有的地方不成功？为什么注水案件与其他案件不同？为什么要加强行政执法与刑事司法衔接？为什么国家层面要提"四最四严"的要求等。从而找准注水案的特点和成功办理案件的关键，建立查办此类案件的针对性机制。③笔者认为，对注水行为应当采取的措施是：一经发现，畜牧兽医行政主管部门、公安部门应当按照"一案双查"的方式，密切配合。从第一案发现场开始，公安部门从追刑责的角度、农业农村部门从追行政责任的角度分别取证，立案追查。

2018年底，某省某地区农业农村部门的负责同志找到笔者，反映当地存在非常隐蔽的屠宰注水流动窝点，仅依靠农业农村部门的力量查处很难，而公安部门一直不愿意先行介入。笔者向该地区农业农村部门负责同志提供了前面的注水案例材料和分析材料，并提出供参考的工作思路——由农业农村部门邀请该地区公安部门、检察部门和食安办负责同志开一次专题研讨会，在会上研究各地成功办理的注水案件，包括笔者提供的注水案例和分析材料，然后请这些部门共同确定办案措施。半月后，该地区农业农村部门负责同志电话告诉笔者，研讨会成功举办，会上确定：公安部门牵头查办注水案，农业农村部门负责对现场产品采样、检测。再过半月后，该负责同志电话告诉笔者："打掉一注水窝点，现场查获了注水肉，且部分肉品检测水分超标，公安部门控制的相对人承认当天和之前均注水。"

相对而言，注水案的隐蔽性与注药注水案、非法屠宰案非常类似，这三类违法行为需要特别关注和对比研究。

第四节

其他生产、销售伪劣产品案例

一、江苏盐城以猪肉冒充牛肉案

行为人明知其销售的并非是牛肉的情况下，仍以假充真冒充牛肉销售，且销售金额达五万元以上，其行为构成销售伪劣产品罪。

案情概况
CASE OVERVIEW

江苏省盐城 A 市人民检察院起诉指控被告人余某、吴某、王某犯销售伪劣产品罪，于 2014 年 11 月向 A 市人民法院提起公诉。A 市人民法院公开开庭审理了本案。

经审理查明，2012 年 11 月至 2014 年 1 月 26 日间，被告人余某在明知高某（另案处理）安排其销售的牛肉不是牛肉的情况下，仍以差牛肉的名义以 15 元 / 斤 * 的价格向吴某、王某、陈某销售，合计销售以猪肉冒充的牛肉 27 430 斤，销售金额合计人民币 411 450 元。

2012 年 11 月至 2014 年 1 月 26 日间，被告人吴某在明知余某向其销售的差牛肉并非牛肉的情况下，仍以 15 元 / 斤的价格予以收购，并以差牛肉的名义以 16 元 / 斤的价格对外销售，销售以猪肉冒充的牛肉合计 14 750 斤，销售金额合计人民币 236 000 元，获利 14 750 元。

2012 年 11 月至 2014 年 1 月 26 日间，被告人王某在明知余某向其销售的差牛肉并非牛肉的情况下，仍以 15 元 / 斤予以收购，并以差牛肉的名义以 16 元 / 斤的价格对外销售，销售以猪肉冒充的牛肉合计 7 150 斤，销售金额合计人民币 114 400 元，获利 7 150 元。

---

* 斤为非法定计量单位。1 斤 =500 克。

部分证据
SOME
EVIDENCE

对其犯罪事实，被告人余某、吴某、王某在开庭审理过程中亦无异议，且有证人高某等人的证言，A 市质量技术监督局制作的现场检查笔录，被告人余某等人的户籍证明、记账本等证据证实。

法院判决
COURT
JUDGMENT

法院认为，被告人余某、吴某、王某，在明知其销售的并非是牛肉的情况下，仍以假充真冒充牛肉销售，被告人余某、吴某的销售金额在二十万元之上，被告人王某的销售金额在五万元之上，其行为均应当以销售伪劣产品罪追究刑事责任。

关于被告人余某的辩护人提出的被告人余某是知假卖假，不符合以假充真的辩护意见，经法院查明，被告人余某明知高某销售的牛肉不是牛肉，仍以差牛肉的名义予以销售，有被告人余某和吴某、王某、陈某的供述，记账本等证据证实，该辩护意见与事实不符，不能成立。

关于被告人吴某的辩护人提出的被告人吴某构成坦白的辩护意见，经法院查明，被告人吴某归案初期未能如实供述全部犯罪事实，该辩护意见不能成立；辩护人提出的其余辩护意见合法有据，予以采信。

依据《中华人民共和国刑法》第一百四十条等规定，判决被告人余某犯销售伪劣产品罪，判处有期徒刑三年六个月，并处罚金人民币二十一万元；被告人吴某犯销售伪劣产品罪，判处有期徒刑二年，并处罚金人民币十二万元；被告人王某犯销售伪劣产品罪，判处有期徒刑十个月，并处罚金人民币六万元。

二、浙江丽水骡肉冒充牛肉案

挂"牛肉"的招牌，卖的却是骡肉，2013 年，浙江丽水市松阳县一对夫妻经营的摊位被公安机关查扣了疑似假冒的牛肉、牛内脏等 200 多斤，经鉴定，这些肉块均未检出牛源性 DNA 成分。

经法院审理查明，在 2012 年 5 月至 2013 年 11 月期间，陈某先后购进 11 头骡子，将其中的 10 头骡子宰杀，由其妻子兰某在松阳县城南菜场的摊位上以骡肉充当牛肉进行销售，销售金额达六万余元。

法院认为，陈某、兰某以骡肉充当牛肉进行销售，以假充真，销售金额六万余元，其行为已构成销售伪劣产品罪。公诉机关指控的罪名成立。鉴于陈某、兰某案发后退出违法所得，庭审中自愿认罪，均可酌情从轻处罚。最终以陈某、兰某销售伪劣产品罪，各判处拘役两个月，并处罚三万元。两人退出的违法所得，由扣押机关上缴国库；扣押的骡肉，由扣押机关依法处置后上缴国库。

三、浙江苍南假牛肉干案

用猪肉制造假牛肉干销往全国数百家客户，累计销售金额达七百万元以上，2016年3月，方某甲等人分别被判处有期徒刑一年至十五年。

法院经审理查明，方某甲案发前系福州零客食品有限公司法人，制售"牛人帮"牌系列牛肉干。2013年3月前后，方某甲等人考察了一家温州苍南的肉制品加工点，他要求经营该加工点的朱某夫妻，以猪肉为原料生产假牛肉干并许诺给予可观的利润。

在方某甲等人的怂恿下，朱某夫妻便将猪肉切块、蒸煮、冷却、翻炒，添加牛肉精、牛肉纯粉、豌豆粉、焦糖色素等添加剂，小批量生产假牛肉干。经方某甲等人试售后，夫妻俩便开始大量生产假牛肉干。

之后，朱某夫妻将赚钱计划告诉了女儿女婿并告知需要寻找一个不易被发现的加工场所。在女婿方某乙的协助寻找下，2014年6月至2015年1月期间，朱某夫妻租用苍南当地偏僻深山中的三间民房进行假牛肉干生产，一直生产到被查获。期间，方某乙和其堂哥受方某乙的岳父雇佣，从事假牛肉干生产；朱某的女儿为父母提供了一万五千元资金用于购买原材料，还负责在自己的家中保管假牛肉干。

经鉴定，该"牛人帮"牌系列牛肉干肉源性成分均为猪源性成分，不符合其外包装注明的产品标准和质量状况。

法院审理认为，被告人的行为均已构成生产、销售伪劣产品罪。综合考虑各被告人的具体犯罪情节、作用和全案的社会危害程度，法院判处被告人方某甲有期徒刑十五年，剥夺政治权利三年，并处罚金四百万元；被告人朱某有期徒刑十五年，剥夺政治权利三年，并处罚金一百五十万元；其余八名被告人分别被判处十六个月至十年有期徒刑，并处罚金。

四、山东郓城狐狸肉冒充羊肉案

2012年10月以来，任某、谭某甲、谭某乙与谭某丙（在逃）在山东菏泽市郓城县汪堤村租赁冷库，以收购的狐狸肉、鸭肉为原料，用水浸泡，加入保水剂、去味增香剂并放进速冻间速冻，加工包装成假冒羊肉，再由任某销往武汉、长沙等地，案发时涉案金额达246 382元。

本案经郓城县人民法院一审，以生产、销售伪劣产品罪，判处任某有期徒刑三年六个月，并处罚金人民币二十五万元，判处谭某甲有期徒刑三年，并处罚金人民币十八万元，判处谭某乙有期徒刑三年，并处罚金人民币十八万元。

五、浙江嘉兴不合格肉馅案

2009年1月8日，张某甲以个人经营的形式注册成立了嘉兴市秀洲区洪合镇学禄鲜肉摊，经营范围为鲜猪肉零售。凭此执照，2011年下半年始，被告人季某甲、张某乙夫妇与舅姥张某甲、朱某乙夫妇共同投资合伙在嘉兴市秀洲区洪合镇洪昌路522号经营"学禄食品店"，由被告人季某甲从浙江青莲食品股份有限公司及嘉兴市水产肉食品市场分别购进槽头肉、奶脯肉和雨润三七肉（三成瘦肉、七成肥肉，视成色添加），加工成肉馅进行销售。2012年1月1日，被告人季某甲、张某乙经商量由张某乙通过青莲公司直营业务部经理杨某与青莲公司签订生猪槽头、奶脯买卖合同，约定青莲公司一个月内的生猪槽头按9元/千克、奶脯按5元/千克由张某乙收购，以后价格随行就市，合同有效期一年。2012年1月底，被告人贾某甲、贾某乙父子与被告人王某先后至该店打工。其中，被告人季某甲负责进货并将修割过的槽头肉和奶脯肉及另行购进的雨润三七肉运往嘉兴市绿源生态农业有限公司4号冷库进行冰冻，从青莲公司按合同购进的肉品均为未经修割的槽头、带皮奶脯，无肉品品质检验合格证和动物检疫合格证；被告人贾某甲、贾某乙父子负责将上述肉类进行修割，包括去皮、剔除淋巴、乳头等物，工资按每千克加工费0.24元计算，二人月工资共约8 000元；被告人王某负责将冰冻的槽头肉、奶脯肉及雨润三七肉碎块，另负责装卸等杂活，每月工资约3 000元；被告人朱某乙负责将碎块的槽头肉、奶脯肉及雨润三七肉绞成肉馅，与用纯雨润三七肉绞成的肉馅分装于不同颜色的塑料袋；最后由被告人季某甲、张某甲负责将上述肉馅销往嘉兴市洪合镇、桐乡市濮院镇、乌镇等地的包子店。由槽头肉、奶脯肉等做成的肉馅售价约10元/千克。根据嘉兴市绿源生态农业有限公司的出栈记录记载，被告人季某甲自2011年12月23日至2012年6月17日从该冷库提取的槽头肉和奶脯肉的总量约为100吨（已扣除三七肉的数量），销售至包子店的肉馅销售金额（扣除三七肉的价值）共计约人民币100万元。

法院认为，被告人季某甲、张某甲伙同被告人张某乙、朱某乙、贾某甲、贾某乙、王某在生产、销售肉馅的过程中以不合格产品冒充合格产品，生产、销售金额共计约200万元，其中未销售部分约100余万元，七被告人的行为均构成生产、销售伪劣产品罪。鉴于各被告人的犯罪情节、悔罪表现等，判决季某甲犯生产、销售伪劣产品罪，判处有期徒刑九年，并处罚金人民币一百万元；张某甲犯生产、销售伪劣产品罪，判处有期徒刑八年，并处罚金人民币一百万元；张某乙犯生产、销售伪劣产品罪，判处有期徒刑三年，缓刑四年，并处罚金人民币八万元；其余四人被判处有期徒刑二至三年不等。

六、上海福喜公司过期肉案

2014 年 7 月 20 日，上海本地东方卫视播放了一则深度调查的"卧底"新闻，上海福喜食品公司被曝使用过期劣质肉，并向知名餐饮企业供应，且在厂区之外还有一个神秘的仓库，专门把别的品牌的产品搬到仓库里，再换上福喜自己的包装。2014 年 7 月 22 日，初步调查表明，上海福喜食品有限公司涉嫌有组织实施违法生产经营食品行为，并查实了 5 批次问题产品，涉及麦乐鸡、迷你小牛排、烟熏风味肉饼、猪肉饼，共 5 108 箱。上海公安局介入调查，初步查明，麦当劳、必胜客、汉堡王、棒约翰、德克士、7-11 等连锁企业及中外运普菲斯冷冻仓储有限公司、上海昌优食品销售有限公司、上海真兴食品销售有限公司普陀分公司等 11 家企业使用了福喜公司的产品。

2014 年 7 月 24 日，市公安局依法对上海福喜食品有限公司负责人、质量经理等 6 名涉案人员予以刑事拘留，对经营、使用福喜公司产品的问题食品，均已采取下架、封存等控制措施。2014 年 8 月 29 日，因涉嫌生产、销售伪劣产品罪，胡某等 6 名上海福喜公司的涉案高管被上海市人民检察院第二分院依法批准逮捕。2014 年 9 月起，福喜公司陆续召回全部问题食品，并集中实施焚烧等无害处理，并由当地公证机关全程予以公证。

七、河南郑州假兽药案

行为人生产假兽药，冒充合格产品并予以销售，销售金额达五万元以上，其行为已构成生产、销售伪劣产品罪。

案情概况
CASE
OVERVIEW

河南省郑州市 B 区人民检察院指控被告人李某、左某犯生产、销售伪劣产品罪，于 2015 年 4 月 18 日向 B 区人民法院提起公诉。法院依法组成合议庭，公开开庭审理了本案。

经审理查明：2014 年 12 月份，被告人李某、左某在郑州市 B 区中州大道与杨金路交叉口向东 1 000 米路北大河村一民房内，以自己购买的原料、包装等物品，冒用河南迪冉生物科技有限公司的牌子，生产"盐酸大观霉素盐酸林可霉素可溶性粉""酒石酸泰乐菌素可溶性粉""替米考星预混剂"等兽药，销售至云南、湖南、辽宁、山东等地。经鉴定，被告人李某、左某所生产、销售的药品不符合规定，为假兽药。2014 年 12 月 26 日至 2015 年 2 月 3 日期间，被告人李某、左某生产、销售伪劣产品的销售金额共计人民币 64 720 元。

部分证据
SOME
EVIDENCE

1. 河南明泰会计师事务所出具的豫明会司鉴字〔2015〕6 号司法鉴定检验报告书证实，2014 年 12 月 26 日至 2015 年 2 月 3 日期间，李某、左某以"河南迪冉生物科技有限公司"的名义，生产销售假兽药的销售金额合计为 88 440 元。其中，2015 年 2 月 3 日的销售出库单有 2 张，金额为 34 560 元，已收预付款 10 840 元。

2. 河南省兽药饲料监察所出具的检验报告证实，李某、左某生产的"盐酸大观霉素盐酸林可霉素可溶性粉""酒石酸泰乐菌素可溶性粉""替米考星预混剂"均不符合规定。

3. 检查笔录、扣押物品、文件清单、销售出库单及照片证实，民警对 20 份销售单据、生产的成品假兽药 4 箱、封口机 1 台、打码机 1 台、包装箱 1 件、纸箱 1 件、标签 1 沓、生产工具 4 个及原料 5 包依法进行扣押。

4. 到案经过证实，2015 年 2 月 4 日 16 时许，民警接群众举报：在郑州市 B 区中州大道与杨金路交叉口向东 1 000 米路北大河村一民房内有人生产销售假兽药，遂赶到现场，将李某、左某抓获。

5. 被告人李某供述证实，2014 年 12 月份，其与左某在郑州市 B 区中州大道与杨金路交叉口向东 1 000 米路北大河村合伙做假兽药。由于其二人曾在河南迪冉生物科技有限公司做过业务员，就套用河南迪冉科技有限公司的牌子，在市场上购买勾兑假兽药的原料生产一些假兽药并进行销售。其主要按客户的需求量进行生产兽药。其二人每次都是除去购买原料及包装的成本后，平均分配赚取来的利润。生产的兽药都是通过物流发货的形式销往外省，如贵州、四川、云南、湖南、辽宁、山东等地，河南本地也有，但比较少。被告人左某的供述与被告人李某的供述相一致。

法院判决
COURT
JUDGMENT

法院认为：被告人李某、左某生产不符合国家标准的兽药，以不合格产品冒充合格产品并予以销售，其行为已构成生产、销售伪劣产品罪。公诉机关指控被告人李某、左某犯生产、销售伪劣产品罪罪名成立。

根据被告人李某、左某犯罪的事实、犯罪的性质、情节和对于社会的危害程度，依照《中华人民共和国刑法》第一百四十条等规定，判决被告人李某犯生产、销售伪劣产品罪，判处有期徒刑七个月，并处罚金人民币四万元；被告人左某犯生产、销售伪劣产品罪，判处有期徒刑七个月，并处罚金人民币四万元。

八、山东潍坊假兽药案

行为人生产假兽药，冒充合格产品并予以销售，销售金额达五万元以上，其行为已构成生产、销售伪劣产品罪。

案情概况
CASE
OVERVIEW

山东省潍坊市 A 区人民检察院指控被告人庄某犯生产、销售伪劣产品罪，于 2014 年 12 月向 A 区人民法院提起公诉。法院受理后，公开开庭进行了审理。

经审理查明：2011 年 7 月份至 2014 年 5 月份，被告人庄某以虚假的北京凯诺动物药业有限公司和深圳利牧动物药业有限公司的名义，雇佣孙某（在逃）、殷某（在逃），用淀粉等辅料加工生产以及找人代加工各类假冒伪劣兽药产品，并雇佣于某、牛某、王某、张某、潘某等多名业务员，通过电话销售的方式向全国各地的养殖户及兽药经销商推销假冒伪劣兽药，销售金额十七万余元。

部分证据
SOME
EVIDENCE

（一）书证

1. 受案登记表，证实本案系潍坊市峡山区农林水利局移交峡山公安局治安大队。

2. 扣押物品清单、照片及相关单据，证实公安机关在吴某等人处扣押其购买的深圳利牧动物药业公司的兽药、宣传册、销售单据等相关物品。

（二）证人证言

1. 于某、牛某、王某、张某（系受庄某雇佣的业务员）的证言证实，该四人受庄某的雇佣，通过电话向全国各地的兽药经销商及养殖户推销深圳利牧动物药业公司假兽药的事实。

2. 证人鲍某、陈某、李某（系全国各地的兽药经销商及养殖户）等人的证言证实，上述证人均受到庄某雇佣的业务员的电话营销，并购买了深圳利牧动物药业及北京凯诺动物药业公司的假兽药，共计十七万余元。

（三）被告人庄某的供述和辩解证实，在 2011 年 7 月份，其到河南省漯河市租的房子里招聘了两个业务员，编造了一家北京凯诺药业有限公司的名义对外销售假兽药，这期间其一直销售假兽药，直到 2012 年年底的时候，其从洛阳一个姓朱的假兽药贩子那里花 12 000 元，购买了他的深圳利牧动物药业有限公司的公司网站、宣传画册、商标等东西。从 2013 年开始其就招聘业务员以深圳利牧动物药业公司名义销售假兽药，一直到 2014 年 5 月 28 日被公安机关抓获。其销售金额在三十二万到三十三万元。

（四）鉴定意见

1. 山东省畜牧兽医局关于对潍坊市峡山区农林水利局查获兽药产品进行认定说明的函（鲁牧药便函〔2014〕78 号）证实，深圳利牧动物药业有限公司的鸭浆速清、鸭感快康、特效氟康的三种药品，经中国兽药信息网查询，没有以上三种产品标称的公司，生产许可证号、GMP 证号、批准文号均系伪造，应按假兽药处理。

2. 潍坊市峡山区农林水利局关于峡山公安分局查获兽药产品进行认定说明的函证实，深圳利牧动物药业有限公司的抗毒血清、高热全消、通治120、肠痢消、附红康泰、喘呼立停、猪快肥、土霉素、黄金维他、浓缩鱼肝油、强力84、抗毒110、止痢散、黄芪多糖、病毒灵、百虫净，经中国兽药信息网查询，没有以上16种产品标称的公司，生产许可证号、GMP证号、批准文号均系伪造，应按假兽药处理。

（五）勘验、检查等笔录

1. 搜查笔录及扣押清单证实，侦查人员在庄某位于漯河市公寓内搜查到销货清单及收据等相关物品并依法扣押，销售单据上显示的销售金额为95万余元。

2. 搜查笔录、扣押清单及照片证实，侦查人员在罗某家中扣押深圳利牧动物药业的清瘟败毒散共计83袋；在赵某家中提取并扣押深圳利牧动物药业的通治120、抗毒血清等兽药及深圳利牧动物药业画册、单据一张。单据显示2013年12月份，赵某购买深圳利牧动物药业2 160元的兽药。

> **法院判决**
> COURT
> JUDGMENT

法院认为，被告人庄某以牟利为目的，生产、销售假冒伪劣兽药，销售金额十七万元，其行为已构成生产、销售伪劣产品罪，依法应予惩处。公诉机关指控被告人庄某犯生产、销售伪劣产品罪的犯罪事实清楚、证据确实充分，指控的罪名成立，法院予以确认。

根据本案被告人犯罪的事实、性质、情节和对社会的危害程度，依据《中华人民共和国刑法》第一百四十条等规定，判决被告人庄某犯生产、销售伪劣产品罪，判处有期徒刑一年六个月，缓刑二年，并处罚金十万元。

九、河南郑州假兽药案

2018年5月，河南省郑州市公安局东风路分局破获刘某等生产、销售假兽药案，查扣库存涉假兽药近5吨，涉案总价值500万元，涉及全国20余个省份，涉案人员25人，其中14人因涉嫌生产、销售假冒伪劣产品罪被刑拘，8人被批捕。

经查，在作案手法上，刘某等犯罪嫌疑人在黑作坊采用制、销、送"一条龙"方式，自产自销假冒伪劣兽药；标识标注含量为80%的营养成分，实际含量10%，其他则用营养粉勾兑填充。在对外营销方式上，成立未经工商注册的某动物药业有限公司，通过招聘网站招聘销售员，聘请"专家"传授销售员话务技术。销售员以电话销售的方式一对一与养殖户联系，建立微信群，通过远低于市场价的价格吸引养殖户，直接向养殖户销售假兽药；且销售的假兽药实行货到付款，不满意可随时退货退款，吸引了不少养殖户。在货款支付上，养殖户在收到兽药后付款给物流公司，再由物流公司将货款返还该公司网销分部。

十、辽宁东港伪劣饲料案

2015年5月，辽宁省东港市公安局食药侦大队联合新城公安派出所、北井子公安派出所、龙王庙公安派出所，成功破获省内首起特大生产销售假冒伪劣饲料案件，端掉生产窝点2处，查扣涉案伪劣饲料百余吨，扣押包装袋及产品标签3万余件，涉案价值共1000余万元。

经查，犯罪嫌疑人张某于2010年至今，其在北京某饲料公司已注销的情况下，私自刻印公章及财务印章，冒充该公司业务经理，在东港市冒用该公司某品牌系列饲料包装及产品合格标签肆意生产，并向大连市普兰店等多个地区大量销售。经审讯，犯罪嫌疑人张某对其仿冒北京某公司饲料包装生产销售伪劣饲料的犯罪事实供认不讳。

CHAPTER

第三章 03

生产、销售不符合安全
标准的食品罪

第一节

生产、销售不符合安全标准的食品罪研读

［刑法法条及相关规定］

1.《中华人民共和国刑法》

第一百四十三条［生产、销售不符合安全标准的食品罪］ 生产、销售不符合食品安全标准的食品，足以造成严重食物中毒事故或者其他严重食源性疾病的，处三年以下有期徒刑或者拘役，并处罚金；对人体健康造成严重危害或者有其他严重情节的，处三年以上七年以下有期徒刑，并处罚金；后果特别严重的，处七年以上有期徒刑或者无期徒刑，并处罚金或者没收财产。

第一百四十九条 生产、销售本节第一百四十一条至第一百四十八条所列产品，不构成各该条规定的犯罪，但是销售金额在五万元以上的，依照本节第一百四十条的规定定罪处罚。

生产、销售本节第一百四十一条至第一百四十八条所列产品，构成各该条规定的犯罪，同时又构成本节第一百四十条规定之罪的，依照处罚较重的规定定罪处罚。

第一百五十条 单位犯本节第一百四十条至第一百四十八条规定之罪的，对单位判处罚金，并对其直接负责的主管人员和其他直接责任人员，依照各该条的规定处罚。

2.《最高人民法院、最高人民检察院关于办理危害食品安全刑事案件适用法律若干问题的解释》（法释〔2013〕12号）

第一条 生产、销售不符合食品安全标准的食品，具有下列情形之一的，应当认定为刑法第一百四十三条规定的"足以造成严重食物中毒事故或者其他严重食源性疾病"：

（1）含有严重超出标准限量的致病性微生物、农药残留、兽药残留、重金属、污染物质以及其他危害人体健康的物质的；

（2）属于病死、死因不明或者检验检疫不合格的畜、禽、兽、水产动物及其肉类、肉类制品的；

（3）属于国家为防控疾病等特殊需要明令禁止生产、销售的；

（4）婴幼儿食品中生长发育所需营养成分严重不符合食品安全标准的；

（5）其他足以造成严重食物中毒事故或者严重食源性疾病的情形。

第八条 在食品加工、销售、运输、贮存等过程中，违反食品安全标准，超限量或者超范围滥用食品添加剂，足以造成严重食物中毒事故或者其他严重食源性疾病的，依照刑法第一百四十三条的规定以生产、销售不符合安全标准的食品罪定罪处罚。

在食用农产品种植、养殖、销售、运输、贮存等过程中，违反食品安全标准，超限量或者超范围滥用添加剂、农药、兽药等，足以造成严重食物中毒事故或者其他严重食源性疾病的，适用前款的规定定罪处罚。

3. 最高人民检察院、公安部关于公安机关管辖的刑事案件立案追诉标准的规定（一）（以下简称《立案追诉标准（一）》）的补充规定（2017年4月27日印发，公通字〔2017〕12号）（节选）

将《立案追诉标准（一）》第十九条修改为：〔生产、销售不符合安全标准的食品案（刑法第一百四十三条）〕生产、销售不符合食品安全标准的食品，涉嫌下列情形之一的，应予立案追诉：

（一）食品含有严重超出标准限量的致病性微生物、农药残留、兽药残留、重金属、污染物质以及其他危害人体健康的物质的；

（二）属于病死、死因不明或者检验检疫不合格的畜、禽、兽、水产动物及其肉类、肉类制品的；

（三）属于国家为防控疾病等特殊需要明令禁止生产、销售的食品的；

（四）婴幼儿食品中生长发育所需营养成分严重不符合食品安全标准的；

（五）其他足以造成严重食物中毒事故或者严重食源性疾病的情形。

在食品加工、销售、运输、贮存等过程中，违反食品安全标准，超限量或者超范围滥用食品添加剂，足以造成严重食物中毒事故或者其他严重食源性疾病的，应予立案追诉。

在食用农产品种植、养殖、销售、运输、贮存等过程中，违反食品安全标准，超限量或者超范围滥用添加剂、农药、兽药等，足以造成严重食物中毒事故或者其他严重食源性疾病的，应予立案追诉。

[罪名解读]

生产、销售不符合安全标准的食品罪，是指生产、销售不符合卫生标准的食品，足以造成严重食物中毒事故或者其他严重食源性疾患的行为。

本罪的主体要件为一般主体，只要达到刑事责任年龄并具有刑事责任能力的任何人均可构成本罪。单位亦可构成本罪，单位犯本罪的，实行双罚制。本罪在主观方面只能由故意构成，即行为人明知生产、销售的食品不符合卫生标准而仍故意予以生产、销售，对可能造成严重食物中毒事故或其他严重食源性疾患的后果采取放任的态度。若行为人直接追求食物中毒等严重后果的发生，显然将构成其他更为严重的犯罪。

本罪侵犯的是双重客体，即国家食品卫生管理制度和公民的健康权、生命权。食品是人们最常用的生活必需品，食品是否符合卫生标准与公民的身体健康和生命安全息息相关。国家为了保证食品生产和经营符合卫生标准，保障人民群众的身体健康和生命安全，制定了一系列的食品卫生相关法律法规，详细规定了食品卫生监督管理的一系列制度和卫生标准。一切生产、销售不符合卫生标准食品的行为，都是对国家食品卫生管理制度的违犯，同时也不同程度地侵犯了不特定多数人的健康权和生命权。本罪的犯罪对象是"不符合卫生标准的食品"。其中，"食品"是指各种供人食用或饮用的原料和成品，包括食用农产品。"食品卫生标准"是指《食品安全法》对生产、经营食品的总体要求和生产、销售某一类食品所必须达到的卫生指标，一般指食品中含菌类、杂质或污染物质的最高容许量。凡是符合卫生标准的食品就是合格产品，凡是不符合卫生标准的食品，就有可能构成本罪。本罪在客观方面表现为违反食品安全管理法律法规，生产、销售不符合卫生标准的食品，造成严重食物中毒事故或其他严重食源性疾患，严重危害人体健康的行为。

罪与非罪的区别：区分罪与非罪的界限关键在于是否足以造成严重食物中毒事故或者其他严重食源性疾患。如果行为人生产、销售不符合卫生标准的食品，不足以造成严重食物中毒事故或者其他严重食源性疾患，且销售金额在 5 万元以下，应不构成犯罪，属一般违法行为。但是销售金额在 5 万元以上的，构成生产、销售伪劣产品罪。

本罪与生产、销售伪劣产品罪的区别：生产、销售不符合卫生标准的食品如不能构成其罪，但销售金额在 5 万元以上的，则应依照生产、销售伪劣产品罪定罪量刑。如果既构成生产、销售不符合卫生标准的食品罪，又构成生产、销售伪劣产品罪的，属于法条竞合，择取处刑较重的罪定罪处罚。如果行为人生产、销售不符合卫生标准的食品，没有造成法定的危害结果，但销售金额在 5 万元以上的，也构成生产、销售伪劣产品罪。两罪有如下不同：①侵犯的客体不同。前者侵犯了国家食品卫生管理制度和公民的健康权、生命权，而后者则侵犯了国家产品质量监督管理制度和消费者的合法权益。②犯罪对象不同。前者的犯罪对象仅限于不符合卫生标准的食品，而后者的范围比较广泛。③构成犯罪的标准不同。前者是危险犯，只要足以造成严重食物中毒事故或者其他严重食源性疾患即可构成，而后者则是数额犯，即生产、销售伪劣产品罪的构成要求"销售金额在 5 万元以上"。

第二节

加工、经营病死动物及动物产品案例

一、非洲猪瘟防控期间销售染疫生猪被刑拘案

1. 辽宁省王某、各某逃避检疫，销售生猪引发非洲猪瘟疫情案。2018 年 6 月，辽宁

省沈阳市浑南区养殖户王某通过辽宁省生猪经纪人朱某、吉林省生猪经纪人郑某购入 100 头仔猪，后陆续发病死亡，王某及其妻各某未经申报检疫将同群猪全部售出。其中，出售给沈阳市沈北新区沈北街道五五社区养殖户张某的 45 头生猪，8 月 2 日确诊为非洲猪瘟疫情。目前，养殖户王某及其妻各某，生猪经纪人朱某、郑某等以涉嫌妨害动物防疫、检疫罪和生产、销售不符合安全标准的食品罪被刑事拘留。

2. 内蒙古自治区杨某违规出具检疫证明案。目前，奈曼旗某养猪场总经理刘某、副总经理董某、销售员张某等嫌疑人已被当地公安部门刑事拘留；辽宁省铁岭市夏某、邱某等涉案人员正在抓捕中（涉嫌罪名未公布）。

二、浙江瑞安染疫生猪产品案

2019 年 1 月，瑞安市公安机关侦破一起携带非洲猪瘟病毒的食品案，抓获犯罪嫌疑人 4 名，收缴生猪产品 6.5 吨。经温州市动物疫病预防控制中心检测，部分冷鲜猪肉非洲猪瘟病毒呈阳性。经查，2019 年 1 月，犯罪嫌疑人李某某等联系河北籍养殖户王某某，委托办理生猪屠宰的相关手续及联系屠宰公司进行屠宰等事宜，王某某串通河北省曲周县动物检验检疫站工作人员李某某虚开动物检验检疫证明，将部分生猪从河北某食品公司屠宰出栏，主要销售至浙江省瑞安市蔬菜批发市场，涉案金额达 200 余万元。

三、广西玉林病死猪案

2018 年 11 月，根据群众举报线索，广西壮族自治区玉林市公安局破获一起贩卖病死猪案，抓获犯罪嫌疑人 3 人，现场查扣病死猪 5 头。经查，2018 年 1 月以来，犯罪嫌疑人项某利用自己乡镇无害化处理站员工身份，在辖区养猪场有病死猪需要进行无害化处理时，通知犯罪嫌疑人何某某到养猪场将病死猪拉走，并向何某某收取每头 30~50 元的介绍费。犯罪嫌疑人何某某将病死猪以每千克 1.2 元的价格卖给犯罪嫌疑人刘某，刘某将收购的病死猪屠宰分割后销往市场。

四、广东揭阳病死猪肉案

2018 年 8 月，广东省揭阳市公安局破获一起制售病死猪肉案，抓获犯罪嫌疑人 9 名，捣毁屠宰、加工窝点 2 处，现场查获病死猪 4 头及大量病死猪肉加工成的腊肠。经查，2016 年 3 月份以来，犯罪嫌疑人林某某等人为非法牟利，大量收购病死猪，私自屠宰后，销售给广东省潮州市陈某某等人，加工成腊肠等食品，销往广东、湖北等省，涉案金额达 900 余万元。

五、吉林延边死因不明牛肉案

2018 年 3 月,吉林省延边朝鲜族自治州敦化市养牛专业户胡某、陈某在自家牛死因不明情况下,擅自在集市上将 90 多斤牛肉以低价卖掉,非法获利 1 300 余元。检察机关指控被告人胡某、陈某贩卖的牛肉不符合食品安全标准,给食用此牛肉的群众身体健康带来了潜在危害。二人犯罪行为损害了不特定消费者生命健康权,侵犯了社会公共利益,除应受到刑事处罚外,还应承担相应的民事侵权责任。

2018 年 6 月,敦化市法院当庭宣判,被告人胡某、陈某犯生产、销售不符合安全标准的食品罪,分别判处拘役六个月,缓刑十个月,并处罚金人民币 1 000 元;追缴违法所得人民币 1 300 元;禁止两名被告人在缓刑考验期限内从事食品生产、销售及相关活动;责令二人在敦化市电视台向社会公众公开赔礼道歉,共同承担惩罚性赔偿金人民币 13 000 元。敦化市法院公开同步直播整个庭审过程,省、州、市法院、检察院相关领导和干警、40 余名人大代表和政协委员及新闻媒体记者旁听了案件审理过程。

关键点分析
KEY
POINTS

公益诉讼是国家为保障社会公共利益,在食品药品安全领域、生态环境、资源保护领域制定的新的诉讼制度。此案是吉林省在食品药品安全领域首次提出惩罚性赔偿的刑事附带民事公益诉讼案,是公益诉讼制度在打击加工、经营病害动物产品违法犯罪行为方面的具体实践。

六、云南施甸死因不明牛案

2017 年 9 月 29 日,云南省施甸县董某用仓栅式货车装载一具死因不明的黄牛尸体,从家中运往芒市,途经长水客运站时,被执勤特警查获并转交施甸县动物卫生监督所处理。施甸县动物卫生监督所执法人员调查发现,董某运载的黄牛经临床检查判定无生命迹象,属于死因不明动物。9 月 30 日,施甸县动物卫生监督所依法责令当事人董某对死亡黄牛进行无害化处理,同时将案件移送公安机关予以查处。2018 年 3 月 23 日,被告人董某犯生产、销售不符合安全标准的食品罪,一审被判处拘役六个月,缓刑一年,并处罚金人民币 2 000 元。

七、四川阿坝死因不明牦牛肉案

2016 年初，四川省阿坝州阿坝县牧民桑某与喻某商议，在阿坝县做死牦牛生意。两人共同出资修建冻库，由桑某负责在阿坝县收购、加工死因不明牦牛肉，喻某通过互联网寻找买家，至案发时两人累计销售未经检疫、死因不明的冻牦牛肉、牛头、牛蹄 21.8 吨，货值金额 42 万元。

法院审理认为，桑某、喻某两人在明知其生产加工的肉类死因不明，依然收购、生产、销售并骗取相关法定资质审查，违反了国家产品质量管理规定，侵犯了国家食品卫生管理制度，侵害了公民的健康权，损害了消费者权益，情节严重；依据《中华人民共和国刑法》第一百四十三条的规定，喻某犯生产、销售不符合安全标准食品罪，判处有期徒刑三年六个月，并处罚金 23 万元；桑某犯生产、销售伪劣产品罪，判处有期徒刑两年十个月，并处罚金 20 万元。

八、山东东港病死猪肉案

2017 年，山东省日照市东港区屠宰户李某及妻子刘某，向村民周某购买 7 头病死猪，向顾某购买 4 头病死猪，向王某购买 1 头病死猪，通过王某向杨某甲购买 1 头病死猪、向杨某乙购买 4 头病死猪及濒死病猪，在家里加工病死猪并销售肉制品。东港区检察院以生产、销售不符合安全标准的食品罪对李某、刘某、周某、顾某、王某、杨某甲、杨某乙 7 人提起公诉；东港区人民法院分别以生产、销售不符合安全标准的食品罪判处被告人李某有期徒刑十个月，并处罚金 1 万元；判处刘某有期徒刑八个月，缓刑一年，并处罚金 1 万元；判处周某、顾某、王某、杨某甲、杨某乙 5 名被告人拘役或宣告缓刑。

九、四川攀枝花病死动物产品案

2015 年 1 月至 2016 年 3 月期间，四川省攀枝花市何某向陈某等人购买未经检疫检验、病死的牛肉、马肉、骡肉、驴肉 2 万余斤，金额达 20 余万元；何某将这些肉分解后充当牛肉销售给徐某等人，经其再行加工后对外分销成都等地，涉案物品 20 154 斤，涉案金额335 288 元。

2017 年 7 月，法院审理认为，8 名被告人的行为已构成生产、销售不符合安全标准的食品罪，判决被告人何某犯生产、销售不符合安全标准的食品罪，判处有期徒刑六年，并处罚金 70 万元；被告人陈某犯生产、销售不符合安全标准的食品罪，判处有期徒刑三年六个月，并处罚金 26 万元；零售商徐某、付某、周某、伍某、韩某犯生产、销售不符合安全标准的食品罪，分别判处有期徒刑两年、一年六个月、一年一个月、一年、十个月，并处罚金数万元；被告人李某，犯生产、销售不符合安全标准的食品罪，判处拘役两个月，并处罚金 4 000 元。同时，禁止被告人何某、陈某、徐某、付某、周某、伍某、韩某、李某自刑罚执行完毕之日或者假释之日起，五年内禁止从事食品生产、销售及相关活动；对 8 名被告人违法所得赃款予以追缴。

十、云南曲靖病死动物案

案情概况 CASE OVERVIEW　云南省 A 县人民法院审理 A 县人民检察院指控被告人林某、黎某、张某犯生产、销售不符合安全标准的食品罪，被告人杨某、李某、陈某、王某、付某犯生产不符合安全标准的食品罪，被告人曾某、张某甲、赵某、刘某、宋某、皇某、殷某犯销售不符合安全标准的食品罪一案，于 2014 年 10 月 29 日作出刑事判决后，原审被告人林某不服，向云南省曲靖中级人民法院提起上诉。云南省曲靖中级人民法院受理后，依法组成合议庭审理了本案。现已审理终结。

原审人民法院认定：2000 年左右，被告人林某在 A 县开办了某食品冷冻厂，经营动物产品储藏、加工，自任法定代表人。自此开始，被告人林某以提供屠宰场地的方式，笼络赵某、曾某、张某甲、刘某、殷某、皇某、张某、宋某等人，陆续从农户家中收购病死、死因不明的牛、马、猪、骡子运至其提供的屠宰场，由其本人或者王某（自 2008 年年初至 2009 年上半年，一年半左右的时间）、陈某（2011 年年初至 2012 年年底，两年左右的时间）进行宰剥，并收购这类牛、马、猪、骡子肉。之后，由其本人包装或者安排工人杨某甲、李某等人包装，然后进行速冻、冷藏，持续至 2013 年 3 月。另外，被告人林某还直接从 A 县马某（在逃）家收购病死、死因不明的牛、马、骡子肉，并由其本人或者安排工人杨某甲、李某开车将这些肉运回 A 县丹凤镇某食品冷冻厂分解、分类包装、入库冷藏，持续至 2013 年 9 月。2013 年 3 月 19 日至 9 月初，被告人林某还从 A 县黎某处收购病死、死因不明的牛、马、骡子、猪肉，并安排被告人李某运回 A 县某食品冷冻厂进行包装、入库冷藏。其间，这些肉由被告人林某伺机销售。

（一）被告人林某的犯罪事实

被告人林某到 A 县畜牧兽医局直接申报或者利用其妻子在 A 县城农贸市场骗取的动物检疫合格证明（产品 B）申报开具动物检疫合格证明（产品 A），在 2011 年 7 月 4 日至 2013 年 9 月 6 日期间，共计销售病死、死因不明冷冻牛肉 208 吨、猪肉 5 吨、马肉 5 吨，销售金额达人民币 500 余万元。案发时，其存放于某食品冷冻厂冷库里的冷冻牛肉 16 袋（400 千克）和牛筋 2 袋尚未销售。

（二）被告人李某的犯罪事实

2013 年 3 月 20 日左右，被告人林某驾驶牌号为云 DJ37XX 的小卡车，带领被告人李某到 A 县马某家屠宰场地运病死、死因不明的牛肉和马肉，且现场指挥被告人李某称重、记录重量以及区分并记录肉的种类。在将牛肉或马肉运到自己开办的 A 县某食品冷冻厂后，又指挥被告人李某将牛肉和马肉按照一定要求分类包装成 25 千克一袋，放上自制的合格证后放入冷库冷藏。之后，被告人李某便在林某的电话指挥下，直接到马某家屠宰场地运牛肉或马肉。被告人李某到达现场，将肉称重后，直接电话告知林某肉的重量和种类，并用号牌云 DJ37XX 的小卡车将肉运到某食品冷冻厂进行分类、包装、冷藏，先后运了 60~70 次，重达 7~8 吨。

2013 年 5 月左右，被告人李某还到 A 县黎某家屠宰场地，以与上述同样的方式运牛肉和马肉。先后运了 20~30 次，重达 4~5 吨。

被告人李某在运肉的过程中，明知在马某和黎某处屠宰的牛肉和马肉是病死、死因不明的牛、马宰剥出来的，仍然帮助被告人林某称肉、运肉、包装、入库、冷藏，且持续至 2013 年 9 月初。

（三）被告人杨某的犯罪事实

2011 年 2 月至当年年底，被告人杨某在 A 县某食品冷冻厂上班期间，明知被告人林某收购病死、死因不明的牛肉、马肉、猪肉，还帮助销售病死、死因不明的牛、马、猪等牲畜到 A 县某食品冷冻厂，由皇某、宋某、张某甲、赵某等人卸货，然后由被告人陈某剥肉。肉剥出来后，被告人杨某用水将肉的血渍泡掉，并将猪肉、牛肉、马肉分类包装成 25 千克一袋，放上被告人林某自制的合格证，并放入速冻冷库速冻，速冻好后将冷冻的猪肉、牛肉、马肉转移至冷库冷藏。

2013 年 2~9 月初，被告人杨某再次到 A 县某食品冷冻厂上班，帮助林某看守冷库；偶尔，被告人杨某甲独自或与被告人李某一起驾驶云 DJ37XX 小卡车到马某家屠宰场地运肉，同时也到黎某屠宰场地运牛肉或马肉，并将运回来的牛肉、马肉分类、包装，放上林某自制合格证后入库冷藏；被告人林某不在的时候，被告人杨某还教李某如何分类、包装牛肉、马肉，并帮助李某卸、抬从马某、黎某处运回来的牛肉、马肉。

（四）被告人黎某的犯罪事实

2013 年 3 月 19 日，被告人黎某租用陈某家位于 A 县漾月街道办事处杀羊场地，通过自己收购或从曾某、张某甲、宋某、刘某、殷某、皇某、赵某等人处收购病死、死因不明的牛、马、猪、骡子，由被告人陈某（2013 年 3 月中旬至 4 月，一个月左右的时间）和被告人王某（2013 年 4 月底至 2013 年 9 月 3 日）进行宰剥，将肉、皮和骨头分离出来，被告人黎某自己收购皮和骨头，并按照每千克 18~23 元、4~6 元不等的价格和 19 元的价格收购牛肉、猪肉和马肉（骡子肉）。收购之后，再按照牛肉每千克 23 元、马肉（骡子肉）每千克 19 元的价格销售给林某。这些肉由被告人林某本人或者李某、杨某开车运回 A 县某食品冷冻厂进行分类、包装、入库、冷藏。至案发时，被告人黎某收购且存放于自己租用冷库里的猪肉还有 5639 千克未销售给林某。

（五）被告人王某的犯罪事实

1. 2008 年年初至 2009 年上半年，被告人王某明知林某在 A 县某食品冷冻厂剥病死、死因不明的猪、牛、马等牲畜，并将剥出来的猪肉、牛肉、马肉等分解、包装、冷藏、销售，但被告人王某为赚取劳务费，仍然接受林某请其帮助宰剥这类牲畜的要求，帮助林某剥了长达一年半左右的时间，共收取工钱达 3 万余元，剥出来的猪肉、牛肉、马肉达 30 余吨。

2. 2012 年 7 月至 2013 年 4 月期间，被告人王某为赚取工钱，在 A 县张某家，帮助被告人张某宰剥病死、死因不明的猪达三四个月，数量达 60 余头。每剥一头猪收取 10~30 元不等的劳务费。

3. 2013 年 4 月底至 2013 年 9 月 3 日，被告人王某明知在黎某屠宰场宰剥的病死、死因不明的牛、马、骡子的肉被其销售到林某开办的某食品冷冻厂进行包装、冷藏、销售，仍然帮助黎某宰剥病死、死因不明的猪、牛、马、骡子。宰剥一头（匹）牛、马、骡子收取劳务费 60 元钱，宰剥一头猪收取劳务费 10~30 元钱。其间，共宰剥病死、死因不明的牛、马、骡子 20 余头（匹），宰剥病死、死因不明的猪达 50~60 头。

（六）被告人陈某的犯罪事实

1. 2009 年 3 月至 2010 年 7 月，被告人陈某明知在马某的屠宰场宰剥出来的病死、死因不明的牛肉、马肉销售给林某开办的 A 县某食品冷冻厂，由林某包装、冷藏后再行销售给人食用，其仍为赚取劳务费，帮助马某宰剥这类牲畜。其间，每月宰剥牛、马等牲畜达 50~60 头。在这些牲畜中，病死、死因不明的占 70% 左右。

2. 2010 年 7 月至 2011 年年初，被告人陈某在 A 县驾校学习期间，为赚取劳务费偶尔去帮助马某剥病死、死因不明的牛、马等牲畜达 30 余头。

3. 2013 年 3 月底至 5 月，被告人陈某为赚取劳务费，帮助马某宰剥病死、死因不明的牛、马等牲畜达 120 余头（匹）。

4. 2011 年年初至 2012 年年底，被告人陈某为赚取劳务费，帮助林某在其开办的某食品冷冻厂旁边，每天宰剥病死、死因不明的猪达 2~3 头；偶尔也宰剥几头（匹）病死、死因不明的牛、马等牲畜。

5. 2013 年 3~4 月中旬，被告人陈某为赚取劳务费，在 A 县黎某屠宰场地剥病死、死因不明的牛、马达 40~50 头，剥病死、死因不明的猪达 30~40 头。

（七）被告人付某的犯罪事实

被告人付某明知在马某处剥出来的病死、死因不明、残损的牛肉、马肉销售给林某，且经过林某的包装、冷藏之后又销售给人食用，仍为赚取劳务费，多次帮助马某宰剥病死、死因不明、残损的牛、马牲畜。2012 年 3~12 月，共宰剥病死、死因不明、残损等的牛、马达

300~400 头（匹），其中病死、死因不明的牛、马达 150~200 头（匹）；2013 年 6 月 26 日至 9 月 3 日，共宰剥病死、死因不明、残损的牛、马达 132 头（匹），其中病死、死因不明的牛、马达 66 头（匹）左右。

法院判决
COURT JUDGMENT

原审人民法院认为：被告人林某、黎某、张某无视国家法律，违反国家食品安全管理法规，收购病死、死因不明的猪、牛、马、骡子等牲畜予以宰杀，且将宰剥出来的肉予以收购、包装、储藏并销售，其行为已构成生产、销售不符合安全标准的食品罪。被告人林某的行为还符合最高人民法院、最高人民检察院《关于办理危害食品安全刑事案件适用法律若干问题的解释》第三条（一）项之规定，生产、销售金额 20 万元以上的，应认定为具有"其他严重情节"。被告人杨某、李某、陈某、王某无视国家法律，在明知被告人林某生产、销售的肉制品属不符合安全标准的食品情况下，仍然为其宰剥、运输、贮藏及包装等，其行为已构成生产不符合安全标准的食品罪。被告人陈某、王某无视国家法律，在明知被告人黎某生产、销售的肉制品属不符合安全标准的食品情况下，仍然帮助其宰剥病死、死因不明的牲畜，其行为已构成生产不符合安全标准的食品罪。被告人王某无视国家法律，在明知被告人张某生产、销售的肉制品属不符合安全标准的食品情况下，仍然帮助其宰剥病死、死因不明的牲畜，其行为已构成生产不符合安全标准的食品罪。根据《中华人民共和国刑法》第二十五条第一款之规定，被告人杨某、李某、王某、陈某与被告人林某之间构成生产不符合安全标准的食品罪的共同犯罪；被告人王某、陈某与被告人黎某之间构成生产不符合安全标准的食品罪的共同犯罪；被告人王某与被告人张某之间构成生产不符合安全标准的食品罪的共同犯罪。被告人林某、黎某、张某具有《中华人民共和国刑法》第二十六条第一款、第四款规定之情节，在共同犯罪中起主要作用，是主犯，应当按照其所参与或组织、指挥的全部犯罪处罚；被告人杨某、李某、王某、陈某在共同犯罪中起次要作用，是从犯，应当减轻处罚。被告人付某无视国家法律，明知马某生产、销售不符合安全标准的食品，仍然为赚取劳务费，帮助其宰杀病死、死因不明的牲畜，由马某销售给林某，其行为已构成生产不符合安全标准的食品罪。被告人曾某、张某甲、赵某、刘某、宋某、皇某、殷某无视国家法律，明知林某、黎某、马某生产、销售不符合安全标准的食品，仍然从农户家中收购病死、死因不明的猪、牛、马、骡子等牲畜，销售给被告人林某、黎某、马某，其行为已构成销售不符合安全标准的食品罪。被告人林某、李某、黎某、曾某的犯罪行为是一种持续性的行为，应当适用新的司法解释。

综上，依照《中华人民共和国刑法》第一百四十三条，第二十五条第一款，第二十六条第一款、第四款，第二十七条，第六十四条，第六十七条第一款、第三款，第五十二条，第五十三条；最高人民法院、最高人民检察院《关于办理危害食品安全刑事案件适用法律若干问题的解释》第一条第（二）项、第三条第（一）项、第十七条之规定判决：被告人林某犯生产、销售不符合安全标准的食品罪，判处有期徒刑六年，并处罚金人民币 1 000 万元；被告人黎某犯生产、销售不符合安全标准的食品罪，判处有期徒刑一年零八个月，并处罚金人民币 12 万元；被告人张某犯生产、销售不符合安全标准的食品罪，判处有期徒刑一年零五个月，并处罚金人民币 30 000 元；被告人王某犯生产不符合安全标准的食品罪，判处有期徒刑一年零四个月，并处罚金人民币 20 000 元；被告人殷某犯销售不符合安全标准的食品罪，判处有期徒刑一年零三个月，并处罚金人民币 30 000 元；被告人张某甲犯销售不符合安全标准的食品罪，判处有期徒刑一年零三个月，并处罚金人民币 30 000 元；被告人杨某犯生产不符合安全标准的食品罪，判处有期徒刑一年零三个月，并处罚金人民币 15 000 元；被告人陈某犯生产不符合安全标准的食品罪，判处有期徒刑一年零三个月，并处罚金人民币 15 000 元；被告人曾某犯销售不符合安全标准的食品罪，判处有期徒刑一年零两个月，并处罚金人民币 16 000 元；被告人付某犯生产不符合安全标准的食品罪，判处有期徒刑一年零两个月，并处罚金人民币 12 000 元；被告人李某犯生产不符合安全标准的食品罪，判处有期徒刑一年零两个月，并处罚金人民币 10 000 元；被告人刘某犯销售不符合安全标准的食品罪，判处有期徒刑六个月，并处罚金人民币 12 000 元；被告人皇某犯销售不符合安全标准的食品罪，判处拘役四个月，并处罚金人民币 9 000 元；被告人赵某犯销售不符合安全标准的食品罪，拘役四个月，并处罚金人民币 7 000 元；被告人宋某犯销售不符合安全标准的食品罪，判处拘役三个月，并处罚金人民币 5 000 元。

判决宣告后，被告人林某以其经营的肉制品都是合格的产品，不构成犯罪为由提起上诉，辩护人提出新的司法解释前被告人林某都是合法经营行为，不构成犯罪，请求改判其无罪。

二审法院判决：裁定驳回上诉，维持原判。

关键点分析 KEY POINTS

注意本案除货主为主犯被判刑外，其他为其宰剥、运输、贮藏及包装的工人均认定为共同犯罪，为从犯，同样构成生产不符合安全标准的食品罪，均被判刑。

十一、河南洛阳病死猪肉案

案情概况 CASE OVERVIEW

2016 年 5 月 19 日，被告人史某从 A 县某乡养猪户尚某处收购一头死猪，正在家中屠宰时，被 A 县畜牧局工作人员当场查获。经鉴定，该死猪为检验不合格动物。

河南省洛阳市 A 县人民检察院指控史某犯生产、销售不符合安全标准的食品罪一案，于 2016 年 10 月 9 日判决史某生产、销售不符合安全标准的食品，足以造成严重食物中毒事故或者其他严重食源性疾病的行为，构成生产、销售不符合安全标准的食品罪，判处有期徒刑八个月，缓刑一年，并处罚金人民币 2 000 元。

A 县人民检察院抗诉认为，对于适用缓刑的犯罪分子，应当同时宣告禁止令，禁止被告人在缓刑考验期内从事食品生产、销售及相关活动，原审判决未引用该条款，属于判决错误。洛阳市人民检察院支持 A 县人民检察院的抗诉意见。史某无辩解意见，表示认罪；史某辩护人认为，史某的行为不构成生产、销售不符合安全标准的食品罪，更不能适用禁止令。河南省洛阳市中级人民法院受理后，依法组成合议庭于 2016 年 11 月 28 日公开开庭审理本案。

部分证据 SOME EVIDENCE

被告人史某的供述，证人尚某的证言，查获现场照片，A 县动物卫生监督所动物检疫结果意见书，到案经过，被告人户籍及现实表现证明等。

法院判决 COURT JUDGMENT

原审被告人史某生产、销售不符合安全标准的食品，足以造成严重食物中毒事故或者其他严重食源性疾病，其行为已构成生产、销售不符合安全标准的食品罪，故辩护人的该辩护意见不能成立，不予支持。案发后，史某经二审审理查明的事实和证据与一审相同，且经一审、二审法院当庭举证、质证，二审核实无误，足以认定。关于抗诉机关的抗诉意见，经查，《最高人民法院、最高人民检察院关于办理危害食品安全刑事案件适用法律若干问题的解释》第十八条规定，"对实施本解释规定之犯罪的犯罪分子，应当依照刑法规定的条件严格适用缓刑、免予刑事处罚。根据犯罪事实、情节和悔罪表现，对于符合刑法规定缓刑适用条件的犯罪分子，可以适用缓刑，但是应当同时宣告禁止令，禁止其在缓刑考验期内从事食品生产、销售及相关活动"；而一审法院以生产、销售不符合安全标准的食品罪，判处被告人史某有期徒刑八个月，缓刑一年，并处罚金人民币 2000 元，但未禁止史某在缓刑考验期内从事食品生产、销售及相关活动，故抗诉机关的抗诉意见于法有据，予以支持。根据《中华人民共和国刑事诉讼法》第二百二十五条第一款第二项、《最高人民法院、最高人民检察院关于办理危害食品安全刑事案件适用法律若干问题的解释》第十八条之规定，判决维持 A 县人民法院对原审被告人史某的定罪量刑；禁止原审被告人史某在缓刑考验期内从事食品生产、销售及相关活动。

关键点分析 KEY POINTS

注意本案中，对于适用缓刑的犯罪分子，应当同时宣告禁止令，禁止被告人在缓刑考验期内从事食品生产、销售及相关活动。

十二、广东佛山病死猪肉案

行为人李某等人收购病死猪，并予以加工、销售，其行为足以造成食物中毒事故或使他人感染严重食源性疾病，分别构成生产、销售不符合安全标准的食品罪和生产、销售伪劣产品罪。

案情概况
CASE
OVERVIEW

广东省佛山市 B 区人民检察院指控被告人李某甲、李某乙、谭某某、冯某某、李某丙、庄某某、龙某甲、龙某乙、赵某某、陈某某、喻某某、邓某某、林某某、蔡某某、卢某某、邵某某犯生产、销售伪劣产品罪，指控被告人李某丁、林某某、杨某、梁某某犯生产、销售不符合安全标准的食品罪，于 2014 年 2 月 19 日提起诉讼。佛山市 B 区人民法院依法组成合议庭，公开开庭审理了本案。

经审理查明：被告人李某甲、李某乙经过密谋，决定租用某金属制品公司东北角厂房用作非法食品加工点。2010 年 11 月 10 日，被告人李某甲与某金属制品公司签订《厂房租用合同》，约定租用上述厂房，租期为 2010 年 12 月 1 日至 2012 年 12 月 31 日。自 2011 年 9 月开始至 2013 年 4 月，被告人李某甲、李某乙分别从被告人龙某乙、龙某甲、邵某某、李某丁、梁某某和"阿忠""湖南佬"（均另案处理）等人处购入共计超过 600 吨未经检验检疫的已采取去除头、内脏及切割分边等处理方式的残、病、死或者母猪等劣质猪胴体，运至该非法食品加工点。其中，被告人龙某甲、龙某乙、卢某某分工合作自 2012 年 11 月至 2013 年 4 月共销售上述劣质猪类产品金额为人民币 518 280 元，李某丙参与了其中 80 305 元金额的销售；被告人邵某某自 2012 年 9 月至 2013 年 4 月共销售上述劣质猪类产品金额为人民币 1 848 230 元；被告人李某丁自 2012 年 10 月至 2013 年 4 月替他人运输销售上述劣质猪类产品金额为人民币 190 610 元；被告人梁某某于 2013 年 4 月共销售上述劣质猪类产品金额为人民币 87 260 元。在上述加工点，被告人李某甲、李某乙雇请被告人陈某某、冯某某、喻某某、赵某某、杨某和陈某二、赵某二（均另案处理）等工人对上述劣质猪胴体进行分割加工并分类包装，存放于非法加工点和某华冷库。其中，被告人冯某某、陈某某、喻某某、赵某某参与加工的上述劣质猪类产品销售金额均接近人民币 70 万元。被告人李某甲、李某乙将加工好的劣质猪类产品分别销售给被告人谭某某、邓某某、林某某经营的某一公司和被告人庄某某、蔡某某经营的某某冷冻食品行及何某某、陈某三（均另案处理）等人，销售金额约人民币 460 万元，其中销售给某某冷冻食品行的货值超过人民币 180 万元，销售给某一公司共计人民币 518 341 元。

被告人谭某某、邓某某、林某某自 2012 年 10 月开始从被告人李某甲、李某乙处购入劣质猪肉后，在某一公司内雇请被告人林某某和温某某（另案处理）等人将劣质猪肉用于生产猪肉片、肉胶等产品并销售，最后一批购买金额为 26 780 元的猪肉因被公安人员查处而未能加工生产。被告人庄某某、蔡某某自 2011 年 10 月起从被告人李某甲、李某乙处购入上述劣质猪类产品后用于日常销售。

2013 年 4 月 26 日，公安人员破获此案并分别在某金属制品公司内的非法加工点、某华冷库、某一公司、某某冷冻食品行查获涉案猪肉制品共计约 20 吨；从被告人龙某甲、龙某乙、卢某某、李某丙经营的肇庆四会市大沙镇猪场查获涉案猪只一批；从被告人梁某某处扣押到涉案死猪一批。

部分证据
SOME
EVIDENCE

1. 佛公（三）勘（2013）1442 号现场勘验检查工作记录及照片。反映情况：2013 年 4 月 26 日，公安人员对肇庆四会市大沙镇格某村猪场进行勘查。现场停放有三辆货车，车牌号分别为粤 H83***、粤 HG***8、粤 H8****，其中在粤 H8**** 的小货车车厢内有一只猪。在猪场门口墙上写有"收购母猪、公猪、猪尾"等字样。在猪场侧有一缺口，缺口上躺着一只猪，在猪舍内共有大小不一的猪 8 只。

2. 佛公（三）勘（2013）1099 号现场勘验检查工作记录及照片。反映情况：2013 年 4 月 26 日，公安人员对佛山市 C 区某华食品有限公司进行勘查，在营业厅发现写有货主名为"李某"的存货单 5 张，在该公司 8 号冷库内发现"李某"存放的 550 件货物，这些货物为猪肉半成品，用白色纤维袋包装好。

3. 佛公（三）勘（2013）1118 号现场勘验检查工作记录及照片。反映情况：2013 年 4 月 26 日，公安人员对佛山市 C 区罗村镇某农产品批发市场的某某冷冻食品行进行勘查，现场位于佛山市 C 区罗村镇某农产品批发市场东二区某号档，在档口柜台上发现有"进销存账"字样的账本，在柜台下摆放有一台黑色台式电脑主机。在冷库内发现用纸盒包装的猪肉冻品，已交由佛山市 B 区市场监管局处理。

4. 佛公（三）勘（2013）865 号现场勘验检查工作记录及照片。反映情况：2013 年 4 月 26 日，公安人员对某一公司进行勘查，现场位于佛山市 C 区里水胜利村某市场。在公司内的成品仓、原料仓、原料仓外北侧、拆包间及预进间门外西侧、综合加工厂及腌制间内的冷存室发现有大量的生猪肉产品及疑似牛肉产品，在综合加工厂内东侧放置着部分加工设备，在一加工设备位置下发现有"日落黄85"的可疑物品一瓶及"大红"字样的可疑物品一瓶，在材料间内发现上有"牛肉精粉"字样的可疑物品 25 瓶，写有"六偏磷酸钠""焦磷酸钠""三聚磷酸钠"字样的可疑物品各一袋及超级生粉等其他可疑物品，在办公室内发现一张"全国工业产品生产许可证"。

5. 佛山市 B 区市场监管局现场检查笔录、查封（扣押）物品决定书及照片。证明内容：①2013 年 4 月 26 日，佛山市 B 区市场监管局对某华食品有限公司进行现场检查，发现货主姓名为"李某"的单据 5 张，在冷库内发现对应的肉品共 550 件，总重量约 11 吨，执法人员对上述肉品进行查封。② 2013 年 4 月 26 日，佛山市 B 区市场监管局对四会市大沙镇某村一死猪收购点进行执法检查，查获残次猪共 8 头，其中大猪 3 头，小猪 5 头，合计 700 千克，已对上述生猪予以扣押并运往某金属制品公司一冷库进行抽样送检。③ 2013 年 4 月 26 日，佛山市 B 区市场监管局对大沙市场梁某某的白色农用车粤 Y0Z*** 进行检查，查获车内死猪 16 头，已对上述死猪予以扣押并运往某金属制品公司一冷库进行抽样送检。④ 2013 年 4 月 26 日，佛山市 B 区市场监管局对龙某甲的粤 H8**** 小汽车进行检查，发现车上有一头濒死的生猪，执法人员将生猪扣押，并送往某金属制品公司进行抽样送检。⑤ 2013 年 4 月 26 日，佛山市 B 区市场监管局对粤 HK8*** 小汽车进行执法检查，发现车内装有死猪 2 头，重 210 千克，已对上述物品予以扣押。⑥ 2013 年 4 月 26 日，佛山市 B 区市场监管局对某一公司进行检查，查获生猪肉产品及疑似牛肉产品一批共计约十吨重，已提取样品，另查获牛肉精粉 25 瓶、六偏磷酸钠 1 袋、焦磷酸钠 1 袋、三聚磷酸钠 1 袋、日落黄 85 添加剂 1 瓶、大黄添加剂 1 瓶，执法人员对上述物品进行查封。⑦ 2013 年 4 月 26 日，佛山市 B 区市场监管局对某某冷冻食品行进行检查，现场有进口生猪产品约 3.45 吨，无标识来源的生猪产品约 1.19 吨。执法人员对上述肉品予以查封，并予以抽样送检。

6. 2013 年 4 月 26 日，佛山市 B 区市场监管局对某金属制品公司内一仓库进行检查，在仓库内发现三间冷库，冷库内存有大量冷冻肉品共重 8 681 千克，还有刀、电子秤等物品，执法人员对肉类产品进行查封扣押并取样。佛山市 B 区市场监管局于 2013 年 6 月 1 日在 B 区芦苞镇村头村老鸦岗林场茶山鱼塘旁对涉案的分别查封的猪肉进行深埋无害化处理。

7. 广东省动物疫病预防控制中心出具的 ADC20130178 号动物疫病检验报告。反映内容：从某一公司提取的 10 份猪肉样品中，其中有 1 份样品含有猪繁殖与呼吸综合征普通株和变异株病毒核酸，1 份含有猪伪狂犬病病毒核酸及猪圆环病毒 2 型核酸，4 份含有猪圆环病毒 2 型核酸，1 份含有猪繁殖与呼吸综合征普通株和变异株病毒核酸、猪圆环病毒 2 型核酸。

8. 佛山市质量计量监督检测中心出具的№.D13-WT2623 号检验报告。反映内容：从某金属制品公司仓库李某甲处扣押的猪肉样品，挥发性盐基氮含量为 27 毫克 /100 克，判定不合格。

法院判决
COURT JUDGMENT

对于各被告人应定罪名的问题，经审查，根据《最高人民法院、最高人民检察院关于办理危害食品安全刑事案件适用法律若干问题的解释》第一条（二）项的规定，生产、销售病死、死因不明的畜类动物及其肉类、肉类制品，应认定为足以造成严重食物中毒事故或者其他严重食源性疾病，符合生产、销售不符合安全标准的食品罪的构成要件，故本案中被告人生产、销售病死、死因不明猪产品的行为均构成生产、销售不符合安全标准的食品罪。《中华人民共和国动物防疫法》第二十五条规定，依法应当检疫而未经检疫或者检疫不合格的动物禁止屠宰、经营、运输。根据上述规定，本案被告人生产、销售病死、死因不明或者其他未经检验、检疫的猪产品违反国家强制规定，极有可能含有危害人体健康的疾病，应认定为伪劣产品，如金额达到刑法规定的金额，该行为构成生产、销售伪劣产品罪。

按照《中华人民共和国刑法》第一百四十九条的规定，既构成生产、销售不符合安全标准的食品罪，也构成生产、销售伪劣产品罪的，依照处罚较重的规定定罪处罚。本案中，按照被告人李某甲、李某乙、谭某某、冯某某、庄某某、龙某甲、龙某乙、赵某某、陈某某、喻某某、邓某某、林某某、蔡某某、卢某某、邵某某生产、销售的金额，如按生产、销售伪劣产品罪量刑，被告人行为的法定自由刑低者为七年以上有期徒刑，高者可达十五年有期徒刑或者无期徒刑；如按生产、销售不符合安全标准的食品罪量刑，由于没有证据显示本案生产、销售行为对人体健康造成严重危害，按照《最高人民法院、最高人民检察院关于办理危害食品安全刑事案件适用法律若干问题的解释》第三条的规定，生产、销售金额达到二十万元以上认定为有其他严重情节，本案大部分被告人除了生产、销售病死或者死因不明的猪类产品外，还生产、销售了残猪、母猪等其他劣质产品，即生产、销售不符合安全标准食品的金额不能认定，亦缺乏依据认定其行为构成该条款中的"对人体健康造成严重危害或者有其他严重情节"或者"后果特别严重"，法定刑一般为三年以下有期徒刑；即使犯罪金额巨大可以确定为有其他严重情节，法定刑亦不过七年以下有期徒刑。

综上，相比之下，上述被告人按生产、销售伪劣产品罪处罚较重，因此，应按生产、销售伪劣产品罪对上述被告人的行为定罪处罚。被告人李某丁、林某某、杨某、梁某某、李某丙均有生产、销售病死、死因不明的猪类产品的行为，因犯罪金额较小或者此类行为与生产销售其他劣质猪肉的行为难以区分不能确定金额，应按生产、销售不符合安全标准的食品罪定罪处罚。

法院认为，被告人李某甲、李某乙、赵某某、陈某某、喻某某、冯某某、庄某某、蔡某某、龙某甲、龙某乙、卢某某、谭某某、邓某某、林某某、邵某某无视国家法律，生产、销售伪劣产品，其中被告人李某甲、李某乙的销售金额在二百万元以上，被告人庄某某、蔡某某、邵某某、龙某甲、龙某乙、卢某某、冯某某、陈某某、喻某某、赵某某、谭某某、邓某某、林某某的销售金额在五十万元以上不满二百万元，应当以生产、销售伪劣产品罪追究刑事责任。

法院根据各被告人犯罪的事实、性质、情节和社会危害程度，依照《中华人民共和国刑法》第一百四十条、第一百四十三条、第一百四十九条等，以及《最高人民法院、最高人民检察院关于办理危害食品安全刑事案件适用法律若干问题的解释》第一条第（二）项、第十八条的规定，一审判决：被告人李某甲犯生产、销售伪劣产品罪，判处有期徒刑十五年，剥夺政治权利五年，并处罚金人民币二百六十万元。被告人李某乙犯生产、销售伪劣产品罪，判处有期徒刑十五年，剥夺政治权利五年，并处罚金人民币二百六十万元。被告人邵某某犯生产、销售伪劣产品罪，判处有期徒刑十三年，剥夺政治权利三年，并处罚金人民币九十万元。被告人庄某某犯生产、销售伪劣产品罪，判处有期徒刑十二年，剥夺政治权利二年，并处罚金人民币九十五万元。被告人龙某乙犯生产、销售伪劣产品罪，判处有期徒刑七年三个月，并处罚金人民币二十六万元。被告人龙某甲犯生产、销售伪劣产品罪，判处有期徒刑七年，并处罚金人民币二十六万元。被告人邓某某犯生产、销售伪劣产品罪，判处有期徒刑六年，并处罚金人民币二十五万元。被告人谭某某犯生产、销售伪劣产品罪，判处有期徒刑五年，并处罚金人民币二十五万元。被告人林某某犯生产、销售伪劣产品罪，判处有期徒刑三年，缓刑四年，并处罚金人民币二十五万元。被告人蔡某某犯生产、销售伪劣产品罪，判处有期徒刑三年，缓刑四年，并处罚金人民币二十万元。被告人陈某某犯生产、销售伪劣产品罪，判处有期徒刑二年六个月，缓刑三年，并处罚金人民币一万元。被告人冯某某犯生产、销售伪劣产品罪，判处有期徒刑二年六个月，缓刑三年，并处罚金人民币一万元。被告人赵某某犯生产、销售伪劣产品罪，判处有期徒刑二年六个月，缓刑三年，并处罚金人民币一万元。被告人喻某某犯生产、销售伪劣产品罪，判处有期徒刑二年六个月，缓刑三年，并处罚金人民币一万元。被告人卢某某犯生产、销售伪劣产品罪，判处有期徒刑二年四个月，缓刑三年，并处罚金人民币一万元。被告人梁某某犯生产、销售不符合安全标准的食品罪，判处有期徒刑二年三个月，并处罚金人民币一万元。被告人林某某犯生产、销售不符合安全标准的食品罪，判处有期徒刑二年二个月，缓刑三年，并处罚金人民币一万元。被告人李某丁犯生产、销售不符合安全标准的食品罪，判处有期徒刑二年，缓刑三年，并处罚金人民币一万元。被告人李某丙犯生产、销售不符合安全标准的食品罪，判处有期徒刑一年十个月，缓刑三年，并处罚金人民币一万元。被告人杨某犯生产、销售不符合安全标准的食品罪，判处有期徒刑一年八个月，缓刑三年，并处罚金人民币二千元。

十三、吉林延边病死牛肉案

行为人刘某等人收购病死或死因不明的牛，并予以加工销售，其行为足以造成食物中毒事故或使他人感染严重食源性疾病，构成生产、销售不符合安全标准的食品罪。

案情概况
CASE
OVERVIEW

〈一审情况〉

被告人孙某甲、刘某乙于 2013 年年末至 2014 年 4 月初，在 A 县罗子沟镇、大兴沟镇，收购十八头病死或死因不明的黄牛，包括：白某某家一头、孙某乙家两头、李某丁家八头、丁某某家一头、朱某某家两头、王某戊家一头、孟某某家一头、刘某丙购买他人的两头，孙某甲、刘某乙将上述死牛剔肉后出售到图们市，销售价款 1.6 万元。

被告人刘某丙于 2013 年年末至 2014 年 4 月初，在 A 县罗子沟镇，收购十四头病死或死因不明的黄牛，包括：邹某甲家一头病死牛、宿某某家一头、张某乙家一头、王某乙家两头、林某某家两头、邹某乙家一头、李某戊家两头、黄某某与孙某丙家一头、李某乙与于某乙家一头、曲某某家一头、王某甲与隋某某家一头。刘某丙收购上述十四头死牛后，将其中十一头以 9 000 余元的价格卖给了刘某甲、李某丙夫妇，一头剔肉后到罗子沟镇集市上散卖了，其他两头卖给了孙某甲、刘某乙。

被告人李某甲、李某乙于 2013 年年初至 2014 年年初，在 A 县罗子沟镇，收购八头病死或死因不明的黄牛，包括：张某甲家一头、贾某某家一头、邵某某家一头、于某甲家两头、杨某某家两头、白某某家一头。李某甲、李某乙收购上述死牛后，剔肉卖给赶集的村民及被告人王某己（牛肉汤馆业主），一共卖了 1.2 万元。

2014 年 3 月，被告人刘某甲、李某丙以出售为目的，通过被告人张某甲，收购刘某丙的十一头病死或死因不明的黄牛后，运至黑龙江省 B 县共和乡六峰村的家中，剔成牛肉后尚未出售，2014 年 6 月 5 日，公安民警在其住处收缴牛肉 600 余斤。

一审法院认为，孙某甲等被告人生产、销售病死或死因不明的黄牛及其死牛肉的行为，构成生产、销售不符合安全标准的食品罪，公诉机关指控的罪名成立，法院予以确认。依照《中华人民共和国刑法》第一百四十三条等规定，一审判决：被告人孙某甲犯生产、销售不符合安全标准的食品罪，判处有期徒刑一年十个月，并处罚金三万二千元。被告人刘某乙犯生产、销售不符合安全标准的食品罪，判处有期徒刑一年八个月，并处罚金三万二千元。被告人刘某丙犯生产、销售不符合安全标准的食品罪，判处有期徒刑一年六个月，并处罚金二万一千元。被告人李某甲犯生产、销售不符合安全标准的食品罪，判处有期徒刑一年，并处罚金一万八千元。被告人刘某甲犯生产、销售不符合安全标准的食品罪，判处有期徒刑一年二个月，并处罚金一万八千元。被告人李某乙犯生产、销售不符合安全标准的食品罪，判处有期徒刑六个月，缓刑一年，并处罚金一万八千元。被告人李某丙犯生产、销售不符合安全标准的食品罪，判处有期徒刑六个月，缓刑一年，并处罚金一万八千元。被告人张某甲犯生产、销售不符合安全标准的食品罪，判处有期徒刑八个月，缓刑一年，并处罚金五千元。被告人李某丁犯生产、销售不符合安全标准的食品罪，判处有期徒刑九个月，缓刑一年六个月，并处罚金一万二千四百元。被告人王某己犯生产、销售不符合安全标准的食品罪，判处拘役四个月，缓刑六个月，并处罚金一千五百元。缓刑考验期从判决确定之日起计算，罚金限于本判决发生法律效力后十日内缴纳。禁止被告人李某辛、李某丁、王某己在缓刑考验期内从事食品生产、加工销售活动。撤销法院（2013）汪刑初字第 71 号刑事判决中对罪犯王某甲宣告缓刑三年的执行部分。被告人王某甲犯生产、销售不符合安全标准的食品罪，判处拘役四个月，并处罚金二千元，与前犯盗伐林木罪被判处的有期徒刑二年六个月，两罪并罚，决定执行有期徒刑二年六个月，拘役四个月，并处罚金二千元。被告人朱某某犯生产、销售不符合安全标准的食品罪，免予刑事处罚。被告人孙某乙犯生产、销售不符合安全标准的食品罪，免予刑事处罚。

被告人白某某犯生产、销售不符合安全标准的食品罪，免予刑事处罚。被告人于某甲犯生产、销售不符合安全标准的食品罪，免予刑事处罚。被告人杨某某犯生产、销售不符合安全标准的食品罪，免予刑事处罚。被告人王某乙犯生产、销售不符合安全标准的食品罪，免予刑事处罚。被告人李某戊犯生产、销售不符合安全标准的食品罪，免予刑事处罚。被告人林某某犯生产、销售不符合安全标准的食品罪，免予刑事处罚。被告人张某乙犯生产、销售不符合安全标准的食品罪，免予刑事处罚。被告人隋某某犯生产、销售不符合安全标准的食品罪，免予刑事处罚。被告人曲某某犯生产、销售不符合安全标准的食品罪，免予刑事处罚。被告人宿某某犯生产、销售不符合安全标准的食品罪，免予刑事处罚。被告人邹某甲犯生产、销售不符合安全标准的食品罪，免予刑事处罚。被告人王某庚犯生产、销售不符合安全标准的食品罪，免予刑事处罚。被告人邵某某犯生产、销售不符合安全标准的食品罪，免予刑事处罚。被告人李某己犯生产、销售不符合安全标准的食品罪，免予刑事处罚。被告人于某乙犯生产、销售不符合安全标准的食品罪，免予刑事处罚。被告人贾某某犯生产、销售不符合安全标准的食品罪，免予刑事处罚。被告人王某丙犯生产、销售不符合安全标准的食品罪，免予刑事处罚。被告人王某丁犯生产、销售不符合安全标准的食品罪，免予刑事处罚。被告人王某戊犯生产、销售不符合安全标准的食品罪，免予刑事处罚。被告人丁某某犯生产、销售不符合安全标准的食品罪，免予刑事处罚。被告人黄某某犯生产、销售不符合安全标准的食品罪，免予刑事处罚。被告人孙某丙犯生产、销售不符合安全标准的食品罪，免予刑事处罚。被告人张某丙犯生产、销售不符合安全标准的食品罪，免予刑事处罚。被告人孟某某犯生产、销售不符合安全标准的食品罪，免予刑事处罚。被告人邹某乙犯生产、销售不符合安全标准的食品罪，免予刑事处罚。被告人邹某丙犯生产、销售不符合安全标准的食品罪，免予刑事处罚。

〈二审情况〉

经延边朝鲜族自治州中级人民法院审理查明：

1. 2013 年年末至 2014 年 4 月初，原审被告人孙某甲、刘某乙合伙在 A 县罗子沟镇、大兴沟镇等地，以 650 元的价格收购原审被告人孙某乙两头死因不明的牛；以 6 200 元收购原审被告人李某丁八头死因不明的牛；以 400 元的价格收购原审被告人丁某某一头死因不明的牛；以 5 000 元的价格收购原审被告人朱某某两头死因不明的牛；经朱某某介绍，以 400 元价格收购原审被告人王某戊一头死因不明的牛；经原审被告人刘某丙介绍，以 600 元价格收购原审被告人孟某某一头死因不明的牛；以 1 500 元的价格收购原审被告人刘某丙两头死因不明的牛共收购十八头死因不明的牛后，其中孙某甲、刘某乙将这些死牛剔肉后出售到图们市，销售价款 1.6 万元后，原审被告人孙某甲、刘某乙进行平分。案发后，剩余牛肉共 865 余斤，公安机关依法予以扣押。

2. 于 2013 年年末至 2014 年 4 月初，原审被告人刘某丙在 A 县罗子沟镇，以 700 元的价格收购原审被告人邹某甲一头死因不明的牛；张某甲以 300 元的价格收购原审被告人张某乙一头死因不明的牛；以450元的价格收购原审被告人王某乙两头死因不明的牛；经原审被告人张某乙介绍，以300元的价格收购原审被告人林某某两头死因不明的牛；以3 000元的价格收购原审被告人邹某乙、邹某丙两人共有的一头死因不明的牛；以1 200元的价格收购原审被告人李某戊的两头死因不明的牛；以400元的价格收购原审被告人黄某某、孙某丙家一头死因不明的牛；以600元的价格收购了原审被告人李某乙、于某乙家一头死因不明的牛；以700元的价格收购原审被告人曲某某一头死因不明的牛；经曲某某介绍以1 000元的价格收购原审被告人王某甲、隋某某家一头死因不明的牛。刘某丙还将一头死因不明的牛剔肉后在罗子沟镇集市上散卖，剩余两头卖给原审被告人孙某甲、刘某乙。

3. 原审被告人李某甲于2013年年初至2014年年初，经原审被告人王某丙介绍，以3 000元的价格收购原审被告人贾某某一头死因不明的牛；以300元价格收购原审被告人邵某某一头死因不明的牛；以1 000元价格收购原审被告人于某甲两头死因不明的牛；以3 000元价格收购原审被告人杨某某两头死因不明的牛。

上述事实，有一审开庭审理时举证、质证的证据证明（部分）：

1. A县公安局《搜查笔录》《扣押物品清单》证明：2014年4月18日A县公安局民警对孙某甲、刘某乙位于汪清镇幸福屯的住处进行了搜查，在孙某甲家扣押了八编织袋、十七塑料袋病死牛肉约600余斤和两个冰柜，在刘某乙家扣押了八塑料袋约265斤病死牛肉和一个冰柜。2014年6月5日，扣押了刘某甲病死牛肉约614斤。

2. 原审被告人朱某某供述证明：2013年10月，将两头死因不明的牛，分别以3 000元、2 000元的价格卖给了刘某乙；11月份，王某丁打电话说他们村里有一家牛不知道什么原因死了，我就给刘某乙打电话让刘某乙直接跟王某丁联系，后来他们怎么联系的我就不知道了。

3. 原审被告人王某戊、王某丁（父子）的供述证明：2013年11月，王某丁通过朱某某帮忙联系刘某乙，以400元价格把王某戊家一头病死牛卖给了孙某甲、刘某乙。

4. 原审被告人曲某某的供述证明：2014年1月，将自家一头死因不明的母牛以700元的价格卖给了刘某丁。2014年4月初的一天，王某甲家一头三岁的母牛经过他姐夫齐某某救治没治好死了，王某甲就让曲某某联系买死牛的，曲某某给刘某丁打了电话，刘某丁到了王某甲家，王某甲与妻子商量后，以1 000元的价格卖给了刘某丁。

5. 原审被告人刘某丙的供述证明：2013年年末至2014年4月初，在A县罗子沟镇收购过十四头病死牛，具体包括：经王某庚介绍，以700元的价格收购邹某甲的一头病死牛；以300元的价格收购张某乙的一头病死牛；以450元的价格收购王某乙的两头死牛；以300元的价格收购林某某的两头死牛；以3 000元的价格收购邹某乙、邹某丙两人的一头病死牛；以1 200元的价格收购李某戊的两头死因不明的牛；经张某丙介绍，以400元的价格收购黄某某、孙某丙家的一头病死牛；以600元的价格收购了李某乙、于某乙家的一头死因不明的牛；以700元的价格收购曲某某的一头死因不明的牛；以1 000元的价格收购王某甲、隋某某家一头死因不明的牛。

<table>
<tr><td>

法院判决
COURT
JUDGMENT

</td><td>

二审法院认为，孙某甲等原审被告人生产、销售病死或死因不明的黄牛及其死牛肉的行为，已构成生产、销售不符合安全标准的食品罪。原审判决认定事实清楚，证据确实充分，适用法律正确，诉讼程序合法。终审裁定：驳回上诉，维持原判。

</td></tr>
</table>

十四、内蒙古赤峰死牛死马案

行为人赵某甲等人收购冻死的牛、马，并予以加工、销售，其行为足以造成食物中毒事故或使他人感染严重食源性疾病，构成生产、销售不符合安全标准的食品罪。

案情概况
CASE
OVERVIEW

内蒙古自治区 A 右旗人民检察院指控被告人赵某甲、郭某某、李某甲、王某甲、王某乙、刘某甲、那某某、宝某某犯生产、销售不符合安全标准的食品罪，A 右旗人民法院作出判决。被告人赵某甲、郭某某、李某甲、刘某甲不服，上诉至赤峰市中级人民法院。赤峰市中级人民法院认为原审判决部分事实不清，以〔2015〕赤刑二终字第 18 号刑事裁定，撤销 A 右旗人民法院〔2014〕右刑初字第 138 号判决，发回重审。A 右旗人民法院依法另行组成合议庭，公开开庭审理了本案。

经审理查明：2013 年 3 月初，被告人赵某甲联系罗某某（已判刑）收购冻死的牛和马一事，罗某某同意收购欲销售至四川省。自 2013 年 3 月初至 2013 年 3 月 30 日期间，被告人赵某甲先后伙同郭某某、李某甲、王某甲、王某乙、刘某甲在锡林郭勒盟东乌珠穆沁满都宝力格旗镇，收购了 107 头冻死的牛和马，分三次运到 A 右旗大板镇。被告人赵某甲雇人将其中的 51 头（匹）死牛、死马剥皮进行加工，将加工出来的 1 577 千克生肉混放在一起，当成牛肉存放在李某丙的冷库和赵某乙的冷库，后加工出来的生肉再次去李某丙和赵某乙的冷库存放时，由于没有检疫证明被拒绝存放。其余 56（包括其中 3 头从大牛腹中剖出的牛犊）死牛尚未加工，被 A 右旗动物卫生监督所扣押并作无害化处理。被告人赵某甲等人收购死牲畜时，被告人那某某从牧民手中购买和收集的 13 头（匹）冻死的牛和马卖给被告人赵某甲等人，得赃款 7 800 元；被告人宝某某将自家 11 头冻死的牛卖给赵某甲等人，得赃款 3 000 元。

部分证据
SOME
EVIDENCE

1. 罗某某的供述证实：2013 年 3 月初，赵某甲通过电话联系他从内蒙古自治区收购冻死牛一事，他同意收购后欲销售至四川省。五六天后，他带着代某某来到 A 右旗与赵某甲取得联系。赵某甲负责收购死牛、死马进行剥皮加工，在加工期间他在旁边选肉欲购买。

2. 证人李某丙的证言证实：她在 A 右旗大板镇二校南侧经营一家冷库。2013 年 3 月中旬的一天，一个自称给他家干过活的年轻男子要在她家冷库存放牛肉，答应给 800 元钱，至今还没有给钱。那个人共放了三次肉，一共 29 袋子，重 1 071 千克。3 月 29 日又要存放，被她拒绝了。

3. 证人赵某乙的证言证实：他在大板镇北出口经营一家冷库。2013 年 3 月 22 日下午，车间主任刘某乙给他打电话说想把他亲属的一些牛肉存放在他的冷库。不久一个姓赵的和四五个人开着一辆白色农用车来到了冷库，当时车上有 16 袋子冻好的牛肉和一些没冻的牛肉，他只同意将 16 袋子冻好的牛肉放在冷库。第二次姓赵的又去要存放牛肉，由于没有检疫证明被他拒绝了。

4. 证人格某某的证言证实：2013 年 3 月份的一天，A 右旗的几个人到满都宝力格镇收购死牲畜，在他家以 1 200 元的价格收购了一头死牛和一匹死马驹子。

5. 证人赵某丙的证言证实：2013 年 3 月份，赵某甲、王某甲等人以 1 200 元的价格在他家收购了一头死牛，一匹死马。

6. 证人马某某、刘某乙、刘某、赵某丁的证言证实：2013 年 3 月初，赵某甲雇用他们给死牛和死马剥皮、剔肉。每头给 60 元钱，总计加工了 51 头（匹）。

7. 内蒙古自治区动物疫病预防控制中心的检验报告证实：在赤峰市 A 右旗公安局所送检的冻肉中，检验出金黄色葡萄球菌和沙门氏菌两种国家食品安全标准中不得检出的菌种。

8. 鉴定聘请书证实：A 右旗公安局聘请 A 右旗价格认证中心，对赵某甲等人加工的 1 577 千克冻牛肉和 53 头死牛进行鉴定：冻牛肉按等量正常肉价值、死牛的价值按活畜价值进行鉴定。

9. 价格鉴定结论书证实：A 右旗价格认证中心对 1 577 千克冻牛肉和 53 头死牛进行了鉴定。鉴定结论：1 577 千克冻牛肉鉴价值：56 元 / 千克，合计 88 312 元；53 头死牛鉴定值：6 500 元 / 头，合计 344 500 元，鉴定总值：432 812 元。

10. 现场勘查笔录及照片证实：现场位于 A 右旗大板镇 303 国道南一处空院内，空院四周为开阔地。院门朝西，院内坐北朝南有五间没有竣工的在建砖房，砖房南面靠近空院东墙内侧地面上，遗留有八头死牛尸体及加工时遗弃的大量牲畜内脏等污秽物，在砖房西墙外侧头北尾南停放一辆装满死牲畜尸体的蓝色农用车，车号为翼 RM***2，车厢内装有 45 头死牲畜尸体。砖房北墙内侧，坐北朝南用钢管和苫布搭建了一个长 4 米、宽 2 米的临时工棚，工棚北侧有一个用一块细木工板搭建的临时操作台，操作台西面和操作台上堆有大量已剔过肉的牲畜骨头。

11. A 右旗动物卫生监督所证明证实：2013 年 4 月 1 日在食品安全委员会相关部门监督下，将查到的 56 头死牛予以无害化处理。

12. 被告人赵某甲的供述证实：2013 年春节后，他与王某甲一起去了东乌珠穆沁旗满都宝力格镇了解到可以收购冻死的牛赚钱。他联系罗某某从内蒙古自治区收购冻死的牛和马，罗某某同意后欲销售至四川省。第一次他与王某甲、刘某甲、罗某某和代某一起在东乌珠穆沁旗满都宝力格镇收购了 14 头死牛，共计花费了 8 000 元人民币。第二次他与郭某某、李某甲、王某甲、王某乙、刘某甲在东乌珠穆沁旗满都宝力格镇共收购了死牛和死马 48 头（匹），花费了 30 000 多元人民币。第三次是郭某某、李某甲、王某甲、王某乙去的东乌珠穆沁旗满都宝力格镇，共计收购了 40 多头死牛。他雇人将其中的 51 头（匹）死牛、死马进行了加工。其余 56 头死牛尚未加工，就被 A 右旗动物安全监督所扣押了。

13. 被告人郭某某的供述证实：2013 年 3 月中旬的一天上午，赵某甲找到他说到东乌珠穆沁旗收购冻死的牛和马，让他帮助记账。在东乌珠穆沁旗赵某甲又和他说合伙收购，赚钱平分。第一次在东乌珠穆沁旗拉回 48 头冻死的牛和马；第二次在东乌珠穆沁旗收购了 45 头冻死的牛和马。赵某甲是总负责，他负责记账，王某乙付钱，王某甲联系买冻死的牛和马，李某甲负责装车。

法院判决
COURT
JUDGMENT

法院认为，被告人赵某甲、郭某某、李某甲、王某甲、王某乙、刘某甲明知生产的食品不符合安全标准而仍予以生产；被告人那某某、宝某某将冻死的牛和马进行销售，其行为均已构成生产、销售不符合安全标准的食品罪。公诉机关指控的罪名和事实成立，法院予以支持。

依照《中华人民共和国刑法》第一百四十三条等和《最高人民法院、最高人民检察院关于办理生产、销售伪劣商品刑事案件具体应用法律若干问题的解释》第十二条第二项之规定，一审判决：被告人赵某甲犯生产、销售不符合安全标准的食品罪，判处有期徒刑二年零六个月，并处罚金人民币四万元；被告人郭某某犯生产、销售不符合安全标准的食品罪，判处有期徒刑一年零六个月，并处罚金人民币三万元；被告人李某甲犯生产、销售不符合安全标准的食品罪，判处有期徒刑一年零六个月，并处罚金人民币三万元；被告人王某甲犯生产、销售不符合安全标准的食品罪，判处有期徒刑一年零六个月，并处罚金人民币三万元；被告人王某乙犯生产、销售不符合安全标准的食品罪，判处有期徒刑一年零六个月，并处罚金人民币三万元；被告人刘某甲犯生产、销售不符合安全标准的食品罪，判处有期徒刑一年，并处罚金人民币一万元；被告人那某某犯生产、销售不符合安全标准的食品罪，判处拘役三个月，并处罚金人民币四千元；被告人宝某某犯生产、销售不符合安全标准的食品罪，判处拘役二个月，并处罚金人民币三千元。

十五、重庆病死动物产品案

行为人杨某、吴某等人收购死因不明的动物，并予以加工成肉类销售，其行为足以造成食物中毒事故或使他人感染严重食源性疾病，构成生产、销售不符合安全标准的食品罪。

案情概况 CASE OVERVIEW

重庆市 A 县人民检察院指控被告人杨某、吴某、张某、谢某、邱某、凡某、刘某甲、刘某乙、冉某犯销售不符合安全标准的食品罪，于 2014 年 6 月 6 日向 A 县人民法院提起公诉。法院依法适用普通程序，组成合议庭，公开开庭审理了本案。

经审理查明，从 2009 年起，被告人杨某、吴某夫妇在 A 县桃花源镇"东风坝"利用自己修建的冻库收购野猪、野羊、家猪、狗等用于加工肉类销售。其中在 2013 年，被告人刘某乙向其夫妇销售死因不明的家猪 1 头；被告人冉某向其夫妇销售死因不明的家猪 1 头；被告人凡某向其夫妇销售死因不明的家猪 2 头；被告人张某向其夫妇销售死因不明的家猪 1 头，死因不明的家羊 3 头；被告人谢某向其夫妇销售死因不明的家猪 4 头；被告人邱某向其夫妇销售死因不明的家猪 2 头；被告人刘某甲向其夫妇销售死因不明的家羊 6 头。2013 年 11 月 4 日，被告人杨某在向湖南省吉首市运输货物过程中被公安机关查获，并在杨某冻库内扣押野猪肉 13 010.6 千克，家猪肉 1 706 千克，家猪头 727 千克，家猪腿 488 千克，猪舌 432 千克，猪耳 20 千克，猪内脏 889 千克，野山羊肉 38 千克，家羊肉 992 千克，狗 214 千克，牛脚 28.6 千克。经抽样检测，在扣押物品中发现含有典型大肠埃希氏菌，羊痘病毒，重金属镉、铅超标，挥发性盐基氮超标。

另查明，2013 年 11 月 4 日公安民警将被告人杨某、吴某抓获；同年 11 月 6 日将被告人张某抓获；11 月 7 日将被告人凡某抓获；11 月 9 日将被告人冉某、刘某乙抓获；11 月 12 日将被告人谢某、邱某抓获；12 月 18 日将被告人刘某甲抓获。

部分证据 SOME EVIDENCE

认定当事人犯罪事实的证据有受案登记表、立案决定书，A 县动物卫生监督所案件移送函，到案经过，证人侯某等 49 名证人的证言，辨认笔录及照片，视频资料，现场搜查及清点照片，吴某账本资料，扣押物品清单，动物卫生监督现场检查（勘验）笔录，抽样取证凭证，抽样记录，重庆市动物疫病预防中心检查报告及专家意见，重庆市兽药饲料检测所检查报告及专家意见，重庆市 A 县疾病预防控制中心卫生检测结果报告单，被告人杨某、吴某、张某、谢某、邱某、凡某、刘某甲、刘某乙、冉某的供述及户籍证明。所述证据，经庭审举证、质证，能相互印证。

法院判决 COURT JUDGMENT

法院认为，被告人杨某、吴某、张某、谢某、邱某、凡某、刘某甲、刘某乙、冉某销售死因不明的肉类，足以造成严重食物中毒或者其他严重食源性疾病，其行为已构成销售不符合安全标准的食品罪，均应依法追究其刑事责任。公诉机关指控被告人杨某、吴某、张某、谢某、邱某、凡某、刘某甲、刘某乙、冉某犯销售不符合安全标准的食品罪的事实及罪名成立。在共同犯罪中，被告人杨某起主要作用，系主犯；被告人吴某起辅助作用，系从犯，应从轻处罚。被告人杨某、吴某、张某、谢某、邱某、凡某、刘某甲、刘某乙、冉某归案后，如实供述其罪行，可从轻处罚。根据吴某犯罪情节，有悔罪表现，没有再犯罪的危险，对其宣告缓刑对其居住的社区没有重大不良影响，可对其宣告缓刑。

关于被告人杨某辩称其修建冻库不只是为了收购死肉的理由不影响本案的定罪量刑。其辩护人提出被告人不知是不符合安全标准食品而销售，鉴定机构主体不合法，鉴定结论相互矛盾，且鉴定结论仅仅对样品负责，不能类推等被告人无罪的理由，经查，有被告人及同案关系人的供述、证人证言相佐证被告人以明显低于市场价进货、销售，足以认定被告人明知；鉴定机构具备相应资质，鉴定程序合法，应作合法有效证据予以采信，故其辩称被告人无罪的理由均不能成立，法院不予采纳。

关于被告人吴某辩称其是在杨某不在场的情况下帮助收购，具体经营是杨某在负责及其辩护人提出被告人吴某是从犯、初犯的理由，经查成立，法院予以采纳。辩护人提出在运输过程中的物品未作鉴定，不能认定该物品系不符合安全标准食品，经查，指控并未认定该物品系不符合安全标准食品；提出鉴定机构主体不合法，鉴定结论相互矛盾，抽样的样品检测过程不透明，且鉴定结论仅仅对样品负责，不能类推；涉案肉类无证据证明被用于销售的理由不能成立，不赘述。

关于被告人刘某乙的辩护人提出，被告人系坦白，是初犯、偶犯的理由，经查成立，法院在量刑时予以考虑。提出销售的物品没有流入市场，社会危害性小的理由，经查，食品销售所针对的是不特定多数人的健康权，其理由不能成立，法院不予采纳。

据此，依照《中华人民共和国刑法》第一百四十三条等规定，判决：被告人杨某犯销售不符合安全标准的食品罪，判处有期徒刑一年六个月，并处罚金五千元；被告人张某犯销售不符合安全标准的食品罪，判处有期徒刑十一个月，并处罚金三千元；被告人谢某犯销售不符合安全标准的食品罪，判处有期徒刑十一个月，并处罚金三千元；被告人刘某甲犯销售不符合安全标准的食品罪，判处有期徒刑十一个月，并处罚金三千元；被告人邱某犯销售不符合安全标准的食品罪，判处有期徒刑十一个月，并处罚金三千元；被告人凡某犯销售不符合安全标准的食品罪，判处有期徒刑十个月，并处罚金三千元；被告人刘某乙犯销售不符合安全标准的食品罪，判处有期徒刑十个月，并处罚金三千元；被告人冉某犯销售不符合安全标准的食品罪，判处有期徒刑十个月，并处罚金三千元；被告人吴某犯销售不符合安全标准的食品罪，判处有期徒刑九个月，缓刑一年，并处罚金三千元；对被告人违法所得依法予以追缴。

关键点分析
KEY
POINTS

由于本案案情重大、多方关注，在这起案件办理前期，笔者现场与牵头的公安部门办案人员有较好的沟通，提出可从三个方面考虑，通过多部门的实验室对疑似病害动物产品进行鉴定的思路：①病原学检验，针对一、二、三类动物疫病，重点针对人兽共患传染病进行检验；②挥发性盐基氮等理化指标的检验；③农药、兽药、重金属残留方面的检验。最后，从此案的刑事判决书上反映出的病害动物产品实验室检验结果包括："含有典型大肠埃希氏菌、羊痘病毒，挥发性盐基氮超标，重金属镉超标、铅超标"。从笔者收集的案件情况来看，本案是国内在查办病死动物产品案件中，检验最全面的案件。

十六、江西九江病死猪肉案

行为人王某甲等人收购病死猪，并予以加工销售，其行为足以造成食物中毒事故或使他人感染严重食源性疾病，构成生产、销售不符合安全标准的食品罪。

案情概况
CASE
OVERVIEW

江西省A市人民检察院指控被告人王某甲、刘某甲、王某乙、柯某、詹某、刘某乙、刘某丙犯生产、销售不符合安全标准的食品罪，于2015年7月向A市人民法院提起公诉，法院于2015年7月29日公开开庭进行了审理。

经审理查明：2013年，A市绪兴养殖场场长刘某甲及员工王某乙分批次将养殖场的2头病死猪，2头残猪销售给被告人王某甲，被告人王某甲在A市绪兴养殖场将猪屠宰后，将猪肉放在自己位于A市青龙菜场摊位上销售给消费者。

2014年2月，被告人刘某甲、王某乙将1头病死猪，1头未经动物卫生监督机构检疫的猪销售给被告人王某甲，事后刘某甲向A市绪兴养殖场法人代表被告人刘某乙汇报，并将卖猪款550元交给刘某乙。后被告人王某甲和其妻子詹某一起将猪肉在青龙菜场摊位销售给消费者。

2014年6月，被告人刘某甲和王某乙发现A市绪兴养殖场有1头病死猪，遂将病死猪屠宰，并联系被告人王某甲，王某甲叫被告人詹某到A市绪兴养殖场将这头病死猪以300元收购，后被告人詹某将部分猪肉在青龙菜场摊位销售给消费者。

2014年9月，被告人王某乙、刘某甲将A市绪兴养殖场2头未经动物卫生监督机构检疫的猪销售给王某甲，被告人刘某乙在现场收卖猪款280元，被告人王某甲在A市绪兴养殖场将猪屠宰后，将猪肉在青龙菜场摊位销售给消费者。

2014年10月左右，A市绪兴养殖场股东被告人刘某丙将养殖场1头病猪，2头未经动物卫生监督机构检疫的猪销售给被告人柯某，被告人柯某将猪肉在赛湖农场十五连再就业菜场摊位销售给消费者。

部分证据
SOME
EVIDENCE

一、被告人的供述

1. 被告人刘某甲在公安机关的供述，证明其是 A 市绪兴养殖场兽医兼场长。养殖场共有三个老板刘某丙、刘某乙和陈某。刘某丙是负责人，管理场内大小事务；刘某乙是法人，负责管账，陈某和刘某乙很少到养殖场来。

2013 年 7 月一天，养殖场出现了一头快要死的残猪，王某乙联系 A 市青龙菜场卖猪肉的王某甲收购，钱应该是王某乙收的。2013 年 10 月的一天，养殖场出现了一头死猪，也是王某乙联系王某甲的。2013 年 12 月养殖场出现了两头死猪，还是王某乙联系王某甲。

2014 年 2 月份，场内有两头死猪，患了急性胸膜肺炎，当时猪还口吐白沫，养猪工人王某乙联系王某甲将两头病猪以 550 元价格出售了，钱是我收的，后来我把钱交给了刘某丙。2014 年 6 月份，有一头死猪，好像是打架死的，王某乙向我报告后，我打电话问刘某乙怎么处理，刘某乙说有人买的话就将死猪卖掉，我将刘老板意思转告了王某乙之后，也是王某乙打电话给王某甲。我和王某乙、刘某丙、朱某在养殖场将猪宰杀、剥皮，内脏也没有要，晚上王某甲的老婆和儿子来到养殖场，王某甲的老婆给了我 300 元，后将猪肉带走。2014 年 9 月份养殖出现了两头残猪，王某乙向刘某乙报告同意后，联系王某甲，以 280 元卖了，钱是刘某乙自己收的。2014 年 10 月份，养殖场出现了一头二百多斤的死猪，也是突然死亡，病因不清楚，朱某向我报告了，我说等刘某丙来处理。后刘某丙联系 A 市爱民医院旁边菜市场一个姓柯的卖猪肉的人来收的。2014 年 11 月份，有两头残猪，是刘某丙联系 A 市爱民医院旁边菜市场的柯老板来收的。我知道没有经过检疫的猪是不能流入市场的。

2. 被告人柯某在公安机关的供述，证明 2014 年 9 月份 A 市绪兴养殖场的刘老板打电话给我，说养殖场有一头商品猪因打架死掉了，已经被宰杀了，问我要不要，大概有二百七、八十斤，不记得是花了 800 元还是 1 200 元买了那头死猪。2014 年 11 月份，养殖场刘老板给我打电话，说养殖场有两头残猪，问我要不要，我与刘老板谈好价后将这两头残猪在 A 市食品公司宰杀，三头猪以正常价格在再就业菜场零卖了。

二、证人证言

1. 证人胡某辉的证言，证明我为 A 市畜牧水产局动物卫生监督所所长。病死猪有三种情况：①因寄生虫引发死亡；②因传染病引发死亡；③因猪打斗引发的死亡。病死猪是不能流入市场的。正常商品猪必须由 A 市食品公司屠宰，经过检疫后才能流入市场，没有经过检疫的商品猪都是不合格的食品。经调查 2014 年 A 市绪兴养殖场有 5 头病死猪流入了市场，有 4 头病死猪卖给了王某甲。死亡 5 只以上病死猪，养殖场向桂林市畜牧站汇报，由畜牧站向我汇报，如果出现投保的母猪，养殖场直接给我打电话，我们进行现场勘验后，将病死猪无害化处理后，由保险公司赔偿。

2. 证人刘某丙的证言，证明我是在 A 市绪兴养殖场养母猪和猪仔，病死猪的处理都要经过场长或老板同意，只知道绪兴养殖场 2014 年 2 月卖过一次病死猪，南昌双汇集团退回来的商品猪死了两头，王某乙联系的买主。

三、书证

1. 央视新闻视频照片字幕，证明被告人王某甲卖病死猪肉被曝光的情况。

2. 扣押清单、绪兴养殖场出售生猪账目，证明 A 市绪兴养殖场出售病死猪的账目情况。

3. 行政处罚决定书、询问笔录、鉴定意见书，证明被告人王某甲 2011 年因阻碍 A 市商管办工作人员对其摊位猪肉销售检查被行政处罚。

四、辨认笔录及照片

1. 被告人刘某甲辨认笔录，证明柯某为在 A 市绪兴养殖场收购病死猪的人。

2. 被告人王某乙辨认笔录，证明柯某为在 A 市绪兴养殖场收购病死猪的人。

法院判决
COURT JUDGMENT

法院认为：被告人王某甲、刘某甲、王某乙、柯某、詹某、刘某乙、刘某丙销售病死猪肉及未经检疫的残猪的猪肉，其行为构成生产、销售不符合安全标准食品罪，依法应予惩处。公诉机关指控的罪名成立，法院予以确认。被告人王某甲、刘某甲、王某乙、柯某、詹某、刘某乙、刘某丙经公安机关口头传唤主动到案，并如实供述犯罪事实，属自首，依法可从轻或减轻处罚。被告人王某甲、刘某甲、王某乙、柯某、詹某、刘某乙、刘某丙均系初犯，没有造成严重后果，酌情可从轻处罚。被告人詹某是受被告人王某甲安排，收购一次死猪肉，未造成严重后果，作用较小，酌情可从轻处罚。

依照《中华人民共和国刑法》第一百四十三条等、《中华人民共和国食品安全法》第二十八条第一款第（五）项、第（六）项及《最高人民法院、最高人民检察院关于办理危害食品安全刑事案件适用法律若干问题的解释》第一条第（二）项、第（三）项、第十七条、第十八条之规定，一审判决：被告人王某甲犯生产、销售不符合安全标准食品罪，判处有期徒刑一年，并处罚金五万元；被告人刘某甲犯生产、销售不符合安全标准食品罪，判处有期徒刑一年，并处罚金五万元；被告人王某乙犯生产、销售不符合安全标准食品罪，判处有期徒刑十个月，并处罚金四万元；被告人柯某犯生产、销售不符合安全标准食品罪，判处有期徒刑八个月，缓刑一年，并处罚金三万元；被告人詹某犯生产、销售不符合安全标准食品罪，判处有期徒刑六个月，缓刑一年，并处罚金二万元；被告人刘某乙犯生产、销售不符合安全标准食品罪，判处有期徒刑八个月，缓刑一年，并处罚金四万元；被告人刘某丙犯生产、销售不符合安全标准食品罪，判处有期徒刑八个月，缓刑一年，并处罚金四万元；追缴违法所得五万元。

十七、河南安阳病死猪肉案

行为人申某等人收购病死猪，并予以加工、销售，其行为足以造成食物中毒事故或使他人感染严重食源性疾病，分别构成生产、销售伪劣产品罪和生产、销售不符合安全标准的食品罪。

案情概况
CASE OVERVIEW

河南省A市人民检察院起诉指控被告人申某、谭某、彭某、石某、岳某、秦某犯生产、销售伪劣产品罪，于2014年2月10日向法院提起公诉。A市人民法院公开开庭审理了本案。

经审理查明，2009年12月，被告人申某开始承包B市某食业有限公司肉联厂，开展生猪屠宰等生产经营，雇佣被告人谭某、彭某、石某分别负责生产、财务和产品销售登记工作。从2011年2月至2013年4月，被告人申某、谭某明知是病死猪，仍多次、大量收购，经过屠宰加工后对外销售，从中非法获取利润。在收购、屠宰加工病死猪及对外销售过程中，谭某负责收购定价、屠宰加工和销售定价；石某负责收取屠宰加工费用和猪肉的销售登记；彭某负责款项登记造册和现金结算。2011年2月至2013年4月，申某承包经营的肉联厂屠宰后对外销售病死猪肉共计255 368斤，销售金额人民币1 159 216元。

2012年1月至2013年4月，被告人岳某、秦某多次从肉联厂购进病死猪肉，分别在其经营的B市大菜园蔬菜批发市场东区南排1号"老江鲜肉批发店"、B市其林台菜市场"砚松鲜肉店"销售，从中非法获取利润。2012年1月至2013年4月，岳某从肉联厂共购进病死猪肉145 814斤，购买金额679 369元，销售金额1 166 512元；秦某从肉联厂共购进病死猪肉33 438斤，购买金额151 095元，销售金额267 504元。

部分证据
SOME EVIDENCE

1. 被告人申某供述：2009年12月20日，本人开始承包B市某食业有限公司肉联厂，我负责全面工作。谭某负责生产经营，主要经营收购生猪、屠宰生猪、批发销售食用动物肉业务。彭某是会计，石某是收费员。2010年开始收购病死猪，整个收购、销售工作由谭某负责，我收购过秦某某的病死猪。收购的病死猪屠宰后的猪肉都被谭某对外批发给一些市场上的肉贩了。我只知道批发病死猪肉的大户是岳某，收购生猪及销售金额我不清楚，一切以账目为准。账目上显示不同价格的猪肉，是市场行情变化，价格也会有所波动，5元以下的是病死猪肉。

2. 被告人谭某供述：我负责生猪的收购、猪肉的销售、定价格，销售后把价格和数量报给石某，石某收钱后把钱和底数交给彭某。肉联厂收购病死猪是申某允许的。经我收购、销售多少病死猪我不清楚，公司账上有记载。每斤5元以下的猪肉是病死猪肉，5~6元的其中一部分是好肉，一部分是病死猪肉。

3. 被告人彭某供述：申某承包肉联厂后安排我当会计。我负责结算销售的肉款和生猪款、记账。石某每天把销售的情况及欠款情况给我，把钱给我，我再根据石某报的情况登记入账。谭某负责生猪收购、猪肉定价、猪肉销售。我记的账目上显示为每斤3~5元的猪肉都是有问题的，那些病死猪肉就是那些便宜肉。

4. 被告人石某供述：我在申某承包的肉联厂负责收本地生猪屠宰的加工费，用流水账登记屠宰后的出肉量和金额，这个是谭某写好屠宰后肉的重量和单价给我，我登记到流水账上。如果有来批发购买肉的肉贩现金给公司的，我就先收了，随后转给总会计彭某。肉联厂屠宰加工过病死猪也销售过病死猪肉，屠宰病死猪一般我都在场，直接在车间现场登记流水账，每天把账目转给彭某，他记到总账上。销售的病死猪肉价格是谭某定的，他也负责过秤。谭某收购生猪后，经屠宰加工过秤告诉我价格和重量，我就按照他说的记到账本上。来肉联厂批发病死猪肉的主要是秦某和岳某，基本上他两个每天都去批发购买病死猪肉。按照正常情况，每斤5元以上的应该是好肉，每斤5元以下的是病死猪肉。申某承包经营期间大部分时间在场内，知道收购屠宰病死猪及销售病死猪肉的情况，谭某请假不在的时候，申某负责收猪、定价、卖肉。

5. 中国动物卫生监督现场检查笔录、照片及检查结论证实：2013年4月20日，B市公安局食品药品警察大队联合B市动物卫生监督所查获秦某从申某承包的肉联厂购病死猪肉冻肉14袋，每袋20斤，猪胴体8头，该批猪肉为不合格动物产品。

6. B市动物卫生监督所行政处罚决定书证实：2013年3月12日，因经营无检疫证明、无检验验讫标志的冻肉，B市动物卫生监督所对岳某罚款2 375元。

7. 农业部动物检疫管理办法、生猪屠宰检疫规程、河南省生猪屠宰检疫管理办法规定，生猪屠宰前必须经宰前检疫，检疫合格的准予屠宰。

法院判决
COURT JUDGMENT

对于被告人谭某的辩护人认为"本案应定性为生产、销售不符合安全标准的食品罪"、被告人石某的辩护人认为"应以生产、销售不符合安全标准的食品罪对石某量刑"的辩护意见，经查，本案各被告人的行为触犯了生产、销售不符合安全标准的食品罪和生产、销售伪劣产品罪两个罪名，根据刑法第一百四十九条第二款的规定，对各被告人应按处罚较重的规定定罪处罚。结合本案事实，对被告人申某、岳某、谭某、彭某、石某以生产、销售伪劣产品罪处罚较重，对被告人秦某以销售不符合安全标准的食品罪处罚较重。故被告人谭某、石某的辩护人的辩护意见均不能成立，不予支持。

对于被告人申某的辩护人认为"指控申某犯生产、销售伪劣产品罪的事实不清，证据不足"的辩护意见，经查，被告人申某对伙同他人收购病死猪屠宰后予以销售的犯罪事实予以供认，且有同案人供述、证人证言、相关鉴定意见等证据证实，足以认定。故申某辩护人的该辩护意见不能成立，法院不予采纳。

法院认为，被告人申某、谭某在申某承包经营B市肉联厂期间，明知是病死猪而予以收购、屠宰后销售猪肉，被告人彭某、石某明知申某、谭某生产、销售病死猪肉而负责销售过程中的登记造册及现金结算，销售金额1 159 216元，其行为均已构成生产、销售伪劣产品罪；被告人岳某明知是病死猪肉而予以大量销售，销售病死猪肉金额为1 166 512元，其行为已构成销售伪劣产品罪；被告人秦某明知是病死猪肉而予以大量销售，销售病死猪肉金额267 504元，其行为已构成销售不符合安全标准的食品罪。公诉机关指控被告人申某、岳某、谭某、彭某、石某所犯罪名成立，指控被告人秦某犯销售伪劣产品罪不当，应予纠正。被告人彭某、石某在共同犯罪中属从犯，可依法予以减轻处罚。

依照《中华人民共和国刑法》第一百四十条、第一百四十三条、第一百四十九条第二款等及《最高人民法院、最高人民检察院〈关于办理危害食品安全刑事案件适用法律若干问题的解释〉》第一条第（二）项、第三条第（一）项、第十三条、第十七条的规定，一审判决被告人申某犯生产、销售伪劣产品罪，判处有期徒刑十五年，剥夺政治权利五年，并处罚金人民币一百万元；被告人岳某犯销售伪劣产品罪，判处有期徒刑十五年，剥夺政治权利五年，并处罚金人民币一百万元；被告人谭某犯生产、销售伪劣产品罪，判处有期徒刑十四年，剥夺政治权利四年，并处罚金人民币八十万元；被告人秦某犯销售不符合安全标准的食品罪，判处有期徒刑七年，并处罚金人民币六十万元；被告人彭某犯生产、销售伪劣产品罪，判处有期徒刑六年，并处罚金人民币二十万元；被告人石某犯生产、销售伪劣产品罪，判处有期徒刑六年，并处罚金人民币二十万元。

十八、重庆黔江病死猪案

2012年3月26日，重庆市黔江区养殖户万某在当地兽医站执法人员的监督下，将其经营的生猪扩繁场内一头病死母猪掩埋，后为减少经济损失，又偷偷将病死母猪从土坑中刨出，并以300元的价格卖给被告人张某甲，张某甲与张某乙将该病死母猪开边刨毛后，以4元/斤的价格卖给张某丙。张某丙将病死猪肉在运往黔江城区的路上被查获。经审理，黔江区人民法院认定四名当事人构成生产、销售不符合卫生标准食品罪，判处万某有期徒刑一年二个月，并处罚金四千元；判处张某甲有期徒刑一年，并处罚金三千元；判处张某丙有期徒刑一年，并处罚金 3 000 元；判处张某乙有期徒刑六个月，并处罚金二千元。

关键点分析
KEY
POINTS

　　此案是笔者目前查到的，经营病死猪肉量最少而判处多人有期徒刑的案例，即"一头死猪判了四个人"。

十九、四川双流病死生猪案

（2015 年最高人民检察院通报的 11 起检察机关加强食品安全司法保护典型案例之一）

　　2013 年 5 月，被告人刘某甲租用被告人王某甲位于四川省成都市双流县金桥镇的一民房，从被告人黄某甲、高某等处收购病死、死因不明生猪，并雇佣被告人宋某、童某、黄某乙进行非法屠宰、销售死猪活动。其间，被告人刘某乙帮助刘某甲搬运死猪肉，被告人王某乙帮助刘某甲将宰杀好的死猪肉销往重庆等地。另，2010 年以来，黄某甲伙同被告人黄某丙、曾某，从被告人韩某、陈某、雷某等人手中收购病死、死因不明生猪，再转手给刘某甲等人屠宰销售。2013 年 6 月，公安机关在刘某甲的非法屠宰场内查获死猪及死猪肉 1 446 余千克；在成新蒲快速通道新津县兴义镇路段挡获黄某甲、黄某丙运输的死猪 4.34 吨。

　　此案分别由四川省蒲江县公安局于 2013 年 4 月 27 日对韩某、陈某、雷某等 7 人立案侦查；成都市公安局于同年 6 月 18 日对刘某甲、王某甲等 7 人立案侦查；新津县公安局先后对黄某甲、黄某丙等 5 人立案侦查。后经成都市人民检察院建议，以上案件由成都市公安局合并管辖。成都市人民检察院先后对韩某、刘某甲等 17 人批准逮捕，另有 2 人分别被取保候审、监视居住。经指定双流县人民检察院管辖后，该院于 12 月 30 日提起公诉。2014 年 4 月 10 日，双流县人民法院以生产、销售不符合安全标准的食品罪分别判处刘某甲、黄某甲有期徒刑各二年零二个月，并处罚金二万元。其余涉案被告人也均被作有罪判决。

二十、福建福清病死猪肉案

　　2012 年 7 月至 2013 年 4 月，被告人吴某、陈某伙同冉某等人分别从福建省福清市上迳镇、龙田镇、江镜镇一带二十多家养猪场收购、捡拾病死猪运回上迳镇蟹屿村一废弃养鸡场内屠宰，后以每斤 1.4~1.8 元的价格收购病死猪肉，运回莆田市仙游县枫亭镇山头村其老房子中冷冻加工后，以每斤 2.3 元的价格售给某食品加工厂加工，并出售供食用。2013 年 5 月 10 日，福建省福清市人民检察院作出批准逮捕决定，同年 10 月 15 日提起公诉。2013 年 12 月 19 日，福建省福清市人民法院以生产、销售不符合安全标准的食品罪判处吴某、陈某、冉某有期徒刑六年至四年不等，并处罚金人民币十二万元至三十万元不等。

二十一、广东深圳病死猪肉案

2013 年 8 月，广东省公安厅通报了深圳公安局近期破获的一起销售病死猪肉案件，在案件破获前，茂名当地已经有 150 吨病死猪肉被运往深圳，在这些猪肉中，检测出对人体有害的兽药——土霉素超标 12 倍。

二十二、云南陆良病死猪肉案

2014 年 8 月，云南省陆良县法院依法审结了王某甲、武某等 29 人生产、销售不符合安全标准食品的刑事案件，判处王某甲、王某乙、武某、张某等 29 人有期徒刑 6 年零 6 个月至拘役 2 个月不等，并处罚金 280 万元到 1 万元不等。

法庭查明：2006 年至 2013 年 7 年间，王某甲、武某等 29 人通过拾捡、收购病死猪加工囤积贩卖，并制作香肠、腊肉、炸肉等食品，销售到陆良、师宗、曲靖、开远、大理等多地的菜市场及农贸市场，形成生产销售链，涉案数额大，影响面广，其行为足以造成严重食物中毒事故或其他严重食源性疾病，应依法追究其刑事责任。其中，王某甲、武某夫妇收购病死猪加工贩卖销售 147 吨，销售金额 137 万余元；王某乙、张某夫妇从农户处收购病死猪销售 7 870 余千克，当场查获猪皮 1 775 张、死猪 9 头；符某、余某向王某甲夫妇、王某乙夫妇收购病死猪肉 37.7 吨，在其开设的开远市文华食品厂加工成香肠、腊肉出售给窦某等商贩，窦某批发约 395 千克该类猪肉加工的香肠在师宗县农贸市场零售；焦某向王某甲收购 3.729 吨病死猪肉在曲靖、陆良三岔河等菜市场销售。

二十三、湖南邵阳病死猪肉案

2014 年以来，公安部从一起制售病死猪案件入手，成功摧毁一个特大制售病死猪犯罪网络，先后打掉 11 个犯罪团伙、抓获 110 余名犯罪嫌疑人，已依法移送起诉 75 人，捣毁涉案窝点 30 余个，查封扣押病死猪肉及问题肉品 1 000 余吨、使用病死猪肉及废弃肉品加工的"地沟油"48 吨，涉案总值逾亿元。涉案保险公司保险员因共同犯罪被依法移送起诉，有关监管人员涉嫌渎职犯罪线索已移送检察机关。

2013 年年底，湖南省邵阳市公安机关对一起收购、加工病死猪线索立案侦查，锁定了以危某等人为首的犯罪团伙，并发现一个与该团伙有关联的制售病死猪犯罪网络。公安部将此系列案件作为 2014 年打击食品犯罪深化年一号案件挂牌督办，先后扩线深挖出以湖南籍李某、河南籍王某、广西籍李某等人为首的 11 个犯罪团伙 110 余人。

公安机关查明，该犯罪网络中的 11 个团伙，以亲属、同乡、朋友等关系为纽带，自 2008 年起，犯罪团伙利用生猪保险理赔补偿政策，以勾结、收买保险公司保险员等方式获取病死猪信息，从养殖场或农户手中低价收购病死猪，将病死猪屠宰分割，勾结监管部门少数公职人员开具检疫合格证后进入正规购买、食用渠道，或就地销售，或贩卖至外省市，或加工成腊肉、火腿肠、熟食，或提炼加工成食用油，销售范围涉及湖南、河南、广西等 11 个省、自治区。

该案中，有的保险公司保险员向犯罪分子收取"信息费"、好处费后，随时将病死猪信息通报给犯罪嫌疑人，并在病死猪被犯罪嫌疑人低价收购没有进行无害化处理的情况下，签署同意理赔意见；病死猪无害化处理设施大部分没有到位，病死猪是否确实进行无害化处理基本无人监管；动物检疫人员收取好处费后，不按照相关规定进行检疫，仅凭肉眼观察便开具检疫合格证，而且不核对数量和重量，任由犯罪分子随意填写，甚至将整本动物检疫合格证明交给中间人。案件查处过程中，公安机关对涉案保险公司保险员陈某、李某等人依法采取了强制措施，对有关负有监管职责的公职人员参与犯罪和涉嫌渎职的线索，均及时通报或移送检察机关。

二十四、广西博白病死猪肉案

广西博白是养猪大县，因一些养猪户不科学处理病死猪，乱扔乱埋，严重影响到村民的日常生活。为了整治病死猪造成的环境污染问题，当地政府设立了病死猪无害化处理厂，由此衍生了当地村民的就业渠道，他们每拉一头病死猪去无害化处理厂，都能得到 10 元钱补助费。

2015 年 7 月份，冯某某开始帮该县凤山镇病死猪无害化处理厂运送病死猪，因猪场多，冯某某分身乏术，请了秦某和胞弟小冯一起帮忙。8 月份的一天，冯某某无意间了解到陈某某开设有病死猪屠宰场，以每斤 8 角钱的价格收购病死猪宰杀，然后加工销售。冯某某盘算：拉一头 100 斤的病死猪去无害化处理厂，仅得到 10 元钱补助，但是拉到陈某某处卖，却能得到 80 元，多赚了 70 元。冯某某与秦某和小冯遂决定打着到猪场收病死猪做无害化处理的旗号，暗地里却运送病死猪到陈某某的病死猪屠宰场卖。同时，偶尔也拉一些腐烂严重或小个的病死猪到无害化处理厂"交差"，以掩人耳目。

冯某某到猪场收了大量病死猪，却运送少量病死猪到病死猪无害化处理厂，这一反常行为引起了无害化处理厂相关人员的注意。在对无害化处理厂人员和猪场老板取证后，警方锁定了冯某某存在贩卖病死猪的犯罪事实，为了抓住幕后黑手，警方暗中关注冯某某的动向。后来，因陈某某设在村里的病死猪屠宰点乱扔乱丢猪内脏遭到村民举报，这个贩卖、销售病死猪的犯罪团伙也浮出了水面。

9月22日，根据可靠情报，在得知冯某某准备运送病死猪前往陈某某的病死猪宰杀窝点卖时，侦查机关组织警力收网。当天下午，博白警方联合县食品安全委员会对陈某某的病死猪宰杀窝点进行突击搜查，一举捣毁窝点，当场抓获运送病死猪来卖的冯某某、秦某、小冯，还抓获了陈某某聘请来帮忙宰杀病死猪的覃某某。令侦查员感到遗憾的是，因为病死猪宰杀窝点背靠山岭，地形复杂，狡猾的陈某某跑掉了。

从现场扣押的 2 800 多千克病死猪、分类肢解好的猪肉中，侦查人员抽样送检，广西动物疫病预防控制中心从这些猪组织中检出以下对人体有危害的病原：伪狂犬病毒、猪繁殖和呼吸综合征病毒、猪圆环病毒以及猪链球菌 2 型。

经审讯，冯某某、秦某对收病死猪卖给陈某某的犯罪事实供认不讳，覃某某也供认了为陈某某有偿宰杀病死猪的犯罪事实。10 月 30 日，因涉嫌生产、销售不符合安全标准食品罪，冯某某、秦某、覃某某 3 人被警方逮捕。

二十五、重庆南川病死猪肉案

重庆市南川区人民检察院指控被告人程某、张某犯生产、销售不符合安全标准的食品罪，于 2015 年 1 月向法院提起公诉。

2010 年上半年，重庆市南川区石墙镇三合村一组村民李某家先后死去 2 头病猪，李某委托被告人张某联系买主，张某联系介绍被告人程某以 50 元每头猪的价格收购后加工销售。2011 年 6 月的一天，南川区石墙镇三合村一组村民任某家里死去 1 头病猪，被告人程某以 20 元每头的价格将该病死猪收购后加工销售。2014 年 6 月 16 日，南川区鸣玉镇金光村五组村民曹某家死去 3 头病猪，曹某找到蒋某（另案处理）联系买主，后被告人程某以 350 元的价格将该 3 头病猪予以收购，并将其中 2 头运至南川区三张食品公司屠宰后被查获销毁，另 1 头病猪由程某运到东环路花山怡园小区 6 栋 3 单元附 1-4 号门市内私自设立的屠宰场屠宰后销售。2014 年上半年，南川区石墙镇楼岭村村民杨某家有 1 头病死猪，委托被告人张某联系买主，被告人程某以 50 元的价格将该猪收购，后因故在途中扔掉。

2014 年 9 月 24 日，南川区鸣玉镇明月村村民向某养猪场的 1 头猪死亡，委托严某帮忙联系买主，严某遂找到蒋某（另案处理），后蒋某电话联系被告人程某，程某以 50 元的价格将该病死猪收购后运往南川城区。途中被告人程某又经过张某电话介绍以 30 元的价格从石墙镇石峨村村民冉某家收购 1 头病死猪。被告人程某本人驾驶机动三轮车将收购的 2 头病死猪运到南川区东环路花山怡园小区 6 栋 3 单元附 1-4 号门市其私自设立的屠宰点内。

当日下午被告人程某加工病死猪时被重庆市南川区动物卫生监督所工作人员当场查获后移交公安机关。

另查明，重庆市南川区动物卫生监督所工作人员 2014 年 9 月 24 日当场查获的被告人程某收购、加工的病死猪肉，经重庆市动物疫病预防控制中心检测含有沙门氏菌。

法院认为，被告人程某违反动物防疫、食品安全管理法规，收购病死猪进行加工销售；被告人张某明知他人销售病死猪肉，仍为其介绍收购病死猪。程某犯生产、销售不符合安全标准的食品罪，被判处有期徒刑二年，并处罚金人民币五万元；张某犯生产、销售不符合安全标准的食品罪，被判处有期徒刑十个月，并处罚金人民币一万元。

二十六、山东临沭病死猪肉案

2014 年 7~8 月，邢某甲在山东省临沭县郑山镇、周庄镇等地的生猪养殖户处收购病死猪，并在生猪养殖场附近捡拾被丢弃的病死猪，运至其家中及在临沂经济技术开发区芝麻墩街道石碑村租用的刘某的养殖场处，伙同被告人邢某乙、邢某娟、罗某雷（邢某娟、罗某雷均另案处理）对病死猪进行分割加工后冷冻用以销售。被告人王某以其位于临沭县南古镇南古街的冷库为被告人邢某甲所分割加工的病死猪进行贮藏。

2014 年 8 月 8 日，公安民警在巡逻时从刘某的养殖场查获被告人邢某甲收购的病死猪肉、猪排、猪皮、猪蹄等 2 009 千克；同年 8 月 10 日从被告人王某经营的冷库内查获邢某甲委托贮藏冷冻的病死猪肉、猪排、猪皮、猪蹄等 1 035 千克。以上所查获病死猪肉、猪排、猪皮、猪蹄经临沂经济技术开发区动物卫生监督所委托，已由临沂天祥饲料厂进行无害化处理。

法院审理认为，被告人邢某甲、邢某乙生产、销售不符合食品安全标准的食品，足以造成严重的食品中毒事故或其他食源性疾病，其行为构成生产、销售不符合安全标准的食品罪；被告人王某明知被告人邢某甲生产、销售不符合食品安全标准的食品而为其贮存产品提供便利，构成共同犯罪。

邢某甲犯生产、销售不符合安全标准的食品罪，被判处有期徒刑十个月，并处罚金人民币三万元；邢某乙犯生产、销售不符合安全标准食品罪，被判处有期徒刑六个月，并处罚金人民币一万五千元；王某犯生产、销售不符合安全标准食品罪，被判处有期徒刑六个月，并处罚金人民币一万五千元。

二十七、安徽宿州死狗案

行为人彭某收购死因不明的狗只，并予以加工销售；行为人王某甲明知彭某收购死因不明的死狗进行加工、销售，仍然予以运输。两行为人的行为足以造成食物中毒事故或使他人感染严重食源性疾病，均构成生产、销售不符合安全标准的食品罪。

案情概况
CASE OVERVIEW

安徽省 A 县人民法院审理 A 县人民检察院指控原审被告人彭某、王某甲犯生产、销售不符合安全标准的食品罪一案，于 2015 年 3 月作出刑事判决。原审被告人彭某、王某甲均不服，分别提出上诉。宿州市中级人民法院依法组成合议庭，于 2015 年 7 月公开开庭审理了本案。

〈一审情况〉

原判认定：2013 年 3 月份，被告人彭某在江苏省张家港市收购死因不明的死狗，加工后委托跑客运运输的被告人王某用客车运往 A 县，将死狗出售给鲁某某（另案处理）。2013 年 5 月 30 日，彭某、王某运输死狗被查获。经现场检验，所运输的狗属于死因不明的狗。经查，彭某共委托王某运输死狗 10 余次，重 3 400 余斤，销售金额 20 400 余元。2014 年 5 月 30 日，彭某到 A 县公安局投案。

上述事实，有户籍信息、到案经过及发破案经过、安徽省 A 县动物卫生监督所证明及执法证件等书证、证人王某乙、崔某、张某甲、王某丙、张某乙、张某丙、刘某、张某丁、孙某、姜某、丁某、王某丁、韦某证言和上诉人彭某、王某甲供述予以证明。

原判认为：被告人彭某明知是死因不明的死狗而予以收购，加工后对外销售，足以造成严重食物中毒事故或者其他严重食源性疾病，销售金额 20 400 余元；被告人王某甲明知彭某收购死因不明的死狗进行加工、销售，仍然予以运输，两被告人的行为均构成生产、销售不符合安全标准的食品罪。对被告人彭某依照《中华人民共和国刑法》第一百四十三条等及《最高人民法院、最高人民检察院〈关于办理危害食品安全刑事案件适用法律若干问题的解释〉》第一条第（二）项、第十七条之规定；对被告人王某甲依照《中华人民共和国刑法》第一百四十三条等及《最高人民法院、最高人民检察院〈关于办理危害食品安全刑事案件适用法律若干问题的解释〉》第一条第（二）项、第十四条第（二）项、第十七条之规定，一审判决：被告人彭某犯生产、销售不符合安全标准的食品罪，判处有期徒刑十个月，并处罚金人民币十万元；被告人王某甲犯生产、销售不符合安全标准的食品罪，判处有期徒刑十个月，并处罚金人民币十万元；追缴被告人彭某、王某甲违法所得，上缴国库。

彭某上诉称：原判量刑过重，请求二审法院撤销原判，依法改判。

王某甲上诉称：原判量刑过重，请求二审法院从轻处罚。辩护人意见：王某甲未参与彭某的全部犯罪，其主观上没有犯罪故意，故请求法院宣告王某甲无罪。即使王某甲构成犯罪，也应认定为从犯，原判判处两上诉人同样刑期，量刑不当，请求二审法院从轻处罚。

〈二审情况〉

经审理查明：2013 年 3 月至 5 月间，上诉人彭某收购死因不明的狗重 3 400 余斤，加工后委托上诉人王某甲运输 10 余次，并将死狗出售给鲁某（另案处理），销售金额 2 万余元的事实，有户籍信息、到案经过及发破案经过、动物卫生监督所证明等书证、证人王某乙、崔某、张某甲人等证言和上诉人彭某、王某甲供述予以证明，足以认定。原判所列证据均经一、二审庭审举证、质证，证据来源合法，法院予以确认。

　　法院认为：上诉人彭某收购死因不明的狗而予以加工后对外销售，足以造成严重食物中毒事故或者其他严重食源性疾病，上诉人王某甲明知彭某收购死因不明的狗进行加工、销售，而予以运输，两上诉人的行为均构成生产、销售不符合安全标准的食品罪。王某甲作为客车的售票员，多次为彭某某运输无检疫证明的死狗，应视为王某甲明知彭某生产、销售不符合安全标准的食品，王某甲为彭某提供运输便利，与彭某构成共同犯罪，具有共同犯罪故意，辩护人认为王某甲不构成犯罪的辩护意见不能成立，法院不予采纳。在共同犯罪中，王某甲为彭某生产、销售不符合安全标准的食品提供运输，起辅助作用，系从犯，依法予以从轻处罚。辩护人认为王某甲系从犯，从轻处罚的辩护意见成立，法院予以采纳。

　　根据本案具体案情，原判未认定王某系从犯不当，法院依法纠正。终审判决：维持安徽省 A 县人民法院［2015］萧刑初字第 00073 号刑事判决的第一项、第三项，即被告人彭某犯生产、销售不符合安全标准的食品罪，判处有期徒刑十个月，并处罚金人民币十万元；追缴被告人彭某、王某甲违法所得，上缴国库。撤销安徽省 A 县人民法院［2015］萧刑初字第 00073 号刑事判决的第二项，即被告人王某甲犯生产、销售不符合安全标准的食品罪，判处有期徒刑十个月，并处罚金人民币十万元；上诉人王某甲犯生产、销售不符合安全标准的食品罪，判处有期徒刑七个月，并处罚金人民币五万元。

二十八、四川旺苍盗掘死牛案

　　明知死牛已被畜牧部门无害化处理后掩埋，仍将其挖出予以销售。2017 年 3 月，由县检察院提起公诉的被告人岳某、郝某生产、销售不符合安全标准的食品案宣判，二人均被判处拘役两个月，并处罚金 2 000 元。

　　2016 年 7 月 3 日，旺苍县张华镇一村民家饲养的一头黄牛因不明原因死亡，经畜牧兽医站喷洒消毒药水、进行无害化处理后予以掩埋。郝某明知该牛已作无害化处理，仍邀约岳某将死牛挖出并当场分解、清洗，后以 1 000 元的价格全部卖给岳某。岳某购买死牛制品后，运至南江县境内出售，后因餐馆老板发现牛肉变质而销售未果，岳某遂将牛肉丢弃。

　　该案在旺苍县法院如期开庭，检察院、法院对该案进行了全程网络直播，80 余名长期从事畜牧生产、销售的摊贩全程旁听了案件审理。

二十九、黑龙江伊春盗掘布鲁氏菌病牛只案

2014 年 6 月，黑龙江省伊春市桃山林业局八公里养牛场将 4 头患布鲁氏菌病的奶牛进行扑杀，并将病死牛掩埋至桃山九公里道路东侧。被告人任某获悉后，于当晚 8 点与被告人纪某一起雇佣挖掘机将死牛挖出装车，经被告人魏某联系，拉至开屠宰场的被告人张某、蔡某处，进行分割放入冷库，准备出售。

6 月 25 日，蔡某将部分牛肉内脏销售给熟食加工点，得赃款 1 200 元。当日任某电话告诉魏某，卖给张某的是病死牛，患的是布鲁氏菌病，公安机关正在追责。魏某通知了张某，让张某把肉埋上。张某、蔡某将牛肉进行了掩埋。

伊春市桃山林区基层法院经审理认为，被告人任某、魏某、纪某、张某、蔡某违反食品安全管理法规，生产、销售患有布鲁氏菌病的病死牛，构成生产、销售不符合安全标准的食品罪。案发后病死牛被公安机关全部追回，未流入市场，所得赃款已全部退还，可酌情从轻处罚。以被告人任某、张某、蔡某、魏某、纪某犯生产、销售不符合安全标准的食品罪，分别判处刑罚，并处罚金。

第三节

生产、销售病死或检疫不合格
动物案件专题分析

1. 通报的非洲猪瘟疫情防控中涉刑违法行为情况

农业农村部办公厅在《农业农村部办公厅关于非洲猪瘟疫情防控中违法违纪典型案例的通报》（农办牧〔2018〕46 号）中，通报了辽宁、黑龙江、内蒙古 3 个省（自治区）刑事立案并刑拘、抓捕养殖场（户）负责人、经纪人 11 人的情况。其中一个的违法情节是将有问题的生猪销售到了定点屠宰场；辽宁公布当事人涉嫌妨害动植物防疫、检疫罪和生产、销售不符合安全标准的食品罪被刑拘。

2. 各省市前期办理生产、销售不符合卫生标准的食品罪案件情况

笔者从 2005 年开始关注此类案件的办理情况。应当说，全国此类案件是农业农村部门联手司法部门办理涉刑案件中最多的一类，公安部门在前几年也开展了打击加工、经营病死动物产品的专项行动。本书主要收录了近年来的 29 个加工、经营病死动物产品刑事案件。

3. 农业农村部门如何做好生产、销售不符合安全标准的食品罪案件的司法衔接工作

（1）在 2013 年《最高人民法院、最高人民检察院关于办理危害食品安全刑事案件适用法律若干问题的解释》（法释〔2013〕12 号）出台后，在打击加工、经营病害动物产品违法行为方面，情况发生了较大变化，需要注意的是：病死动物宰杀加工、销售等行为均涉刑。一些地方没有意识到两高解释出台后涉及生产、销售病死、死因不明、检疫检验不合格动物产品，以及含有严重超标的致病性微生物、农药残留、兽药残留、重金属的等情形均涉刑。个别地方农业农村部门和市场监管部门仍然适用《中华人民共和国动物防疫法》《兽药管理条例》或《中华人民共和国食品安全法》处以罚款，不移送公安机关追究刑事责任，这一做法后果极为严重。

（2）注意要多部门联合执法。打击加工、经营病害动物产品违法行为要注意多部门联合执法，特别是查办这类案件的关键在于由公安机关采取刑侦手段进行追查，确保利用司法的手段来应对食品安全犯罪行为，而不是过多的以"行政执法之法取犯罪之证"。

（3）注意技术鉴定和产品定性方面的问题。如何在办理类似案件中对病死、死因不明或者检验检疫不合格的畜禽、水产动物及其肉类、肉类制品进行认定，是案件办理的关键。因国家层面关于病死动物产品鉴定技术规范正在制定中，故全国的此类案例中，大致考虑了三方面的检验方向：①病原学检验，针对一、二、三类动物疫病，重点针对人兽共患病进行检验；②挥发性盐基氮等理化指标的检验；③农药、兽药、重金属残留方面的检验。最后，再考虑应用两高解释第二十一条："足以造成严重食物中毒事故或者其他严重食源性疾病"、"有毒、有害非食品原料难以确定的，司法机关可以根据检验报告并结合专家意见等相关材料进行认定"去办理。此外，因为各地情况不一、操作不一，这就需要大家进一步关注各地案例中涉及的检验定性、行为定性问题。

第四节

其他生产、销售不符合安全标准动物产品案例

一、山东枣庄销售禁止进口国家牛肉案

行为人盖某、闫某等人违反国家禁令，从禁止进口国家非法购进牛肉，并予以运输销售。行为人盖某、闫某等人的行为足以造成食物中毒事故或使他人感染严重食源性疾病，构成生

产、销售不符合安全标准的食品罪。

山东省枣庄市 A 区人民检察院指控被告人盖某、闫某等 15 人犯销售不符合安全标准的食品罪，于 2014 年 7 月 1 日向 A 区人民法院提起公诉。法院受理后，公开开庭进行了审理。

经审理查明，2012 年 12 月 19 日，国家质检总局、国家农业部联合下发公告称，自公告发布之日起，禁止从巴西输入牛及相关产品。被告人盖某、闫某在明知该公告发布的情况下，自 2012 年 12 月份以来，先后通过万安（远东）有限公司、香港九雅堂食品有限公司、百嘉米格（香港）食品有限公司、康悦公司购买巴西牛肉制品至香港，随后通过吴某、唐某、骆某、李某甲、陈某甲、马某甲、马某乙、黄某等人将购买的巴西牛肉制品由香港运输至汕头市，后盖某在邱某介绍下联系物流车辆将上述货物运输至国内的客户处进行销售。被告人盖某、闫某销售金额共计 10 565 130.02 元，另有 27 125.1 千克巴西牛肉在运往北京途经台儿庄时被查获；被告人孙某甲、王某甲、俞某、潘某甲明知国家禁止从巴西输入牛及其相关产品，仍然为销售而购买，其中孙某甲销售金额 2 447 629.72 元，王某甲销售金额 1 287 093.93 元，俞某销售金额 110 余万元，潘某甲自王某甲处购买价值 1 287 093.93 元巴西牛肉未销售而被公安机关查扣。

第一项事实：2013 年 1~3 月期间，被告人盖某、闫某从香港九雅堂食品有限公司购得巴西牛肉胸腩连体 4 柜（重量 104 081.379 千克）并通过被告人骆某非法运输至汕头市，从万安有限公司购得巴西肋条 1 柜（重量 24 752.546 千克）并通过被告人吴某、唐某非法运输至汕头市及另购得巴西牛肉胸腩连体一宗（重量 16 877.67 千克）后，将上述巴西牛肉销售至河北省福成五丰食品有限公司屠宰场（公司主管人员杨某某，采购负责人沈某某，二人均分案处理），销售金额 5 347 992.02 元。河北省福成五丰食品有限公司屠宰场将所购巴西牛肉予以销售，销售金额 600 余万元。上述牛肉制品均由被告人邱某介绍物流车辆从汕头市予以运输。

第二项事实：2013 年 2~4 月期间，被告人盖某、闫某先后从万安有限公司购得巴西胸腩连体牛肉一宗并通过被告人吴某、唐某非法运输至汕头市，从康悦公司购得巴西胸腩连体牛肉一宗并通过骆某非法运输至汕头市后，将其中 30 924.774 千克巴西胸腩连体牛肉卖给被告人孙某甲，销售金额 1 035 980 元。孙某甲又将该 30 924.774 千克巴西胸腩连体牛肉卖至快乐蜂（安徽）食品有限公司（主管人员、直接责任人俞某），销售金额 1 137 878.08 元。快乐蜂食品有限公司将自孙某甲处购买的巴西牛肉加工后销售，销售金额 110 余万元。2013 年 2~4 月期间，被告人盖某、闫某先后从万安有限公司购得巴西小条牛肉一宗并通过被告人骆某非法运输至汕头后，将其中 25 231.217 千克巴西小条牛肉卖给被告人孙某甲，销售金额 1 236 329 元。后孙某甲又将该 25 231.217 千克巴西小条牛肉卖至苏州味知香食品有限公司，销售金额 1 309 751.64 元。上述巴西牛肉均由被告人邱某介绍物流车辆从汕头市予以运输。

第三项事实：2013 年 2~5 月期间，被告人盖某、闫某先后从万安有限公司购得巴西胸腩连体牛肉一宗、巴西肋条一宗并通过被告人吴某、唐某非法运输至汕头市，从康悦公司购得巴西胸腩连体牛肉一宗并由被告人骆某非法运输至汕头市。从百嘉米格公司购买巴西西冷一宗后，将其中 28 121.14 千克巴西胸腩连体牛肉、8 670.037 千克巴西肋条牛肉、9 670.69 千克巴西西冷销售至北京卓宸畜牧有限公司，销售金额共计 1 675 473 元。上述巴西牛肉均由被告人邱某介绍物流车辆从汕头市予以运输。

第四项事实：2013 年 5 月份，被告人盖某、闫某从百嘉米格公司（香港）食品有限公司购得巴西牛肉 2 柜（重 54.132 6 吨），并通过被告人李某甲、陈某甲、黄某、马某甲、马某乙等人非法运输至汕头市。后盖某、闫某将其中 27 007.576 千克巴西牛肉卖给被告人王某甲，销售金额 1 269 356 元。王某甲又将该 27 007.576 千克巴西牛肉卖给被告人潘某甲，销售金额 1 287 093.93 元。潘某甲将该批牛肉更换包装后未销售而被公安机关查获。被告人盖某、闫某将剩余 27 125.1 千克巴西牛肉运至北京途中，于 2013 年 6 月 4 日途经 A 区境内时被 A 区兽医卫生监督所查获。上述巴西牛肉均由被告人邱某介绍物流车辆从汕头市予以运输。

另有认定全案事实的综合证据如下：

1. 中华人民共和国国家质量监督检验检疫总局、农业部 2012 年第 210 号《关于防止巴西疯牛病传入我国的公告》，证实 2012 年 12 月 19 日，国家质量监督检验检疫总局、农业部联合发布公告，禁止直接或者间接从巴西输入牛及其相关产品，暂停签发从巴西进口牛相关产品的进境动植物检疫许可证。

2. 案件侦破情况说明，证实案发经过：被告人闫某、盖某、李某甲、陈某甲、邱某、王某甲、黄某、孙某甲、俞某、吴某被公安机关抓获；被告人唐某、马某甲、马某乙、骆某主动到公安机关投案。

3. 公安机关调取证据通知书、接受证据清单、物业租赁合同等书证，证实邱某在广州市白云区天骄物流园内经营宏凯物流。

4. 公安机关办案说明及照片，证实 2014 年 4 月 30 日，公安机关已将扣押的涉案牛肉予以销毁。

法院判决
COURT JUDGMENT

法院认为，被告人盖某、闫某、孙某甲、王某甲、俞某、潘某甲违反国家禁令，购买、销售从疫区进口的未经检疫的牛肉类制品属于不符合安全标准的食品，且足以造成严重食物中毒事故或者其他严重食源性疾病，被告人邱某、骆某、吴某、唐某、马某甲、马某乙、李某甲、陈某甲、黄某明知盖某等人实施销售不符合安全标准的食品而为其提供运输等便利条件，其行为均构成销售不符合安全标准的食品罪，公诉机关指控的事实及罪名成立，法院予以确认。

关于被告人盖某辩护人提出仅有被告人的口供，没有相关部门的鉴定结论，不能认定涉案牛肉为巴西牛肉的辩护意见，经审查认为：①查获涉案牛肉的外包装，均有巴西牛肉制品的标志；②被告人盖某、闫某、孙某甲、王某甲、潘某甲、俞某均为长期从事与进口牛肉有关行业的从业人员，对牛肉的来源有明确的认识。且被告人孙某甲、王某甲、俞某、潘某甲从被告人盖某、闫某处购买牛肉后，分别更换了包装予以出售；③涉案牛肉的价格。因为国家政策禁止进口巴西牛肉，被告人盖某、闫某为谋取利益从境外进口，进口的价格明显低于同类产品的市场价格。其他被告人从盖某、闫某手中也是以较低价格购买，更是能够证明涉案牛肉为巴西牛肉。故该项辩护意见不能成立，法院不予采纳。

关于被告人盖某的辩护人提出的"没有造成社会危害后果，不存在引起重大疫情的情形。被告人没有达到刑罚处罚程度，不应被追究刑事责任"的辩护意见，经审查认为，根据《最高人民法院、最高人民检察院关于办理危害食品安全刑事案件适用法律若干问题的解释》第一条：生产销售不符合食品安全标准的食品，具有下列情形之一的，应当认定为刑法第一百四十三条规定的"足以造成严重食物中毒事故或者其他严重食源性疾病：……（三）属于国家为防控疾病等特殊需要明令禁止生产、销售的"。被告人违反禁令，从疫区进口销售牛肉，无论是否造成社会危害后果，均已构成犯罪。故该项辩护意见不能成立，法院不予采纳。

关于被告人"案件在未经审判时，我国政府已解禁进口巴西牛肉"的辩护意见，经审查，2014年7月18日，国家质检总局、农业部下发2014第80号公告，内容为："根据中国有关法律规定和世界动物卫生组织《国际陆生动物卫生法典》的建议及风险评估结果，从即日起解除巴西牛血液制品和30月龄以下剔骨牛肉的禁令，质检总局、农业部2012年210号公告中有关牛血液制品和30月龄以下剔骨牛肉的规定同时废止。"但未对所有巴西牛肉予以解禁，即使审判时已解禁，亦不影响对各被告人的定罪量刑。故该项辩护意见不能成立，法院不予采纳。

关于被告人孙某甲的辩护人提出的有检疫检验合格证的辩护意见，经审查认为，被告人孙某甲在出售牛肉时，买家明确要求要检疫检验证明，盖某、闫某提供的是国家出台禁止进口巴西牛肉禁令之前的检验检疫证明，该证明与货物的生产日期不对应。故该项辩护意见不能成立，法院不予采纳。

视本案各被告人的具体犯罪情节，依照《中华人民共和国刑法》第一百四十三条等规定，一审判决：被告人盖某犯销售不符合安全标准的食品罪，判处有期徒刑三年，并处罚金人民币六百万元；被告人闫某犯销售不符合安全标准的食品罪，判处有期徒刑三年，并处罚金人民币四百万元；被告人孙某甲犯销售不符合安全标准的食品罪，判处有期徒刑三年，缓刑五年，并处罚金人民币一百五十万元；被告人王某甲犯销售不符合安全标准的食品罪，判处有期徒刑三年，缓刑三年，并处罚金人民币一百二十万元；被告人俞某犯销售不符合安全标准的食品罪，判处有期徒刑三年，缓刑三年，并处罚金人民币八十万元；被告人邱某犯销售不符合安全标准的食品罪，判处有期徒刑三年，缓刑三年，并处罚金人民币八十万元；被告人潘某甲犯销售不符合安全标准的食品罪，判处有期徒刑一年，缓刑二年，并处罚金人民币七十万元；被告人骆某犯销售不符合安全标准的食品罪，判处拘役四个月，缓刑六个月，并处罚金人民币六十万元；被告人吴某犯销售不符合安全标准的食品罪，判处拘役四个月，缓刑五个月，并处罚金人民币四十万元；被告人唐某犯销售不符合安全标准的食品罪，判处拘役四个月，缓刑四个月，并处罚金人民币三十万元；被告人李某甲犯销售不符合安全标准的食品罪，判处拘役四个月，缓刑四个月，并处罚金人民币三十万元；被告人陈某甲犯销售不符合安全标准的食品罪，判处拘役四个月，缓刑四个月，并处罚金人民币三十万元；被告人黄某犯销售不符合安全标准的食品罪，判处拘役四个月，缓刑四个月，并处罚金人民币三十万元；被告人马某甲犯销售不符合安全标准的食品罪，判处拘役三个月，缓刑三个月，并处罚金人民币三十万元；被告人马某乙犯销售不符合安全标准的食品罪，判处拘役三个月，缓刑三个月，并处罚金人民币二十五万元。

二、浙江绍兴销售禁止进口国家牛肉案

行为人彭某等人违反国家规定，进口明令禁止输入国家的牛肉并予以销售，其行为足以造成食物中毒事故或使他人感染严重食源性疾病，分别构成生产、销售伪劣产品罪和生产、销售不符合安全标准的食品罪。

案情概况
CASE
OVERVIEW

浙江省绍兴市 A 区人民检察院指控彭某等三被告人犯销售不符合安全标准的食品罪，于 2015 年 3 月向 A 区人民法院提起公诉。法院公开开庭审理了本案。

绍兴市 A 区人民检察院指控：被告人彭某在某物流中心 B 区 28 号经营一店铺，主要销售大肠。被告人于某在某农贸市场经营一熟食店，主要销售烤鸡、烤鸭、熟牛肉。唐某（另案处理）系被告人于某的丈夫，平时帮助于开车进货、送货。被告人彭某与被告人于某夫妇因平时生意上的接触而相识。被告人茅某甲系绍兴市柯桥区一摊位经营者，其在得知"进口"的巴西牛肉利润高后，为获取更多利润，于 2014 年 2 月 20 日许，向被告人于某预订了"进口"的巴西牛肉。被告人于某为赚取利润，又向被告人彭某预订"进口"的巴西牛肉。被告人彭某为赚取利润，在明知无检验检疫证明的情况下，从不正当渠道收购了标有"4400S.I.F"的巴西冷冻牛肉 40 箱，并将上述牛肉以约人民币 40 元 / 千克的价格销售给被告人于某。被告人于某检查后发现其中的 15 箱牛肉质量不

好，遂退回给被告人彭某，并在明知上述巴西冷冻牛肉无检验检疫证明的情况下，将剩余的25箱牛肉以人民币41元/千克的价格，共计人民币约30 000元贩卖给被告人茅某甲。被告人茅某甲为赚取利润，亦在明知上述巴西冷冻牛肉无检验检疫证明的情况下，将上述巴西冷冻牛肉贩卖给绍兴市柯桥区柯岩街道弥陀市场附近路边的夜宵摊摊主。

2014年2月27日，绍兴市工商行政管理局越城分局执法人员在对绍兴市A区灵芝镇圣禹肉禽水产冷冻有限公司冷库例行检查时，查获被告人茅某甲存放于该冷库的标有"4400S.I.F"的巴西冷冻牛肉21箱（每箱约重21.242千克）。

经审理查明，2012年12月19日，质检总局、农业部《关于防止巴西疯牛病传入我国的公告》（2012年第210号），明确规定自公告发布之日起禁止直接或间接从巴西输入牛及相关产品。查获的标有"4400S.I.F"的巴西冷冻牛肉显示的日期在公告发布之日后，属于禁止进境产品。同时《进口食品境外生产企业注册管理规定》（质检总局令第145号）第五条规定，列入《进口食品境外生产企业注册实施目录》内的境外生产企业应当获得注册后，其产品方可进口。质检总局于2013年5月发布了《进口食品境外生产企业注册实施目录》公告（2013年62号），进口肉类产品列入实施目录。标有"4400S.I.F"的巴西冷冻牛肉，经查询国家认证委巴西肉类生产加工企业在我国注册名单，未在注册名单内。

另查明，标有"4400S.I.F"的巴西冷冻牛肉属于AQSIQ（中华人民共和国国家质量监督检验检疫总局）禁止从动物疫病流行国家地区输入的动物及其产品一览表（2013年7月25日更新）中巴西疯牛病疫区，属禁止输入的产品。

2014年3月31日，被告人茅某甲在绍兴市A区工商局被警察抓获归案；同年6月9日，被告人於某主动到公安机关投案，并如实供述了上述事实；同年7月1日，被告人彭某主动到公安机关投案，并如实供述了上述事实。

部分证据
SOME EVIDENCE

上述事实，三被告人在开庭审理过程中亦无异议，并由证人茅某乙、张某的证言，非同案共犯唐某的供述，扣押、移送清单，营业执照、食品流通许可证，复函，销货单据，搜查笔录、辨认笔录，A区工商行政管理局移送材料，情况说明，抓获经过说明及被告人於某、茅某甲到案后的供述笔录，户籍证明等证据证实。

法院判决
COURT JUDGMENT

法院认为，被告人彭某、於某、茅某甲违反国家食品管理法规，销售国家为防控疾病等特殊需要明令禁止销售的食品，其行为均已构成销售不符合安全标准的食品罪。公诉机关指控的罪名成立，法院予以支持。

依照《中华人民共和国刑法》第一百四十三条、第六十七条之规定，一审判决：被告人彭某犯销售不符合安全标准的食品罪，判处拘役六个月，并处罚金人民币七万元；被告人於某犯销售不符合安全标准的食品罪，判处拘役五个月，并处罚金人民币六万元；被告人茅某甲犯销售不符合安全标准的食品罪，判处拘役五个月，并处罚金人民币六万元。

三、重庆合川假蜂蜜案

2011 年 10 月 8 日，江西瑞金人刘某来到重庆市合川区后，在合阳城街道办事处交通街 388 号旅馆内租赁房屋，用蜂蜜精、明矾、白糖、死蜜蜂等生产假蜂蜜。2011 年 10 月 10 日上午，被告人刘某在本区大石镇康碑村销售假蜂蜜时因群众举报而被当场抓获，并扣押假蜂蜜 26 千克。经重庆市计量质量检测研究院测试，该假蜂蜜中铝含量为 244 毫克 / 千克。经重庆市疾病预防控制中心鉴定，该蜂蜜中铝的残留量可能造成严重食物中毒或食源性疾患。

重庆市合川区人民检察院指控被告人刘某犯生产、销售不符合安全标准的食品罪，被告人刘某在开庭审理过程中无异议，并有经庭审质证后予以确认的被告人刘某在侦查阶段的供述，证人王某甲、陈某、王某乙、谭某的证言，扣押物品清单，搜查笔录，现场照片，辨认笔录，常住人口登记表，重庆市计量质量检测研究院检验报告，重庆市疾病预防控制中心卫生学评价鉴定书等证据证实，足以认定。

法院认为，被告人刘某生产、销售不符合食品安全标准的食品，足以造成严重食物中毒或者其他严重食源性疾病，其行为已触犯国家刑律，构成生产、销售不符合食品安全标准的食品罪，公诉机关指控被告人刘某的犯罪事实及罪名成立。法院依照《中华人民共和国刑法》第一百四十三条等规定，认定刘某犯生产、销售不符合食品安全标准的食品罪，判处拘役五个月，并处罚金三千元。

第四章 04

生产、销售有毒、有害食品罪

第一节

生产、销售有毒、有害食品罪研读

［刑法法条及相关规定］

1. 《中华人民共和国刑法》

第一百四十四条［生产、销售有毒、有害食品罪］ 在生产、销售的食品中掺入有毒、有害的非食品原料的，或者销售明知掺有有毒、有害的非食品原料的食品的，处五年以下有期徒刑，并处罚金；对人体健康造成严重危害或者有其他严重情节的，处五年以上十年以下有期徒刑，并处罚金；致人死亡或者有其他特别严重情节的，依照本法第一百四十一条的规定处罚。

第一百四十九条 生产、销售本节第一百四十一条至第一百四十八条所列产品，不构成各该条规定的犯罪，但是销售金额在五万元以上的，依照本节第一百四十条的规定定罪处罚。

生产、销售本节第一百四十一条至第一百四十八条所列产品，构成各该条规定的犯罪，同时又构成本节第一百四十条规定之罪的，依照处罚较重的规定定罪处罚。

第一百五十条 单位犯本节第一百四十条至第一百四十八条规定之罪的，对单位判处罚金，并对其直接负责的主管人员和其他直接责任人员，依照各该条的规定处罚。

2. 《最高人民法院、最高人民检察院关于办理危害食品安全刑事案件适用法律若干问题的解释》（法释〔2013〕12号）（节选）

第九条 在食品加工、销售、运输、贮存等过程中，掺入有毒、有害的非食品原料，或者使用有毒、有害的非食品原料加工食品的，依照刑法第一百四十四条的规定以生产、销售有毒、有害食品罪定罪处罚。

在食用农产品种植、养殖、销售、运输、贮存等过程中，使用禁用农药、兽药等禁用物质或者其他有毒、有害物质的，适用前款的规定定罪处罚。

在保健食品或者其他食品中非法添加国家禁用药物等有毒、有害物质的，适用第一款的规定定罪处罚。

第二十条 下列物质应当认定为"有毒、有害的非食品原料"：

（1）法律、法规禁止在食品生产经营活动中添加、使用的物质；

（2）国务院有关部门公布的《食品中可能违法添加的非食用物质名单》《保健食品中可能非法添加的物质名单》上的物质；

（3）国务院有关部门公告禁止使用的农药、兽药以及其他有毒、有害物质；

（4）其他危害人体健康的物质。

3. 最高人民检察院、公安部关于公安机关管辖的刑事案件立案追诉标准的规定（一）的补充规定（2017年4月27日印发，公通字〔2017〕12号）（节选）

将《立案追诉标准（一）》第二十条修改为：〔生产、销售有毒、有害食品案（刑法第一百四十四条）〕在生产、销售的食品中掺入有毒、有害的非食品原料的，或者销售明知掺有有毒、有害的非食品原料的食品的，应予立案追诉。

在食品加工、销售、运输、贮存等过程中，掺入有毒、有害的非食品原料，或者使用有毒、有害的非食品原料加工食品的，应予立案追诉。

在食用农产品种植、养殖、销售、运输、贮存等过程中，使用禁用农药、兽药等禁用物质或者其他有毒、有害物质的，应予立案追诉。

在保健食品或者其他食品中非法添加国家禁用药物等有毒、有害物质的，应予立案追诉。

下列物质应当认定为本条规定的"有毒、有害的非食品原料"：

（一）法律、法规禁止在食品生产经营活动中添加、使用的物质；

（二）国务院有关部门公布的《食品中可能违法添加的非食用物质名单》《保健食品中可能非法添加的物质名单》中所列物质；

（三）国务院有关部门公告禁止使用的农药、兽药以及其他有毒、有害物质；

（四）其他危害人体健康的物质。

［罪名解读］

生产、销售有毒、有害食品罪，是指生产者、销售者违反国家食品卫生管理法规，故意在生产、销售的食品中掺入有毒、有害的非食品原料或者销售明知掺有有毒、有害非食品原料的食品的行为。

本罪的主体为一般主体，包括食品生产者、销售者。本罪在主观方面表现为故意，一般是出于获取非法利润的目的。行为人明知其掺入食品中的是有毒、有害的非食品原料或明知其销售的是掺有有害的非食品原料的食品，并且其行为可能会造成食物中毒事故或其他食源性疾患，希望或放任此危害结果的发生，构成故意犯罪。如果行为人对其结果作为犯罪目的积极追求，则构成其他性质更为严重的犯罪。

本罪侵犯的客体是双重客体，即国家对食品卫生的管理制度以及不特定多数人的身体健康权利。国家为保障人民群众的生命健康，颁布了一系列关于食品卫生的法律法规，建立起对食品卫生的管理制度，而生产、销售有毒、有害食品，就是对这一制度的侵犯。在生产、销售的食品中掺入有毒、有害的非食品原料，无疑会对广大消费者的生命健康造成很大威胁，因而这种行为也侵犯了消费者的生命健康权利。

本罪在客观方面表现为行为人违反国家食品卫生管理法律法规，在生产、销售的食品中掺入有毒、有害的非食品原料或者销售明知掺有有毒、有害非食品原料的食品的行为。所谓食品，是指各种供人食用或者饮用的成品和原料以及按照传统既是食品又是药品的物品。本罪属行为犯，行为人只要实施了上述行为，无论是否造成危害后果，即构成既遂。本罪客观上并不要求对不特定多数人造成实际侵害，没有实际侵害不特定多数人的生命权、健康权，但造成损害的危险同样可以成立本罪。本罪主要表现为两种行为：①行为人在生产、销售的食品中掺入有毒、有害的非食品原料的行为；②行为人明知是掺有有毒、有害的非食品原料的食品而予以销售，即行为人虽未实施掺入有毒、有害非食品原料的行为，但他明知是有毒、有害食品仍予以销售。

本罪与生产、销售伪劣产品罪的区别。本罪与生产、销售伪劣产品罪存在一些相似之处。但本罪由于其客体受到法律的特殊保护而独立出来，并与之相排斥，故而在犯罪对象、犯罪客体及认定犯罪的标准上都存在明显的区别。本罪的犯罪对象也属于伪劣产品的概念范围之内，与生产、销售伪劣产品罪是特别法与普通法的关系，根据我国《刑法》第一百四十九条的规定应当依照处罚较重的规定定罪处罚。具体而言，如果生产有毒、有害食品，销售金额没有达到5万元，只能认定为本罪；如果销售金额达到5万元以上的，行为人既构成本罪也成立生产、销售伪劣产品罪。

本罪与生产、销售不符合安全标准的食品罪的区别。本罪与生产、销售不符合安全标准的食品罪在客体、主观方面、主体等方面基本相同，区别主要表现在于：①犯罪形态不同，本罪是行为犯，只要实施本罪的行为即构成犯罪，而后者是具体危险犯，除实施生产、销售不符合安全标准的食品的行为外，还要求"足以造成严重食物中毒事故或者其他严重食源性疾患"的具体危险；②行为方式不同，本罪除生产、销售行为以外，还要求有在食品中掺入有毒、有害的非食品原料的行为，而后者无此要求；③行为对象不同，本罪的对象是有毒、有害食品，而后者的对象是不符合卫生标准的食品。应当注意的是，本罪的有毒、有害食品是行为人掺入了有毒、有害的非食品原料造成的；而后者所说的不符合卫生标准的食品，通常是指行为人在生产、销售过程中违反食品卫生管理法规，从而导致该食品不符合卫生标准，并非行为人故意掺入有毒、有害物质造成的。

本罪与以危险方法危害公共安全罪的区别。本罪既侵犯消费者的生命健康权利，在客观上往往也造成多数人伤亡的严重后果，所以它与以危险方法危害公共安全罪存在一些相似之处，区分二者之间的关键在于把握两罪的主观方面。本罪的故意内容不包括对人体健康严重危害后果的积极追求，而只是放任此危害结果的发生；以危险方法危害公共安全罪的主观故意中包括对危害结果的发生积极追求的意志内容。所以，如果在生产、销售的食品中掺入有毒、有害的非食品原料，目的在于对不特定多数人的生命健康造成危害，就应构成投放危险物质罪或故意以危险方法危害公共安全罪。

对"非食品原料"的理解。非食品原料是针对食品原料而言的。食品原料是指粮食、油料、肉类、蛋类、糖类、薯类、蔬菜类、水果、水产品、饮品、奶类等可以制造食品的基础原料。因此，此类原料以外的其他原料则是非食品原料。非食品原料主要包括食品添加剂和营养强化剂。食品添加剂是指为改善食品成物和色、香、味，以及为防腐和加工工艺的需要而加入食品中的化学合成或者天然物质。我国商品分类中的食品添加剂种类共有35类，包括增味剂、消泡剂、膨松剂、着色剂、防腐剂等。我国含添加剂的食品达万种以上，如肉制品生产中的发色剂亚硝酸盐、食用油中添加抗氧化剂等。营养强化剂主要指为增强营养成分而加入食品中的天然的或者人工合成的属于天然营养素范围的食品添加剂。根据《食品安全法》的相关规定，这两类属于可以添加到食品当中的、不具有毒害性的非食品原料，并且掺入上述非食品原料是某种食品储藏、运输、保鲜等的必然要求。因而，在相关食品中掺入上述非食品原料不构成本罪。

对"有毒、有害"的理解。根据《食品安全法》的规定，这里所说的有毒、有害是指对人体健康有严重危害、有可能造成严重食物中毒事故或者其他严重食源性疾患。"有毒、有害"本质上即对人体无益并有严重危害。根据2002年8月16日最高人民法院、最高人民检察院《关于办理非法生产、销售使用禁止在饲料和动物饮用水中使用的药品等刑事案件具体法律适用若干问题的解释》第三条的规定，使用盐酸克仑特罗（瘦肉精）等禁止在饲料和动物饮用水中使用的药品或者含有该类药品的饲料养殖供人食用的动物，或者销售明知是使用该类药品或者含有该类药品的饲料养殖的供人食用的动物的，依照我国《刑法》第一百四十四条的规定以生产、销售有毒、有害食品罪追究刑事责任。同时，该解释第四条规定，明知是使用盐酸克仑特罗等禁止在饲料和动物饮用水中使用的药品或者含有该类药品的饲料养殖供人食用的动物，而提供屠宰等加工服务，或者销售其制品的，同样按照生产、销售有毒、有害食品罪追究刑事责任。

对"生产、销售"行为的理解。所谓生产，是指产品的制造或者加工。销售是指以不特定对象为目标的商品交易。因为本罪的客体是国家食品卫生监督管理秩序和不特定多数人的健康权和生命权（损害或者损害的危险），所以，本罪的生产和销售行为只能是针对不特定的对象才能成立。本罪在客观上只要有在生产、销售的食品中掺入有毒、有害的非食品原料，或者销售明知掺有有毒、有害的非食品原料的食品的行为即可以成立本罪，不要求造成危害后果。因此，本罪是危险犯，并且是抽象危险犯。应当指出的是，所谓抽象危险并非没有任何危险，只是该种危险不需要具有判断，只要实施某种行为即具有该种危险，不具有任何危险的行为不是犯罪行为。

学习本节案例还需要关注：①执法人员应当熟悉《刑法》一百四十四条关于"生产、销售有毒、有害食品罪"的内容，同时要与《动物防疫法》《食品安全法》《生猪屠宰管理条例》查处相关违法行为的规定衔接起来掌握。②要通过对典型案例的分析，结合行政执法实践，掌握屠宰动物注入瘦肉精、饲养动物使用瘦肉精等行为均涉嫌犯罪，可采取案件移送或线索移送的方式，立即移送公安机关查处；还要了解目前违法犯罪手段层出不穷，如肉中注胶、注"封闭针"等违法手段。③在执法实践中，执法人员在查处涉及"生产、销售有毒、有害食品罪"案件时，鉴于执法手段及执法权力的限制，可能根本无法及时收集和妥善保存重要证据。因此，行政执法机构应该及时向公安机关通报，提供案源线索，同时商请公安机关提前介入，固定关键证据、扣押涉案物品，及时采样送检，有效打击该类违法犯罪行为。④在本章的典型案例中，查处走私销售含瘦肉精肉品、流通环节加工猪头使用工业松香、毒狗并销售毒狗肉等违法行为等尽管不是农业农村部门牵头的监管职责，但农业农村部门执法人员了解这些情况十分必要。⑤收集的食品药品监督管理总局办公厅关于工业松香脱毛有关问题的复函，要与加工猪头使用工业松香涉刑案例结合起来学习，情节轻的适用《中华人民共和国食品安全法》处罚，情节重的则涉嫌刑事犯罪。

第二节

养殖环节使用"瘦肉精"案例

一、河北唐山"瘦肉精"案

案情概况
CASE
OVERVIEW

河北省 A 县人民检察院指控，被告人耿某于 2016 年 8 月 6 日将自家养殖场内养殖的生猪 24 头售卖给武某，武某又将其售卖给 A 县双汇食品有限公司。经唐山市畜牧水产品质量监测中心检验，被告人耿某所生产、售卖的 24 头生猪中有 17 头含"瘦肉精"，涉嫌犯生产、销售有毒、有害食品罪。A 县人民法院依法组成合议庭，公开开庭审理了本案。

审理查明，2016 年 8 月 6 日，被告人耿某将自家养殖场内养殖的 24 头生猪以 42 000 元的价格售卖给武某，后武某将其售卖给 A 县双汇食品有限公司。经唐山市畜牧水产品质量监测中心检验，被告人耿某生产、售卖的 24 头生猪中有 17 头生猪含"瘦肉精"。

部分证据 SOME EVIDENCE	书证，证人证言，被告人耿某的供述和辩解，鉴定意见，勘验、检查、辨认笔录，视听资料等。

法院判决 COURT JUDGMENT	被告人耿某在生产、销售的食品中掺入有毒、有害的非食品原料，其行为已构成生产、销售有毒、有害食品罪。公诉机关指控的罪名成立，应予刑事处罚。对被告人耿某的辩解和其辩护人提出的辩护意见，经查，

证人张某等人证言证实双汇公司收猪、检测、通知王某生猪样品中含有瘦肉精的事实；证人杨某证实武某从耿某处购猪，武某带他找耿某询问、协商的过程；被害人武某陈述证实从耿某处购买生猪 24 头，经王某联系后卖给双汇公司，后被王某电话告之生猪样品中瘦肉精含量超标及带着杨某去找耿某的事实。上述证人证言、被害人陈述相互印证，时间连贯，能够形成证据链证实被告人耿某犯罪的事实。被告人耿某的辩解和其辩护人的辩护意见理据不足，本院不予采纳。依照《中华人民共和国刑法》第一百四十四条、第六十四条之规定，判决被告人耿某犯生产、销售有毒、有害食品罪，判处有期徒刑一年零两个月，并处罚金人民币 20 000 元。

二、安徽淮北"瘦肉精"案

案情概况 CASE OVERVIEW	安徽省淮北市 A 区人民检察院指控被告人李某购买盐酸克仑特罗用于喂养育肥生猪。出售的 129 头生猪中，51 头经江苏省畜产品质量检验测试中心检测：20 份生猪尿样结果盐酸克仑特罗均为不合格，39 份猪肝样品结果中 31 份盐酸克仑特罗不合格。安徽省淮北市 A 区人民法院依法组成合议庭，公开开庭审理了本案。

审理查明，2008 年 12 月，被告人李某在淮北市 A 区宋疃镇经营淮北市祥云养猪场，并负责猪饲料配制及日常饲养管理。2014 年 9 月底的一天，李某从他人手中购买了一袋白色粉末状物质，后将该白色粉末状物质掺入猪饲料中用于喂养育肥生猪。同年 12 月 20 日，李某以每斤 6.7 元的价格将 129 头生猪出售给徐某，销售金额计 219 611 元。后徐某将该批生猪分两车销往江苏省无锡市，其中由李某乙驾驶的皖 LXX 号车运输的 59 头生猪运至江苏省无锡市天鹏食品有限公司，销售金额约 90 000 余元。当日，经江苏省无锡市动物卫生监督所抽样 7 头生猪进行瘦肉精尿样检测，所有生猪尿样盐酸克仑特罗结果呈阳性。次日，江苏省无锡市动物卫生监督所对 59 头生猪进行屠宰采样；20 份生猪尿样、39 份猪肝样品送至江苏省畜产品质量检验测试中心检测。12 月 24 日，经测试中心检测发现，20 份生猪尿样结果盐酸克仑特罗均为不合格，39 份猪肝样品结果中 31 份盐酸克仑特罗为不合格。12 月 31 日，无

锡市动物卫生监督所对封存的 59 头生猪白条肉进行了无害化处理。

2014 年 12 月 21 日下午，淮北市 A 区宋疃镇畜牧站工作人员对淮北市祥云养猪场剩余的 243 头生猪随机抽取猪尿液进行检测，生猪尿样盐酸克仑特罗结果呈阳性。12 月 23 日，该畜牧站工作人员再次采集 6 份猪尿液送往安徽省兽药饲料监察所进行检测。12 月 24 日，经安徽省兽药饲料监察所检测，所采集的 6 份生猪尿液盐酸克仑特罗呈阳性，结果不符合规定。12 月 31 日，淮北市 A 区动物卫生监督所对淮北市祥云养猪场待出栏的 11 头生猪尿液进行检测，盐酸克仑特罗检测结果为阳性。当日，该卫生监督所对上述含有盐酸克仑特罗的 17 头生猪进行了无害化处理。2014 年 12 月 25 日上午，淮北市公安局 A 分局民警在淮北市祥云养猪场对李某进行口头传唤，经讯问，李某如实供述了犯罪事实。

部分证据 SOME EVIDENCE

（一）书证

淮北市公安局 A 分局接处警情况登记表、受案登记表载明，2014 年 12 月 25 日，淮北市 A 区动物卫生监督所报称，同年 12 月 21 日下午，淮北市 A 区宋疃镇畜牧站工作人员在检查中发现李某养猪场抽取猪的尿液检测盐酸克仑特罗呈阳性，并按规定再次采集 6 份猪尿液送往安徽省兽药饲料监察所进行检测，经检测 6 份猪尿液盐酸克仑特罗呈阳性。

（二）被告人供述

被告人李某供述，其系祥云养猪场的负责人，没有在喂猪的饲料中添加瘦肉精。当年 9 月底，一个五十岁左右的男人开着面包车到其养猪场推销药品，说他的药对于治疗猪咳嗽、气喘有效果，药品是白色粉末状、用白色塑料袋盛放的，袋子上没有厂家和商标标识，没有任何文字。虽然国家对生猪养殖的药物使用有规定，但其饲养的猪有咳嗽症状，因为贪图便宜买了一袋，约 1 千克左右。其不知道这药的成分，就按照那人说的 1 000 千克饲料掺三勺的比例进行投放，现在已经使用完了。配制好的饲料只剩下八袋，每袋有 35 千克左右，被宋疃镇畜牧站的工作人员运走了。平时猪生病都是其凭经验进行治疗，用药都是从朱某养猪场进货，还有部分从宿州市一个店铺购买，不明来历的饲料或添加剂其不敢使用。李某知道瘦肉精是国家明令禁止使用的，但不知道那袋兽药含有瘦肉精。

（三）鉴定意见

（1）江苏省畜产品质量检测中心检验报告载明，无锡市动物卫生监督所于 2014 年 12 月 21 日在无锡市天鹏食品有限公司抽样、12 月 22 日送样的 39 头生猪猪肝，经江苏省畜产品质量检测中心判定，其中 31 份盐酸克仑特罗不合格。无锡市动物卫生监督所于 2014 年 12 月 21 日在无锡市天鹏食品有限公司抽样、12 月 22 日送样的 20 头生猪猪尿，经江苏省畜产品质量检验测试中心判定，盐酸克仑特罗均不合格。

（2）安徽省兽药饲料监察所检验报告书载明，淮北市 A 区宋疃镇畜牧兽医水产局于 2014 年 12 月 22 日采集的 A 区祥云养猪场的六头生猪猪尿样本，于 2014 年 12 月 23 日送安徽省兽药饲料监察所检验，检验项目为盐酸克仑特罗；同年 12 月 24 日，安徽省兽药饲料监察所检验报告的检验结论为：本品按农业部公告第 193 号检验，结果不符合规定。

法院判决
COURT
JUDGMENT

被告人李某违反国家食品卫生管理法规，使用盐酸克仑特罗用于供人食用的生猪饲料配制、养殖，并销售含有盐酸克仑特罗的生猪，销售金额约 90 000 余元，其行为已构成生产、销售有毒、有害食品罪。本案中，侦查机关根据报案及时出警对李某进行口头传唤，李某虽如实供认了犯罪事实，但没有自动投案这一情节，因此被告人李某的行为不能认定为自首。故对辩护人的辩护意见不予采信。

案发后，被告人李某如实供述犯罪事实，依法可以从轻处罚。庭审中，被告人李某认罪态度较好，可以酌情从轻处罚。依照《中华人民共和国刑法》第一百四十四条、第六十七条第三款、第五十三条、第六十一条及《最高人民法院、最高人民检察院关于办理危害食品安全刑事案件适用法律若干问题的解释》第二十条、第十七条之规定，判决被告人李某甲犯生产、销售有毒、有害食品罪，判处有期徒刑三年，并处罚金人民币 20 万元。

三、新疆塔城"瘦肉精"案

2015 年 9 月，新疆维吾尔自治区塔城地区乌苏市畜牧兽医局接到群众来信举报，反映乌苏市某养牛场存在往牛饲料中添加"瘦肉精"的情况。经核查，吴某在乌苏市饲养 78 头牛，采集的尿液、血清和饲料样本中"瘦肉精"快速检测呈现阳性。进一步检测显示，尿液中克仑特罗含量为 2.73 毫克 / 升，饲料中克仑特罗含量为 0.398 毫克 / 千克。随后案件移交公安机关查处。目前，8 名涉案人员分别被判处 6 个月至 5 年不等的有期徒刑；首犯吴某犯生产、销售有毒、有害食品罪，一审被判处有期徒刑五年，并处罚金 65 万元。

四、天津武清"瘦肉精"案

2017 年 2 月 6 日晚，天津市武清区动物卫生监督所驻某肉制品有限公司检疫员，对当地运猪户朱某运到屠宰场屠宰的 15 头猪进行快速抽检，发现 2 份尿样盐酸克仑特罗呈阳性。经查，该批次 15 头生猪有 10 头来自武清区个体养殖户李某。经进一步调查，李某于 2015 年 10 月从流动药贩手中购买了 500 片含有瘦肉精成分的药品，用于治疗生猪咳喘。2 月 8 日，武清区动物卫生监督所对不合格的猪肉产品及养殖户李某饲养的盐酸克仑特罗超标的 23 头生猪进行了无害化处理。武清区畜牧兽医主管部门将案件移送公安机关查处。2017 年 11 月，被告人李某犯生产、销售有毒、有害食品罪，一审被判处有期徒刑两年，并处罚金人民币 5 万元；禁止其自刑罚执行完毕之日或假释之日起三年内从事畜产品养殖、销售。

五、山东利津"瘦肉精"案

2015 年 1 月，山东省利津县畜牧局汀罗防控所接到王某电话报检，执法人员在其养殖场内对 33 头肉牛进行现场检疫和违禁物质的抽样检测，发现"瘦肉精"盐酸克仑特罗呈阳性。利津县畜牧局随即对牛场进行查封，并依法将案件移送公安机关查处。2017 年 2 月，王某以生产、销售有毒、有害食品罪被判处有期徒刑一年零六个月，并处罚金 2 万元。

六、江西高安"瘦肉精"案

2017 年 1 月，江西省高安市畜牧水产局对该市某肉类食品有限公司屠宰车间进行日常执法检查时，通过快速检测发现待宰栏中的一头肉牛尿液"瘦肉精"盐酸克仑特罗呈阳性。根据有关规定，高安市畜牧水产局将案件移送公安机关查处。经查，该牛为艾某饲养，喂养饲料中掺入"瘦肉精"。2017 年 5 月，艾某以生产、销售有毒、有害食品罪被判处有期徒刑六个月，并处罚金 6 000 元。

七、天津宝坻"瘦肉精"案

2011 年 5 月，天津市陈某、郝某、唐某甲、唐某乙明知盐酸克仑特罗属于国家禁止在饲料和动物饮用水中使用的药品而进行买卖，郝某从唐某甲、唐某乙处购买三箱盐酸克仑特罗片（每箱 100 袋，每袋 1 000 片），后陈某从郝某处为自己购买一箱该药品，同时帮助被告人孙某购买一箱该药品。孙某在自己的养殖场内，使用陈某从郝某处购买的盐酸克仑特罗片喂养肉牛。2011 年 12 月 3 日，孙某将喂养过盐酸克仑特罗片的 9 头肉牛出售，被天津市宝坻区动物卫生监督所查获。经检测，其中 4 头肉牛尿液样品中所含盐酸克仑特罗超过国家规定标准。2012 年 10 月，宝坻区人民法院判决：被告人孙某、陈某、郝某、唐某甲、唐某乙犯生产、销售有毒、有害食品罪，判处有期徒刑六个月至二年不等，处罚金人民币五千元至七万五千元不等。一审宣判后，郝某提出上诉。2012 年 12 月，天津市第一中级人民法院二审裁定驳回上诉，维持原判。

第三节

屠宰前注射 "瘦肉精" 并注水案例

一、山西大同宰前注入沙丁胺醇案

行为人为使猪肉颜色鲜艳和增加猪肉重量，故意给待宰生猪注入国家严禁使用的有毒有害原料——沙丁胺醇、盐酸克仑特罗等物质后销售，数量较大。行为人的行为足以造成严重食物中毒事故，对不特定人的身体健康造成危害，构成生产、销售有毒有害食品罪。

案情概况
CASE
OVERVIEW

〈一审情况〉

山西省 B 县人民法院审理 B 县人民检察院指控被告人史某、薛某元、麻某亮、杨某成、何某忠、路某山犯生产、销售有毒、有害食品罪一案，于 2014 年 12 月作出刑事判决。原审被告人史某、薛某元、杨某成不服，提出上诉。2014 年 12 月 30 日，B 县人民检察院作出抗诉书，向绍兴市中级人民法院提出抗诉。

原判认定，2014 年 4 月 11 日到 7 月 3 日，被告人史某和魏甲合伙做生猪屠宰买卖，为了使猪肉颜色鲜艳和增加猪肉的重量，被告人史某、魏甲将各自收购的生猪运至共同租用的 B 县杜庄乡南六庄村东养猪场，雇佣被告人麻某亮、何某忠、薛某元、路某山、杨某成给生猪注药（含有沙丁胺醇、盐酸克仑特罗成分，俗称 "瘦肉精"）灌水，再将注药注水后的生猪运至 B 县生猪定点屠宰场协助屠宰，后由史某与魏甲各自将猪肉销售至绍兴市矿区等地猪肉零售点。在此期间二人共屠宰未经检验检疫生猪 3 601 头，史某出售的猪肉部分注射盐酸克仑特罗、沙丁胺醇针剂，给不特定人的身体健康造成威胁。

当事人犯罪事实，有以下主要证据：

1. 抓获经过，证明 2014 年 7 月 4 日凌晨 1 时许，B 县公安局经侦大队在 B 县杜庄乡南六庄村东一猪圈将正在给活猪注药灌水的史某、何某忠、路某山、薛某元、杨某成、麻某亮六人抓获。

2. 农业部公告，农业部禁止使用的药物和物质清单，证明盐酸克仑特罗、沙丁胺醇均属于肾上腺素受体激动药，肾上腺素激动剂，依据《兽药管理条例》，兴奋剂类的克仑特罗、沙丁胺醇的原料药、单方复方制剂产品，截至 2002 年 5 月 15 日被停止经营和使用。

3. 屠宰记录，证明 B 县生猪定点屠宰厂梁某忠提供的 B 县生猪定点屠宰厂外加工记录，魏甲、史某在 B 县生猪定点屠宰厂从 2014 年 4 月 11 日到案发之日共加工生猪 3 604 头。

4. 证人证言：①史某礼、段某喜的证言，证明 B 县生猪定点屠宰场是段某喜、张某和我弟弟史某顺投资。魏甲收的猪用自己的人在屠宰场杀猪，从 2014 年 4 月 10 日凌晨开始至 7 月 3 日天天来杀猪，屠宰场没有给他杀的猪盖过章。②梁某忠的证言，证明 2014 年 4 月 3 日到 6 月 2 日不在屠宰场上班，从 2014 年 6 月 2 日又回屠宰场做会计，史某礼把魏甲 4 月份、5 月份杀猪数给我，6、7 月份是我自己记的，每杀一头猪，我给盖山西省畜禽定点屠宰专用章，也不检验猪，以前屠宰场有检疫员叫于某，在我 6 月份回来时他不在了。

5. 史某供述，我和魏甲是老板，负责收猪，把收回的猪都拉到了南六庄猪圈，待杀的猪全部灌水。魏甲以前收猪注水还是不注水我不知道，但从 2014 年 4 月 10 日开始在 B 县生猪定点屠宰场杀猪之日起就给猪注药灌水。我雇佣薛某元、何某忠给我送肉，魏甲雇佣麻某亮、杨某成、路某山。为了增加猪肉的重量和猪肉颜色好看，从今年 4 月 10 日开始给猪注药灌水，药都是魏甲提供的，我雇佣的那两个人互相配合着给猪灌水，灌完水后把猪统一送到 B 县屠宰场杀掉，我每杀一头猪给魏甲 20 元钱，魏甲再和屠宰场史老板统一结账，收回的正常活猪 6 元一斤，卖灌水猪肉 8 元一斤。公安局查获时我大约有 16 头猪灌水，具体的我记不清了，猪圈那些喷蓝色喷漆的那几头猪，魏甲的猪有 20 来头灌水了。

6. 何某忠供述，一个叫"五元"的人一个多月前雇佣的我，雇佣我的时候就说给猪灌水，让我钩猪，灌一晚上猪给我五十元，"五元"雇我的一个月几乎天天灌，多的一天灌五十头猪，少的时候二十头左右，我看见南六庄村的猪圈有粉色的液体和针管，没看见是谁给猪打针。

7. 路某山供述，我是魏甲雇的，我干了十来天，魏甲许诺每月给我 3 000 元工钱，但没有给我工钱。魏甲拿来药，由他人在猪的颈部注射一针药剂，有时我也给猪注射药剂，打一针 5 毫升，魏甲每天杀二十多头，"五元"杀十头左右灌水猪。

8. 薛某元供述，我是"五元"雇佣的，从 2014 年 4 月 10 日至 7 月 3 日，我知道五元每天杀十三到十五头猪，注水前先给猪打一针粉色药剂，这药剂起肉质新鲜的作用，一头猪注水两次，一次注水 10 多斤。这三个月，我基本上每天在，平均下来每天注水 15 头左右，我负责钩猪、注水、杀猪等，直到猪肉片装车。

9. 杨某成供述（经手语老师翻译），我给猪灌水打针两个月了，每个月挣 3 200 元，给我钱的人是小魏我不知道名字，给猪打针的药水是用一个矿泉水瓶装的，针管是白色的，灌完水的猪在一个水库附近杀，在 7 月 3 日晚上我给 28 个猪灌水打针了。

10. 鉴定意见，证明扣押瓶子中红色液体中含有违禁药品成分。

11. 勘验、检查、辨认、侦查实验等笔录。

一审法院认为，被告人史某、薛某元、麻某亮、杨某成、何某忠、路某山在生产、销售的食品中添加国家明令禁止的非食品原料，危害人体健康，其行为已构成生产、销售有毒有害食品罪。在犯罪过程中，系共同犯罪，被告人史某在共同犯罪中起主要作用，系主犯，应当从重处罚，被告人薛某元、麻某亮、杨某成、何某忠、路某山在共同犯罪中起次要作用，系从犯，可以从轻处罚。

依据《中华人民共和国刑法》第一百四十四条等规定，判决：被告人史某犯生产、销售有毒有害食品罪，判处有期徒刑四年，并处罚金人民币二万元；被告人薛某元犯生产、销售有毒有害食品罪，判处有期徒刑二年，并处罚金人民币五千元；被告人杨某成犯生产、销售有毒有害食品罪，判处有期徒刑一年六个月，并处罚金人民币三千元；被告人麻某亮犯生产、销售有毒有害食品罪，判处有期徒刑一年，并处罚金人民币二千元；被告人何某忠犯生产、销售有毒有害食品罪，处有期徒刑一年，并处罚金人民币二千元；被告人路某山犯生产、销售有毒有害食品罪，判处有期徒刑十个月，并处罚金人民币二千元。

〈二审情况〉

抗诉机关认为史某长时间将有毒有害生猪（794头）销售，属其他严重情节，应在五年以下十年以上有期徒刑判处刑罚。原判认定事实错误，量刑畸轻。

上诉人史某及其辩护人认为，原判认定上诉人史某构成生产有毒有害食品罪，只有被告人的供述，缺乏其他证据印证。对扣押的活猪是否含有有毒有害成分未予检测，只检测了现场搜出的药水，不能证明猪肉里含有该成分。应按照疑罪从无的原则，判令上诉人无罪。

上诉人薛某元及其辩护人在上诉中提出，上诉人参与的时间最短，上诉人所起的作用小，只是注水，上诉人系从犯、初犯、家庭困难，望从轻判处，原判量刑偏重。原判认定事实不清，对当场查获的活猪未作检测，不能证明查获的活猪含有有毒有害物质，本案只有被告人的供述，没有其他证据相互印证。上诉人薛某元在主客观方面不符合生产、销售有毒有害食品罪的构成要件。

上诉人杨某成及其辩护人在上诉中提出，原判认定事实不清，证据不足。上诉人未给猪打针，不清楚药水的危害性，没有证据证实所杀的猪注入了有毒有害物质，未造成严重的后果，依据疑罪从无的原则，不能确定上诉人有罪，应宣告上诉人无罪。

原审被告人麻某亮的辩护人认为原判认定事实不清，证据不足，应当宣告无罪。

经审理查明，原判认定上诉人史某、魏甲雇佣上诉人薛某元、杨某成、原审被告人麻某亮、何某忠、路某山，于2014年4月11日至7月3日期间，给生猪注药灌水，屠宰销售的事实清楚，有原判所列并经一、二审庭审示证质证的证据予以证实，足以认定。

上诉人史某、薛某元、杨某成及其辩护人提出原判认定事实不清，证据不足，不构成犯罪的问题。经审查，上诉人史某在侦查期间供认其与魏甲雇佣原审被告人薛某元、杨某成、麻某亮、何某忠、路某山等人给生猪注药灌水，由小哑巴注药，其他人灌水的事实，与其他各原审被告人在侦查期间供认的事实能够相互印证，各原审被告人还供认注药注水的生猪分别以不同颜色予以标记的事实与现场照片所显示查获的生猪有红色、蓝色标记的事实亦能印证，且有扣押的手喷漆等物品以及鉴定意见予以佐证，足以认定原判所确认的事实。原有证据中未对查获的生猪进行检验，但并不影响对本案事实的认定。《最高人民法院、最高人民检察院关于办理危害食品安全刑事案件适用法律若干问题的解释》第九条规定，在食品加工、销售、运输、贮存等过程中掺入有毒有害非食品原料或者使用有毒有害非食品原料加工食品的，依照刑法第 144 条规定以生产、销售有毒有害食品罪定罪处罚。依据原判所确认的事实，六原审被告人对给生猪注药灌水掺入有毒有害非食品原料是明知的，并实施了相应的行为，根据上述规定，原判认定各原审被告人构成生产、销售有毒有害食品罪是正确的。故上诉人史某、薛某元、杨某成及其辩护人所提意见并不能成立，法院不予采纳。

法院判决
COURT
JUDGMENT

关于抗诉理由提到的上诉人史某将有毒有害生猪 794 头销售的问题。经审查，公诉机关提供的证据中，并未有相应的证据能够证实销售有毒有害生猪的数量，原判据此未认定此数量是正确的。故该抗诉理由不能成立，法院不予支持。

　　法院认为，上诉人史某、薛某元、杨某成、原审被告人麻某亮、何某忠、路某山在生产、销售的生猪中掺入国家严禁使用的有毒有害非食品原料，危害公众健康，其行为已构成生产、销售有毒有害食品罪，原判定罪准确。原判根据各原审被告人在共同犯罪中的作用、自愿认罪、聋哑人等情节所作量刑适当。上诉人史某、杨某成及其辩护人所提无罪的意见、上诉人薛某元及辩护人所提量刑重、无罪的意见均不能成立，法院不予采纳。抗诉机关所提量刑畸轻的意见亦不能成立，法院不予支持。据此，依照《中华人民共和国刑事诉讼法》第二百二十五条第一款第（一）项之规定，终审裁定：驳回抗诉、上诉，维持原判。

二、山东济宁宰前注入沙丁胺醇案

　　行为人明知沙丁胺醇是有毒有害的禁用原料，为牟取利益而故意将生猪注射沙丁胺醇后送宰，并将猪肉销售获利。行为人的行为足以造成食物中毒事故，对人体健康造成严重危害，构成生产、销售有毒有害食品罪。

案情概况
CASE
OVERVIEW

山东省济宁市 C 区人民检察院指控被告人陈某犯生产、销售有毒、有害食品罪，于 2014 年 12 月向济宁市 C 区人民法院提起公诉。法院依法组成合议庭，公开开庭审理了本案。

　　经审理查明：2014 年 1 月，被告人陈某从他人手中购得沙丁胺醇后给生猪注射，然后把生猪运到永康生猪屠宰厂屠宰，并在市场销售获利。2014 年 1 月 13 日其将收购的 28 头生猪注射沙丁胺醇后送宰，并将猪肉销售获利。2014 年 1 月 14 日，被告人陈某对其收购的 35 头生猪注射沙丁胺醇后，安排徐某运往 C 区永康生猪定点屠宰厂宰杀，于次日凌晨被公安机关当场查获。经 C 区畜牧局兽医站工作人员宰杀后进行采样，由山东省出入境检验检疫局检验检疫技术中心检测，检测出猪肉中沙丁胺醇成分。

部分证据
SOME EVIDENCE

一、书证

1. 济宁市 C 区公安局治安警察大队办案说明证实，陈某涉案的 35 头猪封存于 C 区永康定点屠宰厂冷库内。2014 年 1 月 14 日，C 区畜牧局工作人员现场对陈某涉案猪肉抽样并提取样品，徐某在场并确认，后交由济宁市公安局食药环侦查支队送至山东省出入境检验检疫局检验检疫技术中心进行检测。2014 年 3 月 20 日，犯罪嫌疑人陈某到该大队投案。

2. C 区动物疾病预防与控制中心采样单证实，济宁市 C 区公安局于 2014 年 1 月 15 日对陈某送至 C 区永康定点屠宰厂屠宰后的生猪猪肉进行采样的事实。

二、证人证言

1. 证人龚某证言证实，其系 C 区永康生猪定点屠宰厂厂长。该厂主要从事生猪宰杀业务，生猪待宰户将从养殖户那里收购来的生猪送到该厂宰杀。龙湾店村的陈某在该厂宰杀过生猪，2014 年 1 月 15 日陈某送到该厂 35 头生猪。该厂在宰杀之前对生猪待宰户送来的生猪检疫报告进行检查，用试纸对猪尿检验，最后向 C 区畜牧局报检，畜牧局审批后进行宰杀。对于陈某是否对其收购的生猪添加瘦肉精、注水，其不知情。

2. 证人何某证言证实，其系 C 区畜牧兽医工作站检疫员，负责 C 区永康定点屠宰厂生猪检疫工作。该厂定点屠宰厂的固定上猪户有陈某。其检疫工作程序是经对上猪户提供的产地检疫证明、瘦肉精抽检证明初检后，将证件交到定点屠宰厂，由其监督上猪户接取生猪尿液，交屠宰厂自检后开具证明，其再出具屠宰通知单。屠宰时经检疫合格后，在猪肉上加盖检疫合格章，给上猪户出具产品检疫合格证明。工作中曾出现不给出具合格证明的情况。

3. 证人唐某证言证实，其系龚某之妻。日常在永康生猪定点屠宰厂负责生猪检验检疫工作，由送猪户接取生猪尿液进行化验。畜牧局驻场检疫员日常工作中没有严格规定履行工作职责。2013 年 10 月后，该厂不再进行瘦肉精检测，瘦肉精检测记录、检测报告是随意填写的。

三、被告人供述

被告人陈某供述证实，其于 2011 年左右开始收购生猪，生猪大都是从漕河养猪场、豆腐店养猪场收购的。收购来的生猪都是在永康定点屠宰厂屠宰。2014 年 1 月 10 日左右，其从兴隆市场购买了可乐 500 毫升塑料瓶装的红色药水。其第一批注射了 28 头猪，在兴隆市场批发、零售。第二批注射了 35 头猪，还没有宰杀就被查获了。注射后，猪能多喝水，每头猪多出四五斤猪肉，而且猪肉鲜亮。

　　四、鉴定意见

　　山东出入境检验检疫局检验检疫技术中心检测报告鉴定意见证实，送检生鲜猪肉沙丁胺醇含量为 13.26 微克 / 千克。

> **法院判决**
> COURT
> JUDGMENT

　　法院认为，被告人陈某违反相关管理法规，明知生猪是供人食用的动物，仍故意给其注射有毒有害的非食用原料沙丁胺醇，其行为已构成生产、销售有毒、有害食品罪。济宁市 C 区人民检察院指控成立。被告人陈某案发后自首，可从轻处罚。辩护人提出的被告人陈某自首、初犯、当庭认罪的辩护意见，可以成立，法院予以采纳；

　　依照《中华人民共和国刑法》第一百四十四条等规定，一审判决被告人陈某犯生产、销售有毒、有害食品罪，判处有期徒刑一年六个月，并处罚金五万元。

三、江苏南京特大注药注水案

　　2011 年 3、4 月至 10 月案发的大部分时间内，王某作为江苏省永增肉类食品有限公司的负责人，采取向待宰生猪体内注射含有沙丁胺醇成分的混合药物、注水的方法来增加生猪屠宰出肉率，决定由公司总经理张某（另案处理）带人实施，后将所生产的猪肉先后销售至南京、常州、泗洪等地市场，销售金额 4 900 余万元，其中超过 2 500 万元的猪肉被注射上述混合药物及注水。2011 年 3~4 月，南京宏润食品有限公司从江苏永增公司购买猪肉至南京市江宁区进行批发销售。2011 年 6 月，被告人厉某（宏润公司法定代表人）在明知所购永增公司的猪肉存在注水、注药等问题的情况下，仍继续购进并销售，至 10 月，宏润公司从永增公司购进并销售猪肉价值 3 400 余万元，其中超过 50% 以上、价值超过 1 700 余万元的猪肉被注水。

　　泗洪县人民法院一审判决、宿迁市中级人民法二审裁定认为，被告单位宏润公司和被告人厉某行为已构成销售伪劣产品罪，根据被告单位、被告人犯罪及量刑情节，于 2013 年 1 月判处被告单位南京宏润食品有限公司罚金 900 万元；判处被告人厉某有期徒刑十五年，并处罚金 20 万元。

　　泗洪县人民法院认为，被告单位永增公司和被告人王某行为已构成生产、销售有毒、有害食品罪，于 2013 年 6 月判处被告单位永增公司罚金 3 000 万元；判处被告人王某有期徒刑十四年，并处罚金 60 万元；被告人王某退出的非法所得予以没收，上缴国库。

　　从江苏省高院获悉，近年来，全省因食品安全方面犯罪被判有期徒刑的，厉某和王某是刑期最长的，而且罚金也是最重的。

第四节

屠宰前注射肾上腺素等药物并注水案例

一、山东菏泽屠宰生猪注射肾上腺素并注水案

案情概况
CASE OVERVIEW

山东省菏泽市 A 县人民检察院指控被告人李某甲犯生产、销售有毒、有害食品罪，于 2015 年 6 月 18 日向 A 县人民法院提起公诉。A 县人民法院立案后适用简易程序并组成合议庭，公开开庭审理本案。

审理查明，2015 年 2 月 4~6 日，被告人李某甲受人指使并伙同他人，在 A 县一加油站的后院向 69 头生猪体内注射兽药盐酸肾上腺素并注水。被告人李某甲等人将注药注水后的生猪运到 A 县屠宰场屠宰后运往市场，将其中的 50 余头生猪以 5.8 万余元的价格予以销售。同年 2 月 7 日晚，被告人李某甲等人向 37 头生猪体内注射盐酸肾上腺素并注水，在等待第二次向生猪体内注水时被当场抓获。另查明，被告人李某甲归案后率先供述了司法机关尚未掌握的其伙同他人于 2015 年 2 月 4~6 日向生猪注药和注水的犯罪事实。

部分证据
SOME EVIDENCE

证人苗某、李某乙、王某、李某丙证言，A 县动物卫生监督所出具的准宰通知书、证据登记保存清单、案发现场物证照片及现场检查（勘验）笔录、涉案盐酸肾上腺素注射液包装盒照片、苗某的账本（复印件），A 县畜牧局出具的情况说明及《乡村兽医基本用药目录》，A 县生猪定点屠宰场出具的生猪进场点验收和宰前检验记录表，吉林省某动物保健品有限公司出具的检验报告，视听资料，案件移送函，破案及抓获经过，户籍证明，被告人李某甲及同案行为人供述。

法院判决
COURT JUDGMENT

李某甲在生产、销售的食品中掺入有毒、有害的非食品原料，并帮助他人销售明知掺有有毒、有害的非食品原料的食品，其行为已构成生产、销售有毒、有害食品罪，应依照《中华人民共和国刑法》第一百四十四条"在生产、销售的食品中掺入有毒、有害的非食品原料的，或者销售明知掺有有毒、有害的非食品原料的食品的，处五年以下有期徒刑，并处罚金……"之规定处罚。公诉机关指控罪名成立，本院予以支持。鉴于李某甲归案后如实供述了司法机关尚未掌握的生产、销售有毒、有害食品的较重罪行，具有坦白情节，本院予

以从轻处罚。李某甲的辩护人关于"被告人李某甲具有坦白情节，建议对其从轻处罚"的辩护意见具有事实和法律依据，本院予以支持。被告人李某甲积极实施犯罪，并非从犯，被告人李某甲的辩护人关于"被告人李某甲系从犯"的辩护意见不能成立，本院不予支持。被告人李某甲的行为侵害了国家食品卫生的管理制度和广大消费者的生命、健康安全，具有较大的社会危害性，对李某甲确有强制劳动改造之必要，故被告人李某甲的辩护人所提"对被告人李某甲适用缓刑"的辩护意见不能成立，本院不予支持。依照前述法律及《中华人民共和国刑法》第五十二条、第五十三条、第六十七条第三款之规定，判决被告人李某甲犯生产、销售有毒、有害食品罪，判处有期徒刑七个月，并处罚金人民币 2 万元。

关键点分析
KEY POINTS

注意本案的突破口在于当事人李某甲等人是在注药并注水时被公安机关当场抓获，且被告人李某甲归案后率先供述了司法机关尚未掌握的伙同他人于 2015 年 2 月 4~6 日向生猪注药和注水的犯罪事实。

二、山东嘉祥屠宰生猪注射肾上腺素并注水案

2014 年 6 月 10 日以来，被告人孟某于嘉祥县卧龙山镇黄岗村的济宁市汇众食品有限责任公司的生猪屠宰车间进行生猪屠宰、销售活动，为提高生猪的出肉率，雇用犯罪嫌疑人郑某为生猪打针注水，每头猪提取 10 元钱。被告人郑某将盐酸肾上腺素注射液、葡萄糖注射液勾兑制成药剂，并雇用高某等人为生猪注射该药剂并注水，每头生猪注射 5 毫升左右，生猪注水 3~4 次后屠宰。为逃避检查，孟某安排犯罪嫌疑人刘某在有检查人员到场内检查时，拉响安置的警铃发出警报以躲避检查。至 2014 年 11 月 17 日，被告人孟某通过被告人郑某等人，先后为 4 万余头生猪注射药剂、注水，屠宰后将猪肉销售至济宁等地市场，销售金额 4 000 余万元。

法院认为，被告人孟某犯生产、销售伪劣产品罪，判处有期徒刑十五年，并处罚金人民币 2 500 万元；被告人郑某犯生产、销售伪劣产品罪，判处有期徒刑十三年，并处罚金人民币 2 000 万元。

关键点分析
KEY POINTS

1. 被告人在本案中实际上同时犯生产、销售有毒、有害食品罪和生产、销售伪劣产品罪。生产、销售有毒、有害食品罪与生产、销售伪劣产品罪是特别法与普通法的关系，根据我国《刑法》第一百四十九条的规定应当依照处罚较重的规定定罪处罚。具体而言，如果生产有毒、有害食品，销售金额没有达到 5 万元，只能认定为生产、销售有毒、有害食品罪；

如果销售金额达到 5 万元以上的，行为人既构成本罪也构成生产、销售伪劣产品罪，根据我国《刑法》第一百四十九条的规定，应当依照处罚较重的规定定罪处罚。本案因货值金额较大，最后按生产、销售伪劣产品罪进行了判决。

2. 注意本案这类违法行为非常隐蔽，如果公安机关不是在准备充分的情况下第一时间全方位介入，此案可能难以成功办理。

三、安徽霍邱屠宰生猪注射肾上腺素、盐酸异丙嗪并注水案

本案是 2018 年农业农村部公布农产品质量安全执法监管十大典型案例中兽医兽药领域五起案件之一。

2016 年，安徽省霍邱县畜牧兽医局根据群众举报，联合县公安局、市场监管局突击检查生猪注药、注水黑窝点，现场查扣运输工具、注射器、无标签药品 2 瓶（100 毫升装）、盐酸异丙嗪 7 支、注水管 2 套、生猪 29 头。执法人员分别抽取猪尿、肝、肉样及无标签药品，送至国家饲料质量监督检验中心进行检测。经查，王某伙同张某等人，于 2016 年 7~9 月贩购生猪后注射药物并注水，所注入无色液体以及生猪尿液中含非食品原料肾上腺素。2018 年 5 月，王某、张某二人犯生产、销售有毒、有害食品罪，一审被判处有期徒刑一年零两个月，并处罚金人民币 1 万元，查扣在案的猪肉 4 780 千克予以没收、销毁。

第五节

屠宰环节注射肾上腺素等药物并注水案件专题分析

一、打击注药注水相关规定

（一）畜禽屠宰中使用肾上腺素、阿托品等药物的处理措施相关问题专家论证意见

专家意见

中国动物疫病预防控制中心（农业部屠宰技术中心）于 2017 年 6 月 6 日组织有关专家，就畜禽屠宰中使用肾上腺素、阿托品等药物的处理措施相关问题进行了论证，形成如下意见。

（1）肾上腺素是肾上腺素受体激动剂，一般用于心衰治疗。阿托品是 M 型胆碱受体阻

断剂，一般用于解毒和抗平滑肌痉挛。它们均属兽医处方药物，应由执业兽医出具处方才可使用。但这类药物目前被不法分子用于屠宰畜禽的注水和保水，使肉品的含水量增加，获取不法利益，危害消费者利益。同时，肉品中残留肾上腺素、阿托品等药物，给人体健康和生命安全造成潜在的危害。

（2）对用于屠宰的畜禽在离开饲养场地后，使用肾上腺素、阿托品等药物的，属于添加"有毒、有害非食品原料"，涉嫌构成生产、销售有毒、有害食品罪。一经发现，畜牧兽医行政主管部门、公安部门应当按照"一案双查"的方式，密切配合，从第一案发现场开始，公安部门从追究刑事责任的角度、畜牧兽医行政主管部门从追究行政责任的角度分别取证，立案追查。

（3）建议农业部以公告的形式明确用于屠宰的畜禽在离开饲养场地后，禁止使用肾上腺素、阿托品等药物。同时，建议制定相关检测方法标准。

（二）畜肉中阿托品、山莨菪碱、东莨菪碱、普鲁卡因和利多卡因的测定方法

2018年7月，国家市场监管总局发布《畜肉中阿托品、山莨菪碱、东莨菪碱、普鲁卡因和利多卡因的测定方法》，适用于畜类肌肉组织中阿托品、山莨菪碱、东莨菪碱、普鲁卡因和利多卡因的定性确证和定量测定。

关键点分析 KEY POINTS

违法牟利者在给活猪、牛、羊等注水之前先注射一些保水药物和消炎药物，主要有阿托品、东莨菪碱、山莨菪碱、利多卡因、普鲁卡因和沙丁胺醇等，目的是促进肌肉蓄积大量水分，并缓解动物疼痛感。本方法在畜肉中定量检出限均为 0.5 微克 / 千克。

（三）畜肉中卡拉胶的测定方法

2018年6月11日，国家市场监督管理总局发布公告（2018年第10号）公布实施检测方法《畜肉中卡拉胶的测定》（BJS201804）。该方法用液相色谱－串联质谱测定方法检测生、鲜肉中卡拉胶含量，规定了畜肉中卡拉胶检测的定性、定量方法。

关键点分析 KEY POINTS

利欲熏心的违法分子利用卡拉胶，主要是因为卡拉胶具有较强的增稠和持水性能，在屠宰前给生猪灌水后再灌注卡拉胶混合物，可以增加猪肉水分重量，并有保水保鲜的功效，不会出现注水猪肉流血水的情况，肉的颜色也会比正常的猪肉更亮。

二、屠宰前注射肾上腺素等药物并注水案件专题分析

本书收录了多类生产、销售有毒、有害食品罪的案例。其中，注射肾上腺素等药物并注

水案件与注水案、非法屠宰案一样，隐蔽性非常强，查处难度非常大，需要重点关注。

（一）收录的注射肾上腺素等药物并注水案件基本情况

收录的注射肾上腺素等药物并注水案件共 3 件。其中，山东嘉祥屠宰生猪注射肾上腺素并注水案、山东曹县屠宰生猪注射肾上腺素并注水案是公安机关牵头查办的案件，安徽霍邱屠宰生猪注射肾上腺素、盐酸异丙嗪并注水案是畜牧兽医部门牵头办理后再移送公安部门的案件。

（二）成功办理注射肾上腺素等药物并注水案件的关键问题分析

1. 对公安机关牵头查办 2 个案件的分析

此类案件比单纯的注水案件更为复杂。笔者曾到山东济宁地区与嘉祥的公安人员同台授课，了解到了一些较为详细的情况。山东嘉祥屠宰生猪注射肾上腺素并注水案是同类案件的第一起。此案嘉祥公安办得非常辛苦，惊动了地区、省公安部门，直至公安部，且历时两年才判决完毕。通过详细了解此案，笔者认为，如果公安机关不是在准备充分的情况下第一时间全方位介入，此案难以成功办理。

嘉祥案件违法行为非常隐蔽，前期新闻媒体和公安机关通过在外围秘密抽样检测均未发现异常，没能排查出非法药物。嘉祥县公安机关没有放弃，继续围绕该线索秘密开展摸排调查，经过十多天的夜间蹲守，发现了一个特别现象，即平时该屠宰场猪栏的猪叫声不明显，但是夜间 20 时许，该院内猪叫得异常厉害，屠宰工人在 23 时许进入厂内开始屠宰。嘉祥县公安对此情况进行论证研判，及时向上级汇报，召开联合突击检查会议，制定详细方案后进行了突击检查：①当场扣押已经注射药剂、注水的生猪 206 头；②当场查获千余只注射器和可疑液体（后查出是肾上腺素）；③当场抓获犯罪嫌疑人孟某、郑某等和工人等 8 人；④控制犯罪嫌疑人后，办案民警迅速兵分三组对屠场 30 多个房间进行认真细致的搜查；⑤查获犯罪嫌疑人郑某的工作记录本，通过记录本认定 2014 年 6 月 12 日至 11 月 13 日期间，共加工注水生猪 41 312 头；⑥公安机关随后进行了突击审讯，找到了突破口。

2. 对农业农村部门牵头办理后再移送公安部门案件的分析

安徽霍邱案件是笔者收集到的注射肾上腺素案件中唯一一个前期只由农业农村部门查处，收集证据证明当事人涉刑，最后移送司法部门的成功案例。本案看似简单，但笔者与霍邱县所在地区的六安市卫生监督所负责同志交流得知，霍邱县畜牧兽医局办理此案异常艰难。霍邱县畜牧兽医局经历了"前期制作移送函，将涉案线索移送县公安局，县公安局以材料不全、证据不足而拒收；其后又经历了捣毁窝点、收集证据、再次移交被拒；苦求报告、终得说明，三次移交被拒；和市局联系、组团观摩，四次移交成功"的经历。

（三）注射肾上腺素等药物并注水案件的特点

注药注水案有着与注水案较多相同的特点。办理注水涉刑案在第二章已做了分析，这里不再赘述。但需要大家注意的是：注射肾上腺素等药物并注水案件比单纯的注水案隐蔽性更强：①经屠宰后的动物产品短时间卖完并消费食用完，注射肾上腺素等药物后，可以不再注入过多的水，水分可能未超标；②有可能药物检不出或已在体内降解，或者不知道是哪一种药物，这一点从国家市场监管局发布畜肉中阿托品、山莨菪碱、东莨菪碱、普鲁卡因、利多卡因和卡拉胶等诸多测定方法中可以看出。

（四）如何成功办理注药注水案

与注水案一样，此类案件同样需要进一步加强行政执法与刑事司法衔接，让司法部门意识到，特殊情况必须要有特殊对策。从前面案例可以看出，打击此类违法犯罪行为的关键在于公安部门强力介入追查。中国动物疫病预防控制中心（农业农村部屠宰技术中心）组织的专家认证会上形成的《畜禽屠宰中使用肾上腺素、阿托品等药物的处理措施相关问题专家论证意见》中，笔者现场提出并最后被采纳的是："对注水行为，一经发现，畜牧兽医行政主管部门、公安部门应当按照'一案双查'的方式，密切配合，从第一案发现场开始，公安部门从追刑责的角度、畜牧兽医行政主管部门从追行政责任的角度分别取证，立案追查。"

大家应当将注药注水案与注水案、非法屠宰案加以特别关注和相互比较。

第六节

生产、销售有毒、有害猪油案例

一、重庆有毒、有害猪油案

案情概况
CASE
OVERVIEW

重庆市人民检察院某分院指控被告人林某、李某、熊某、张某、徐某、陈某、谈某、黄某、皮某、汪某、谢某犯生产、销售有毒、有害食品罪一案，于 2016 年 6 月向法院提起公诉。法院受理后，依法组成合议庭，公开开庭审理了本案。审理查明：

（一）被告人林某、李某、徐某、陈某、黄某生产、销售有毒、有害食品的事实

2009 年下半年以来，被告人林某、李某、徐某、黄某与蒋某（另案处理）在重庆市 B 县共同经营某杰加工厂，该厂的经营范围为加工食用猪油。林某是某杰加工厂的负责人，负责原材料采购、食用猪油的销售等；李某负责日常生产管理；徐某与黄某先后参与管理，负责记账、转账、发放工资等；陈某为技术员，负责油脂精炼。林某、李某、徐某、陈某、黄某明知某明加工厂、某昌加工厂、重庆某健加工厂、涪陵李某加工厂等处是用含有淋巴结等猪肉制品加工废弃物的猪脚油、附心油炼制的猪油，仍多次向上述厂家购买并用于炼制"食用猪油"，先后销往云南、贵州、四川等地的农贸市场批发商、个体经营门市部及餐馆。2012 年 1 月 9 日至

2015年5月15日期间，林某、李某、徐某、陈某生产、销售"食用猪油"的总金额为5132万元；黄某于2014年3月进入某杰加工厂，参与生产、销售的总金额为1404万元。案发后，公安机关在某杰加工厂现场扣押"食用猪油"予以拍卖，拍卖的总金额为21万元。

2015年5月16日，被告人李某、徐某、陈某、黄某在重庆市B县某杰加工厂被公安民警抓获。同年6月26日，被告人林某在福建省长乐市被公安民警抓获。

（二）被告人熊某、谈某生产、销售有毒、有害食品的事实

2009年至2012年5月期间，被告人熊某、谈某在重庆市B县桂溪镇从事猪皮初加工业务，二人在未办理任何生产许可手续的情况下，从某星公司猪副产品承包商谢某等处，收购含有淋巴结的猪肉制品加工废弃物等的猪脚油、附心油，加工为猪油后，明知某杰加工厂生产的是食用猪油，仍销售给该厂用于精炼"食用猪油"。

2012年6月29日，熊某投资成立某明加工厂，经营范围为加工、销售食用动物油脂。熊某负责购进原材料，组织生产、销售等工作，谈某协助熊某进行日常管理。熊某、谈某明知生产食用猪油不能使用含有淋巴结的猪肉制品加工废弃物等的猪脚油、附心油，仍先后多次从某星公司、B县某阳公司猪副产品承包商谢某、皮某处，重庆某发有限公司的猪副产品承包商曾某、杨某（均另案处理）处，某荣食品有限公司的猪副产品承包商吴某等处，收购含有淋巴结的猪脚油、附心油等，加工为猪油后，销售给某杰加工厂、某香加工厂用于精炼食用猪油。

（三）被告人张某生产、销售有毒、有害食品的事实

2009年8月以来，被告人张某与妻子先后投资成立B县某梅加工厂、某昌加工厂，两厂的经营范围均为加工、销售工业油脂。张某作为两厂的实际经营者，具体负责采购和销售工作。2011年以来，张某先后从湖北、四川收购含有淋巴结的猪脚油、非食用杂油、工业用炼油等，生产、加工为猪油后，明知某杰加工厂是生产食用猪油，仍销售给该厂用于精炼"食用猪油"。2012年1月9日至2015年4月2日期间，张某生产、销售的总金额为192万元。2015年5月16日，被告人张某在重庆市B县被公安民警抓获。

（四）被告人皮某生产、销售有毒、有害食品的事实

2012年3月以来，被告人皮某承包了某星公司的部分猪副产品，明知某明加工厂的经营范围是生产、销售食用猪油，仍多次向该厂提供含有淋巴结的猪脚油、附心油等原材料用于炼制"食用猪油"。2012年3月6日至2015年4月28日期间，皮某提供原料的总金额为104万元。2015年5月19日，被告人皮某主动到B县公安局投案。

（五）被告人汪某生产、销售有毒、有害食品的事实

2009年下半年以来，被告人汪某担任涪陵某吉公司总经理，负责该公司猪副产品的销售等工作。2013年3月以来，汪某明知某明加工厂的经营范围是生产、销售食用猪油，仍多次向该厂提供含有淋巴结的猪脚油、附心油、血槽肉等原材料用于炼制"食用猪油"。2013年3月3日至2015年3月27日期间，汪某提供原材料的总金额为88.18万元。

（六）被告人谢某生产、销售有毒、有害食品的事实

2009 年下半年以来，被告人谢某承包了某星公司、某阳公司猪副产品，明知熊某的某明加工厂经营范围是生产、销售食用猪油，仍多次向该厂提供含有淋巴结的猪脚油、附心油等原材料用于炼制"食用猪油"。2012 年 1 月 9 日至 2015 年 5 月 7 日期间，谢某提供原材料的总金额为 86 万元。

部分证据
SOME
EVIDENCE

1. 相关书证，现场勘验检查笔录及录像，搜查、辨认笔录，销售账本，银行卡交易明细，企业基本情况信息表，个人独资企业营业执照，全国工业产品生产许可证，组织机构代码，常住人口基本信息，各厂的查封、解封、扣押、涉案物品处理情况汇报，B 县公安局扣押决定书、扣押物品清单、扣押清单、随案移送清单，合股协议书、合股协议公约，税务登记证，食品卫生许可证，证人证言，专家意见，抓获经过以及 11 名被告人的供述等证据。

2. 公诉机关举示的证据

（1）《食用猪油》（GB/T 8937—2006）载明，食用猪油，是指健康猪经屠宰后，取其新鲜、洁净和完好的脂肪组织炼制而成的油脂。所用的脂肪组织不包含骨、碎皮、头皮、耳朵、尾巴、脏器、甲状腺、肾上腺、淋巴结、气管、粗血管、沉渣、压榨料及其他类似物，应尽可能不含肌肉组织和血管。

（2）《食品安全国家标准 食用动物油脂》（GB 10146—2015）载明，本标准适用于以经兽医卫生检验认可的生猪的板油、肉膘、网膜或附着于内脏器官的纯脂肪组织，单一或多种混合炼制成的食物猪油。原料要求应符合相应的国家标准和有关规定。

（3）重庆市食药监局 B 县分局《关于炼制食用猪油所用原材料的情况说明》载明：①包含骨、碎皮、头皮、耳朵、尾巴、脏器、甲状腺、肾上腺、淋巴结、气管、粗血管、沉渣、压榨料及其他类似物、肌肉组织和血管的脂肪组织属于各类肉及肉制品加工废弃物，属于非食品原料，不能作为炼制食用油的原材料。②淋巴结是动物的免疫器官，具有吞噬动物体内细菌和病毒的功能，含有大量的吞噬细胞、病毒、细菌和致癌物，通常像胡豆大一颗的肉瘤，一般呈暗红色或褐色，淋巴结是有毒、有害的，人一旦食用，会造成人体免疫功能低下，让人感染各种人畜共患的疾病。③正规的食用猪油应该采用猪身上新鲜、洁净和完好的肥膘或板油来炼制。④对所有食用猪油的原材料使用、生产加工、流通等环节的监管标准，均按照成品食用猪油的要求执行，并未区分所谓的半成品猪油和成品食用猪油，生产食用猪油可以加入食用碱作为加工助剂，但不能添加消泡剂。

（4）《关于 B 县某杰猪油精炼加工厂生产、销售有毒、有害食品案的专家意见》载明，经重庆食药监局邀请相关专家，在了解本案案情、现场勘查照片、讯 / 询问笔录等证据材料及相关文献资料后，专家达成一致意见：①对于炼制食用猪油而言，碎皮、头皮、甲状腺、

肾上腺、淋巴结、气管、粗血管、沉渣、压榨料及其他类似物等是炼制食用猪油的非食品原料，属于各类肉及肉制品加工废弃物，不能用作炼制食用猪油。②淋巴结是动物淋巴系统吞噬动物里的病毒、细菌等病原微生物积聚在一起的地方，含有病毒、细菌等致病微生物，呈颗粒状或块状，人食用后，可能会患上相关疾病；动物内脏分制后如果长期放置，会发生腐败变质，腐败变质后的淋巴结危险性更大。③食用猪油应以检疫检验合格的生猪的板油、肉膘、网膜或附着于内脏器官的纯脂肪组织来炼制，不能用淋巴结、甲状腺、肾上腺、碎皮、气管、粗血管等废弃物炼制食用猪油。④食用猪油的生产用原材料、加工、销售应按照国家对食用猪油相关规定的要求执行。⑤根据某明加工厂和某昌加工厂提供的现场勘查照片等资料可以看出，两厂用于炼制猪油的原材料中含有猪脂肪、猪皮、淋巴结、血管、边角碎肉等，且部分腐败变质。

法院判决
COURT JUDGMENT

（一）关于本案的定性

被告人林某、李某、熊某、徐某、皮某、汪某、谢某的辩护人提出，不能认定含有淋巴结的原料就是有毒、有害的非食品原料，熬制的"食用猪油"就是有毒、有害食品的辩护意见。法院认为，按照刑法第一百四十四条的规定，在生产、销售的过程中掺入了有毒、有害的非食品原料的食品，就是有毒、有害食品。《食用猪油》（GB/T 8937—2006）载明，"食用猪油是健康猪经屠宰后，取其新鲜、洁净和完好的脂肪组织炼制而成的油脂。所用的脂肪组织不包括甲状腺、肾上腺、淋巴结、气管等及其他类似物，应尽可能不含肌肉组织和血管。"该标准明确将淋巴结排除在所用脂肪组织之外。同时，淋巴结本身含有毒、有害物质，相关专家从专业的角度证明了淋巴结含有病毒、细菌等致病微生物，即淋巴结是有毒、有害的物质。所以，被告人在生产或者销售的食用猪油中掺入了有毒、有害的非食品原料淋巴结，该行为构成生产、销售有毒、有害食品罪。对辩护人提出的不能认定含有淋巴结的原料就是有毒、有害的非食品原料，炼制的猪油就是有毒、有害食品的辩护意见不予采纳。

关于熊某、徐某的辩护人提出，应当以生产、销售不符合安全标准的食品罪定罪处罚的辩护意见；谈某的辩护人提出不构成犯罪的辩护意见；谢某的辩护人提出谢某构成生产、销售伪劣产品罪的辩护意见。经查，前述被告人在生产或者销售的"食用猪油"中，掺入了含有淋巴结的有毒、有害非食品原料，生产、销售的是有毒、有害食品，并非是不符合食品安全标准或以假充真、以次充好的食品。因此，本案应当以生产、销售有毒、有害食品罪定罪处罚。谈某的行为已经构成生产、销售有毒、有害食品罪的共犯，应当予以定罪处罚。因此，对辩护人提出的前述该辩护意见，法院不予采纳。

（二）关于被告人林某等是否明知生产、销售的是有毒、有害食品的问题

被告人林某、李某、熊某、黄某、皮某、谢某的辩护人提出，林某等人不明知生产或销

售的是有毒、有害食品的辩护意见。经查,林某、李某、徐某、陈某、黄某明知是含有淋巴结的有毒、有害的非食品原料熬制的猪油,而进行生产、加工为食用猪油予以销售,熊某、谈某明知购进的原料是含有淋巴结的有毒、有害的非食品原料,而提供给他人用于生产、加工食用猪油。皮某、谢某、汪某作为食用猪油原材料的提供者,明知熊某是用于生产食用猪油,仍向熊某提供含有淋巴结的有毒、有害非食品原料,其行为已构成生产、销售有毒、有害食品罪的共犯。因此,对辩护人提出的该辩护意见,法院不予采纳。

(三)关于本案是否需要进行有毒、有害成分鉴定的问题

被告人林某、李某、熊某的辩护人举示了检测报告,提出涉案猪油经有关理化指标检测合格,要认定涉案"食用猪油"是否有毒、有害,应进行相关有毒、有害成分鉴定的辩护意见。经查,本案被告人生产、销售有毒、有害食品的犯罪事实清楚,定性准确;有相关证人证言、查处的赃物、进货及销售的相关材料、现场勘查笔录、专家意见等证据足以认定,无需由鉴定机构再进行鉴定。因此,对辩护人提出的该辩护意见,法院不予采纳。

(四)《食用猪油》《食品安全国家标准 食用动物油脂》是国家相关部门颁布规定,与案件有关联性,法院予以采信;对举示的相关部门出具的《说明》《情况说明》,系专门监督管理机构根据其职业特性,对涉案的淋巴结是否有毒、有害所作的专业解释,与本案具有关联性,予以采信;对举示的《专家意见》,系重庆食药监局依法委托重庆市辖区涉及食品、药品安全的相关专家作出,程序合法、客观真实,所作出的意见与本案具有关联性,法院予以采信。

综上所述,重庆市人民检察院某分院指控的罪名成立。依照《中华人民共和国刑法》第一百四十四条,第一百四十一条第一款,第二十五条第一款,第二十六条第一款、第四款,第二十七条,第六十七条第一款、第三款,第五十二条,第五十三条第一款,第五十九条第一款,第七十二条,第七十三条第二款、第三款,第六十四条和《最高人民法院、最高人民检察院关于办理危害食品安全刑事案件适用法律若干问题的解释》第七条、第十四条第(三)项、第十七条、第二十一条的规定,判决被告人林某犯生产、销售有毒、有害食品罪,判处无期徒刑,剥夺政治权利终身,并处没收个人全部财产;被告人李某犯生产、销售有毒、有害食品罪,判处有期徒刑十五年,并处罚金4 500万元;被告人熊某犯生产、销售有毒、有害食品罪,判处有期徒刑十二年,并处罚金2 000万元;被告人张某犯生产、销售有毒、有害食品罪,判处有期徒刑十年,并处罚金200万元;被告人陈某犯生产、销售有毒、有害食品罪,判处有期徒刑九年,并处罚金150万元;被告人徐某犯生产、销售有毒、有害食品罪,判处有期徒刑八年,并处罚金100万元;被告人黄某犯生产、销售有毒、有害食品罪,判处有期徒刑六年,并处罚金60万元;被告人皮某、汪某犯生产、销售有毒、有害食品罪,判处有期徒刑五年六个月,并处罚金50万元;被告人谈某犯生产、销售有毒、有害食品罪,判处有期徒刑五年,并处罚金50万元;被告人谢某犯生产、销售有毒、有害食品罪,判处有期徒刑三年,缓刑三年,并处罚金30万元。

二、浙江台州有毒、有害猪油案

2012年，浙江省台州市黄岩区人民法院经公开审理查明：1999年6月，被告人张某、郑某开始生产食用猪油。2006年11月28日，中华人民共和国国家质量监督检验检疫总局、中国国家标准化管理委员会联合发布的《食用猪油》国家标准（GB/T 8937—2006）明确规定炼制食用猪油的脂肪组织不包含淋巴结。《食用猪油》国家标准于2007年3月1日正式实施。

张某、郑某明知食用猪油不能含有淋巴，仍先后从浙江黄岩食品有限公司、浙江诚远食品有限公司购入含有淋巴的花油、含有伤肉的膘肉碎及"肚下塌"等猪肉加工废弃物并用于炼制食用猪油。2007年3月至2010年7月间，浙江黄岩食品有限公司城区分公司经理王某（另案处理）明知张某、郑某从事炼制"食用油"，仍向其销售含有淋巴的花油等猪肉加工废弃物。张某、郑某利用上述原料在台州市黄岩区澄江街道仙浦汪村的家中炼制"食用油"360余桶，计18余吨，销售金额共计人民币（以下币种同）10万余元。2010年7月至2012年3月间，浙江诚远食品有限公司副产品销售负责人李某明知张某、郑某从事炼制"食用油"，仍向其销售含有淋巴的花油、膘肉碎、"肚下塌"等猪肉加工废弃物，张某、郑某利用上述原料在台州市黄岩区澄江街道仙浦汪村的家中、西城街道霓桥村出租房、东城街道上前村工业区租房等地炼制"食用油"1 026余桶，计51.3余吨，销售金额47万余元。其中，2011年11月至12月和2012年3月，被告人何某受张某雇用以含有淋巴的花油等猪肉加工废弃物炼制"食用油"135余桶，计6.75余吨，销售金额6.75万余元。被告人张某、郑某利用含有淋巴的花油、膘肉碎、"肚下塌"等猪肉加工废弃物共生产"食用油"69.3余吨，销售金额57万余元。

台州市黄岩区人民法院认为，被告人张某、郑某使用猪肉加工废弃物等非食品原料生产"食用油"，销售金额57万余元，情节特别严重，其行为均构成生产、销售有毒、有害食品罪。被告人李某明知他人生产"食用油"，仍为其提供猪肉加工废弃物等非食品原料，其间供他人生产"食用油"销售金额47万余元，情节严重；被告人何某明知他人使用猪肉加工废弃物等非食品原料生产"食用油"，仍为其提供劳务，帮助炼制油脂，其间供他人生产"食用油"销售金额6.75万余元；被告人李某、何某的行为均构成生产有毒、有害食品罪；被告人王某、吴某、蒋某、林某、应某明知是利用猪肉加工废弃物等非食品原料生产的"食用油"仍予以销售供人食用，其行为均构成销售有毒、有害食品罪。判决：张某犯生产、销售有毒、有害食品罪，判处有期徒刑十年，并处罚金人民币一百二十万元；郑某犯生产、销售有毒、有害食品罪，判处有期徒刑四年，并处罚金人民币八十万元；李某犯生产有毒、有害食品罪，判处有期徒刑二年三个月，并处罚金人民币六十万元；何某犯生产有毒、有害食品罪，判处有期徒刑一年六个月，并处罚金人民币十万元；王某犯销售有毒、有害食品罪，判处有期徒刑一年六个月，并处罚金人民币七万元；吴某犯销售有毒、有害食品罪，判处有期徒刑十个月零二十日，并处罚金人民币二万元；蒋某犯销售有毒、有害食品罪，判处有期徒刑十个月零二十日，并处罚金人民币二万元；林某犯销售有毒、有害食品罪，判处有期徒刑十个月零二十日，并处罚金人民币二万元；应某犯销售有毒、有害食品罪，判处有期徒刑十个月零二十日，并处罚金人民币二万元。

　　根据最高人民法院、最高人民检察院、公安部联合下发的《关于依法严惩"地沟油"犯罪活动的通知》（公通字〔2012〕1号，以下简称《地沟油通知》）的精神，"地沟油"犯罪，是指用餐厨垃圾、废弃油脂、各类肉及肉制品加工废弃物等非食品原料，生产、加工"食用油"，以及明知是利用"地沟油"生产、加工的油脂而作为食用油销售的行为。其中，"地沟油"来自社会公众的通俗称谓。

关键点分析
KEY
POINTS

大家对前面两个生产销售有毒、有害猪油案中的问题要引以为戒，特别对屠场屠宰后余下的所谓"边角料"和修整下来的产品的处理，要宁严毋松，直接进行无害化处理或作工业用油原料。

第七节

其他生产、销售有毒、有害动物产品案例

一、上海"瘦肉精"走私牛肉案

　　行为人明知涉案走私猪肉未经检验检疫，可能含有有毒有害物质，但为牟取利益仍将其购入。行为人的行为足以造成食物中毒事故，对人体健康造成威胁，构成生产、销售有毒有害食品罪。

案情概况
CASE
OVERVIEW

〔一审情况〕

　　上海市B区人民法院审理上海市B区人民检察院指控原审被告人汪某犯销售有毒、有害食品罪一案，于2013年11月19日作出刑事判决。原审被告人汪某不服，提出上诉。上海市第二中级人民法院依法组成合议庭，公开开庭审理了本案。

　　上海市B区人民法院判决认定，被告人汪某系本市B区江杨市场某肉类经营部负责人。2012年9月，汪某在明知徐某某所销售的巴西猪方腩无检验检疫证明的情况下，未做任何查

验，以每千克26元（以下币种均为人民币）的价格从徐某某处购进巴西猪方脑，并先行支付货款4万元。同年9月25日，被告人汪某派人驾车从徐某某处购入100箱巴西猪方脑（共计重量2044千克），同时从苏州市肉联厂一女子处进购165箱（重量3243千克）同类肉品。当日，上述肉品在运回B区江杨市场后，待入冷库时，被工商人员查获。经对送检的55箱袋装肉品抽样检验，有42箱（共计重量846千克，销售金额2.2万余元）含有莱克多巴胺。同年10月9日，被告人汪某经电话通知后主动至工商机关接受调查，并于当日被传唤至公安机关，其到案后如实供述了上述犯罪事实。

原审法院认定以上事实的证据有：证人赵某某、姜甲、曹某、姜乙等人的证言，上海市工商行政管理局B区分局出具的询问笔录、抽样检验工作记录、现场笔录、财物清单及公安机关出具的扣押物品清单，苏州市金巨食品商行出具的送货单、抄码单、银行账目明细及对账单、农业食品质量监督检验测试中心（上海市）出具的检验报告、短信照片、通话记录、入境货物检验检疫证明、公安机关出具的证明等书证，以及原审被告人汪某的供述等。

上海市B区人民法院认为，被告人汪某的行为已构成销售有毒、有害食品罪，依法应予惩处。被告人汪某的犯罪行为因意志以外原因而未能得逞，可依法比照既遂犯从轻处罚；被告人汪某具有自首情节，可依法从轻处罚。依照《中华人民共和国刑法》第一百四十四条、第二十三条、第六十七条第一款、第六十四条之规定，对被告人汪某犯销售有毒、有害食品罪，判处有期徒刑三年，并处罚金人民币五万元；扣押在案的涉案巴西猪方脑，依法没收。

〈二审情况〉

上诉人汪某提出原判量刑过重。辩护人认为，原判量刑畸重。首先，涉案猪肉没有进行充分的检验，只对其中55箱肉品检验，检出42箱含莱克多巴胺，应按此比例对犯罪数额进行扣减；其次，汪某有自首、犯罪未遂等法定从轻、减轻情节，汪某主观恶意较轻，客观上猪肉尚未销售，没有造成严重社会危害，请求法庭综合考虑，对汪某从轻处罚。

上海市人民检察院第二分院认为，原审法院判决认定上诉人汪某犯销售有毒、有害食品罪的事实清楚，证据确实、充分，定罪准确，量刑恰当，且诉讼程序合法有效。经审查，汪某明知涉案猪肉未经检验检疫，为销售牟利仍予购入，主观上对其所销售猪肉中可能含有毒、有害的非食品原料持放任态度，虽然猪肉被查获，但汪某的销售故意仍存在，食品安全涉及人民群众的身体健康，影响公众利益，社会危害性十分严重，依照我国刑法第一百四十四条的规定，销售有毒、有害食品的，处五年以下有期徒刑，并处罚金，原判考虑汪某具有自首、犯罪未遂等情节，已对其从轻处罚，所作量刑在法律规定的幅度内，并无不当。综上，上诉人及其辩护人的意见均不能成立，建议法院驳回上诉，维持原判。

经审理查明，原审法院判决认定的被告人汪某于2012年9月，以每千克26元的价格从徐某某处购入100箱巴西猪方脑（共计重2044千克），又从苏州市肉联厂一女子处进购165箱（重3243千克）同类肉品，汪某明知上述巴西猪方脑无检验检疫证明，仍欲销售牟利，在上述肉品运回上海市 B 区江杨市场，待入冷库时，被工商人员查获，经对送检的 55 箱袋装肉品抽样检验，有 42 箱（共计重量 846 千克，销售金额 2.2 万余元）含有莱克多巴胺的事实清楚，证据确实、充分，法院应予确认。

经查，农业食品质量监督检验测试中心（上海市）出具的检验报告、上海市工商行政管理局 B 区分局制作的询问笔录、抽样检验工作记录、现场笔录、财物清单、上海市公安局 B 区分局出具的扣押物品清单、证明等证据证实，上海市工商行政管理局 B 区分局在上海市江杨市场查获汪某的一批无证冻肉 240 箱，移送上海市公安局 B 区分局处理，该局立案后委托农业食品质量监督检验测试中心（上海市）鉴定，该中心根据所抽取样品必须涵盖所有生产批次、以每生产批次量决定抽样量的原则从中抽样 55 箱，依据中华人民共和国农业部公告 176 号判定其中 42 箱含莱克多巴胺，上述检验意见合法有效。依照《中华人民共和国刑法》第一百四十四条的规定，销售明知掺有有毒、有害的非食品原料的食品的，构成销售有毒、有害食品罪。汪某对其事先明知所采购的猪肉没有检验检疫证明的事实供认不讳，且汪某事发后多次电话、短信联系徐某某，从徐处索得一张美国猪肉的检验检疫证明以图瞒骗工商部门，其行为充分体现出汪主观上明知涉案猪肉无相应证明，可能含有有毒、有害的非食品原料（诸如莱克多巴胺），仍为销售牟利，放任危害后果的发生，故汪的行为应以销售有毒、有害食品罪论处，依法处五年以下有期徒刑，并处罚金。原审法院根据汪某犯罪的事实、性质以及其系自首、犯罪未遂等，已对汪某从轻处罚，量刑并无不当。上诉人汪某及其辩护人以原判量刑过重或畸重，请求进一步从轻处罚，法院不予准许。

法院判决 COURT JUDGMENT

法院认为，上诉人汪某销售明知没有检验检疫证明，其中可能掺有有毒、有害的非食品原料的猪肉制品，其行为已构成销售有毒、有害食品罪，依法应予惩处。原判认定事实和适用法律正确，量刑适当，且诉讼程序合法。上海市人民检察院第二分院的意见正确。据此，依照《中华人民共和国刑事诉讼法》第二百二十五条第一款第（一）项之规定，终审裁定：驳回上诉，维持原判。

二、山东菏泽毒狗案

案情概况 CASE OVERVIEW

山东省菏泽市 A 县人民检察院指控被告人潘某、刘某犯生产、销售有毒、有害食品罪，于 2016 年 9 月 8 日向 A 县人民法院提起公诉。A 县人民法院立案后实行独任审判，公开开庭审理本案。

审理查明，2016 年 4 月 10 日前后，被告人潘某、刘某将使用氯化琥珀胆碱射杀的四条狗出售给从事熟肉加工销售生意的朱某。

部分证据
SOME
EVIDENCE

证人朱某、王某证言及辨认笔录，市公安局刑事科学技术研究室出具的毒物检验鉴定报告，A县人民医院出具的证明、作案工具照片，A县公安局出具的扣押清单，户籍证明，抓获及破案经过，被告人潘某、刘某供述。

法院判决
COURT
JUDGMENT

被告人潘某、刘某将使用氯化琥珀胆碱射杀的死狗出售给他人进行熟肉加工并销售，侵犯了国家对食品安全的监督管理制度及不特定多数人的身体健康，其行为已构成生产、销售有毒、有害食品罪，应依照《中华人民共和国刑法》第一百四十四条"在生产、销售的食品中掺入有毒、有害的非食品原料的，或者销售明知掺有有毒、有害的非食品原料的食品的，处五年以下有期徒刑，并处罚金……"之规定处罚。公诉机关指控罪名成立，应予支持。鉴于被告人潘某、刘某具有坦白情节，其家人自愿代为其预交罚金，本院均予从轻处罚。被告人潘某、刘某在假释考验期限内又犯新罪，应撤销假释，实行并罚。根据被告人潘某、刘某犯罪的事实、性质、情节和对于社会的危害程度，依照前述法律及《中华人民共和国刑法》第五十二条，第六十七条第三款，第八十六条第一款，第七十一条，第六十九条第一、二款，第六十四条之规定判决：撤销山东省B市中级人民法院对被告人潘某宣告的假释；被告人潘某犯生产、销售有毒、有害食品罪，与原判剩余刑期一年五个月零三天并罚，决定执行有期徒刑一年八个月，并处罚金人民币1 000元；被告人刘某犯生产、销售有毒、有害食品罪，撤销山东省B市中级人民法院对被告人刘某宣告的假释，与原判剩余刑期一年三个月零二十三天并罚，决定执行有期徒刑一年六个月，并处罚金人民币11 000元。

三、湖南长沙毒狗案

行为人为牟取非法利益，毒杀土狗并将毒狗销售给他人，供人食用。行为人的行为足以造成食物中毒事故，对人体健康造成危害，构成生产、销售有毒有害食品罪。

案情概况
CASE
OVERVIEW

湖南省B县人民检察院指控被告人黄某祥、贺某安、李某、邓某某、付某某、喻某某、任某锦、罗某祥、晏某芝、戴某良犯生产、销售有毒、有害食品罪，于2014年9月向B县人民法院提起公诉。法院依法组成合议庭，公开开庭审理了本案。

经审理查明：2013年下半年以来，被告人邓某某、李某、付某某等人在宁乡、桃江等地使用含有氯化琥珀胆碱的麻醉飞镖注射器和弓弩毒杀土狗，然后将毒杀的死狗销售给被告黄某祥等人，供人食用。2012—2013年正月，被告人黄某祥明知他人租用自家的冷库用于储存、销售毒狗，仍帮助他人销售毒狗，后双方因经济纠纷散伙。2013年8月，被告人黄某祥在家自建冷库，从被告人邓某某、李某、付某某等多人处以4~4.5元每斤的价格收购邓某等人使用含有氯化琥珀胆碱的麻醉飞镖注射器射杀的毒狗。期间，被告人付某某以4.5元每斤的价格销售给被告人黄某祥毒杀的死狗20余只，被告人邓某某以4.5元每斤的价格销售给被告人黄某祥毒杀的死狗10余只；被告人李某使用从被告人付某某处购买的毒针毒杀的狗10余只，大部分以4.5元每斤左右的价格销售给黄某祥。被告人黄某祥从邓某某、付某某、李某等人处收购了被毒杀的死狗后，将死狗进行脱毛处理后进行集中冷藏，后以5.2~5.5元每斤的价格销售给被告人贺某安等人，供人食用。

被告人贺某安自2012年开始从黄某祥等人处收购有毒冻狗进行销售。期间，被告人喻某某从贺某安处购买有毒冻狗4 000余斤，每斤加价1元左右销往市场供人食用；被告人任某锦从贺某安处购买冻狗1 000余斤，每斤加价3元左右对外销售供人食用；被告人罗某祥从贺某安处购买有毒冻狗2 000余斤，每斤加价1元左右对外销售供人食用；被告人晏某芝从贺某安处购买有毒冻狗500余斤后对外销售供人食用；被告人戴某良从贺某安处购买有毒冻狗300余斤后对外销售供人食用。

另查明，2013年下半年以来，被告人付某某网购含有氯化琥珀胆碱的毒针打狗，并以4~4.5元不等的价格将100余支毒针卖给李某用于打狗。2014年5月5日，被告人付某某主动向B县公安局投案，如实供述了犯罪事实。

2014年5月3日，B县公安局在被告人邓某某的住处依法搜查出带有麻醉药物的针头2支、提取黑色钢质弩1把；在被告人黄某祥的住处依法搜查出黄色飞针200支、死狗123只，重2 058斤。经湖南省公安厅物证鉴定中心鉴定：从被告人黄某祥、邓某某处查获的带尾翼飞镖状注射器、提取的死狗血液中均检出氯化琥珀胆碱成分。氯化琥珀胆碱是一种肌肉松弛药，主要用于手术中气管插管，属法律、法规禁止在食品生产经营活动中添加、使用的物质。

部分证据
SOME EVIDENCE

1. 证人曾某连、谢某秀的证言证明，两人均系黄某祥的邻居，均于2013年在黄某祥处购买过一只死狗。死狗是褪了毛的，内脏没有挖出来，身上没有刀、棍、枪打杀的痕迹，只是狗身上留有针孔。

2. 黄某祥家的现场勘验笔录，搜查笔录，提取笔录，扣押笔录，扣押清单，扣押物品、文件清单，B县公安局治安大队食安中队抽样单。证明公安机关于2014年5月3日对黄某祥家进行勘查、搜查，从其住宅查获黄色尾标的注射器4包，共计200支，死狗123只（1 029千克），从其屋后冻库内提取了狗血等相关物品。

3. 邓某某家的搜查笔录、提取笔录及照片。证明公安机关于2014年5月3日对邓某某住宅及摩托车进行搜查，从其住宅查获针头两支，从其摩托车上查获弩一把。

4. 贺某安家的搜查笔录、扣押物品清单。证明公安机关于2014年5月4日对贺某安住处进行搜查，查获账本5本。

5. 鉴定意见。证明经对黄某祥中查获的带尾翼的飞镖状注射器及死狗狗血进行随机取样，从中检出氯化琥珀胆碱成分；经对邓某某中查获的带尾翼的飞镖状注射器进行随机取样，从中检出氯化琥珀胆碱成分。

6. 账本5本。证明贺某安自2011年来销售冻狗的情况。

7. 被告人黄某祥的供述。证明2012年，其帮本村的张某军收购别人用毒镖毒杀的狗，当时张某军在其家里建了一个冷库，那时贺某安就在张某军处收购毒狗，后其与张某军因经济纠纷散伙。2013年8月，其在家中自建冷库，收购死狗，给其送货的有邓某强、邓某某、陈某强、付某某等人。其收购死狗以4.5元每斤的价格收进来，以5.2~5.5元每斤的价格卖出去。其收购的死狗都卖给了贺某安，邻居张某彬、谢某秀在其处也买过死狗吃。其所收的狗都是弩打的，弩发射的毒针里面都有麻醉的成分，其收的那些狗都是被麻醉针毒死的，在外表看来没有什么伤痕。2014年，贺某安在其处收了4 000~5 000斤毒狗，剩余2 000余斤，贺某安过来接死狗时，被公安机关当场查获。其还证明，所收购的死狗没有检疫证明。自己帮朋友从贺某安处购买了400支毒针，200支给了朋友，剩余200支放在家中被公安机关扣押。

8. 被告人贺某安的供述。证明其2012年开始收购毒狗。2014年3月份以来，其在黄某祥处以5.5元每斤的价格收购4次毒狗，每次1 500余斤，共计6 000余斤，其再以6.5元每斤的价格卖出。其收购来的冻狗已脱毛，有的能够看见明显的针眼，狗的其他地方没有明显的伤痕，同时狗没有被剖开肚子。冻狗与活狗每斤有1~2元的差别。2014年4月，其帮他人将400支毒镖带给了黄某祥。还证明其收购的狗没有检疫证明，公安机关从其家扣押的5本账本是这四五年来卖狗的账目。根据账目，其共卖了2 400余斤冻狗给任某锦，共卖了650余斤冻狗给晏某芝，共卖了800余斤冻狗给戴某良。喻某某总共从其手中买了4 000多斤冻狗。在今年正月间，其以7.5元每斤的价格卖给罗某祥2 000多斤冻狗。

9. 被告人李某的供述。证明2013年年底至2014年年初，其在付某某手中以4~4.5元不等的价格购买了100支左右的毒针用于打狗。2013年7月以来，其先后送了十多次狗到黄某祥处，黄某祥以3.5~4.5元每斤的价格收购。另证明，陈某强、付某某等人也用毒针打狗后送到黄某祥处销售。

10. 被告人邓某某的供述。证明其从2013年5月开始用弩和毒镖偷狗后卖给黄某祥等人，最终这些偷来的死狗都被卖出去给人吃掉了。其中，其以4.5元每斤的价格，贩卖给黄某祥约十余只死狗的事实。

11. 被告人付某某的供述。证明其于2013年下半年开始用毒针打狗。其打狗的数量有40余只，卖给黄某祥20余只，大小为20斤左右，去年的收购价为4元每斤，今年为4.5元每斤，以及其网购弩及毒针，知晓毒针内成分，并将毒针卖给李某的事实。

12. 被告人任某锦的供述。证明其从 2011 年开始做狗肉生意。从 2011 年至今，其共从贺某安手中买了 4 000 斤左右的狗肉，有新鲜狗肉和冻狗，其中有 1 600 斤左右的冻狗，冻狗的进价一般是 8~10 元，其每斤获利 3 元左右，共计约 5 000 元。活狗和冻狗的同期价格不同，因为活狗的进价会贵一些，冻狗是偷狗的人用弩发射毒镖射杀的狗，所以进价便宜些，这情况是贺某安告知其的事实。

13. 被告人罗某祥的供述。证明 2014 年正月，其先后两次到贺某安在长株潭高速公路株易路口附近租用的冷库购买冻狗。其以 7.5 元每斤的价格购买了 2 000 多斤死狗。其以 8.5 元每斤的价格卖出。因其专门做狗肉生意，而狗一般是被打死或杀死，而从贺某那里进的冻狗身上没有被打死或杀死的痕迹，故其心里清楚贺某的狗是毒死或麻醉死亡的狗。

法院判决 COURT JUDGMENT

法院认为，被告人黄某祥明知他人使用毒镖杀狗仍然帮助收购或自己收购被毒杀的死狗，并经加工冷冻后将有毒冻狗销售给人食用，其行为已经构成生产、销售有毒、有害食品罪；被告人贺某安、喻某某、任某锦、罗某祥、晏某芝、戴某良明知他人所销售的冻狗中含有有毒、有害的非食品原料，仍然收购并销售给人食用，其行为均已构成销售有毒、有害食品罪；被告人李某、邓某某、付某某采用弩射毒镖的方式杀狗，并将被毒杀的狗予以销售，其行为均已构成生产、销售有毒、有害食品罪。B 县人民检察院指控被告人黄某祥、贺某安、李某、邓某某、付某某、喻某某、任某锦、罗某祥、晏某芝、戴某良的基本犯罪事实及罪名成立，法院予以支持。

被告人贺某安辩称其不知道从黄某祥处收购的冻狗是有毒的，其没有贩卖毒镖给黄某祥。被告人贺某安的辩护人提出证明贺某安销售有毒狗肉的客观方面的证据和明知销售的狗肉有毒的主观方面的证据均不足的辩护意见。经查，公安机关于 2014 年 5 月 3 日在被告人黄某祥家将贺某安抓获归案，并在黄某祥家查获死狗 1 029 千克及带尾翼的黄色注射器 200 支，经对死狗狗血及注射器内液体进行抽样检验，均检出氯化琥珀胆碱成分，而被告人黄某祥供述与贺某安在公安机关的供述均证明所销售的冻狗系毒狗，且未进行检疫，有的冻狗身上有明显针眼，故现有证据足以证明贺某安明知从黄某祥处收购的是毒狗而仍然予以销售的事实，对被告人贺某安及其辩护人的辩解、辩护意见，法院不予采纳。

被告人罗某祥、晏某芝辩称均不知道所销售的狗肉有毒的意见。经查，被告人贺某安所销售的冻狗无检疫证明，两人作为从事活狗销售的商贩，对冻狗与活狗的差别应当知晓，且两人的庭前供述均证明对所销售的冻狗系毒狗是明知的，故对该辩解意见，法院不予采纳。

据此，依据《中华人民共和国刑法》第一百四十四条等规定，一审判决：被告人黄某祥犯生产、销售有毒、有害食品罪，判处有期徒刑四年六个月，并处罚金人民币五万元；被告人贺某安犯销售有毒、有害食品罪，判处有期徒刑三年六个月，并处罚金人民币三万元；被告人喻某某犯销售有毒、有害食品罪，判处有期徒刑二年四个月，并处罚金人民币二万元；被告人罗某祥犯销售有毒、有害食品罪，判处有期徒刑二年，并处罚金人民币一万八千元；被告人任某锦犯销售有毒、有害食品罪，判处有期徒刑一年六个月，并处罚金人民币一万五千元；被告人李某犯生产、销售有毒、有害食品罪，判处有期徒刑一年六个月，并处罚金人民币一万元；被告人邓某某犯生产、销售有毒、有害食品罪，判处有期徒刑一年六个月，并处罚金人民币一万元；被告人付某某犯生产、销售有毒、有害食品罪，判处有期徒刑一年四个月，并处罚金人民币一万元；被告人晏某芝犯销售有毒、有害食品罪，判处有期徒刑九个月，并处罚金人民币五千元；被告人戴某良犯销售有毒、有害食品罪，判处有期徒刑七个月，并处罚金人民币四千元。

四、浙江海宁毒狗案

2012 年 10 月至 2013 年 6 月间，张某甲以食物包裹氰化物为诱饵，采用毒狗的方式，多次窃得土狗后销售给被告人黄某等人。案发后，公安机关查获被被告人张某甲毒死的土狗 1 只、药丸 75 粒。经检测，从死狗中检出氰化物 1.35 毫克 / 千克，从药丸中分别检出氰化物 371 毫克 / 克、940 毫克 / 克；2013 年 6 月，张某乙以食物包裹氰化物为诱饵，采用毒狗的方式，多次窃得土狗后销售给被告人黄某等人；2013 年年初至 2013 年 7 月，黄某以上述同样方式窃取土狗或向他人收购毒死的土狗，销售给何某。2013 年 7 月 9 日，公安机关从被告人黄某处查获死狗 57 只，经抽样检测，检出氰化物 4.76 毫克 / 千克；2013 年年初至 2013 年 7 月间，被告人何某明知他人用氰化物毒药毒死的狗，仍予以收购，并作为食品原料销售给食品经营户汪某等人；2012 年年底至 2013 年 8 月间，被告人许某以食物包裹氰化物为诱饵，采用毒狗的方式，多次窃得土狗后销售给施某，8 月 9 日上午，二人在进行交易时被公安机关人赃俱获。经检测，用于交易的 5 只死狗检出氰化物 33 毫克 / 千克，从许某处查获的药丸 3 颗检出氰化物 929 毫克 / 克；2013 年 5 月起，施某明知是他人用氰化物毒药毒死的狗而予以收购，之后作为食品原料销售给被告人邹某。被告人邹某明知是毒死的狗而加工成熟食或作为食品原料销售。案发后，公安机关从被告人邹某处查获死狗 9 只，经抽样检测，检出氰化物 0.97 毫克 / 千克。浙江省海宁市人民法院依照《中华人民共和国刑法》第一百四十四条等规定，以销售有毒、有害食品罪判处被告人施某、邹某、何某、黄某、张某甲、张某乙、许某有期徒刑一年至四年六个月不等，并处罚金三千元至十七万元不等。

五、江苏沛县毒狗案

2013 年 1~4 月期间，孟某明知魏某（已判刑）销售给其的 5 只死狗系魏某用含有琥珀胆碱的针管注射致死的情况下，仍予以收购并加工煮熟后在市场上销售给他人食用。江苏沛县人民法院认为，被告人孟某销售明知掺有有毒、有害非食品原料的食品，其行为已构成销售有毒、有害食品罪，依照《中华人民共和国刑法》第一百四十四条等规定，判决被告人孟某犯销售有毒、有害食品罪，判处有期徒刑六个月，并处罚金人民币一千元。

六、浙江温州工业松香脱毛案

行为人为牟取利益，使用对人体有害的工业松香用于猪头脱毛并将脱毛后的猪头肉予以销售、贩卖。行为人的行为足以引起食物中毒事故，对人体健康造成危害，构成生产、销售有毒有害食品罪。

案情概况
CASE
OVERVIEW

〈一审情况〉

浙江省温州市 A 市人民法院审理 A 市人民检察院指控原审被告人徐某甲、贾某甲犯生产、销售有害食品罪、被告人徐某乙、叶某、杨某犯销售有害食品罪一案，于 2013 年 5 月作出刑事判决。原审被告人不服，提出上诉。温州市中级人民法院依法组成合议庭，不开庭进行了审理。

原判认定：从 2010 年 3 月开始，被告人徐某甲、贾某甲在 A 市鲍田前北村的加工点内使用工业松香加热的方式对生猪头进行脱毛，并将加工后的猪头分离出猪头肉、猪耳朵、猪舌头、肥肉等销售给场桥、鲍田等地菜市场内的熟食店，销售金额达 61 万余元。被告人徐某乙、叶某、杨某明知徐某甲所销售的猪头系用工业松香加工脱毛仍予以购买，并再加工成熟食在其经营的位于鲍田前池菜市场内的熟食店进行销售，其中徐某乙的销售金额为 3.4 万余元，叶某和杨某的销售金额均为 2.5 万余元。2012 年 8 月 8 日，被告人徐某甲、贾某甲、徐某乙在 A 市鲍田前北村育英街 12 号加工点内被公安机关及 A 市动物卫生监督所当场抓获，现场扣押猪头 50 个，猪耳朵、猪舌、肥肉 400 斤，猪头肉 800 斤，松香 20 斤及销售单。2012 年 9 月 27 日，被告人叶某、杨某在鲍田前池菜市场内被公安机关抓获。经鉴定，被扣押的松香系工业松香，属食品添加剂外的化学物质，内含重金属铅，经反复高温使用后铅等重金属含量升高，人长期食用使用松香加工脱毛的禽畜类肉可能会对身体造成伤害。

上述事实，有证人邹某、李某甲、岳某、曾某、杜某、李某乙、李某丙的证言及辨认笔录，证人周某、卢某的证言，查封（扣押）通知书，照片，销售清单（收款收据），个体工商户营业执照、企业法人营业执照、全国工业产品生产许可证、检验报告，A 市卫生局关于猪头肉在脱毛过程中使用工业松香的安全性鉴定意见的函及温州市工业科学研究院分析检测中心技术服务报告单，人口信息查询结果，抓获经过，立功证明书，被告人徐某甲、贾某甲、徐某乙、叶某、杨某的供述等证据予以证实。

原审法院以生产、销售有害食品罪，分别判处被告人徐某甲有期徒刑十年六个月，并处罚金人民币 125 万元；被告人贾某甲有期徒刑六年，并处罚金人民币 60 万元；以销售有害食品罪，分别判处被告人徐某乙有期徒刑一年六个月，并处罚金人民币 7 万元；被告人叶某、杨某各有期徒刑一年六个月，并处罚金人民币 5 万元。

〈二审情况〉

原审被告人徐某甲上诉称，原判根据出货单认定销售金额为 61 万元的证据不足，记载的二十余位购买人中，侦查机关仅核实九位，其余购买者的购买数额未经查证属实，不能认定，销售金额中应剔除其中未用松香脱毛的肉制品；虽然现场查获工业松香，但并不能据此认定其就是使用此松香加工猪头；本案发生于《中华人民共和国刑法修正案（八）》和《司法解释》实施之前，不能适用修订后《中华人民共和国刑法》和《司法解释》进行处罚；故本案事实不清、适用法律错误，请求改判。其辩护人还辩称，生产、销售有害食品罪是指在食品中掺入有害非食品原料，使有害物质成为食品的一部分，本案是用有害物质作为加工添加剂，不是必然导致被加工的食品有毒有害，本案仅对松香进行鉴定而未对猪头肉进行鉴定，不能定罪。

原审被告人贾某甲上诉称，只是偶尔帮助生产猪头肉，没有销售行为；本案发生于《中华人民共和国刑法修正案（八）》和《司法解释》实施之前，不能适用修订后《中华人民共和国刑法》和《司法解释》进行处罚，请求改判。其辩护人还辩称，贾某甲的行为应构成生产有害食品罪；本案量刑上还应充分考虑执法部门监管缺位，使用工业松香脱毛的危害性较小等因素。

原审被告人杨某上诉称，其不知道猪头是用工业松香加工，本案定案证据只有被告人供述，没有其他证据佐证，不能认定其有罪；鉴定结论认定使用松香脱毛后"可能"对身体造成伤害，不具有准确性和确定性，不能认定其销售的猪头肉是有害食品，请求改判无罪。其辩护人提出相同的辩护意见。其辩护人辩称，徐某甲在一审庭审中供述杨某不知道其用工业松香为猪头脱毛，杨某的家人一直在食用销售的猪头肉，市场卫生部门有抽样检查，均未发现其销售的猪头肉不符合卫生标准，从徐某甲处进货的价格和他处一样，徐某甲被拘留后也未逃跑，均可说明其不知情；原判认定的证据仅有杨某的供述，没有其他证据佐证，应宣告杨某无罪。

经二审审理查明的事实和证据与原审判决所认定的一致，法院予以确认。

关于销售数额的认定。徐某甲的销售清单经徐某甲当庭辨认并予以确认，并根据有利于被告人的原则，综合认定为 61 万余元；并有共同加工者贾某甲的供述及购买者杨某、徐某乙、叶某的供述、证人邹某、李某甲、岳某、曾某、杜某、李某乙、李某丙的证言及辨认笔录相印证，证明销售清单的真实性和具体销售金额。

关于是否使用工业松香加工猪头的问题。经查，徐某甲、贾某甲、徐某乙的供述，均供认徐某甲、贾某甲一直使用工业松香对猪头进行脱毛；徐某甲、贾某甲、杨某的供述，均供认杨某、叶某有时直接到徐某甲、贾某甲家中拿猪头，知道徐某甲、贾某甲使用工业松香加工猪头。故徐某甲否认使用工业松香加工猪头，杨某否认明知销售的猪头是用工业松香加工的依据不足，不予采纳。

关于使用工业松香加工的猪头能否认定有毒有害食品的问题。现查明，被扣押的工业松香属食品添加剂外的化学物质，经鉴定，人长期食用使用松香加工脱毛的禽畜类肉可能会对身体造成伤害。《最高人民法院、最高人民检察院关于办理危害食品安全刑事案件适用法律若干问题的解释》第九条规定，在食品加工、销售、运输、贮存等过程中，掺入有毒、有害的非食品原料，或者使用有毒、有害的非食品原料加工食品的，依照刑法第一百四十四条的规定以生产、销售有毒、有害食品罪定罪处罚。该解释第二十条规定，法律、法规禁止在食品生产经营活动中添加、使用的物质应当认定为有毒、有害的非食品原料。

综上，徐某甲及其辩护人诉称，原判认定销售金额为 61 万元的证据不足，不能认定其是使用工业松香加工猪头，杨某及其辩护人诉称不知道徐某甲销售的猪头是用工业松香加工，鉴定结论不具有准确性和确定性，不能认定其销售的猪头肉是有害食品的理由均不能成立，不予采纳。

法院判决 COURT JUDGMENT

法院认为，上诉人徐某甲、贾某甲在生产、销售的食品中掺入有害的非食品原料，且情节特别严重，其行为均已构成生产、销售有害食品罪。上诉人杨某、原审被告人徐某乙、叶某销售明知掺有有害的非食品原料的食品，其行为均已构成销售有害食品罪。贾某甲为了销售而和徐某甲共同加工，构成生产、销售有害食品罪共同犯罪，贾某甲及其辩护人诉称应构成生产有害食品罪的意见与法不符，不予采纳。原判鉴于贾某甲系从犯，徐某乙有立功表现，贾某甲、徐某乙、叶某归案后均能如实供述自己的罪行，已对贾某甲减轻处罚，对徐某乙、叶某从轻处罚。根据《最高人民检察院关于对跨越修订刑法施行日期的继续犯罪、连续犯罪以及其他同种数罪应如何具体适用刑法问题的批复》规定的精神，对于犯罪行为延续到新法实施以后的继续、连续犯罪，均应当适用修订后的刑事法律。《最高人民法院、最高人民检察院关于适用刑事司法解释时间效力问题的规定》："司法解释自发布或者规定之日起施行，效力适用于法律的施行期间；对于司法解释实施前发生的行为，行为时没有相关司法解释，司法解释施行后尚未处理或者正在处理的案件，依照司法解释的规定办理"。生产、销售有害食品罪以前没有相关司法解释，故本案应当适用司法解释规定的标准进行处罚。徐某甲、贾某甲关于本案适用法律错误的上诉意见与以上规定不符，不予采纳。原判定罪准确，量刑适当，审判程序合法。徐某甲、贾某甲、杨某要求改判的依据不足，均不予采纳。据此，依照《中华人民共和国刑事诉讼法》第二百二十五条第一款第（一）项和《中华人民共和国刑法》第一百四十四条、第一百四十一条等和最高人民法院、最高人民检察院《关于办理危害食品安全刑事案件适用法律若干问题的解释》第七条、第九条第一款、第十七条、第二十条第（一）项之规定，终审裁定：驳回上诉，维持原判。

关键点分析
KEY
POINTS可参考国家食药监总局办公厅关于工业松香脱毛有关问题的复函（食药监办食监二函〔2016〕476 号）。

陕西省食品药品监督管理局：

你局《关于工业松香脱毛有关问题的请示》（陕食药监字〔2016〕32 号）收悉。经研究，现函复如下：

（1）按照《食品安全国家标准食品添加剂标准（GB 2760—2014）》和《畜禽屠宰卫生检疫规范（NY 467—2001）》规定，松香甘油酯作为脱毛剂，可用于畜禽脱毛处理工艺，工业松香不可用于畜禽屠宰拔毛操作。

（2）对于利用工业松香脱毛后的肉加工卤肉的行为，应属于《中华人民共和国食品安全法》第三十四条第（一）项"添加食品添加剂以外的化学物质和其他可能危害人体健康物质的食品"的行为，按照《中华人民共和国食品安全法》第一百二十三条进行处罚。

2016 年 6 月 30 日

七、广西良庆双氧水加工动物产品案

2012 年 11 月以来，张某甲、张某乙、农某三人在广西壮族自治区南宁市良庆区自建房内使用过氧化氢加工牛百叶、牛肚等，加工好后由被告人张某甲销售至广西柳州、贺州等地及贵州省。2013 年 5 月 15 日公安人员从张某甲的加工点内查获到白色成品牛黄喉 1 074 千克、白色半成品牛黄喉 334 千克、白色半成品牛百叶 243 千克、白色成品牛百叶 215 千克、白色成品牛肚 583 千克、白色半成品牛肚 321 千克、黑色成品牛百叶 218 千克、黑色半成品牛百叶 206 千克、原料牛百叶 150 千克、工业烧碱 20 斤及记账本两本等物品。经广西产品质量监督检验研究院对从被告人张某甲加工点提取的食品及加工用原料进行过氧化氢含量分析，牛百叶浸泡水、牛黄喉浸泡水不符合《食品安全国家标准 食品添加剂使用标准》（GB 2760—2014）要求，从送检的不明液体中检出过氧化氢。南宁市良庆区人民法院认定被告人张某甲、张某乙、农某在生产、销售的食品中掺入有毒有害的非食品原料，其行为均已构成生产、销售有毒、有害食品罪，判处被告人有期徒刑八个月至九个月不等，并处罚金人民币三千元至五千元不等。

八、山东临沂双氧水加工动物产品案

2012 年以来，安某甲、安某乙、庄某、董某在山东省临沂市兰山区后十里堡居委租房内，使用双氧水、火碱、草酸等有毒有害的非食品原料加工海参、毛肚、鱿鱼等食品。安某乙、董某将加工后的食品在临沂市兰山区前园农贸市场 43 号摊位批发销售，销售价值共计

13 968 元。

本案经临沂市兰山区人民法院一审，以生产、销售有毒、有害食品罪判处安某乙有期徒刑一年六个月，并处罚金人民币十万元，判处安某甲有期徒刑七个月，并处罚金人民币五万元，判处被告人庄某有期徒刑六个月，并处罚金人民币五万元，判处被告人董某有期徒刑六个月，缓刑一年，并处罚金人民币四万元。

第八节

其他生产、销售有毒、有害农产品案例

一、广州从化生产销售含有硝基呋喃鱼苗案

2016 年 5 月，从化渔政大队执法人员根据广州市农产品质量安全监督所的检验检测报告，对辖区某鱼苗场进行监督抽查。经检验，该场的胡子鲇鱼苗检出硝基呋喃类代谢物。根据相关司法解释，案件被移交公安机关处理。2017 年 3 月，鱼苗场负责人梁某以生产、销售有毒、有害食品罪，被判处有期徒刑六个月，缓刑一年，并处罚金 2 000 元。

二、福建东山生产销售含有呋喃西林、孔雀石绿水产品案

2015 年 11 月，福建省东山县海洋与渔业执法大队执法人员联合县公安部门对辖区某养殖场进行现场检查，发现养殖场疑似使用禁用渔药。经检测，送检的石斑鱼、虎斑鱼和养殖场水样品检出呋喃西林、孔雀石绿。东山县海洋与渔业执法大队将该案件移送东山县公安局，并对涉案的石斑鱼进行无害化处理。2016 年 8 月，欧某等二人以生产、销售有毒、有害食品罪被分别判处有期徒刑十个月和六个月，并处罚金 4 万元和 2 万元。

三、浙江台州生产销售含有氯霉素牛蛙案

2015 年 4 月，浙江省台州市黄岩区农业局对辖区内牛蛙养殖户进行上市前监督抽样，发现 3 户农户的牛蛙样品中检出氯霉素药品成分。随后，农业执法人员和公安民警组织联合查处，对涉案的 3 家养殖场共计 10.7 吨未上市牛蛙进行了集中填埋、监督销毁。2015 年 11 月，林某等三人以生产、销售有毒、有害食品罪被判处六至八个月的有期徒刑，并处罚金 4 万 ~6 万元。

四、广东中山水产养殖使用呋喃唑酮案

2018 年 4 月 10 日，中山市渔政执法人员在对该市某水产养殖有限公司实施执法检查过程中，发现其仓库内存有禁用药物呋喃唑酮片以及注射用头孢曲松钠、盐酸小檗碱片等人用药物。执法人员当场对药物进行了封存，并对该虾苗场育苗池中的虾苗及水样进行了抽检。经检测，虾苗样品含有呋喃唑酮代谢物。4 月 27 日，在公安机关和当事人的见证下，渔政执法人员对涉案的 9 个育苗池中的 287 490 尾斑节对虾和 20 280 尾罗氏沼虾虾苗进行现场无害化销毁处理。目前，案件已移交公安机关查处。

五、浙江德清黄颡鱼产品使用孔雀石绿案

2016 年 10 月，德清县农业局对德清县沈某养殖的黄颡鱼进行质量安全监督抽检时，发现其黄颡鱼产品孔雀石绿超标。在此之前，沈某因同种原因被农业部门实施过行政处罚，但因证据不足，沈某未受到刑事处罚。12 月 22 日，德清县农业局依法将此案移送给德清县公安局处理。2017 年 6 月，当事人沈某犯生产、销售有毒、有害食品罪，一审被判处有期徒刑一年，并处罚金人民币 5 万元。

六、山西永济生产含有限用农药山药案

2016 年 3 月，山西省永济市农委在对黄河滩山药的农药使用情况进行检查时发现，邹某在其种植的山药地块使用限用农药甲拌磷和甲基异柳磷，送检的土壤样品里经检测含有甲拌磷成分。经查，邹某共购进甲拌磷 12 箱、甲基异柳磷 12 箱，在山药地块使用甲拌磷 4 箱、甲基异柳磷 111 瓶。案件随后移交公安机关查处。2016 年 9 月，邹某犯生产、销售有毒、有害食品罪，一审被判处有期徒刑两年，缓刑两年，处罚金 1 万元，并禁止其在缓刑期内从事与食品有关的农业种植及相关活动。

七、天津宝坻香菜使用限用农药案

2016 年 4 月 13 日，天津市宝坻区种植业发展服务中心接群众举报，宝坻区朝霞街道中关村园区有人使用限用农药甲拌磷种植香菜。宝坻区农业部门立即派执法人员进行调查，发现焦某等 5 人为了清除虫害，在承包的 200 亩 * 香菜地内使用了甲拌磷。经检测，甲拌磷

---

* 亩为非法定计量单位。1 亩 =1/15 公顷。

含量不符合标准。农业部门随后对涉案地块种植的香菜进行了翻耕销毁，将涉案产品 500 余千克进行了查封销毁，并将案件移送公安机关查处。怡某等 5 人犯生产、销售有毒、有害食品罪，一审分别被判处有期徒刑八个月到一年六个月，并处罚罚金；禁止怡某等在三年内从事蔬菜类食用农产品的种植、销售活动。

八、新疆霍城生产含有限用农药蔬菜案

2017 年，新疆维吾尔自治区农业厅在第四季度农产品质量安全例行监测中，发现伊犁哈萨克自治州霍城县清水河某蔬菜生产基地油白菜、上海青样品氧乐果超标 80 倍。霍城县农业局执法大队立即组织追回未售上海青和油白菜，与棚内不合格蔬菜一并集中销毁，同时将案件移交公安机关查处。2018 年 4 月，生产基地负责人马某犯生产、销售有毒、有害食品罪，一审被判处有期徒刑一年，并处罚金 2 000 元。

九、新疆特克斯生产销售含有限用农药芹菜案

2016 年，新疆维吾尔自治区农业厅在农产品质量安全例行监测中，发现特克斯县一蔬菜生产基地的芹菜样品含有限用农药甲基异柳磷。案发后，特克斯县农业局追回未销售芹菜并销毁，将案件移送公安机关查处。2016 年 12 月，基地负责人毛某以生产、销售有毒、有害食品罪被判处有期徒刑三个月。

十、甘肃金川生产含有限用农药洋葱案

2015 年，甘肃省金昌市金川区农牧局在对全区洋葱种植区域进行日常巡查时发现，李某等 4 人在洋葱地冲释国家限用农药甲拌磷，洋葱、土壤等现场提取的样品均被检出甲拌磷成分。随后案件移交公安机关处理。2016 年 4 月，李某等 4 人以生产有毒、有害食品罪，被判处六个月至一年不等的有期徒刑，缓刑一年并处罚金。

CHAPTER

第五章 05

非法经营罪

第一节

非法经营罪研读

[刑法法条及相关规定]

非法经营罪，是指未经许可经营专营、专卖物品或其他限制买卖的物品，买卖进出口许可证、进出口原产地证明以及其他法律、行政法规规定的经营许可证或者批准文件，以及从事其他非法经营活动，扰乱市场秩序，情节严重的行为。

1. 《中华人民共和国刑法》

第二百二十五条 [非法经营罪] 违反国家规定，有下列非法经营行为之一，扰乱市场秩序，情节严重的，处五年以下有期徒刑或者拘役，并处或者单处违法所得一倍以上五倍以下罚金；情节特别严重的，处五年以上有期徒刑，并处违法所得一倍以上五倍以下罚金或者没收财产：（一）未经许可经营法律、行政法规规定的专营、专卖物品或者其他限制买卖的物品的；……；（四）其他严重扰乱市场秩序的非法经营行为。

2. 2010 年《最高人民检察院公安部关于公安机关管辖的刑事案件立案追诉标准的规定（二）》

第七十九条 [非法经营案(刑法第二百二十五条)]违反国家规定，进行非法经营活动，扰乱市场秩序，涉嫌下列情形之一的，应予立案追诉：

（八）从事其他非法经营活动，具有下列情形之一的：

1. 个人非法经营数额在五万元以上，或者违法所得数额在一万元以上的；

2. 单位非法经营数额在五十万元以上，或者违法所得数额在十万元以上的；

3. 虽未达到上述数额标准，但两年内因同种非法经营行为受过两次以上行政处罚，又进行同种非法经营行为的；

4. 其他情节严重的情形。

3. 《最高人民法院、最高人民检察院关于办理危害食品安全刑事案件适用法律若干问题的解释》（法释 [2013] 12 号）

第十一条 以提供给他人生产、销售食品为目的，违反国家规定，生产、销售国家禁止用于食品生产、销售的非食品原料，情节严重的，依照刑法第二百二十五条的规定以非法经营罪定罪处罚。

违反国家规定，生产、销售国家禁止生产、销售、使用的农药、兽药，饲料、饲料添加剂，或者饲料原料、饲料添加剂原料，情节严重的，依照前款的规定定罪处罚。

实施前两款行为，同时又构成生产、销售伪劣产品罪，生产、销售伪劣农药、兽药罪等其他犯罪的，依照处罚较重的规定定罪处罚。

第十二条 违反国家规定，私设生猪屠宰厂（场），从事生猪屠宰、销售等经营活动，情节严重的，依照刑法第二百二十五条的规定以非法经营罪定罪处罚。

实施前款行为，同时又构成生产、销售不符合安全标准的食品罪，生产、销售有毒、有害食品罪等其他犯罪的，依照处罚较重的规定定罪处罚。

[罪名解读]

非法经营罪，是指未经许可经营专营、专卖物品或其他限制买卖的物品，买卖进出口许可证、进出口原产地证明以及其他法律、行政法规规定的经营许可证或者批准文件，以及从事其他非法经营活动，扰乱市场秩序，情节严重的行为。

本罪的主体是一般主体，即一切达到刑事责任年龄，具有刑事责任能力的自然人可以构成本罪，单位也可以成为本罪的主体；本罪在主观方面由故意构成，并且一般具有牟取非法利益的目的。

本罪侵犯的客体是国家限制买卖物品和经营许可证的市场管理制度。本罪在客观方面表现包括：未经许可经营法律、行政法规规定的专营、专卖物品或者其他限制买卖的物品的；买卖进出口许可证、进出口原产地证明以及其他法律、行政法规规定的经营许可证或者批准文件的；其他严重扰乱市场秩序的非法经营行为。

关于罪与非罪的认定。一方面，行为人的行为必须侵犯本罪的客体。如前所述，本罪的客体是许可经营制度，凡是没有侵犯许可经营制度的行为，即便其经营行为是非法的，也不能作为本罪处理。只有把握这一点，才能防止将所有违反市场秩序的行为犯罪化。另一方面，本罪属于情节犯，在犯罪情节上要求情节严重的才构成犯罪，而认定情节是否严重，应以非法经营额和所得额为起点，并且要结合行为人是否实施了非法经营行为，是否给国家造成重大损失或者引起其他严重后果等。

关于本罪与生产、销售伪劣产品罪的区分。生产、销售伪劣产品罪，是指生产者、销售者在产品中掺杂、掺假，以假充真、以次充好或者以不合格产品冒充合格产品且销售金额较大的行为。非法经营罪与生产、销售伪劣产品罪的区别，主要表现在：①在客体方面，两罪有明显的区别。生产、销售伪劣产品罪的直接客体是国家对产品质量的管理制度和消费者的合法权益；它关注的是经营的实质内容是否达到特定的要求。非法经营罪的直接客体是许可经营制度，它关注的是经营主体在程序上是否符合国家的规定。这一区别在行为对象上的表现就是，生产、销售伪劣产品罪的对象为伪劣产品，而非法经营罪的对象为限制经营制度，因而其对象可以表现为产品，也可以表现为非产品，如进出口许可证、进出口原产地证明以及其他法律、行政法规规定的经营许可证或者批准文件。②客观的行为方式不同。生产、销售伪劣产品罪的客观方面主要表现为在产品中掺杂、掺假，以假乱真、以次充好或者以不合格产品冒充合格产品；非法经营罪的客观方面主要表现为各种形式的严重违反许可经营制度的行为。③在实践中，常出现行为人以非法经营的状态生产、销售伪劣产品，这种情形属于典型的想象竞合犯，依照想象竞合犯的处理原则，应当择一重罪处罚。

学习本节案例还需要关注：①执法人员应当熟悉刑法二百二十五条关于非法经营罪和两高司法解释的内容，同时要与《动物防疫法》《生猪屠宰管理条例》查处相关违法行为的规定衔接起来掌握。②要通过对典型案例的分析，结合畜牧兽医行政执法实践，掌握私设生猪屠宰场属涉嫌犯罪的行为，并充分利用这一整顿屠宰管理秩序的法律利器。③在执法实践中，执法人员在查处涉嫌非法经营罪案件时，由于执法手段及执法权力的限制，可能无法及时收集和妥善保存重要证据。因此，农业农村部门应该及时向公安机关通报，提供案源线索，同时商请公安机关提前介入，固定关键证据、扣押涉案物品，有效打击该类违法犯罪行为。④执法人员要严格遵守农业农村部畜牧兽医行政执法"六条禁令"规定，严格按照《畜禽屠宰检疫规程》实施检疫。农业农村部门只能向依法取得动物防疫条件合格证或畜禽定点屠宰证的屠宰企业派驻官方兽医，不得向非法屠宰企业派驻官方兽医实施检疫。基层官方兽医对未取得动物防疫条件合格证，私自设立畜禽屠宰场的，不得入场实施检疫，不得出具检疫证明，否则就会违反相关法律法规规定，承担相应的违法违纪责任。

第二节

未经定点从事生猪屠宰案例

一、四川成都私设生猪屠宰场案

此案为农业农村部公布农产品质量安全执法监管十大典型案例中兽医兽药领域五起案件之一。公布的案情如下：

2017年12月6日，四川省成都市统筹城乡和农业委员会接群众电话举报，反映郫都区安德镇安宁村4组有人私自屠宰生猪。12月7日凌晨1时，成都市农业综合执法总队执法人员会同郫都区农业和林业局执法人员对群众举报地点进行突击检查，发现当事人高某正在从事生猪屠宰活动，现场不能提供生猪定点屠宰证，涉嫌未经定点从事生猪屠宰活动。执法人员现场对涉案生猪、生猪产品及屠宰工具等物品实施了扣押措施。经物价部门认定，该批生猪货值为人民币20余万元。另查明，当事人当日已销售屠宰的5片生猪胴体和生猪产品，共计 190 千克，违法所得 3 490 元。当事人非法屠宰生猪的货值金额共计 21 万余元。2017 年 12 月，案件移送公安机关查处，涉案当事人被刑事拘留，公安机关已侦查终结，并移送检察院。

关键点分析
KEY
POINTS

本案是前期只由农业农村部门查处并收集到足够的证据证明当事人涉刑的案例。当天查处的货值金额高，因而移交公安机关成功。但通报的案例也反映出公安机关在接手后，并没能追查到违法分子之前的违法货值。这说明，对非法屠宰这类案件，公安机关不在第一现场控制相关人员进行追查，要取得之前的违法事实证据实际很难。

此案看似简单，实际操作很难。在此案发生的前几个月，笔者恰好受邀赴成都市授课，在屠宰监管执法培训中，成都市的学员提出当前查处非法屠宰行为十分困难，公安机关第一时间不愿介入，当地农业执法人员经常在得到举报到达现场时，当事人及工人均跑掉，现场只留下生猪和开着的监控设备。

二、湖南浏阳私设生猪屠宰场案

2015 年 2 月，湖南省长沙市浏阳市刘某在未取得定点屠宰资格的情况下，在其位于关口街道的家中私自设立生猪屠宰场，从事生猪屠宰、销售等经营活动。

2016 年 10 月 15 日，市畜牧水产局、公安局以及食品药品工商质量监督管理局，联合对全市生猪私屠滥宰点进行执法。执法人员在该屠宰场内查扣猪副产品 7 套、猪胴体 10 片、生猪 4 头。经浏阳市价格认证中心认定，上述生猪及猪副产品共计价值 2.5 万元。李某明知刘某未取得定点屠宰资格，仍受雇于刘某，帮助其从事生猪屠宰活动。2016 年 9 月 4 日至 10 月 12 日，刘某从养殖户处购进生猪，李某负责宰杀，销售额达 14.6 万余元。同年 11 月 11 日，刘某、李某主动到公安机关投案，并如实供述了非法屠宰生猪的犯罪事实。

法院审理认为，被告人刘某、李某违反国家规定，私设生猪屠宰场，从事生猪屠宰、销售等经营活动，情节严重，其行为均已构成非法经营罪，但鉴于两人有自首情节，均可从轻处罚，刘某判处有期徒刑一年八个月，受雇屠宰生猪的李某获刑八个月，并被分别处以罚金。

关键点分析
KEY
POINTS

本案公安第一时间介入，但当天的货值不足以追刑责。但近一个月后，老板刘某、工人李某主动到公安机关投案，并如实供述了非法屠宰生猪的犯罪事实，承认了非法屠宰的时间从 2016 年 9 月 4 日至 10 月 12 日。不难看出，此案公安机关采取的措施十分有力。

三、湖南天心私设生猪屠宰场案

2016 年 2~8 月，杨某在长沙市天心区某房屋私设屠宰场，在未办理任何相关手续的情况下，购进生猪和批发销售猪肉。同时，杨某以每宰杀一头生猪 26 元的薪酬，聘请王某（另案处理）屠宰生猪，共私自屠宰生猪 1 301 头，非法经营数额达 400 余万元，每头生猪获利 60 余元。扣除王某工资 2.7 万元，杨某获利约 5.1 万元。2016 年 8 月 2 日，执法机关突击检查该屠宰场，并抓获王某，现场查获已屠宰生猪肉 383 千克、未宰杀生猪 11 头。同年 12 月 16 日，杨某被公安机关抓获。

天心区法院经开庭审理后认为，被告人杨某未取得定点屠宰资格许可，私设生猪屠宰场，扰乱市场秩序，情节严重，其行为已构成非法经营罪。本案系共同犯罪，杨某系主犯，归案后能如实供述自己的罪行，可认定具有坦白情节，依法可以从轻处罚，判决杨某犯非法经营罪，判处有期徒刑十一个月，罚金 3 万元，同时依法没收非法所得 5.1 万元。

关键点分析
KEY POINTS

本案公安第一时间介入，但当天的货值不足以追刑责。四个月后，公安机关抓获老板杨某，多方证实了非法屠宰的时间从 2016 年 2~8 月。

四、河北保定私设生猪屠宰场案

行为人违反国家规定，未经许可擅自私设屠宰场屠宰生猪，并经营猪肉买卖，严重扰乱市场秩序，其行为构成非法经营罪。

案情概况
CASE OVERVIEW

河北省保定市 B 市人民检察院指控被告人尚某甲、尚某乙、马某某、吕某某犯非法经营罪，于 2014 年 12 月向 B 市人民法院提起公诉。法院依法组成合议庭，公开开庭审理了本案。

经审理查明：2014 年 4 月 1 日至 4 月 24 日期间，被告人尚某甲伙同尚某乙、马某某三人未经有关部门许可，在其家中私设屠宰场并屠宰生猪 86 头，后由被告人马某某开车运到北京市良乡镇等地卖掉。经鉴定，被屠宰的 86 头生猪价值人民币 98 169 元。

2014 年 4 月 3 日至 4 月 24 日期间，被告人吕某某明知尚某甲家没有合法屠宰手续，到尚某甲家中参与屠宰生猪 82 头。经鉴定，其参与被屠宰的 82 头生猪价值人民币 93 603 元。

部分证据
SOME
EVIDENCE

1. 受案登记表、案件移送书、抓获经过、破案经过、违法案件立案审批表，证实 2014 年 4 月 24 日，公安食品药品安全保卫大队接 B 市商务局举报称：B 市林屯乡中良沟村尚某甲家私自屠宰生猪。该队于当晚 8 时许，联合 B 市商务局、农业局，对举报地进行突击检查，现场抓获马某某、尚某乙、刘某甲，尚某甲潜逃。2014 年 5 月 14 日，将尚某甲上网抓逃，后经工作尚某甲于 2014 年 5 月 16 日到该队投案自首，2014 年 7 月 9 日吕某某到该队投案自首。四人对犯罪事实供认不讳，此案告破。

2. 被告人尚某甲的供述、辨认笔录和照片，证实从 2014 年 4 月 1 日开始至 4 月 24 日，其在林屯乡中良沟村自己家中宰猪，大概有八次，共 70 头左右。每头猪 200 斤左右，每次收购生猪每斤 5.2 元或者 5.3 元，收购这些猪大概约 8 万元。雇员刘某甲负责杀猪，其父亲尚某乙负责浇水褪毛，其负责卸猪头，妻子马某某负责开膛，吕某某负责往冷库里扛肉，平时基本都是这么干的。猪肉都是马某某卖的，她到北京良乡镇苏庄桥小区早市销售。北良沟村的刘某乙收购猪头、猪蹄、内脏。运输生猪是用马某某的一辆红色东风货车（冀 FE****）和其父亲的长安小货车（冀 F****D）。4 月 24 日那天屠宰的 10 头猪，肉和内脏共卖了 12 000 元左右。其家屠宰的生猪没有进行检疫。屠宰前给猪灌六斤左右自来水，屠宰生猪也没有合法手续。其对物价鉴定机构作出的涉案物品价格为 98 169 元没有异议。刘某甲大概参与了三四次，刘某甲参与屠宰了 40 多头猪。吕某某参与了六七次，参与屠宰大约 70 头左右。其辨认出吕某某是参与屠宰生猪的人。

3. 被告人尚某乙的供述、辨认笔录和照片，证实其是尚某甲的父亲，其家为了挣钱，在没有合法手续的情况下屠宰生猪，以前被处罚过一次。2014 年 4 月又重新开始屠宰生猪和销售。大概屠宰了七八次，有七十头左右。参与生猪屠宰的人有其儿子尚某甲、儿媳马某某、雇佣的刘某甲，还有一个姓吕的男子，收生猪下水的刘姓男子。给雇佣的刘某甲和姓吕的男子每人每天 150 元。生猪大部分都是从徐水和定州购买的，有时候从涿州东城坊收购。运输工具是其自家的银白色长安小货车（冀 F****D）。猪肉都是儿媳妇马某某开着自己的小货车卖到北京良乡了。其家屠宰的猪没有进行检疫，在屠宰前给每头猪灌自来水。其辨认出吕某某就是其家雇佣的男子。其对物价鉴定机构作出的涉案物品价格为 98 169 元没有异议。

4. 被告人马某某的供述、辨认笔录和照片，证实其是尚某甲的妻子，2012 年 10 月，因私屠滥宰被 B 市商务局罚过款。从 2014 年 4 月 1 日起，在林屯乡中良沟自己家中又开始屠宰生猪，大约八次分别是 4 月 1 日、3 日、4 日、10 日、14 日、22 日、23 日、24 日，共宰了 83 头生猪。4 月 24 日晚 8 时许，农业局、商务局的人到其家中时，其家已经屠宰了 10 头，参与的人有尚某甲、尚某乙、雇佣的刘某甲和吕某某，还有收生猪下水的刘某乙。屠宰的生猪大部分是从徐水和清苑购买的，一小部分是从涿州东仙坡收购的。收购是尚某甲负责，他用自家的银白色小货车运输。屠宰后的猪头、猪蹄、内脏由刘某乙收购，剩下的肉都由其运输到北京良乡的一个早市销售。4 月 24 日那天的 10 头猪共销售了 12 000 元左右。其家屠宰的猪没有进行检疫，他们给每头猪灌自来水。其对物价部门的价格鉴定结论为 98 169 元没有异议。其辨认出吕某某就是参与其家里屠宰生猪的人。

5. 12 张现场照片，证实四被告人屠宰猪的地点、使用的工具、设备等现场状况。

6. 生猪屠宰违法案件财物清单、随案移送清单，证实司法部门依法扣押了被告人马某某等人的 1 090 千克猪肉、账本、屠宰猪的工具、设备等物品。

7. 违法案件询问笔录、听证告知书、处罚告知书、处罚决定书、结案审批表，证实 2011 年 10 月 13 日，因马某某涉嫌私自屠宰生猪被 B 市商务局行政处罚罚款 5 000 元。

8. A 市农业局关于对马某某私屠乱宰行为进行联合执法的有关情况说明，证实 2014 年 4 月 25 日，农业局与商务局、公安局对马某某从事生猪私屠乱宰违法行为进行了联合查处，现场未发现病死猪肉的典型病理变化，其行为构成非法经营罪，建议以非法经营罪处罚。

9. 河北省涉案资产价格鉴定结论书，证实尚某甲等人屠宰的 86 头生猪总价值为 98 169 元；其中刘某甲参与屠宰的 41 头生猪价值为 46 802 元；吕某某参与屠宰的生猪价值为 93 603 元。

10. 价格鉴定机构资质证，证实鉴定机构具有合法性。

11. 光盘一张，证实尚某甲家监控录像反映了尚某甲等人屠宰生猪的犯罪事实。

法院判决
COURT JUDGMENT

法院认为，被告人尚某甲、尚某乙、马某某、吕某某未经许可擅自私设屠宰场并经营生猪肉买卖，扰乱市场秩序，且情节严重，四被告人的行为构成非法经营罪，公诉机关指控的罪名成立。四被告人均当庭认罪，主动缴纳罚金，有悔罪表现，可以酌情从轻处罚。被告人尚某甲、吕某某主动投案自首，可以从轻处罚。对被告人尚某乙、马某某、吕某某判处缓刑不至于再危害社会，依照《中华人民共和国刑法》第二百二十五条等规定，一审判决：被告人尚某甲犯非法经营罪，判处有期徒刑九个月，并处罚金人民币一万元；被告人尚某乙犯非法经营罪，判处有期徒刑九个月，缓刑一年，并处罚金人民币一万元；被告人马某某犯非法经营罪，判处有期徒刑九个月，缓刑一年，并处罚金人民币一万元；被告人吕某某犯非法经营罪，判处有期徒刑六个月，缓刑一年，并处罚金人民币一万元；运输工具长安汽车一辆依法予以没收。

关键点分析
KEY
POINTS

从本案件中"2014 年 4 月 1~24 日期间，被告人尚某甲伙同尚某乙、马某三人未经有关部门许可，在其家中私设屠宰场并屠宰生猪 86 头"，可以看出 20 多天非法屠宰，每天不过宰杀 3~4 头。累计货值 9 万多元，超过了追刑责 5 万元的额度，但如果以查处当天的货值来计算，不足以追刑责。本案成功办理的关键在于公安第一时间牵头介入，多方取证。

五、江苏兴化私设生猪屠宰场案

行为人在未取得生猪定点屠宰许可证、生猪定点屠宰标志牌的情况下，非法从事生猪屠宰、销售的经营活动，扰乱市场秩序，情节严重，其行为构成非法经营罪。

案情概况
CASE
OVERVIEW

江苏省兴化市人民检察院指控被告人李某甲、李某乙犯非法经营罪，于 2014 年 11 月向兴化市人民法院提起公诉。法院公开开庭审理了本案。

经审理查明：2009 年 12 月，被告人李某甲和李某乙共同出资成立某甲公司，在未取得生猪定点屠宰证书、生猪定点屠宰标志牌的情况下，一直非法从事生猪屠宰销售，某甲公司法定代表人为被告人李某甲并在案发前已实际由其一人经营，被告人李某乙帮助被告人李某甲购进生猪。2010 年 5 月 22 日和 2014 年 3 月 24 日，兴化市生猪办因某甲公司存在无屠宰资质从事生猪屠宰等问题，两次发文要求某甲公司自行关闭，但被告人李某甲一直未予关闭，2014 年 1 月 1 日至 2014 年 5 月 6 日间，从某甲公司共计屠宰销售出猪肉 47 576 千克，销售价格为 14 元 / 千克，非法经营数额合计人民币 666 064 元，非法获利人民币 23 000 余元。

案发后，被告人李某甲、李某乙如实供述自己的罪行并退出全部非法所得。

部分证据
SOME
EVIDENCE

一、被告人的供述与辩解

被告人李某甲的供述，证实 2005 年自己和兄弟李某丙、李某乙三人合伙成立兴化市某乙畜禽肉类加工厂，到 2009 年的时候李某丙退股，自己和李某乙出资设立某甲公司并作为法定代表人负责公司屠宰、加工、销售以及日常职工管理，不到一年李某乙撤股，留在厂里给自己打工，负责从农场购进生猪，每月拿三四千元钱工资。公司主要进行生猪进货、屠宰、销售这三方面的业务，有营业执照，但没有生猪屠宰许可证，2014 年之前由大营镇畜牧兽医站的工作人员驻场检验后出具手写的动物检疫合格证明，2014 年由电脑出具检疫证明后，检疫人员检验后以某丙畜禽肉类加工厂的名义开具动物检疫合格证明，电脑上以检疫员史某名字出具的合格证明实际上均是某甲公司销售的猪肉，2014 年 1 月 1 日至 2014 年 5 月 6 日共销售 167 576 千克猪肉。2014 年 2 月份以来自己安排工人给生猪注河水，一天最多注水 20 几头，少的时候几头，也有的时候不注水，今年以来注水过 400 多头猪。公司经营期间两次收到兴化市生猪屠宰办公室的责令关闭通知书，一次是 2010 年 5 月，一次是 2014 年 3 月，后经过协调都没有关闭。

二、证人证言

1. 证人顾某的证言，证实 2013 年春节后经朋友介绍到某甲公司做杂工，2014 年 2 月份在老板李某甲的安排下和杨某甲一起给生猪注水，多的时候公司每天能卖 100 多头猪，少的时候 30 头左右，平均一天能卖十几头注水的生猪，某甲公司是李某乙和李某甲弟兄俩开的，具体情况不清楚，李某乙和李某甲两个人负责公司的日常管理，李某乙主要负责外出收购生猪。

2. 证人杨某甲的证言，证实某甲公司的法定代表人是李某甲，公司是李某甲和李某乙合伙开的，李某乙负责在外面收购生猪，2014 年 3 月初在李某甲的安排下和顾某一起给生猪注河水，多的时候公司每天卖 100 头左右猪，少的时候 20 头左右，正常平均每天卖 50 头猪，平均一天卖 10 头左右注水的猪。

3. 证人史某的证言，证实某甲公司是 2005 年 6 月成立的，当时是李某乙、李某甲、李某丙三个人合伙经营，之后某甲公司交给李某甲负责并由其担任法定代表人，某甲公司没有屠宰资质，借用的是自己经营的某丙畜禽肉类加工厂的屠宰许可证，兽医站派驻戴某和杨某乙轮流驻场检疫，2014 年前都是手写的证明，最后签字的是戴某，今年以来证明改成电脑出具，只要有史某名字出具的合格证都是从某甲公司销售的猪肉。某甲公司在经营期间被责令关闭过两次，2010 年的通知书是其到厂里送给李某甲的，2014 年的通知书是李某甲到大营镇生猪屠宰管理办公室拿的。

4. 证人杨某乙的证言，证实自己负责某甲公司的生猪检疫，某甲公司的日常管理是李某甲负责，李某乙在厂里负责购进生猪，某甲公司没有屠宰资质，其动物检疫合格证明上的生产单位名称是某丙畜禽肉类加工厂，实际生产单位是某甲公司。

5. 证人戴某的证言，证实和杨某乙负责某甲公司猪肉的检疫检验，某甲公司的老板是李某甲，平时厂里的日常管理都是他负责，李某乙在厂里负责购进生猪，某甲公司没有屠宰资质，以某丙畜禽肉类加工厂名义出具的合格证的实际生产单位是某甲公司。

6. 证人盛某的证言，证实戴某和杨某乙负责某甲公司的猪肉检疫，机打的合格证明上只要官方兽医是史某，就代表是某甲公司出来的猪肉，手写证明上只要官方兽医是戴某，就代表是某甲公司出来的猪肉。

三、书证

1. 兴化市生猪办出具的责令关闭通知书，证实某甲公司无屠宰资质、检验检疫、环境卫生等存在突出问题且长期从事生猪屠宰及白肉批发业务，并将生猪产品销往外地，肉品存在明显安全隐患，兴化市生猪办于 2010 年 5 月 22 日和 2014 年 3 月 24 日两次向大营镇生猪屠宰管理办公室发文，要求通知企业负责人自行关闭。

2. 兴化市工商局出具的企业注册登记情况，证实某甲公司经营范围为生猪购销、猪肉及副产品销售、蛋品销售。

3. 兴化市大营镇兽医站检疫申报点产品 B 证开证检索及情况说明，证实 2014 年 1 月 1 日至 5 月 6 日某甲公司共销售猪肉 167 576 千克。

法院判决
COURT JUDGMENT

关于被告人李某甲及辩护人提出本案应认定为单位犯罪并对直接责任人从轻处罚的辩护意见，经查，某甲公司非法进行生猪屠宰销售是被告人李某甲个人的决定而非单位意志的体现，谋取的也是个人经济利益，不能认定为单位犯罪，故对上述辩解及辩护意见，法院依法不予采信。

关于辩护人提出当地政府及相关机构默认、支持的态度导致被告人李某甲对违法行为认识不足，其主观恶性不深且当地存在类似经营行为的企业均未被追究责任，请求法庭对被告人李某甲从轻处罚并适用缓刑的辩护意见，经查，上述理由与被告人的行为是否构成犯罪无关亦不是法定或者酌定从轻处罚的依据且综合本案的犯罪数额、社会影响等因素来看，被告人李某甲主观恶性较深，故对上述辩护意见，法院依法不予采信。

关于辩护人提出的被告人李某乙的行为不构成非法经营罪的辩护意见，经查，被告人李某乙明知某甲公司无屠宰资质而作为前股东参与经营，其购进生猪的行为又是非法屠宰的前提，主、客观均符合非法经营罪的构成要件。故上述辩护意见，法院依法不予采信。

法院认为，被告人李某甲、李某乙未取得生猪定点屠宰许可证，非法从事生猪屠宰、销售的经营活动，情节严重，其行为均已构成非法经营罪，且系共同犯罪。被告人李某乙在共同犯罪中起次要作用，是从犯，应当从轻、减轻处罚或者免除处罚。案发后，被告人李某甲、李某乙如实供述所犯罪行，依法可以从轻处罚。公诉机关起诉指控被告人李某甲、李某乙犯罪的事实清楚，证据确实、充分，罪名成立，法院依法予以支持。

据此，依照《中华人民共和国刑法》第二百二十五条第（四）项等规定，一审判决：被告人李某甲犯非法经营罪，判处有期徒刑二年，并处罚金人民币三万五千元；被告人李某乙犯非法经营罪，判处有期徒刑一年六个月，缓刑二年，并处罚金人民币二万五千元；退出的非法所得人民币二万三千元予以没收，上缴国库。

（注：与本案相关的 3 名公职人员犯滥用职权罪另案被追究刑事责任。原镇畜牧兽医站站长史某犯滥用职权罪，被判处有期徒刑一年三个月；副站长杨某和退休职工戴某犯滥用职权罪，被判处有期徒刑一年三个月，缓刑两年。）

关键点分析
KEY
POINTS

注意本案既追查到非法屠宰 5 个月和非法经营额 66 万元的事实，又收集到了注水 400 多头生猪的证据。

六、广西柳州私设生猪屠宰场加工、销售病死生猪案

行为人违反国家规定，私设生猪屠宰场，从事低价收购病死、死因不明、未经检疫生猪并进行屠宰、销售等经营活动，扰乱市场秩序，情节严重，其行为构成非法经营罪。行为人生产经营不符合食品安全标准或要求的食品，构成生产、销售不符合安全标准的食品罪。

案情概况
CASE
OVERVIEW

广西壮族自治区柳州市 C 区人民检察院指控被告人覃某、韦某犯生产、销售不符合安全标准的食品罪，被告人何某犯销售不符合安全标准的食品罪，于 2014 年 7 月向区法院提起公诉。法院公开开庭审理了本案。

经审理查明，自 2013 年 3 月起，被告人覃某以低价收购病死、死因不明且未经检疫的生猪，后运至柳州市某区菜地一自建房，雇请被告人韦某及覃某甲等人在该房屋内进行加工。被告人何某明知韦某销售的猪肉系病死或死因不明的猪肉，仍多次购买，并在柳州市某市场进行销售。同年 10 月 10 日 14 时许，覃某将 2 头死因不明的生猪运至上述房屋时，被公安人员当场抓获，正在该处购买猪肉的何某亦被抓获，韦某等人则趁乱逃离现场。公安人员还在现场查获账本 6 本，经统计，自 2013 年 5 月 21 日至 2013 年 10 月 9 日，覃某、韦某等人生产、销售病死、死因不明且未经检疫的猪肉金额共计人民币 135 999.5 元。

部分证据
SOME
EVIDENCE

受案登记表，立案决定书，被告人覃某、韦某、何某的供述，证人莫某、陈某、计某、钟某的证言，辨认笔录，现场检查（勘验）笔录，指认照片，提取笔录，扣押物品清单，抽样取证凭证，检验报告，鉴定意见通知书，病害动物及其产品无害化处理回执单，到案经过，归案经过，三被告人的户籍信息等。

法院判决
COURT
JUDGMENT

法院认为，被告人覃某、韦某违反国家规定，私设生猪屠宰场，从事生猪屠宰、销售等经营活动，金额达人民币 135 999.5 元，情节严重，其行为均构成非法经营罪；被告人何某明知系病死或死因不明的猪肉仍予以销售，其行为构成销售不符合安全标准的食品罪。关于本案的

定性问题，根据《中华人民共和国食品安全法》第二十八条"禁止生产经营下列食品：……；（六）未经动物卫生监督机构检疫或者检疫不合格的肉类，或者未经检验或者检验不合格的肉类制品；……；（十一）其他不符合食品安全标准或者要求的食品"的规定，未经检疫的肉类即视为不符合食品安全标准或者要求的食品，被告人覃某、韦某的行为既符合非法经营罪的犯罪构成，又符合生产、销售不符合安全标准的食品罪的犯罪构成。根据《最高人民法院、最高人民检察院关于办理危害食品安全刑事案件适用法律若干问题的解释》第十二条的规定，应当以非法经营罪对二被告人定罪处罚，公诉机关指控的罪名不当，应予以变更。

依照《中华人民共和国刑法》第二百二十五条、第一百四十三条等，以及最高人民法院、最高人民检察院《关于办理危害食品安全刑事案件适用法律若干问题的解释》第一条、第十二条之规定，一审判决：被告人覃某犯非法经营罪，判处有期徒刑二年六个月，并处罚金人民币五万元；被告人韦某犯非法经营罪，判处有期徒刑二年，并处罚金人民币三万元；被告人何某犯销售不符合安全标准的食品罪，判处有期徒刑六个月，并处罚金人民币一千元。

关键点分析
KEY
POINTS

注意公安机关在第一现场抓获当事人 2 名，查获账本 6 本。

七、浙江台州私设生猪屠宰场案

浙江台州张某为贪图私利，私设生猪屠宰场，2013年下半年至2014年5、6月，非法屠宰、销售的非法经营数额达 197 万余元。浙江台州玉环县人民法院审理认为，被告人张某违反国家规定，以营利为目的，未办理生猪屠宰经营资格而从事非法经营，扰乱市场秩序，情节特别严重，其行为已构成非法经营罪。法院以非法经营罪判处张某有期徒刑五年六个月，罚金十万元，没收违法所得六万元。

关键点分析
KEY
POINTS

注意本案追查到了当事人非法屠宰近一年和非法经营额 197 万元的事实。

八、福建宁德私设生猪屠宰场案

2018 年 10 月，福建省宁德市公安局破获一起私屠滥宰案，抓获犯罪嫌疑人 7 名，端掉非法生猪屠宰窝点 1 处，现场查获生猪 20 余头。经查，2017 年 9 月以来，犯罪嫌疑人林某某等人在未办理生猪定点屠宰证书等相关材料的情况下，在漳湾镇私设生猪屠宰窝点，从事生猪屠宰、销售等经营活动，涉案金额达 650 余万元。

九、广东广州私设生猪屠宰场案

2016 年 3 月 29 日，广州市白云区人民法院公开宣判了一起非法屠宰生猪案件。犯罪嫌疑人曾某、黄某、刘某三人，在没有屠宰资质情况下，共计私宰 25 头生猪，涉案金额约 7 万元，因非法经营罪分别被判处有期徒刑七个月；曾某同时被判处罚金三千元，黄某、刘某被判处罚金二千元。这是广州市屠管职能划归农业系统之后第一次公开宣判私宰生猪的案件，"非法屠宰生猪获刑"也是屠宰监管部门高压打击私屠滥宰活动的一个缩影。

十、福建龙岩私设生猪屠宰场案

2014 年 12 月，福建省龙岩市新罗区人民法院对黄某甲租赁猪场为屠场，私自屠宰、分割向他人收购的未经检验检疫的生猪，并在市场进行销售的行为，以非法经营罪判处黄某甲有期徒刑二年，并处罚金人民币三万元。

十一、福建福鼎私设生猪屠宰场案

2015 年 12 月，福建省福鼎市人民法院对王某甲未经政府部门审批私设屠场进行生猪屠宰、销售等经营行为以非法经营罪判处王某甲拘役四个月，并处罚金人民币二万一千元。

十二、广东汕尾私设生猪屠宰场案

2014 年 12 月，广东省汕尾市城区人民法院对黄某甲违反国家生猪屠宰管理有关规定，未经许可经营行政法规规定的专营物品，在汕尾市区和顺村汕尾市中级人民法院后面一棚寮内非法从事生猪屠宰、销售等行为，以非法经营罪判决黄某甲有期徒刑一年六个月，缓刑二年，并处罚金人民币一万元。

未经定点从事生猪屠宰案件专题分析

自 2013 年两高解释将私设生猪屠宰厂（场），从事生猪屠宰、销售等经营活动明确规定为涉刑行为后，各地有力地打击了未经定点从事生猪屠宰违法犯罪行为。

1. 收录的未经定点从事生猪屠宰涉刑案件的基本情况

在本章收录的 12 个未经定点从事生猪屠宰涉刑案中，前 8 个案件情况较为清楚。其中，通过一段时间的累计货值来定罪量刑的有 7 个案例。只取得当日货值证据来定罪量刑的有 1 个案例，后 4 个案件发布出来的查处细节不清，这里不做进一步分析。

2. 成功办理未经定点从事生猪屠宰涉刑案件的关键

（1）对通过累计货值来定罪量刑的 7 个案件的分析

通过对其办案过程的研究，我们认为主要取决于两个关键点：①通过公安机关的强力介入，直接查处控制屠宰点第一现场，控制所有的人员，开展搜查、讯问；②在当天的非法经营货值达不到 5 万的立案标准情况下，这些地方的公安机关多方调查取证，深追细查之前一段时间的累计货值。例如，河北尚某等私设生猪屠宰场案，追查到了"2014 年 4 月 1 日至 4 月 24 日期间，被告人尚某甲伙同尚某乙、马某三人未经有关部门许可，在其家中私设屠宰场并屠宰生猪 86 头"。此案非法屠宰总量小，每天的量更小，20 多天非法屠宰，每天不过宰杀 3~4 头，但累计货值 9 万多超过了追刑责 5 万元的额度。如果只以查处当天的货值来计算，不足以追刑责。笔者认为，如果各地均有河北尚某案件成功办理的力度，非法屠宰将大幅减少。

（2）对只取得当日货值证据来定罪量刑的唯一案件的分析

2017 年年底的成都案例，是目前笔者收集到的前期只由农业农村部门查处并收集到较为充分的证据证明当事人涉刑的案例，当天查处的非法屠宰生猪的货值金额达 21 万元，因而移交公安机关成功。但通报的案例也反映出公安机关在接手后，并没能追查违法分子之前的违法货值。此案看似简单，实际操作很难。在此案发生的前几个月，笔者恰好受邀赴成都市进行屠宰监管执法授课，成都市的学员提出当前查处非法屠宰行为十分困难，公安机关第一时间不愿介入。当地农业执法人员经常在得到举报到达现场时，当事人及工人均跑掉，现场留下生猪和用来监控执法人员的监控设备。因此，笔者认为，成都案件的成功办理既有它的必然性，也有它的偶然性，其他很多地方在办理此类案件时，经常会遇到非法屠宰每日的量不大，公安机关和畜牧兽医也未追查到之前一段时间已销售生猪产品的情况。

3. 如何办好非法屠宰涉刑案件

非法屠宰案的隐蔽性同样很强，此类案件的办理与注水注药案、注水案非常类似，公安机关第一时间强力介入并进行追查是办理此类涉刑案件的关键。前文对注水案、注水注药案的大量分析，许多也适用于非法屠宰案，这里就不再赘述。笔者建议，此类案件同样需要积极做好行政执法与刑事司法的衔接工作。

第四节

其他相关案例

河南周口无饲料生产许可证生产、经营饲料案

2017 年 4 月，周口市畜牧局接群众举报，反映在郸城县石槽镇有一个无证生产、经营饲料的"黑窝点"。经过前期的摸排暗访，2017 年 4 月 25 日，周口市畜牧局联合公安机关对举报地点进行了突击检查。当场查获饲料生产设备 1 台，封袋机 1 个，饲料原料约 6 吨，包装袋 1 300 多条，饲料成品 40 袋约 1 吨等，饲料成品包装袋上无任何字迹、无标签、无产品质量合格证。执法人员依法对涉案饲料生产设备进行了查封，对饲料原料、包材及饲料成品进行了扣押。经调查，当事人韩某在无饲料生产许可证、无工商营业执照的情况下，在石槽镇租房违法生产饲料，涉案货值达到 67 200 元，生产的饲料主要销往附近养殖场（另案处理）。由于涉案饲料货值金额较大，明显已达到刑事立案标准，周口市畜牧局依法将该案移送公安机关处理。

伪造、买卖国家机关
公文、证件、印章罪

第一节

伪造、买卖国家机关公文、证件、印章罪研读

[刑法法条及相关规定]

1. 《中华人民共和国刑法》

第二百八十条 [伪造、变造、买卖国家机关公文、证件、印章罪] 伪造、变造、买卖或者盗窃、抢夺、毁灭国家机关的公文、证件、印章的，处三年以下有期徒刑、拘役、管制或者剥夺政治权利，并处罚金；情节严重的，处三年以上十年以下有期徒刑，并处罚金。

2. 《中华人民共和国治安管理处罚法》

第五十二条 有下列行为之一的，处十日以上十五日以下拘留，可以并处一千元以下罚款；情节较轻的，处五日以上十日以下拘留，可以并处五百元以下罚款：（一）伪造、变造或者买卖国家机关、人民团体、企业、事业单位或者其他组织的公文、证件、证明文件、印章的；（二）买卖或者使用伪造、变造的国家机关、人民团体、企业、事业单位或者其他组织的公文、证件、证明文件的……

3. 《中华人民共和国动物防疫法》

第七十九条 违反本法规定，转让、伪造或者变造检疫证明、检疫标志或者畜禽标识的，由动物卫生监督机构没收违法所得，收缴检疫证明、检疫标志或者畜禽标识，并处三千元以上三万元以下罚款。

[罪名解读]

伪造、变造、买卖国家机关公文、证件、印章罪，是指非法制造、变造、买卖国家机关公文、证件、印章的行为。

本罪的主体是一般主体，即凡是达到法定刑事责任年龄、具有刑事责任能力的人均可构成本罪；本罪在主观方面只能出于直接故意，间接故意和过失不构成本罪。

本罪所侵害的客体是国家机关的正常活动。本罪侵犯的对象仅限于国家机关的公文、证件和印章。所谓公文，一般是指国家机关制作的，用以联系事务、指导工作、处理问题的书面文件，如命令、指示、决定、通知、函电等。某些以负责人名义代表单位签发的文件，也属于公文。

公文的文字可以是中文，也可以是外文；可以是印刷，也可以是书写的，都具有公文的法律效力。所谓证件，是指国家机关制作、颁发的，用以证明身份、职务、权利义务关系或其他有关事实的凭证，如结婚证、工作证、学生证、护照、户口迁移证、营业执照、驾驶证等。对于伪造、变造护照、签证等出入境证件和居民身份证的行为，因另有规定，不以本罪论处。所谓印章，是指国家机关刻制的以文字与图记表明主体同一性的公章或专用章，他们是国家机关行使职权的符号和标记，公文在加盖公章后始能生效。用于国家机关事务的私人印鉴、图章也应视为印章。本罪在客观方面表现为伪造、变造、买卖国家机关公文、证件、印章的行为。

伪造，是指无权制作者制造假公文、假证件、假印章的行为，既包括根本不存在某一公文、证件或印章而非法制作出一种假的公文、证件和印章，又包括模仿某一公文、证件或印章特征而复印、伪造另一假的公文、证件或印章；既包括非国家机关工作人员的伪造或制作，又包括国家机关工作人员未经批准而擅自制造。另外，模仿有权签发公文、证件的负责人的手迹签发公文、证件的，亦应以伪造论处。变造，是对真实的公文、证件或印章采用涂改、擦消、拼接等方法，改制真实的公文、证件、印章的行为，从而达到改变其真实内容的目的。买卖，是指购买和销售国家机关公文、证件、印章的行为，既包括买卖真实的公文、证件、印章，也包括买卖伪造或者变造的公文、证件、印章。

第二节

伪造、买卖动物检疫证明、印章案例

一、广西玉林买卖动物检疫证明案

行为人李某等通过买卖动物检疫证明牟取利益，其行为已触犯刑律，构成买卖国家机关证件罪。

案情概况
CASE OVERVIEW

广西壮族自治区玉林市 A 县人民检察院指控被告人李某、张某、江某犯买卖国家机关证件罪，于 2017 年 6 月 30 日提起公诉。A 县人民法院依法适用简易程序，实行独任审判，公开开庭审理了本案。

审理查明，被告人江某分别于 2017 年 1 月 21 日、2 月 3 日、2 月 7 日，在 A 县某畜牧兽医站副站长吴某处开取三份动物检疫合格证明后，以每份价格人民币 1 100 元倒卖给被告人李某；被告人李某将该三份证明分别以人民币 2 500 元、2 200 元、2 200 元的价格倒卖给被告人张某；被告人张某又将该三份证明分别以人民币 4 000 元、4 500 元、4 500 元的价格倒卖给他人，从中获利。

部分证据
SOME EVIDENCE

经法庭庭审质证，认证属实的户籍证明，受案登记表，抓获经过，扣押物品，文件清单，电子证据检查工作记录，某银行流水账记录，手机通话记录，生猪检疫证明存根，动物检疫合格证明，证人李某甲、李某乙、吴某、白某、李某丙的证言、辨认笔录和照片，现场检查笔录，中国动物卫生监督抽样取证凭证、送样单，重庆市动物疫病预防控制中心检测报告，重庆市綦江区动物卫生监督所关于某检查站发现市外入渝生猪疑似重大动物疫情的报告，重庆市綦江区防治动物重大疫病指挥部文件，染疫动物处理通知书，处理记录，被告人李某、张某、江某的供述等。跨省运输染疫动物被处置时，才发现检疫证明是虚开买来的。

法院判决
COURT JUDGMENT

法院认为，被告人李某、张某、江某为牟取利益，买卖国家机关证件，其行为已触犯刑律，构成买卖国家机关证件罪。公诉机关指控被告人李某、张某、江某构成买卖国家机关证件罪罪名成立。被告人江某案发后，主动到公安机关投案，并如实供述犯罪事实，依法从轻处罚。被告人李某、张某归案后，如实供述自己罪行，依法从轻处罚。依照《中华人民共和国刑法》第二百八十条第一款、第六十七条第一款和第三款、第五十二条、第五十三条，《最高人民法院关于处理自首和立功具体应用法律若干问题的解释》第一条、第三条，《最高人民法院关于适用财产刑若干问题的规定》第一条、第二条第一款、第五条、第八条、第十一条第一款的规定，判决如下：被告人李某、张某犯买卖国家机关证件罪，判处有期徒刑八个月，并处罚金人民币 5 000 元；判处被告人江某犯买卖国家机关证件罪，判处有期徒刑六个月，并处罚金人民币 4 000 元。

二、山东临沂买卖动物检疫证明案

行为人刘某等伪造动物卫生监督机构的动物检疫合格证明，出售给卢某、毛某，致使数千头生猪未经检疫流入市场，其行为构成伪造、变造、买卖国家机关证件罪。

案情概况
CASE OVERVIEW

山东省临沂市 B 区人民检察院指控被告人刘某、卢某、毛某犯伪造、变造、买卖国家机关证件罪，于 2017 年 8 月 3 日提起公诉。B 区人民法院依法适用简易程序，实行独任审判，公开开庭审理了本案。

审理查明，2016 年 1 月以来，被告人刘某和姚某（另案处理）结伙，伪造动物卫生监督机构的动物检疫合格证明（动物 B）97 份，出售给程某、孙某（两人均另案处理）等人用于向屠宰场销售生猪，致使 7 500 余头生猪未经检疫流入市场。2016 年 4 月至 5 月 21 日，被告人卢某、毛某为逃避检疫，从刘某处购买伪造的动物检疫合格证明（动物 B）41 张，用于向屠宰场销售生猪，致使 2 497 头生猪未经检疫流入市场。

部分证据 SOME EVIDENCE

受案登记表，立案决定书，抓获经过，证明被告人身份情况的刘某、卢某、毛某的户籍信息，证人证言，鉴定意见，辨认笔录，书证以及被告人刘某、卢某、毛某供述和辩解等证据佐证。

法院判决 COURT JUDGMENT

法院认为，被告人刘某伪造、买卖国家机关证件，其行为构成买卖国家机关证件罪；被告人卢某、毛某买卖国家机关证件，其行为构成买卖国家机关证件罪，应予惩处。被告人刘某主动投案，在庭审过程中如实供述自己的罪行，依法对被告人从轻处罚；被告人刘某与姚某共同实施犯罪，无法区分主从犯，故辩护人提出被告人刘某系从犯的意见不成立，法院不予采纳。被告人卢某、毛某归案后如实供述自己的罪行，认罪态度较好，法院依法对二被告人从轻处罚；被告人卢某、毛某系被传唤到案，并非主动投案，其行为不构成自首，故二被告人的辩护人提出系自首的辩护意见不成立，不予采纳。依法对二被告人卢某、毛某适用缓刑，令其到所在社区接受矫正。

依照《中华人民共和国刑法》第二百八十条第一款，第六十七条第一、三款，第七十二条第一、三款，第六十四条之规定，判决被告人刘某犯伪造、买卖国家机关证件罪，判处有期徒刑一年两个月，并处罚金 2 万元；判决二被告人卢某、毛某犯买卖国家机关证件罪，判处有期徒刑九个月，缓刑一年，并处罚金 1 万元；依法追缴被告人刘某违法所得 2 万元，上缴国库。

三、安徽宿州买卖检疫证明、动植物检疫徇私舞弊案

行为人之一以帮助提供检疫方便为由，非法买卖加盖动物卫生监督机构印章的空白动物检疫合格证明，行为人的行为严重破坏动物防疫秩序，构成买卖国家机关证件罪。

行为人之一为徇私情、私利，利用其协助开展动物检疫工作的便利条件，非法向他人出售加盖动监机关公章的空白动物检疫合格证明，数量较大。行为人的行为破坏了国家机关工作人员职务行为的廉洁性，构成动植物检疫徇私舞弊罪。

案情概况 CASE OVERVIEW

安徽省宿州市 B 县人民检察院指控被告人卓某、罗某犯伪造、买卖国家机关证件罪，被告人李某甲、杨某犯动植物检疫徇私舞弊罪于 2015 年 6 月向 B 县人民法院提起公诉，法院公开开庭审理了本案。

经审理查明：被告人李某甲于 2008 年被安徽省 B 县畜牧兽医水产局返聘为黄湾镇畜牧兽医水产站站长，2011 年被任命为协检员，其利用可以领取动物检疫合格证明票据，并协助开展动物检疫工作的便利条件，于 2012 年年底至 2013 年 8 月，为徇私利、私情，以每张 60 元价格，分多次将 335 张盖有 B 县动物卫生监督所印章的空白动物检疫合格证明卖给贩卖生猪的中间人谢某（已判刑），从中获利；以每张 50 元价格，将 50 张盖有 B 县动物卫生监督所印章的空白动物检疫合格证明卖给生猪收购中间商罗某，共收取罗某 2 200 元据为己有；以每张 40 元价格，分四次将 140 张盖有 B 县动物卫生监督所印章的空白动物检疫合格证明卖给生猪收购中间商卓某。被告人李某甲在未到现场进行实际检疫、未对运载工具进行装前消毒并监督装载的情况下，将盖有公章的空白动物检疫合格证明出卖给他人，任由他人填写虚假的动物检疫合格证明内容，致使大量未经检疫的生猪流入市场，后又擅自伪造动物检疫合格证明存根，并上交县局存档。

被告人杨某在明知出售空白检疫票据将导致生猪得不到检疫而流入市场的情况下，为徇私情，于 2013 年年初主动帮助被告人李某甲分两次将 48 张盖有 B 县动物卫生监督所印章的空白动物检疫合格证明卖给贩卖生猪的中间人谢某，并按李某甲安排，让谢某在使用空白的动物检疫合格证明时，伪造虚假的动物检疫合格证明内容，并将李某甲交给他的一张动物检疫合格证明填写票样转交给谢某，让谢某依此票样填写相关内容。

被告人卓某、罗某系生猪收购中间商，在外地客商来 B 县收购生猪时，利用熟悉本地人的便利，帮助收购生猪，从中赚取介绍费，并提供检疫方便。自 2012 年年初至 2013 年期间，被告人卓某从李某甲手中以每张 40 元的价格分四次购买盖有 B 县动物卫生监督所印章的空白动物检疫合格证明共计 140 张，后将其中 90 张空白检疫证明转手卖给他人，另外 50 张因江苏省无锡市公安局查处谢某买卖空白动物检疫合格证明被李某甲要回。

被告人罗某于 2013 年收麦前后，从李某甲手中以 2 200 元的价格购买盖有 B 县动物卫生监督所印章的空白动物检疫合格证明 50 张，后由他人伪造虚假内容后以每张 50 元价格转手卖给吕某。

另查明：李某甲涉嫌动植物检疫徇私舞弊一案线索，系江苏省无锡市锡山区人民检察院移送。2015 年 3 月 19 日，经安徽省 B 县人民检察院检察长批准依法进行初查，并于同日到李某甲住所通知其到 B 县人民检察院接受询问，李某甲到案后如实供述其在履行职务过程中为徇私情、私利向他人出售空白动物检疫合格证明并伪造检疫合格结果的犯罪事实，且如实供述尚未掌握的向卓某、罗某、杨某出卖盖章的空白动物检疫合格证明并伪造检疫结果的犯罪事实。3 月 20 日，经检察长批准决定对其立案侦查，并于同日对其采取强制措施。B 县人民检察院根据李某甲供述于 2015 年 4 月 15 日、4 月 17 日、5 月 12 日分别通知卓某、罗某、杨某到 B 县人民检察院接受询问。经检察长批准，对三人涉嫌动植物检疫徇私舞弊罪立案侦查并入李某甲一案。B 县人民检察院于 5 月 14 日依法传唤三人到 B 县人民检察院接受讯问。

部分证据
SOME
EVIDENCE

一、书证

1. 《李某甲涉嫌动植物检疫徇私舞弊一案归案说明》《卓某、罗某、杨某涉嫌动植物检疫徇私舞弊一案归案说明》证明，四被告人归案情况。

2. B县畜牧局李某甲检疫（验）购票凭证统计、B县检疫购票凭证证明，被告人李某甲从B县畜牧兽医水产局购票情况。

3. 《动物检疫合格证明情况说明》证明，某区动物卫生监督所动物检疫合格证明的调取及保管等情况。

4. 动物检疫合格证明复印件证明，无锡市公安局调取到335张动物检疫合格证明。

5. 动物检疫合格证明复印件证明，被告人李某甲将动物检疫合格证明存根上交存档情况。

6. 《安徽省行政事业单位资金往来结算票据》证明，被告人李某甲向B县人民检察院交案件款13 520元。

7. 江苏省无锡市锡山区人民法院《刑事判决书》证明，谢某犯买卖国家机关证件罪，判处有期徒刑四年九个月。

二、证人证言

1. 证人谢某证言证明，2012年底他去安徽省B县贩卖生猪时认识的兽医站站长李某甲。2013年4月底至9月，他陆陆续续向李某甲购买了300张左右的空白动物检疫合格证明，每张60元，其中一次他多给了李某甲3 000元，钱李某甲说先用，还说下次卖票不要钱。2013年9月底一天，李某甲打电话说空白的合格证明不能用了，让把剩下的给李某甲，他就退了40张给李某甲，李某甲给他打了3 000元钱。李某甲说卖给他的空白证明起运地点写B县，官方兽医写李某甲，日期大写，2013年6月后李某甲又让改成沈某的名字。他还从杨某那买过几次空白的检疫合格证明，具体多少张记不清了。

2. 证人朱某证言证明，他到B县收猪，卓某是介绍人，每头给卓某5元介绍费。2012年底，他们马坝镇生猪市场形成，他就不去B县收购了，但他从马坝镇收猪外运需要检疫合格证明。2012年12月26日下午，他到B县审车，他到卓某那买了两张空白的检疫合格证明，过三四天他又让熟人从卓某那代买两张。2013年1月1日马坝镇就开始给收购商开检疫证明了，四张票没有用他就撕毁了，当时一张是40元。

3. 证人张某证言证明，他到B县收猪，卓某是介绍人，刚开始时卓某是找官方兽医到现场检疫，开取检疫证明。后来卓某从李某甲手里买到空白检疫证明，说是40元一张买的，也收他40元一张，一车猪用一张票，卓某还说证明内容让他自己写，并说在官方兽医上写张某乙名字，后来他就在填写空白检疫证明时写了张某乙的名字，他买了空白检疫证明后，就没有找检疫员检疫了，卓某共给他六七十张空白票。

4. 证人吕某证言证明,2012年到2013年他一共到B县收了四五十次猪,罗某是介绍人。猪装好后,罗某负责找官方兽医检疫,有时是兽医到现场检疫,有时是罗某开好的合格证明给他,然后他就将猪拉走。罗某给他的合格证明他不知道是官方兽医开的,还是罗某从哪弄的,谁写的他也不知道,他每份给罗某50元钱。

三、被告人供述

1. 被告人李某甲供述证明,2011年他和朋友吃饭认识的谢某,谢某经常到黄湾镇买生猪,谢某问是否能买空白检疫票,他说可以,但只能自己用,谢某原来通过杨某买票,后来就直接找他买票,他共卖七八次票给谢某,大概有338张,每张60元左右,共收有18 000多元。他卖给谢某的检疫证明是谢某随意填写的,谢某长期收购猪,常规内容知道怎么填,检疫人员他让写成沈某,内容都不是真实的,上面"李某甲"也不是他签的,第一联都是他乱填后上缴的。

他通过杨某两次在韦集丁李村杨某的养猪场将48张空白检疫合格证明卖给谢某,杨某怎么给谢某的他不知道,他是60元一张卖的,他交给杨某一张票样,让按照票样填写,并且说在官方兽医一栏写他的名字。

他卖给卓某四次共140张,每张40元,他让了200元钱,卓某实际用了90张,后来无锡市公安局正在查,他知道出事了,就从卓某那要回没有用完的50张票据。他将那50张票和没有用的大概5本都退回局里了。他给卓某说如何填票,卓某自己也知道,开始让卓某写他的名字,后来让填的沈某名字。

他卖给罗某两次检疫证明,一次罗某自己买了50张,收了2 200元钱,还有一次是替陈某拿的,他共卖给陈某不到400张,他是按照40一张卖的,其中有二三本是1 800,其他都是2 000一本。

2. 被告人杨某供述证明,他是2008年养猪时认识的李某甲,2011年左右认识的谢某,2012年谢某来他的养猪场运猪,问是否能多弄几张空白的检疫证,他就给李某甲打电话说了,后李某甲到他的养猪场给他28张空白检疫票,李某甲是从一整本里隔一页撕一张,然后用纸包着给他的。李某甲还问他朋友叫什么名字,交代不能给别人用,官方兽医一栏写李某甲,还给一票样让谢某照着写,他运猪到南京时将票和票样给了谢某。过一二个月,谢某又打电话说票用完了,问可能再弄点票,李某甲又给他20张空白票,他也将票带到了南京。过段时间,谢某又让找李某甲弄票,由于他不跑南京了就让谢某和李某甲直接联系,以后情况他就不知道了。他从李某甲手里买票没有给现钱,是谢某收到票后给他钱他才给李某甲的,应该是50元一张,他从中间没有获利。

四、鉴定意见

人民检察院司法鉴定中心《文书检验鉴定书》证明,经检验,检材动物检疫合格证明上的官方兽医签字栏签名字迹"李某甲"是李某甲本人亲笔书写笔迹。

法院判决
COURT
JUDGMENT

关于公诉机关指控被告人卓某、罗某的行为构成伪造、买卖国家机关证件罪。经查：被告人卓某供述，其将四次购买的 140 张盖有公章的空白动物检疫合格证明卖给收购商，由收购商自己填写，且有证人张某、朱某证言相互印证；被告人罗某供述，其将购买的 50 张盖有公章的空白动物检疫合格证明随便找人填写，自己并没有填写。被告人卓某、罗某的行为均构成买卖国家机关证件罪。故公诉机关指控罪名有误，应予以更正。

关于被告人李某甲的辩护人提出被告人李某甲主观恶性不大，社会危害性小。经查：被告人卓某、罗某等人供述，证人张某等人证言均证明动物检疫是一车生猪跟一张检疫合格证明。被告人李某甲在未到现场进行实际检疫、未对运载工具进行装前消毒并监督装载的情况下，将盖有公章的空白动物检疫合格证明出卖给他人，任由他人填写虚假的动物检疫内容，致使大量未经检疫的生猪流入市场，严重危害公民的身体健康。故辩护人上述辩护意见，法院不予采纳。

法院认为：被告人李某甲身为检疫机构检疫人员，为徇私利、私情，单独或伙同被告人杨某，伪造检疫结果 475 次，杨某参与 48 次，其行为均已构成动植物检疫徇私舞弊罪；被告人卓某、罗某买卖盖有公章的空白动物检疫合格证明，且均属情节严重，其行为均构成买卖国家机关证件罪，均应依法惩处。公诉机关指控四被告人主要犯罪事实存在，指控被告人卓某、罗某罪名有误，应予更正。被告人李某甲、杨某在共同犯罪过程中，被告人李某甲起主要作用，系主犯；被告人杨某起次要作用，系从犯，依法予以从轻处罚。被告人李某甲、杨某归案能如实供述犯罪事实，且被告人李某甲能主动退赃；被告人卓某、罗某案发后能主动投案，如实供述犯罪事实，均系自首，对四被告人均依法予以从轻处罚。被告人李某甲辩护人合理辩护意见，法院予以采纳。

根据本案的事实、情节和对于社会的危害程度，对被告人李某甲、杨某依照《中华人民共和国刑法》第四百一十三条等规定，对被告人卓某、罗某依照《中华人民共和国刑法》第二百八十条等规定，判决：被告人李某甲犯动植物检疫徇私舞弊罪，判处有期徒刑四年；被告人杨某犯动植物检疫徇私舞弊罪，判处有期徒刑三年，宣告缓刑四年；被告人卓某犯买卖国家机关证件罪，判处有期徒刑三年，宣告缓刑五年；被告人罗某犯买卖国家机关证件罪，判处有期徒刑三年，宣告缓刑四年。

四、江苏无锡买卖检疫证明案

行为人为逃避生猪检疫，非法向他人购买加盖动物卫生监督机构印章的空白动物检疫合格证明。行为人的行为破坏了动物防疫秩序和生猪屠宰管理秩序，构成买卖国家机关证件罪。

<table>
<tr><td>

案情概况

CASE
OVERVIEW

</td><td>

江苏省无锡市 C 区人民检察院指控被告人吕某犯买卖国家机关证件罪，于 2015 年 4 月向无锡市 C 区人民法院提起公诉。

经审理查明：2013 年 4 月至 7 月间，被告人吕某从陈某（已判刑）处购买了加盖安徽省六安市 D 区动物卫生监督所印章的空白动物检疫合格证明 2 张，填写内容后用于从浙江省购买未经生猪产地动物卫生监督

</td></tr>
</table>

机构检验的生猪，运输至无锡市恒怡食品有限公司屠宰销售。

<table>
<tr><td>

部分证据

SOME
EVIDENCE

</td><td>

被告人吕某归案后如实供述了犯罪事实，在开庭审理过程中并无异议，且有公诉机关提交，并经法庭质证、认证的由无锡市公安局治安警察支队出具的《案发经过说明》，公安机关调取的动物检疫合格证明，涉案人员陈某的供述，相关辨认笔录，吕某的供述等证据证实，足以认定。

</td></tr>
</table>

江苏省农林厅出具《关于对无锡市公安局要求明确动物检疫证明是否属于国家机关证件的复函》，载明：动物检疫合格证明是国家法律规定的行政许可类证件，是动物卫生监督机构核发给从事屠宰、经营、运输动物、利用动物参加展览、演出和比赛、经营和运输动物产品的当事人的一种证件。禁止转让、仿造或变造。

<table>
<tr><td>

法院判决

COURT
JUDGMENT

</td><td>

法院认为：被告人吕某买卖国家机关证件用以逃避生猪检疫，其行为已构成买卖国家机关证件罪。无锡市 C 区人民检察院起诉指控被告人吕某犯买卖国家机关证件罪，事实清楚，证据确实、充分，指控的罪名成立，法院予以支持。被告人吕某归案后能如实供述犯罪事实，依法可以从轻处罚。

</td></tr>
</table>

根据被告人吕某的犯罪事实、情节，符合适用缓刑的条件，法院决定对其宣告缓刑。

据此，依照《中华人民共和国刑法》第二百八十条等规定，判决被告人吕某犯买卖国家机关证件罪，判处有期徒刑七个月，缓刑一年。

五、江苏无锡使用空白检疫证明案

行为人明知空白检疫证明系他人非法购买所得，为逃避生猪检疫，仍然伙同他人非法使用该检疫证明。行为人的行为破坏了动物防疫秩序和生猪屠宰管理秩序，构成买卖国家机关证件罪。

<table>
<tr><td>

案情概况

CASE
OVERVIEW

</td><td>

2015 年 8 月，江苏省无锡市 C 区人民法院审理了马某使用非法购买的空白检疫证明案。经审理查明：

2012 年 12 月至 2013 年 8 月间，被告人马某在明知谢某（另案处理）

</td></tr>
</table>

曾向他人非法购买并使用空白检疫证明的情况下，仍与其合用由其向他人非法购买加盖安徽省 D 县动物卫生监督所印章的空白检疫证明 140 余张，填写内容后至浙江省购买未经当地动物卫生监督机构检疫的生猪，每张 150 元的费用由两人分摊，再将购得的生猪运输至江苏省无锡市 C 区，在恒怡公司内屠宰后销售给他人。

法院判决
COURT JUDGMENT

C 区人民法院认为：被告人马某买卖国家机关证件，情节严重，其行为已构成买卖国家机关证件罪。C 区人民检察院起诉指控被告人马某犯买卖国家机关证件罪，事实清楚，证据确实、充分，指控的罪名成立，法院予以支持。

被告人马某经单位通知后至单位接受公安机关询问，归案后如实供述自己的罪行，系自首。在共同犯罪中，被告人马某起次要作用，系从犯。辩护人提出的被告人马某系自首、系从犯、无前科劣迹、悔罪态度好的辩护意见，与事实和法律相符，予以采纳。根据被告人马某的犯罪事实、情节和悔罪表现，法院决定对其从轻处罚，且其符合适用缓刑的条件，可以宣告缓刑。

据此，依照《中华人民共和国刑法》第二百八十条第一款等规定，判决被告人马某犯买卖国家机关证件罪，判处有期徒刑三年，缓刑三年。

六、浙江金华伪造定点屠宰印章案

行为人为转让屠宰场，故意伪造畜禽定点屠宰管理机关印章，伪造虚假的屠宰许可证，行为人的行为破坏了国家对屠宰行业的监管秩序，构成伪造国家机关印章罪。

案情概况
CASE OVERVIEW

浙江省金华市 C 区人民检察院指控被告人邵某甲犯伪造、买卖国家机关证件、印章罪，于 2015 年 7 月向金华市 C 区人民法院提起公诉。法院依法组成合议庭，公开开庭审理了本案。

经审理查明：被告人邵某甲在金华市 C 区工业园区经营金华市利民畜禽屠宰服务有限公司。2014 年 4 月，被告人邵某甲为了将该屠宰场顺利转让给褚某甲，通过路边小广告联系到私刻公章的人，支付费用让私刻公章的人伪造了名称为"金华市人民政府畜禽定点屠宰检疫管理办公室"的印章 1 枚，加盖在假的屠宰许可证上，于 2014 年 7 月 14 日将屠宰场以人民币 80 万元的价格转让给褚某甲。

2015 年 1 月 9 日，被告人邵某甲到乾西派出所主动投案，并如实供述了自己的犯罪事实。

在本案审理过程中，被告人邵某甲与褚某甲达成协议，并将人民币 80 万元退还给褚某甲。

部分证据
SOME
EVIDENCE

被告人邵某甲的供述和辩解、证人张某甲、魏某、傅某、邵某乙、张某乙、华某、叶某、杨某、沈某、褚某甲、褚某乙的证言、人口信息、证据接收清单、营业执照、转让协议、承诺书、股权转让协议书、股权交割完毕证明、收条、土地租赁合同、屠宰许可证、补充协议、通知、调取证据清单、整改通知书、归案经过、搜查笔录、文件检验鉴定书、收条、退款协议等。

法院判决
COURT
JUDGMENT

法院认为，被告人邵某甲伪造、买卖国家机关证件、印章，其行为已构成伪造、买卖国家机关证件、印章罪。公诉机关的指控成立，法院予以支持。被告人邵某甲曾因赌博受过行政处罚，可酌情从重处罚。被告人邵某甲具有自首情节，可依法从轻处罚。采纳辩护人提出的对被告人邵某甲从轻处罚的辩护意见，但根据被告人邵某甲的犯罪事实、犯罪情节，不采纳辩护人提出的免予刑事处罚的辩护意见。

依照《中华人民共和国刑法》第二百八十条等规定，判决被告人邵某甲犯伪造、买卖国家机关证件、印章罪，判处有期徒刑十个月，缓刑一年三个月。

七、云南昆明伪造检疫证明运输走私动物产品案

行为人为牟取非法利益，故意伪造盖有动物卫生监督机构检疫专用章的动物检疫合格证明，以使未经检疫的境外冻品在国内流通，构成了伪造国家机关公文罪。其他行为人的行为还破坏了国家对进出口货物的监管秩序，构成走私国家禁止进出口的货物、物品罪。

案情概况
CASE
OVERVIEW

〈一审情况〉

云南省 B 市中级人民法院审理 B 市人民检察院指控原审被告人瞿某犯伪造国家机关公文罪、走私国家禁止进出口的货物、物品罪，被告人谢某甲、刘某甲、李某甲、谢某、陈某、斯某犯走私国家禁止进出口的货物、物品罪一案，于 2014 年 12 月 24 日作出刑事判决。原审被告人谢某甲不服，提出上诉，其余被告人服判不上诉。云南省高级人民法院依法组成合议庭，不开庭进行了审理。

原判认定：

（一）2013 年 11 月 13 日，被告人谢某甲安排被告人刘某甲将境外的冻品牛肉走私入境，由被告人刘某甲联系被告人李某甲，由李某甲找到被告人斯某等人将上述冻品牛肉

从缅甸经景洪市走私入境，由被告人陈某安排了八辆货车先后将上述冻品牛肉运到楚雄自治州。由被告人谢某在其父谢某甲的指示下，负责登记、记录、核对冻品信息，收取或支付相关运费及货款。2013年11月15日凌晨，被告人瞿某安排的四辆冷藏车在楚雄自治州滇中汽车城正在驳装上述其中五辆货车冻品牛肉时被查扣，当场查获涉嫌走私的冻品牛肉共计69.975吨。得知冻品被查扣后，其余三辆货车的驾驶员将所载冻品运回了景洪市。

（二）被告人瞿某在明知是走私冻品的情况下，为了让接驳的冷藏车驾驶员能将走私冻品顺利从中转地运到目的地入库，从而能收取每车1000元人民币的接车费，伪造了盖有"云南省E县动物卫生监管所检疫专用"章的动物检疫合格证明、开具运输协议书，交给冷藏车驾驶员随车将走私的冻品运往外省指定的目的地。海关侦查人员从重庆市南岸区动物卫生监督所调取了瞿某开具的八份动物检疫合格证明，经检验均为伪造。

原判根据上述事实和在案证据，依照《中华人民共和国刑法》认定被告人瞿某犯伪造国家机关公文罪，判处有期徒刑一年；犯走私国家禁止进出口的货物、物品罪，判处有期徒刑二年，并处罚金人民币三万元；决定执行有期徒刑三年，缓刑五年，并处罚金人民币三万元。以走私国家禁止进出口的货物、物品罪，分别判处被告人谢某甲有期徒刑五年，并处罚金人民币八万元；被告人刘某甲有期徒刑三年，缓刑五年，并处罚金人民币三万元；被告人李某甲有期徒刑三年，缓刑三年，并处罚金人民币三万元；被告人谢某有期徒刑二年，缓刑二年，并处罚金人民币二万元；被告人陈某有期徒刑二年，缓刑二年，并处罚金人民币二万元；被告人斯某有期徒刑二年，缓刑二年，并处罚金人民币一万元；查获的69.975吨冻牛肉依法予以没收。

〈二审情况〉

一审宣判后，被告人谢某甲上诉提出：①他只是帮一个尼泊尔人从缅甸接运该冻品入境，认定其系主犯的事实不清；②本案发生在2013年11月，应当按照"一直由法院根据各地情况自由裁量"的司法实践处理，而不应当适用2014年9月10日才实施的《关于办理走私刑事案件适用法律若干问题的解释》。认为原判认定事实不清，适用法律不当，量刑过重，请求从轻改判或发回重审。其辩护人以相同的意见为其辩护。

经审理查明，原判认定2013年11月13日，被告人谢某甲安排被告人刘某甲将境外的冻品牛肉走私入境，刘某甲遂联系了被告人李某甲，李某甲又找到被告人斯某等人将冻品牛肉从缅甸经景洪市大勐龙镇走私入境，再由被告人陈某安排了八辆货车先后将上述冻品牛肉运到楚雄。被告人谢某在其父谢某甲的指示下，负责登记、记录、核对冻品信息，收取或支付相关运费及货款。同年11月15日凌晨，被告人瞿某安排的四辆冷藏车在楚雄自治州滇中汽车城正在驳装上述其中五辆货车的冻品牛肉时被查扣，当场查获走私的冻品牛肉69.975吨的事实清楚。

另查明，被告人瞿某为收取每车 1 000 元人民币的接车费，伪造了盖有"云南省 E 县动物卫生监管所检疫专用"章的动物检疫合格证明、开具运输协议书，交给冷藏车驾驶员随车将走私的冻品运往外省指定的目的地。海关侦查人员从重庆市南岸区动物卫生监督所调取了瞿某开具的八份动物检疫合格证明，经鉴定均为伪造。

法院判决 COURT JUDGMENT

法院认为，上诉人谢某甲及原审被告人刘某甲、李某甲、瞿某、谢某、陈某、斯某逃避海关监管，将疫区尼泊尔等地生产的冻品牛肉经疫区缅甸绕关走私入境，以牟取非法利益，其行为均已构成走私国家禁止进出口的货物、物品罪。原审被告人瞿某明知走私的冻品牛肉无法获得相应的检疫证明，为使冻品顺利运达目的地并入库，伪造了盖有"云南省 E 县动物卫生监管所检疫专用"章的动物检疫合格证明，还构成伪造国家机关公文罪，应数罪并罚。在共同犯罪中，上诉人谢某甲起组织作用，系主犯，原审被告人刘某甲、李某甲、瞿某、谢某、陈某、斯某起次要或辅助作用，系从犯，依法应当从轻、减轻处罚。

关于谢某甲及其辩护人提出一审认定事实不清，谢某甲不应承担主犯罪责的意见。经查，谢某甲在获取了从境外将要运到中缅边境的冻品的相关情况后，安排其驾驶员刘某甲来组织整个走私运输活动，将装运冻品牛肉的柜号、件数、船号等信息通知刘某甲，由刘某甲具体负责组织将冻品牛肉走私入境。同时，谢某甲安排担任尼泊尔某厂销售会计的女儿谢某，负责登记、记录相关冻品的信息，详细记录了从尼泊尔某厂走私入境的冻品牛肉在国内运输、销售等情况，并按照谢某甲的安排与相关人员进行信息核对，收取或支付相关运费及货款。因此，在本案的共同犯罪中，谢某甲起组织和指挥作用，系主犯。对该上诉及辩护意见法院不予采纳。

关于上诉人及其辩护人所提一审适用 2014 年 9 月 10 日实施的《最高人民法院、最高人民检察院〈关于办理走私刑事案件适用法律若干问题的解释〉》不当的意见。经查，根据《最高人民法院、最高人民检察院〈关于适用刑事司法解释时间效力问题的解释〉》第二条的规定："对于司法解释实施前发生的行为，行为时没有相关的司法解释，司法解释施行后尚未处理或者正在处理的案件，依照司法解释的规定办理。"本案案发于 2013 年 11 月 15 日，走私来自疫区的冻品的行为属于司法解释前发生的行为，行为当时也没有司法解释规定具体的量刑标准，而且该司法解释并没有对《中华人民共和国刑法》第一百五十一条第三款的内容进行修改，只是对该法条的量刑标准作出明确规定，故本案依法应适用《最高人民法院、最高人民检察院〈关于办理走私刑事案件适用法律若干问题的解释〉》规定的标准，故对该意见法院不予采纳。

综上，二审法院认为原判定罪准确，量刑适当，审判程序合法。据此，依照《中华人民共和国刑事诉讼法》第二百二十五条第一款（一）项的规定，终审裁定：驳回上诉，维持原判。

八、江苏无锡查处买卖检疫证明系列案

前述的江苏无锡吕某买卖检疫证明案是目前笔者查到的购买检疫证明数量最小（2 张）被判刑的案例，同时，此案也是江苏省无锡市锡山区人民法院审判的系列动物检疫证明犯罪案件之一。2015 年，买卖 81 张空白检疫证明的赵某被江苏省无锡市锡山区人民法院判处有期徒刑三年十个月；买卖 43 张空白检疫证明的许某被判处有期徒刑三年二个月；购买使用 3 张空白检疫证明的吴某被判处拘役六个月，缓刑六个月；合伙使用明知有问题的空白检疫证明 16 张的王某被判处有期徒刑一年九个月，缓刑二年；购买使用 23 张空白检疫证明的刘某被判处有期徒刑二年三个月；购买使用 99 张空白检疫证明的蔡某被判处有期徒刑三年四个月；购买使用 135 张空白检疫证明的曹某被判处有期徒刑三年五个月；购买使用 100 张空白检疫证明的葛某被判处有期徒刑三年四个月；购买使用 40 张空白检疫证明的管某被判处有期徒刑二年六个月，缓刑二年六个月；购买使用 97 张空白检疫证明的顾某被判处有期徒刑三年三个月。

第三节

伪造、买卖动物检疫证明、印章案件专题分析

农业农村部门的公文可以认定为农业农村部门制作并以其名义发布的用以管理社会事务、指导工作、处理问题的书面文件，通常以命令、指示、决定、通知、函电等形式表现。农业农村部门的证件可以认定为农业农村部门制作、颁发的，用以证明身份、权利义务关系或其他有关事实的凭证，如动物防疫条件合格证、动物诊疗许可证、动物检疫合格证明等。印章是指国家机关刻制的以文字与图记表明主体同一性的公章或专用章，是国家机关行使职权的符号和标记；农业农村部门的印章除公章处，还包括检疫专用章。

本章收录的 8 个案例中，买卖检疫证明的有 6 个案件，伪造检疫证明的 1 个，伪造印章的 1 个。在学习这些案例中我们要注意：①购买 2 张检疫证明（最小数量）被判刑，未购买但使用的也被判刑。②随着全国出具电子检疫证明工作的推进，手工证明的退出，违法行

为随之改变。笔者在工作中发现有电子涂改检疫证明、难以辨认的情况，即机打检疫证明是真的，但关键数字却被电子涂改。③农业农村部要求对检疫证明 A 证在各个环节进行上网核对，这其实就是一种发现伪造、涂改检疫证明违法行为的有效应对措施，对此，各地应当严格遵守并认真执行。

CHAPTER

第七章 07

以危险方法危害公共

安全罪

第一节

以危险方法危害公共安全罪研读

[刑法法条及相关规定]

1. 《中华人民共和国刑法》

第一百一十四条［放火罪、决水罪、爆炸罪、投放危险物质罪、以危险方法危害公共安全罪之一］ 放火、决水、爆炸以及投放毒害性、放射性、传染病病原体等物质或者以其他危险方法危害公共安全，尚未造成严重后果的，处三年以上十年以下有期徒刑。

第一百一十五条［放火罪、决水罪、爆炸罪、投放危险物质罪、以危险方法危害公共安全罪之二］ 放火、决水、爆炸以及投放毒害性、放射性、传染病病原体等物质或者以其他危险方法致人重伤、死亡或者使公私财产遭受重大损失的，处十年以上有期徒刑、无期徒刑或者死刑。

2. 《最高人民法院、最高人民检察院关于办理妨害预防、控制突发传染病疫情等灾害的刑事案件具体应用法律若干问题的解释》（法释［2003］8号）

第一条 故意传播突发传染病病原体，危害公共安全的，依照刑法第一百一十四条、第一百一十五条第一款的规定，按照以危险方法危害公共安全罪定罪处罚。患有突发传染病或者疑似突发传染病而拒绝接受检疫、强制隔离或者治疗，过失造成传染病传播，情节严重，危害公共安全的，依照刑法第一百一十五条第二款的规定，按照过失以危险方法危害公共安全罪定罪处罚。

[罪名解读]

以危险方法危害公共安全罪，是指用与放火、决水、爆炸、投放危险物质相当的其他危险方法危害公共安全的行为。以危险方法危害公共安全的犯罪，是一个独立的罪名，以放火、决水、爆炸、投毒之外的并与之相当的危险方法实施危害公共安全的犯罪。

本罪的主体为必须是达到法定刑事责任年龄、具有刑事责任能力的自然人；本罪在主观方面表现为犯罪的故意，即行为人明知其实施的危险方法会危害公共安全，会发生危及不特定多数人的生命、健康或公私财产安全的严重后果，并且希望或者放任这种结果发生。实践中这种案件除少数对危害公共安全的后果持希望态度，以直接故意构成外，大多持放任态度，属于间接故意。实施这种犯罪的目的和动机多种多样。不论行为人出于直接故意或间接故意，基于何种个人目的和动机，都不影响本罪的成立。

　　本罪侵犯的客体是社会公共安全，即不特定多数人的生命、健康或者重大公私财产的安全。如果行为人用危险方法侵害了特定的对象，不危及公共安全，对不特定多数人的生命、健康或重大公私财产的安全并无威胁，就不构成本罪。本罪在客观方面表现为以其他危险方法危害公共安全的行为。所谓其他危险方法，是指放火、决水、爆炸、投毒之外的，但与上述危险方法相当的危害公共安全的犯罪方法。以危险方法危害公共安全的行为方式，除了放火、决水、爆炸、投放危险物质，还存在其他的尚未被归纳或者说难以被归纳的可能。由于这类行为方式在现实中所造成的后果非常严重，立法者为了保护法益，不得已在某种程度上牺牲了立法的明确性。但随着特定行为方式的类型化，对一些违法行为也就逐步设立了单独的罪名，那么其他被归于"其他危险方法"的行为，也会有被单独确定罪名的可能，或者在立案追溯标准规范中加以明确。这里的其他危险方法包括两层含义：①其他危险方法是指放火、决水、爆炸、投毒以外的危险方法；②其他危险方法应理解为与放火、决水、爆炸、投毒的危险性相当的且足以危害公共安全的方法，即这种危险方法一经实施就可能造成不特定多数人的伤亡或重大公私财产的毁损。因此，司法实践中，对以"其他危险方法"危害公共安全罪的认定，既不能作无限制的扩大解释，也不能任意扩大其适用的范围。也就是说，本法规定的其他危险方法是有限制的，而不是无所不包的。只有行为人实施危害公共安全的行为所采用的危险方法与放火、决水、爆炸、投毒的危险性相当，且行为的社会危害性达到相当严重的程度，才能按以危险方法危害公共安全罪论处。

第二节

以危险方法危害公共安全案例

一、黑龙江尚志布鲁氏菌病羊只案

　　行为人李某甲明知其饲养的羊患有能够传染人的布鲁氏菌病，为了减少自己的经济损失，未经检疫出售给他人，造成多人感染法定的乙类传染病和数额较大公私财产损失的后果，行为人行为构成以危险方法危害公共安全罪。

案情概况
CASE
OVERVIEW

黑龙江省 B 区人民检察院于 2014 年 3 月指控被告人李某甲犯妨害动植物防疫检疫罪，向 B 区基层法院提起公诉。本案因附带民事诉讼，经批准延长审限三个月。附带民事诉讼部分经法院主持调解成立并履行完毕。本案现已审理终结。

经审理查明，被告人李某甲于五六年前在位于 A 林业局某林场家属区的自家院内养殖山羊，期间也对外售羊及羊奶。2012 年秋购得波尔奶羊，至 2013 年其购买及繁育羊只达 60 余头。2013 年 4 月 7 日，被告人李某甲的妻子杨某因在哈尔滨医科大学附属第二医院诊断为布鲁氏菌病在黑龙江省农垦医院住院治疗，在此期间，被告人李某甲得知杨某因自家养羊感染布鲁氏菌病，在未向动物卫生监督机构申报检疫的情况下，集中将自家饲养的 60 余只羊陆续出售给某林场居民李某乙、胡某、孙某，苇河镇居民韩某等人，李某乙又将其购买的 4 只羊转售给苇河镇居民季某。2013 年 4 月 18 日，被告人李某甲也因感染布鲁氏菌病，在黑龙江省农垦医院入院治疗。2013 年 5 月 5 日，李某甲夫妻二人相继出院后，未将羊能传染人布鲁氏菌病的情况向买羊者或已经出现布鲁氏菌病症状的人员说明。导致一段时间内，一定区域内此疫病发生、流行。经尚志市动物疫病预防控制中心 2013 年 8 月 16 日对李某甲所售出的羊进行检验，A 林业局某林场有 24 只羊被检出患有布鲁氏菌病，被扑杀处理，苇河镇有 26 只羊被扑杀处理。至 2013 年 11 月，A 林业局某林场又有 11 人因购买过李某甲家羊、羊奶或与李某甲家饲养和出售的羊有过接触，被检查出患有布鲁氏菌病。各被害人因治疗布鲁氏菌病和当地财政因补偿养羊户共支出人民币 20 余万元。

部分证据 SOME EVIDENCE	

1. B 区公安局报案登记表，证实案件来源系 2013 年 12 月 13 日接到 B 区防疫站报案。

2. 黑龙江省畜牧兽医局疾病防控处关于布鲁氏菌疫情的说明，证实布鲁氏菌病系二类动物疫情，有引起重大动物疫情的危险。

3. 黑龙江省疾病控制中心说明，证实布鲁氏菌病主要传染源为牛、羊，肉、内脏、乳、皮毛等可能成为食源性疾病的感染源。

4. 黑龙江省 B 区动物卫生监督所证明，证实李某甲在出售羊时未向该所申报检疫且出售羊奶时奶羊也未进行健康检疫。

5. A 林业局卫生局关于布鲁氏菌病相关情况说明，证实与人畜共患传染病有关的野生动物、家畜家禽，经检疫合格后，方可出售、运输。

6. 黑龙江省 B 区动物卫生监督所扑杀某林场布鲁氏菌病羊损失报告，证实李某甲出售59 只羊，某林场检出患布鲁氏菌病的羊 24 只。苇河镇检出患布鲁氏菌病的羊 26 只。

7. 尚志市畜牧局对 A 林业局防疫员培训讲话稿，证实某林场由徐某担任防疫员工作，并学习了《中华人民共和国动物防疫法》等法律法规，同时负责进行宣传。

8. 尚志市疾病预防控制中心说明，证实被确诊患布鲁氏菌病的时间李某甲为 2013 年4 月 15 日，其妻子杨某为 2013 年 4 月 9 日。

9. 李某乙、李某丙等 11 名被害人住院诊断书 11 份，证实有 11 人被检出患有布鲁氏菌病。

10. 检验结果通知单，证实尚志市动物疫病预防控制中心对 A 林业局送检的 61 份羊血清进行布鲁氏菌病检验，其中 25 份为阳性，1 份为疑似阳性。

11. 布鲁氏菌病羊扑杀登记表，证实某林场有 24 只羊被扑杀，苇河镇韩某、季某家有 26 只羊被扑杀。

12. 尚志市畜牧兽医局、财政局文件，证实 2013 年尚志市共对 2 307 只羊进行检疫，检出阳性 26 只，均系韩某、季某家养殖。

13. 证人杨某当庭证言证实，自己 2013 年 3 月份开始患病，之后到哈尔滨医科大学附属第二医院诊查，2013 年 4 月 7 日在农垦医院住院，4 月 9 日在农垦医院被确诊为患有布鲁氏菌病，就是感冒发烧的症状。我丈夫李某甲卖羊的时候没有经过防疫部门检疫。我们是在农垦住院前陆续卖羊的，在农垦住院后我家没有羊了。

14. 证人姚某甲当庭证言证实，4 月中旬买李某甲家羊，2 只得布鲁氏菌病被处理了，我父亲姚某乙和我大妹妹姚某丙也传染上布鲁氏菌病，我妹妹经常回家，也在家喝过羊奶。

15. 证人史某当庭证言证实，在李某甲家买过 6 只杂交波尔山羊，比市场便宜，第一次在 4 月初，第二次在 4 月中旬。我挑好的买的，羊有流鼻涕咳嗽的症状，每只羊大约比市场价便宜 200 元。买羊时没有经过检疫，后来被检疫出有布鲁氏菌病都埋了。我丈夫胡某被感染布鲁氏菌病，5 月末 6 月初发病，我家现在没有羊了。

16. 证人陈某当庭证言证实，胡某家有羊，他是 4 月份买李某甲的羊后来因为有布鲁氏菌病被扑杀了。胡某也被传染布鲁氏菌病，6 月份发热我给他打过针。

17. 证人史某当庭证言证实，我在 2013 年 4 月中旬和 4 月末李某甲家买过 7、8 只羊，花了 6 000 左右，比市场价格便宜，羊有流鼻涕的症状，我问李某甲他说正常。在他家买羊前家里有奶羊，后来埋了 8 只羊都是在李某甲家买的，买羊的时候没经过检疫，现在还有 11 只。

18. 证人付某证言证实，邻居孙某在 2013 年春天在李某甲家买过 2 只羊，并被检出患有布鲁氏菌病。

19. 证人相某证言证实，邻居姚某在李某甲家买了 3 只羊，其中有 1 只被检出患病。

20. 被害人徐某 2013 年 12 月 15 日在公安机关陈述证实，其与李某甲家系邻居且发病前 2 个月一直喝李某甲家羊奶，他家散养的羊的羊毛及排泄物有时弄到我家院子里，传染我家三口得了布鲁氏菌病。

21. 被害人姚某甲 2013 年 12 月 14 日在公安机关陈述证实，2013 年 4 月中旬在李某甲家购买过 3 只羊，并喝过李某甲家羊奶，2013 年 6 月份我女儿姚某乙得布鲁氏菌病，我在 7 月下旬开始发低烧，并诊断得布鲁氏菌病，经检验人和羊均患布鲁氏菌病。

22. 被害人姚某乙 2013 年 12 月 15 日在公安机关陈述证实，其父亲姚某甲于 2013 年 4 月中旬在李某甲家购买过羊，自己在父亲家喝过李某甲羊奶并被检出患有布鲁氏菌病。

23. 被害人胡某当庭陈述证实，我买过李某甲家的羊，2013 年 3 月末买了 3 只，4 月中旬又买了 3 只，第一次花了 1 800 元，第二次花了 2 200 元。都是大羊，之后我媳妇因为羊流产找过李某甲，他说没事。买他家的羊后来都被检查出有布鲁氏菌病，我家羊被传染一只。买羊后 5 月份开始发烧得病的。我 8 月份检查出有布鲁氏菌病。

24. 被害人张某当庭陈述证实，2013 年 1、2 月份买李某甲家的羊奶喝，得病的时间是 6 月份，发烧腰疼盗汗，我在春天时候用自家车给李某甲家拉过羊粪便垃圾、打扫过卫生，另外他也经常在我家的园子上面放羊。我得病后李某甲问过我三次好点了吗，并告诉我说要去哈尔滨那种大地方看病。

25. 被害人李某丙当庭陈述证实，我爸李某丁买了李某甲好几次羊，大概是 2013 年 4 月中旬以后。从他家买回之后，羊有流产和咳嗽的状况。找过李某甲他说没事。我与父母都在一个院子，李某甲把羊卖给我家后我被传染了布鲁氏菌病。病是因为李某甲家的羊传染的。在外面没有接触过羊。我 5、6 月份发烧盗汗症状，8 月份发病。

26. 被害人李某戊的法定代理人已向法庭陈述证实，我和父母住在一个院，因为我父亲李某丁买李某甲家羊，我女儿李某戊被传染布鲁氏菌病。

27. 被害人李某丁当庭陈述证实，2013 年 3 月份开始在李某甲家买羊，4 月中旬买的最后一次，共买了 8 只山羊和 8 只波尔羊，买前我家里没有羊。李某甲卖的羊比市场价低，当时羊挺好，到家一个月后羊开始咳嗽，后来羊出现流产症状。买的时候没检疫过。后来羊咳嗽找过李某甲，他说可能是吃草卡住了。我说过羊不要了，李某甲说你不要你就卖了。后来卖了 7 只波尔羊给一个姓季的。我被检出有布鲁氏菌病找过李某甲，我说我家四个得了病，他说没事，你去看吧，你看完后费用我拿。5 月份，我两个孙子先发烧的，后来我家四口人被查出患布鲁氏菌病。

28. 被告人李某甲当庭供述和辩解证实，我养了五六年山羊，2012 年秋天在红卫场买的波尔羊。买羊的时候没做过检疫。2013 年 3 月中旬将六十二三只羊陆续卖给某林场李某丁、胡某、孙某、王某、史某等人，大部分都在当地出售。卖羊时没有低于市场价格，羊也没有异常，没有向防疫部门申报过检疫，也不清楚需要检疫。从养羊开始卖羊奶。张某在 2011 年买过羊奶。我爱人杨某 2013 年 4 月 9 日被农垦医院检查出有布鲁氏菌病。我 11 号去护理她，我在 3 月中旬到 4 月 7 日我爱人住院之前就把羊全部处理完，4 月 7 日之后就没有卖过羊。在哈尔滨看病的时候家里没有羊了，当时不清楚布鲁氏菌病的危险性，我妻子确诊布鲁氏菌病后给我打电话我才知道，医生诊断时问家里是否养牲口了，我说养羊。我是 4 月 15 号住院 18 号确诊的，以前有发烧症状，2013 年 5 月 5、6 日出院。

各被害人均当庭宣读、出示了黑龙江省农垦医院住院病历及医疗费票据，证实各自住院治疗情况及 8 名被害人因染布鲁氏菌病共花医疗费 183 159.03 元。

被告人李某甲的辩护人当庭宣读、出示了书证黑龙江省农垦医院出具的李某甲和杨某的病历，证实杨某的住院时间是 2013 年 4 月 7 日至 5 月 13 日，李某甲住院时间是 4 月 18

日至 5 月 5 日。黑龙江省农垦医院杨某的病历中住院记录载明：哈尔滨医科大学附属第二医院查布鲁氏菌病血清学，结果阳性，诊断布鲁氏菌病，为进一步诊治，今日来我院，门诊以"布鲁氏菌病"收入院。

法院判决
COURT JUDGMENT

针对上述质证意见，法院认为：本案争议焦点是被告人李某甲是否在 2013 年 4 月 7 日以后向被害人出售过羊。即在被告人妻子杨某被诊断为布鲁氏菌病后李某甲是否卖过羊，从而确定被告人李某甲是否具有犯罪的主观故意。由于被告人李某甲的住院时间是 2013 年 4 月 18 日至 5 月 5 日，黑龙江省农垦医院连续记载了李某甲住院期间治疗情况，没有证据证实李某甲有中断治疗挂床离开医院的情况，因此对被害人陈述中买羊时间为 4 月末的部分不予采信。但农垦医院病历中关于杨某因在哈尔滨医科大学附属第二医院诊断布鲁氏菌病于 2013 年 4 月 7 日入农垦医院治疗的入院记录，足以证实李某甲夫妻在 2013 年 4 月 7 日前就已经得知杨某被传染布鲁氏菌病，被害人、证人的言词证据均能证实在李某甲 2013 年 4 月 18 日入院前的一段时间内购买过李某甲的羊，且各被害人均证实购买时羊有患病症状。结合尚志市疾病预防控制中心说明可以得知，被告人李某甲夫妻是某林场最早患布鲁氏菌病的人，发病时间是 2013 年 2、3 月份，确诊时间为 4 月份，其他被害人发病时间是 5、6、7、8 月份，均于李某甲夫妻在农垦医院治疗康复之后发病。因此可以认定，被告人李某甲在得知妻子杨某因自家养羊患布鲁氏菌病后，在明知自家的羊患有能够传染人的布鲁氏菌病的情况下，为减少自己的经济损失，未按国家相关规定申报检疫集中将羊售出。被害人张某等因与李某甲家病羊或羊奶有过接触，身患布鲁氏菌病与接触李某甲饲养的病羊引起布鲁氏菌病传播有因果关系，被告人李某甲应当为此承担责任，被告人李某甲的辩解与法院查明的事实及法律规定不符，不予采纳。辩护人认为本案言词证据及书证不能确认被告人是在明知自己患病的情况下售羊，证据上无法证实或证实不清被告人售羊时是否明知羊已经患病的质证意见不予采纳。

在本案开庭审理后，经法院主持调解，被告人与八名附带民事诉讼原告人分别达成调解协议，共赔偿 8 名原告人经济损失 146 000 元并全部当庭履行完毕。8 名被害人暨附带民事诉讼原告人对被告人李某甲当庭表示谅解，并请求对其从轻处罚。

法院认为，被告人李某甲明知其饲养的羊患有能够传染人的布鲁氏菌病，为了减少自己的经济损失，未经检疫出售给他人，隐瞒真相，放任动物疫病传播、流行，危及不特定多数人的生命健康和财产安全，造成 11 人感染法定的乙类传染病和数额较大公私财产损失的后果，其行为构成以危险方法危害公共安全罪，犯罪事实清楚，证据确实充分。公诉机关指控被告人李某甲犯罪事实成立，但指控罪名错误。各被害人及诉讼代理人认为被告人的行为构成妨害动植物防疫、检疫罪的意见不予采纳。辩护人认为被告人不构成公诉机关指控的妨害动植物防疫、检疫罪的辩护意见予以采纳。本案中认定的证据能够证实被告人李某甲以危险方法危害公共安全的犯罪事实，依法应予惩处。

在对被告人李某甲的量刑过程中，法院考虑以下量刑情节：被告人李某甲的犯罪行为造成多人染病，并造成较大公私财产损失；被告人李某甲积极赔偿 8 名被害人的经济损失，且 8 名被害人均对李某甲表示谅解；本案被告人李某甲为了减少自己的经济损失，放任损害后果的发生，系间接故意犯罪。

根据被告人犯罪事实情节、性质、危害程度，依照《中华人民共和国刑法》第一百一十四条、第七十二条，《最高人民法院关于适用〈中华人民共和国刑事诉讼法〉的解释》第二百四十一条第一款（二）项之规定，一审判决被告人李某甲犯以危险方法危害公共安全罪，判处有期徒刑三年，缓刑三年。

二、三鹿奶粉事件

2008 年，被全国各大媒体相继曝光的三鹿婴幼儿配方奶粉掺杂致毒化学物三聚氰胺事件，社会影响极其深远，导致三鹿集团迅速破产，引发"中国奶业大地震"。2009 年 1 月，河北省石家庄市中级人民法院对生产销售含有三聚氰胺混合物的张某甲、张某乙，以"以危险方法危害公共安全罪"做出一审判决，张某甲被判处死刑，剥夺政治权利终身；张某乙被判处无期徒刑，剥夺政治权利终身。生产销售含有三聚氰胺混合物的高某等 4 人，以"以危险方法危害公共安全罪"做出一审判决，高某被判处死刑、缓期两年，剥夺政治权利终身；薛某被判处无期徒刑，剥夺政治权利终身；张某丁被判处有期徒刑十五年，剥夺政治权利三年；肖某被判处有期徒刑五年。

法院对向原奶中添加含有三聚氰胺混合物并销售给三鹿集团的耿某甲等 2 人生产销售有毒、有害食品案做出一审判决：耿某甲被判处死刑，剥夺政治权利终身；耿某乙被判处有期徒刑八年，并处罚金 50 万元。

原三鹿集团董事长田某以生产、销售伪劣产品罪，被石家庄市中院一审判处无期徒刑。原三鹿高管王某、杭某、吴某分别被判处有期徒刑十五年、八年和五年。三鹿集团犯生产、销售伪劣产品罪，被判罚金 4 937 余万元。

时任国家质监总局局长李某引咎辞职，河北省委常委、石家庄市委书记吴某被免职，牵涉从中央部门到地方很多公职人员引咎辞职或被免职、刑事拘留。

关键点分析
KEY POINTS

注意本案的生产经营者涉及以危险方法危害公共安全罪，生产、销售有毒、有害食品罪，生产、销售伪劣产品罪三个罪名。

走 私 罪

第一节

走私国家禁止进出口的货物、物品罪研读

［刑法法条及相关规定］

1. 《中华人民共和国刑法》

第一百五十一条［走私国家禁止进出口的货物、物品罪］（节选） 走私珍稀植物及其制品等国家禁止进出口的其他货物、物品的，处五年以下有期徒刑或者拘役，并处或者单处罚金；情节严重的，处五年以上有期徒刑，并处罚金。

单位犯本条规定之罪的，对单位判处罚金，并对其直接负责的主管人员和其他直接责任人员，依照本条各款的规定处罚。

第一百五十三条［走私普通货物、物品罪］ 走私本法第一百五十一条、第一百五十二条、第三百四十七条规定以外的货物、物品的，根据情节轻重，分别依照下列规定处罚：

（一）走私货物、物品偷逃应缴税额较大或者一年内曾因走私被给予二次行政处罚后又走私的，处三年以下有期徒刑或者拘役，并处偷逃应缴税额一倍以上五倍以下罚金。

（二）走私货物、物品偷逃应缴税额巨大或者有其他严重情节的，处三年以上十年以下有期徒刑，并处偷逃应缴税额一倍以上五倍以下罚金。

（三）走私货物、物品偷逃应缴税额特别巨大或者有其他特别严重情节的，处十年以上有期徒刑或者无期徒刑，并处偷逃应缴税额一倍以上五倍以下罚金或者没收财产。

单位犯前款罪的，对单位判处罚金，并对其直接负责的主管人员和其他直接责任人员，处三年以下有期徒刑或者拘役；情节严重的，处三年以上十年以下有期徒刑；情节特别严重的，处十年以上有期徒刑。

对多次走私未经处理的，按照累计走私货物、物品的偷逃应缴税额处罚。

第一百五十六条 与走私罪犯通谋，为其提供贷款、资金、账号、发票、证明，或者为其提供运输、保管、邮寄或者其他方便的，以走私罪的共犯论处。

2. 《最高人民法院、最高人民检察院关于办理走私刑事案件适用法律若干问题的解释》（法释［2014］10号）（节选）

第十一条 走私国家禁止进出口的货物、物品，具有下列情形之一的，依照刑法第一百五十一条第三款的规定处五年以下有期徒刑或者拘役，并处或者单处罚金：

（四）走私来自境外疫区的动植物及其产品5吨以上不满25吨，或者数额在5万元以上不满25万元的；

第二十一条　未经许可进出口国家限制进出口的货物、物品，构成犯罪的，应当依照《刑法》第一百五十一条、第一百五十二条的规定，以走私国家禁止进出口的货物、物品罪等罪名定罪处罚；偷逃应缴税额，同时又构成走私普通货物、物品罪的，依照处罚较重的规定定罪处罚。

取得许可，但超过许可数量进出口国家限制进出口的货物、物品，构成犯罪的，依照《刑法》第一百五十三条的规定，以走私普通货物、物品罪定罪处罚。

租用、借用或者使用购买的他人许可证，进出口国家限制进出口的货物、物品的，适用本条第一款的规定定罪处罚。

第二十二条　在走私的货物、物品中藏匿《刑法》第一百五十一条、第一百五十二条、第三百四十七条、第三百五十条规定的货物、物品，构成犯罪的，以实际走私的货物、物品定罪处罚；构成数罪的，实行数罪并罚。

第二十四条　单位犯刑法第一百五十一条、第一百五十二条规定之罪，依照本解释规定的标准定罪处罚。

单位犯走私普通货物、物品罪，偷逃应缴税额在20万元以上不满100万元的，应当依照刑法第一百五十三条第二款的规定，对单位判处罚金，并对其直接负责的主管人员和其他直接责任人员，处三年以下有期徒刑或者拘役；偷逃应缴税额在100万元以上不满500万元的，应当认定为"情节严重"；偷逃应缴税额在500万元以上的，应当认定为"情节特别严重"。

[罪名解读]

走私国家禁止进出口的货物、物品罪，是指违反海关法规，逃避海关监管，非法携带、运输、邮寄国家禁止进出口的珍稀植物及其制品等国家禁止进出口的其他货物、物品进出国（边）境的行为。本书研究的走私动物和动物产品一般来自于疫区或没有出入境动植物检疫证明，属于国家禁止进口的货物、物品。因此，本书研究的走私罪，主要针对走私罪中的走私国家禁止进出口的货物、物品罪。

本罪的主体是一般主体，即任何单位以及达到刑事责任年龄并具有刑事责任能力的自然人都可以成为本罪的主体。本罪在主观方面表现为故意，过失不构成本罪。

本罪侵犯的客体是国家对珍稀植物及其制品等国家禁止进出口的其他货物、物品进出国境制度，对象是珍稀植物及其制品等国家禁止进出口的其他货物、物品；本罪在客观方面表现为违反海关法规，逃避海关监管、非法携带、运输、邮寄国家禁止进出口的珍稀植物及其制品等国家禁止进出口的其他货物、物品进出国境的行为。

走私动物及动物产品案例

一、云南红河走私鸡脚等冻品案

案情概况
CASE OVERVIEW

云南省红河自治州人民检察院指控阮某(越南籍)犯走私国家禁止进出口的货物、物品罪，云南省红河自治州中级人民法院依法组成合议庭，依法为被告人阮某指派翻译人员为其提供越语翻译，公开开庭审理了本案。被告人阮某对起诉书指控的犯罪事实无异议。辩护人刘某提出以下辩护意见：被告人阮某在共同犯罪中起次要、辅助作用，系从犯；被告人阮某归案后如实供述自己的犯罪行为，建议对其从轻、减轻或免除处罚。

审理查明，2015年8月27日，被告人阮某受一名叫"阿江"的人委托，让其带领搬运工到中国B县的某私开渡口搬运两个柜的冻品，每柜搬运费人民币1 500元。同日21时许，被告人阮某带领越南搬运工坐船从越南到达B县的某渡口，从越南的62号和19号船上将走私入境的冻品搬到车牌为云DXX和云DXX的车上时，被B县海关缉私民警查获，当场抓获在现场指挥搬运的被告人阮某。经检查和称量，两辆货车装载的冻鸡脚等冻品共计55.86吨。

部分证据
SOME EVIDENCE

1. 受案登记表、立案决定书及抓获经过，证实2015年8月27日22时许，B县海关缉私分局民警根据情报前往渡口进行查缉。缉私分局民警在渡口进行巡查时，现场查获两辆涉嫌运载走私入境冻品的货车（云DXX和云DXX），查获冻鸡脚等冻品约48吨，现场抓获正在安排工人搬运涉嫌走私入境冻品的被告人阮某。B县海关缉私分局于同日对本案立案侦查。

2. 扣押笔录、扣押清单、扣押决定书及过磅笔录、过磅单，证实从云DXX货车上查获的鸡肫等冻品经过磅称量，净重33 380千克；从云DXX货车上查获的鸡脚等冻品经过磅称量，净重22 480千克，上述冻品已被B县海关缉私分局依法扣押。

3. 禁止从动物疫病流行国家/地区输入的动物及产品一览表，证实根据国家质量监督检验检疫总局的公告，越南属于禽流感疫区，禁止从越南进口禽类及其产品。

4. 现场方位图及现场照片，证实走私现场位于云南省B县左边第一个渡口（非设关地通道）。

法院判决
COURT JUDGMENT

被告人阮某无视我国法律，为牟取非法利益，与走私分子通谋，帮助走私分子将我国禁止进出口的物品搬运、走私进入我国境内，其行为已构成走私国家禁止进出口的货物、物品罪，应依法追究其刑事责任。被告人阮某为走私分子提供搬运货物等便利，在共同犯罪中起帮助作用，系从犯，依法应当对其减轻处罚。被告人阮某归案后如实供述自己的犯罪事实，坦白认罪，依法可以对其从轻处罚。公诉机关指控被告人阮某犯走私国家禁止进出口的货物、物品罪的事实清楚，证据确实、充分，指控罪名成立，本院予以采纳。辩护人提出的辩护意见与本院查明的事实相符，本院予以采纳。依照《中华人民共和国刑法》第一百五十一条第三款、第一百五十六条、第二十五条第一款、第二十七条、第六十七条第三款、第六十四条、第三十五条之规定，判决被告人阮某犯走私国家禁止进出口的货物、物品罪，判处有期徒刑两年，并处罚金人民币 5 万元，刑满释放后驱逐出境；依法扣押的冰冻鸡脚等冻品 55 860 千克依法予以没收。

二、广西防城港走私牛肉案

案情概况
CASE OVERVIEW

2017 年 12 月 7 日，被告人吴某、曾某受他人雇请，前往越南海域运输冻牛肉至广西 C 港海域。当天下午，吴某、曾某搭乘快艇到达越南海域找到装载冻牛肉的铁壳船后，二人轮流驾驶往 C 港方向行驶，当晚 22 时许，途经广西海域时被广西公安边防总队海警第二支队民警查获，当场抓获被告人吴某、曾某，并查获冻牛肉一批。经称量、鉴定，查获的冻牛肉共重 26.14 吨，属于国家禁止进境货物。

广西壮族自治区 A 市人民检察院于 2018 年 4 月 17 日向 A 市人民法院提起公诉。A 市人民法院立案并组成合议庭，公开开庭审理了本案。

部分证据
SOME EVIDENCE

1. 从被告人吴某、曾某处查获的冻牛肉 1 307 件，共计 26.14 吨，无牌铁壳船舶一艘。

2. 受案决定书、立案登记表、呈请立案报告书，证实广西海警二支队于 2017 年 12 月 7 日对本案决定作为刑事案件受理，12 月 8 日决定立案侦查。

3. 抓获经过、装货及抓获海域指认图，证实 2017 年 12 月 7 日 21 时 52 分，海警二支队执勤官兵巡逻至 A 市附近海域时，查获运输冻牛肉的铁壳船并抓获被告人吴某、曾某。被告人吴某、曾某分别指认了装货地点及抓获地点。

4. 检查笔录、搜查笔录、扣押决定书、称量笔录，证实 2017 年 12 月 7 日 21 时许，民警对被告人吴某、曾某驾驶的船舶进行检查，在船舶货舱内发现整齐堆放的货物，随机抽查发现为冻牛肉，未见合法手续。8 日 8 时许，民警在见证人的见证下对被告人吴某、曾某的人身及其驾驶的船舶进行搜查，从吴某处搜查到冻牛肉一批，经清点及称量，共计 1 307 件，26.14 吨，依法对上述物品进行扣押。

5．A 市检验检疫局关于涉案货物认定情况的函，证实经 A 市检验检疫局认定，涉案 26.14 吨冻牛肉来自动物传染病疫区，属于国家禁止进境货物。

6．A 市价格认证中心出具的价格认定结论书，证实经 A 市价格认证中心认定，涉案 26.14 吨冻清真牛肉价格为 836 480 元。

法院判决
COURT JUDGMENT

吴某、曾某故意违反海关管理法规，逃避监管，运输 26.14 吨冻品牛肉入境，为走私犯罪提供运输帮助，其行为均构成走私国家禁止进出口的货物、物品罪。公诉机关指控的罪名成立。在共同犯罪中，被告人吴某、曾某受他人雇请，提供运输帮助，均起次要作用，系从犯，应当从轻、减轻或者免除处罚。综上，依照《中华人民共和国刑法》第一百五十一条第三款、第一百五十六条、第二十五条第一款、第二十七条、第五十二条、第五十三条、第六十四条、第六十七条第三款之规定，判决如下：被告人吴某犯走私国家禁止进出口的货物、物品罪，判处有期徒刑七个月，并处罚金 2 万元；被告人曾某犯走私国家禁止进出口的货物、物品罪，判处有期徒刑六个月，并处罚金 2 万元。

三、广西防城港走私生猪案

案情概况
CASE OVERVIEW

广西壮族自治区防城港市人民检察院指控被告人陈某犯走私国家禁止进出口的货物、物品罪一案，向防城港市人民法院提起公诉。防城港市人民法院立案后组成合议庭，公开开庭审理了本案。

审理查明，2017 年 5 月 23 日，被告人陈某受他人雇请，驾驶车牌为桂 KXX 的货车前往 B 区某码头，越过中越界河北仑河进入越南境内驳装生猪，随后进入中国境内。5 月 24 日凌晨 5 时许，在途经防城港市 B 区时被海关缉私分局民警查获，经清点过磅，该货车装有生猪 65 头，净重 8.73 吨。经鉴定，所查扣该批生猪属于国家禁止进境货物、物品。被告人陈某对公诉机关指控的犯罪事实和罪名均无异议。其辩护人对公诉机关指控被告人陈某的犯罪事实和罪名均无异议，提出陈某是从犯，认罪态度好，有坦白情节，并愿意缴纳罚金，建议本院对陈某从轻处罚，并适用缓刑。

部分证据
SOME
EVIDENCE

受案登记表、查获经过，公民身份信息、身份证复印件，搜查证、搜查笔录、扣押笔录、扣押清单、过磅经过及过磅单，调取证据通知书、调取证据清单、查询财产通知书、查询结果、车辆进出高速公路的记录、现场勘验笔录、照片、指认现场照片，证人陈某的证言，被告人陈某的供述及辩解、鉴定意见。

法院判决
COURT
JUDGMENT

陈某违反海关法规，逃避海关监管，明知他人将生猪从越南走私入境，仍接受他人雇请，并提供运输帮助，其行为构成走私国家禁止进出口的货物、物品罪。公诉机关指控的罪名成立。在共同犯罪中，陈某受他人雇请并提供运输帮助，为他人走私提供便利条件，是从犯，依法应当从轻或减轻处罚；陈某到案后如实供述自己的犯罪事实，是坦白，可以从轻处罚。考虑到被告人陈某的犯罪事实、性质、情节、对社会的危害程度，决定对被告人陈某从轻处罚。综上，依照《中华人民共和国刑法》第一百五十一条第三款、第一百五十六条、第二十五条第一款、第二十七条、第五十二条、第五十三条、第六十四条、第六十七条第三款之规定，判决被告人陈某犯走私国家禁止进出口的货物、物品罪，判处有期徒刑九个月，并处罚金人民币2万元。

四、重庆走私牛肉案

案情概况
CASE
OVERVIEW

重庆市人民检察院A分院指控，2013年10月以来，被告人杨某出资向印度等地供应商购买国家禁止进口的冻牛肉、牛副产品，通过走私货物承运商陈某丁走私入境后运至重庆市销售。截至2015年5月，杨某走私入境共计3600余吨印度、巴西产冻牛肉、牛副产品。案发后由重庆海关缉私局扣押涉案冻牛肉、牛副产品110余吨。重庆市第一中级人民法院组成合议庭，公开开庭审理此案。

审理查明，印度、孟加拉国系我国动植物检疫部门确定的动物传染病疫区。2013年9月起，被告人杨某通过中间人从印度、孟加拉国等购买冻牛肉、牛副产品，先运至越南海防港，再由陈某丁走私团伙接货，绕关走私入境，运至重庆市销售。至案发时，杨某通过上述方式走私冻品共计130余个集装箱，累计3600余吨。2015年6月1日，杨某被抓获归案。

1. 受案登记表、立案决定书、到案经过，证明海关缉私局在侦办陈某丁走私案时，发现杨某参与犯罪线索，决定立案侦查，并于 2015 年 6 月 1 日将杨某抓获归案。

2. 情况说明，证明印度、孟加拉国是我国动植物检疫部门确定的传染病疫区。

3. 搜查笔录、扣押决定书、扣押物品清单、冻结财产通知书，证明 2015 年 6 月 1 日侦查机关对杨某、黄某甲、徐某、王某乙的住处，徐某驾驶的汽车及某食品公司的办公室分别进行了搜查。在杨某住处查获手机 2 部；在黄某甲住处查获手机 1 部、笔记本电脑 1 台、户主为黄某甲的银行卡 1 张、户主为文某的银行卡 1 张以及货物运输协议、账本、销售单据等书证；从徐某住处查获手机 1 部、户主为杨某的银行卡 1 张。侦查机关依法对上述书证、物证予以扣押，并冻结户主为文某、杨某的 3 个银行账户内的存款。

4. 电子数据鉴定报告、电子数据提取记录，证明司法鉴定机构依法对杨某、黄某甲、徐某使用的手机、黄某甲使用的笔记本电脑进行检验，并提取电子证据。

5. 调取证据清单、电子邮箱运营商提供的邮件信息，证明侦查机关从网易公司调取陈某丁团伙使用邮箱内保存的邮件信息。从腾讯公司调取了杨某、黄某甲、徐某用邮箱内保存的邮件信息。邮件信息显示的货物提单、运放单、"运费结算表"、货款清单、中介费清单等证据证明杨某、陈某丁团伙走私冻品 130 余个集装箱，累计 3600 余吨。

6. 银行交易记录：黄某甲持有的银行卡在 2013 年 9 月 4 日至 2014 年 2 月 10 日，数额累计 258 万；徐某持有的银行卡在 2014 年 10 月至 2015 年 2 月 8 日，累计转账 308 万元，2015 年 2 月至 3 月 6 日，累计转账 280 万元。

被告人杨某明知国家禁止从印度、孟加拉国等国家进口冻牛肉、牛副产品，为牟取利益，仍通过陈某丁等人将大量冻牛肉、牛副产品走私入境，共计 3 600 余吨，情节严重，已构成走私国家禁止进口的货物、物品罪。公诉机关指控的事实及罪名成立，予以支持。杨某到案后如实供述自己的罪行，系坦白，依法可从轻处罚。依照《中华人民共和国刑法》第一百五十一条第三款、第六十七条第三款、第六十四条之规定，判决被告人杨某犯走私国家禁止进口的货物、物品罪，判处有期徒刑十一年六个月，并处罚金 400 万元。

五、海关总署 2018 年打击走私动物联合行动

2018 年，部分省市按照海关总署统一部署的"国门利剑 2018"联合专项行动的安排，加大了对走私来自疫区活体动物的打击力度。

南宁海关联合南昌、宁波、武汉、重庆海关，一举打掉生猪、活牛走私团伙7个，抓获犯罪嫌疑人39名。经查，自2015年8月以来，犯罪嫌疑人唐某、陆某和韦某等人在越南购买生猪、活牛后，由保货人李某等人经宁明、龙州等中越边境偷运走私入境，再运往江西、重庆、湖北等地销售给国内客户。经初步统计，2015年8月至案发，以唐某、陆某和韦某为首的犯罪团伙偷运走私入境生猪约50 000头、活牛约30 000头，初估案值1.5亿元。

广州海关在珠江口破获一宗特大走私冻品案，抓获6名嫌疑人，缴获88个集装箱冻品1 760吨，涉案1.05亿元。经查明，涉案物品原产地为美国、法国、德国的冻鸡脚、冻猪肚、冻牛肚等走私冻品，由走私人员遥控，从香港水域过驳集装箱至走私船，以雾天和夜晚等自然条件掩护，关闭航行灯和海关安装在船上的监控系统，利用伪造国内运货单据以备沿途执法部门检查，由幕后走私团伙通过电话遥控企图闯关进境。

重庆海关缉私局摧毁重庆两个走私生猪团伙，抓获犯罪嫌疑人5名，扣押物证一批，该案涉嫌走私生猪近万吨，案值逾1亿元。

六、湖南长沙走私鸭案

2017年3月，长沙市岳麓区动物卫生监督所在全市禁止销售活禽期间，查获一车广西运至长沙市岳麓区屠宰销售的活鸭。该车活鸭来自广西桂林，但活禽数量、到达地点与随车检疫证不符，岳麓区当即将情况汇报给长沙市动物卫生监督所。长沙市动物卫生监督所高度重视，随即安排人员到岳麓区指导调查办案，在随机抽检的53个活鸭样品中，有31个样品检出高致病性禽流感病毒，当事人许某涉嫌销售不符合安全标准的食品。长沙市动物卫生监督所立即协调市公安局食药环支队，并指导岳麓区将案件移送。在长沙市动物卫生监督所的协助下，通过近半年的侦查，市食药环支队成功破获许某、潘某等两个团伙走私越南疫区鸭到湖南等地销售的案件，抓获涉案人员60余人，涉案货值近1亿。目前此案正在审理中。

潘某于广西崇左和越南边境交界地区的走私团伙韦某、苏某处购进走私入境的越南鸭，通过利益输送买通广西等地畜牧局5名检疫工作人员，虚构活鸭养殖地出场、分销事实，未经检疫即获得"检疫合格证"，将越南走私活鸭贩运进入长沙等地家禽批发市场销售。根据银行流水显示，从2015年5月至2017年9月期间，潘某通过自己本人或者他人账号收款，共计金额达6 000多万元。

犯罪嫌疑人许某从2015年开始伙同越南供货团伙，从越南走私进口活鸭入境至湖南销售。在运送过程中，为使非法走私入境的越南鸭取得国内的检疫证明而方便进入市场销售，许某先后在广西桂林等地采取行贿方式买通检疫人员虚开检疫票，将从越南走私入境的越南鸭虚构成广西本地鸭，未经检验检疫，由官方兽医虚开检验检疫票证后随车带至各销售市场，销售后则由许某通过银行转账将回款转给越南人账户内。

七、云南文山伪造动物检疫证明贩卖走私生猪案

2017 年 3 月，云南省文山市公安局调查发现，柯某等 7 人从 2016 年 10 月起伪造曲靖市师宗县、大理市宾川县等有关区县动物检疫合格证，进行生猪买卖及销售；王某等 4 人通过李某购买广东省化州市动物检疫合格证，收购未经检疫生猪运到屠宰场屠宰后进行销售；向某、张某自 2017 年 5 月起，从中越边境口岸非法购买越南生猪，利用伪造、买卖的动物检疫合格证贩运至屠宰场屠宰。

文山市公安局以犯罪嫌疑人王某、柯某等有关人员涉嫌伪造、变造、买卖国家机关证件罪；犯罪嫌疑人向某、张某涉嫌走私国家禁止进出口货物罪，依法提请文山市人民检察院作出批准逮捕决定。文山市人民检察院对利用伪造、买卖动物检疫合格证明，贩运越南生猪到屠宰场屠宰的犯罪嫌疑人，以涉嫌伪造、买卖国家机关证件罪，生产、销售伪劣产品罪批准逮捕。

八、云南文山屠宰场走私生猪案

2016 年以来，云南省文山市传言有越南生猪进入文山市菜市场，流入文山市人民群众的餐桌。文山市检察院在 2017 年初在文山市马关县和麻栗坡县开展了调研，调研发现从边境线上确有从越南（疫区）走私生猪进入，且走私活动非常猖獗。

经调查发现，2016 年 1 月至 2017 年 5 月，进入文山市恒泰公司定点屠宰场屠宰的生猪共 16.4 万头，其中没有产地检疫合格证明或来源不明的共 12.9 万头；在有产地检疫合格证明的生猪中，有 21 份约 4 000 头生猪的产地检疫合格证明是假证。市动物卫生监督所在 2016 年初就发现了屠宰场管理、生猪入场走私登记不规范，有疑似"越南猪"和多头无产地检疫合格证明的生猪进入屠宰场屠宰后流入市场，该所将情况向市政府、市农业和科学技术局作了汇报后，没有采取进一步措施，上级主管部门也没有及时采取措施严控"越南走私猪"和无产地检疫合格证明的生猪进入屠宰场屠宰。当地动物卫生监督所原所长晏某、原副所长廖某、检疫人员王某等人在工作中严重不负责，工作职责履行不到位。

文山市检察院对晏某等 7 人以涉嫌食品监管渎职罪立案侦查。目前，检察机关立案查处的晏某等 7 人涉嫌食品监管渎职罪已侦查终结，移送审查起诉。

九、云南金平盗掘走私冻肉案

2018 年 4 月，云南省金平县打击走私办公室等相关部门，将涉私无主货物冻品牛肉、

牛肚、鸡脚等货物运至垃圾填埋厂作填埋销毁，并在填埋冻品表层使用混凝土浇灌进行覆盖。随后，附近村民撬开了凝固的混凝土，开始盗挖被填埋的走私牛肉、牛肚、鸡脚等冻品，形成了挖掘、收购、运输、销售的一条龙产业链。目前，当地警方抓获涉嫌生产、销售不符合安全标准食品的犯罪嫌疑人 7 名。

第三节

走私动物及动物产品案件专题分析

一、打击走私动物及动物产品相关规定

国家食品药品监督管理总局　海关总署　公安部关于打击走私冷冻肉品维护食品安全的通告
（2015 年第 29 号）

近日，国务院食品安全办会同海关总署、公安部、农业部、商务部、卫生计生委、质检总局、食品药品监管总局以及中央宣传部、国家网信办等部门对打击冷冻肉品走私、维护食品安全工作进行了研究，现将有关情况和意见通告如下：

1. 为严厉打击冷冻肉品走私，防止未经检验检疫的冷冻肉品通过走私渠道进入国内市场危害公众健康，防范疫病传入危害我国畜牧产业安全，今年以来海关总署会同有关部门在全国部署开展打击冷冻肉品走私专项行动，打掉了多个走私团伙，取得重大阶段性成果。在今年查获的走私冷冻肉品中，有的查获时生产日期已达四、五年之久，对所有查获的走私冷冻肉品，海关均依法予以销毁。

2. 海关总署、公安部将会同有关部门部署对走私冷冻肉品犯罪行为的调查，全力追查走私入境冷冻肉品的来源及销售去向，包括幕后指使人、承运企业和相关人员、承储冷库经营企业和相关人员以及采购使用的食品生产经营者。对查获的走私冷冻肉品，有关部门将严格按照规定进行处理，严禁不合格肉品流向"餐桌"。

3. 食品药品监管总局要求所有冷冻仓库、肉食品经营企业、加工企业、餐饮企业严格依照有关法律规定，不得承储、购买、销售来源不明的冷冻肉品。2014 年以来，凡承储、购买、销售过来源不明冷冻肉品的生产经营者，要于 7 月底前向所在省级或地市级食品药品监管部门主动报告。企业报告的情况，地方食品药品监管部门要及时报告食品药品监管总局。欢迎广大消费者和媒体对违法行为进行监督举报，对破获重大违法案件做出贡献的，有关部

门将给予相应的奖励。

4. 食品药品监管总局要求北京、天津、辽宁、上海、安徽、福建、山东、河南、湖北、湖南、广东、广西、云南等省（自治区、直辖市）食品药品监管部门对行政区域内所有冷库进行排查，重点检查 2014 年以来承储冷冻肉品的来源、数量和销售去向。凡发现入出库数量与记录不符的，来源及销售去向不明的，编造、篡改相关记录的，要依法依规严肃处理，并向社会公布调查结果。相关违法犯罪线索要及时报告食品药品监管总局并通报所在地海关、公安部门。排查情况要于 8 月 10 日前报告食品药品监管总局。各地市县两级食品药品监管部门要认真落实对行政区域内食品生产经营企业日常检查的责任，日常检查频次、检查结果要及时向社会公布。

二、走私动物及动物产品案件专题分析

此专题从农业农村部门管理的角度来分析走私动物及动物产品案例。

1. 走私动物及动物产品严重影响国内动物疫病防控和食品安全。走私动物及动物产品如果来自疫区，可能会携带相关疫病病原，引起动物疫情传播，对国内养殖业造成危害，严重影响国内的非洲猪瘟等动物疫病防控工作。特别对于未经检验检疫的肉类产品，可能含有致病微生物、重金属、兽药残留等有毒、有害物质，严重侵害公民身体健康安全。同时，走私动物及动物产品价格低廉，极易扰乱国内市场秩序。

2. 走私动物及动物产品在国内的违规流通是对国内官方兽医的重大考验。不能单纯认为，走私动物及动物产品与内检部门无关，不必防范这方面的问题。通过笔者收录的走私动物及动物产品的案例来看，部分国内的官方兽医已被追刑责。走私动物及动物产品进入国内，违法分子就会想尽办法找地方的官方兽医开具国内的动物检疫证明，让其"合法化"，或者在无证、无标、持假证或其他本有明显问题的情况下，进入官方兽医"把关"的定点屠场。

3. 要协助相关部门严厉打击走私动物及动物产品违法行为。农业农村部门要严把各道关口：①严把产地关，不给来历不明的动物出具检疫证明；②严把屠宰关，坚决不让无证、无标、持假证或其他本有明显问题的动物进入；③严把流通关，加大动物卫生监督检查站的检查力度；④加强部门联动，农业农村部门发现苗头问题，应立即通知海关缉私部门或公安机关，不回避、严打击。前述湖南长沙案件在这方面很有示范作用。

4. 理清部门职责。一般情况下，走私动物要进入境内的养殖环节或屠宰环节，必然会进入农业农村部门的监管领域。但需要注意的是，走私动物产品的监管与走私动物不一样，一般情况下，它并不在农业农村部门的监管职责范围内，上述《食品药品监管总局、海关总署、公安部关于打击走私冷冻肉品维护食品安全的通告》也体现了这方面的内容。当然，在我们的巡查工作中发现了涉嫌走私的动物产品，就必须通知市场管理部门和海关来处理。

CHAPTER

第九章 09

污染环境罪

第一节

污染环境罪研读

［刑法法条及相关规定］

1.《中华人民共和国刑法》

第三百三十八条［环境污染罪］ 违反国家规定，排放、倾倒或者处置有放射性的废物、含传染病病原体的废物、有毒物质或者其他有害物质，严重污染环境的，处三年以下有期徒刑或者拘役，并处或者单处罚金；后果特别严重的，处三年以上七年以下有期徒刑，并处罚金。

2. 最高人民检察院、公安部关于公安机关管辖的刑事案件立案追诉标准的规定（一）的补充规定（公通字［2017］12号）（节选）

［污染环境案（刑法第三百三十八条）］违反国家规定，排放、倾倒或者处置有放射性的废物、含传染病病原体的废物、有毒物质或者其他有害物质，涉嫌下列情形之一的，应予立案追诉（节选）：

（一）在饮用水水源一级保护区、自然保护区核心区排放、倾倒、处置有放射性的废物、含传染病病原体的废物、有毒物质的；

（五）通过暗管、渗井、渗坑、裂隙、溶洞、灌注等逃避监管的方式排放、倾倒、处置有放射性的废物、含传染病病原体的废物、有毒物质的；

（六）两年内曾因违反国家规定，排放、倾倒、处置有放射性的废物、含传染病病原体的废物、有毒物质受过两次以上行政处罚，又实施前列行为的；

（十）造成生态环境严重损害的；

（十八）其他严重污染环境的情形。

3. 最高人民法院 最高人民检察院关于办理环境污染刑事案件适用法律若干问题的解释（法释［2016］29号）（节选）

第一条 实施刑法第三百三十八条规定的行为，具有下列情形之一的，应当认定为"严重污染环境"：

（一）在饮用水水源一级保护区、自然保护区核心区排放、倾倒、处置有放射性的废物、含传染病病原体的废物、有毒物质的；

（五）通过暗管、渗井、渗坑、裂隙、溶洞、灌注等逃避监管的方式排放、倾倒、处置有放射性的废物、含传染病病原体的废物、有毒物质的；

（六）两年内曾因违反国家规定，排放、倾倒、处置有放射性的废物、含传染病病原体的废物、有毒物质受过两次以上行政处罚，又实施前列行为的；

（十八）其他严重污染环境的情形。

第四条　实施刑法第三百三十八条、第三百三十九条规定的犯罪行为，具有下列情形之一的，应当从重处罚：

（一）阻挠环境监督检查或者突发环境事件调查，尚不构成妨害公务等犯罪的；

（二）在医院、学校、居民区等人口集中地区及其附近，违反国家规定排放、倾倒、处置有放射性的废物、含传染病病原体的废物、有毒物质或者其他有害物质的；

（三）在重污染天气预警期间、突发环境事件处置期间或者被责令限期整改期间，违反国家规定排放、倾倒、处置有放射性的废物、含传染病病原体的废物、有毒物质或者其他有害物质的；

（四）具有危险废物经营许可证的企业，违反国家规定排放、倾倒、处置有放射性的废物、含传染病病原体的废物、有毒物质或者其他有害物质的。

第八条　违反国家规定，排放、倾倒、处置含有毒害性、放射性、传染病病原体等物质的污染物，同时构成污染环境罪、非法处置进口的固体废物罪、投放危险物质罪等犯罪的，依照处罚较重的规定定罪处罚。

第十一条　单位实施本解释规定的犯罪的，依照本解释规定的定罪量刑标准，对直接负责的主管人员和其他直接责任人员定罪处罚，并对单位判处罚金。

第十八条　本解释自 2017 年 1 月 1 日起施行。本解释施行后，《最高人民法院、最高人民检察院关于办理环境污染刑事案件适用法律若干问题的解释》（法释〔2013〕15 号）同时废止；之前发布的司法解释与本解释不一致的，以本解释为准。

［罪名解读］

污染环境罪是最高人民法院、最高人民检察院对《中华人民共和国刑法修正案（八）》罪名做出补充规定，取消原"重大环境污染事故罪"罪名，改为"污染环境罪"，从 2011 年 5 月 1 日起施行。

污染环境罪，是指违反国家规定，排放、倾倒或者处置有放射性的废物、含传染病病原体的废物、有毒物质或者其他有害物质，严重污染环境的行为。

本罪的主体为一般主体，自然人和单位均可构成本罪；本罪在主观方面只能表现为过失，主观故意不构成本罪，即行为人对其行为的主观心态是因为疏忽大意而没有预见自己的行为或者已经预见而轻信能够避免可能会发生危害社会的结果，对其行为所造成的结果所持的心理态度只能是过失。否则，将构成危害公共安全的故意犯罪。

　　本罪侵犯的客体是国家对防治环境污染的管理制度和公民的生命健康权；本罪在客观方面表现为违反国家规定，排放、倾倒或者处置有放射性的废物、含传染病病原体的废物、有毒物质或者其他有害物质，严重污染环境的行为。

第二节

污染环境案例

一、北京房山养殖场污染环境案

　　2017 年 7 月，北京警方接群众举报，房山区有一处养殖场随意向外排放养殖废水，臭气熏天，污染周边环境。北京警方会同北京市环境监察总队调查发现，在约 30 亩土地的范围内共有 13 家养殖户，共养殖约 3 000 头猪、80 只羊，属于典型的"散乱污"地区和作坊，全部为无照经营。该区域由 1 人承租后又分租给 13 家养殖户，给当地环境造成了严重破坏。

　　北京警方认定，养殖场产生的牲畜粪便和污水混合后，不经任何防污设施处理，通过暗管、暗沟排放至大石河支流河道内，该河道内堆积大量建筑、生活、养殖垃圾，臭气熏天，气味刺鼻，严重影响周围居民的日常生活；非法排放的废水日积月累，逐渐在养殖场东侧形成一污水坑，对地下水质造成不良影响；同时，这些养殖场都是无证无照经营，没有卫生防疫、食品监督等部门的日常监管，存在食品安全方面隐患。

　　北京警方房山公安分局以涉嫌《刑法》第三百三十八条污染环境罪将私埋暗管排放污水的刘某刑事拘留；对张某等 12 名养殖户依据《中华人民共和国环境保护法》第六十三条第三款规定通过暗管、渗坑等逃避监管的方式排放污染物，裁定行政拘留 5 日。

二、四川通报环境督察典型案件

　　2018 年 11 月，四川省迎接中央生态环境保护督察"回头看"工作领导小组通报了简阳市射洪坝街道非法屠狗案。

　　2018 年 11 月 5 日，群众 5 次向中央第五生态环境保护督察组电话举报一屠狗场无证经营、卫生环境堪忧等问题。经查，群众举报问题属实，该屠狗场位于禁养区内，未办理工商营业执照，且未对狗进行防疫、检疫。简阳市公安局已对屠狗场负责人李某等 3 人进行立案调查，依法刑事拘留。

渎职罪

第一节

渎职罪研读

《中华人民共和国刑法》规定的渎职罪共有 37 个罪名，本节重点介绍其中与畜牧兽医领域密切相关的 9 个罪名，具体包括滥用职权罪、玩忽职守罪、徇私舞弊不移交刑事案件罪、食品监管渎职罪、动植物检疫徇私舞弊罪、动植物检疫失职罪、放纵制售伪劣商品犯罪行为罪、帮助犯罪分子逃避处罚罪、环境监管失职罪。

[刑法法条及相关规定]

1.《中华人民共和国刑法》

第三百九十七条［滥用职权］［玩忽职守罪］ 国家机关工作人员滥用职权或者玩忽职守，致使公共财产、国家和人民利益遭受重大损失的，处三年以下有期徒刑或者拘役；情节特别严重的，处三年以上七年以下有期徒刑。本法另有规定的，依照规定。

国家机关工作人员徇私舞弊，犯前款罪的，处五年以下有期徒刑或者拘役；情节特别严重的，处五年以上十年以下有期徒刑。本法另有规定的，依照规定。

第四百零二条［徇私舞弊不移交刑事案件罪］ 行政执法人员徇私舞弊，对依法应当移交司法机关追究刑事责任的不移交，情节严重的，处三年以下有期徒刑或者拘役；造成严重后果的，处三年以上七年以下有期徒刑。

第四百零八条第二款［食品监管渎职罪］ 负有食品安全监督管理职责的国家机关工作人员，滥用职权或者玩忽职守，导致发生重大食品安全事故或者造成其他严重后果的，处五年以下有期徒刑或者拘役；造成特别严重后果的，处五年以上十年以下有期徒刑。

第四百一十三条［动植物检疫徇私舞弊］ 动植物检疫机关的检疫人员徇私舞弊，伪造检疫结果的，处五年以下有期徒刑或者拘役；造成严重后果的，处五年以上十年以下有期徒刑。

［动植物检疫失职罪］前款所列人员严重不负责任，对应当检疫的检疫物不检疫，或者延误检疫出证、错误出证，致使国家利益遭受重大损失的，处三年以下有期徒刑或者拘役。

第四百一十四条［放纵制售伪劣商品犯罪行为罪］ 对生产、销售伪劣商品犯罪行为负有追究责任的国家机关工作人员，徇私舞弊，不履行法律规定的追究职责，情节严重的，处五年以下有期徒刑或者拘役。

第四百一十七条［帮助犯罪分子逃避处罚罪］　有查禁犯罪活动职责的国家机关工作人员，向犯罪分子通风报信、提供便利，帮助犯罪分子逃避处罚的，处三年以下有期徒刑或者拘役；情节严重的，处三年以上十年以下有期徒刑。

第四百零八条第一款［环境监管失职罪］　负有环境保护监督管理职责的国家机关工作人员严重不负责任，导致发生重大环境污染事故，致使公私财产遭受重大损失或者造成人身伤亡的严重后果的，处三年以下有期徒刑或者拘役。

2.《最高人民法院、最高人民检察院关于办理危害食品安全刑事案件适用法律若干问题的解释》（法释〔2013〕12号）

第十六条　负有食品安全监督管理职责的国家机关工作人员，滥用职权或者玩忽职守，导致发生重大食品安全事故或者造成其他严重后果，同时构成食品监管渎职罪和徇私舞弊不移交刑事案件罪、商检徇私舞弊罪、动植物检疫徇私舞弊罪、放纵制售伪劣商品犯罪行为罪等其他渎职犯罪的，依照处罚较重的规定定罪处罚。

负有食品安全监督管理职责的国家机关工作人员滥用职权或者玩忽职守，不构成食品监管渎职罪，但构成前款规定的其他渎职犯罪的，依照该其他犯罪定罪处罚。

负有食品安全监督管理职责的国家机关工作人员与他人共谋，利用其职务行为帮助他人实施危害食品安全犯罪行为，同时构成渎职犯罪和危害食品安全犯罪共犯的，依照处罚较重的规定定罪处罚。

［罪名解读］

1. 滥用职权罪

本罪是指国家机关工作人员故意逾越职权，违法决定、处理其无权决定、处理的事项，或者违反规定处理公务，致使公共财产、国家和人民利益遭受重大损失的行为。

本罪的主体是国家机关工作人员，包括国有事业单位人员。本罪在主观方面表现为故意，即国家机关工作人员明知自己滥用职权的行为会有损职务行为的正当性要求，破坏国家机关的正常管理秩序，并且希望或放任这种结果发生。至于行为人是为了自己的利益滥用职权，还是为了他人利益滥用职权，则不影响滥用职权罪的成立。

本罪侵犯的客体是国家机关的正常管理秩序。由于国家机关工作人员滥用职权，致使国家机关的某项具体工作遭到破坏，给国家、集体和人民利益造成严重损害，从而危害了国家机关的正常活动。滥用职权罪侵犯的对象可以是公共财产或者公民的人身及其财产。本罪在客观方面表现为国家机关工作人员逾越职权，违法决定、处理其无权决定、处理的事项，或者违反规定处理公务，致使公共财产、国家和人民利益遭受重大损失的行为。

2. 玩忽职守罪

本罪是指国家机关工作人员严重不负责任，不履行或者不认真履行职责，致使公共财产、国家和人民利益遭受重大损失的行为。

本罪主体是国家机关工作人员，包括国有事业单位人员；本罪主观方面只能是过失，即行为人作为国家机关的工作人员理应恪尽职守，尽心尽力，履行公职中时刻保持必要的注意，但行为人却持一种疏忽大意或过于自信的心态，对自己玩忽职守的行为可能导致的公共财产、国家和人民利益的重大损失应当预见而没有预见，或者已经预见而轻信能够避免。

本罪侵犯的客体是国家机关的正常管理秩序。本罪在客观方面表现为国家机关工作人员严重不负责任，不履行或者不认真履行职责，致使公共财产、国家和人民利益遭受重大损失的行为。所谓玩忽职守，是指行为人严重不负责任，不履行或者不认真履行职责。

3. 徇私舞弊不移交刑事案件罪

本罪是指行政执法人员徇私舞弊，对依法应当移交司法机关追究刑事责任的案件不移交，情节严重的行为。

本罪的犯罪主体为特殊主体，即是行政执法人员；本罪在主观方面，必须是出于故意，即行为人明知应当移交司法机关追究刑事责任而故意不移交，明知自己行为可能产生的后果，而对这种后果的发生持希望或者放任的态度，至于行为人的犯罪动机如何对本罪构成没有影响。

本罪侵犯的客体是行政执法机关的正常执法活动；本罪在客观方面表现为行政执法人员徇私舞弊，对依法应当移交司法机关追究刑事责任的案件不移交，情节严重的行为。

4. 食品监管渎职罪

本罪是指负有食品安全监督管理职责的国家机关工作人员，滥用职权或者玩忽职守、徇私舞弊，导致发生重大食品安全事故或者造成其他严重后果的行为。

本罪的犯罪主体是特殊主体，即负有食品安全监督管理职责的国家机关工作人员；本罪在主观方面表现为在主观上应该预见自己的玩忽职守行为或滥用职权行为可能导致发生重大食品安全事故或者造成其他严重后果，或者已经预见而轻信能够避免，以致发生这种重大事故或造成严重后果的极其不负责任的心理态度。

本罪侵犯的是食品安全监管机关的正常监管活动。本罪的客观方面表现为负有食品安全监督管理职责的国家机关工作人员，滥用职权或者玩忽职守、徇私舞弊，导致发生重大食品安全事故或者造成其他严重后果的行为。

5. 动植物检疫徇私舞弊罪

本罪是指动植物检疫机关工作人员徇私舞弊，伪造检疫结果的行为。

本罪的主体是特殊主体，即动植物检疫机关的检疫人员；本罪在主观方面必须是出于故意，即行为人明知自己的徇私舞弊行为是违反有关法律规定的，明知自己行为可能产生的后果，而对这种后果的发生持希望或者放任的态度。

本罪侵犯的客体是国家动植物检疫机关的正常活动。徇私舞弊行为使国家动植物检疫法律、法规的顺利实施受到严重干扰，损害了国家动植物检疫机关的威信，影响国家动植物检疫机关的正常活动。本罪在客观方面表现为出入境检验检疫机关、检验检疫机构工作人员徇私舞弊，伪造检疫结果的行为。

伪造检疫结果，是指滥用职权，出具虚假的、不符合应检物品实际情况的检疫结果，如不对应检动植物等检疫物进行检疫而放任危害结果出具检疫结果；明知为不合格的检疫物品为了徇私仍然签发、出具检疫合格的单证或在海关报关单上加盖检疫合格印章，为检疫合格的检疫物品出具不合格的检疫证明等；证书包括外检部门的动植物检疫证书、内检部门动植物检疫合格证明等。伪造检疫结果，既包括伪造、出具被检疫内容全部虚假的结果，又包括伪造、出具被检疫的内容部分不符合事实的结果。

6．动植物检疫失职罪

本罪是指动植物检疫机关工作人员严重不负责任，对应当检疫的检疫物不检疫，或者延误检疫出证、错误出证，致使国家利益遭受重大损失的行为。

本罪的主体是特殊主体，即动植物检疫机关的检疫人员。本罪在主观方面只能由过失构成，故意不构成本罪。

本罪侵犯的客体是国家动植物检疫机关的正常活动。本罪在客观方面表现为检验检疫机构工作人员严重不负责任，对应当检疫的检疫物不检疫，或者延误检疫出证、错误出证，致使国家利益遭受重大损失的行为。本罪属结果犯，只有使国家利益遭受重大损失时才构成犯罪。

7．放纵制售伪劣商品犯罪行为罪

本罪是指对生产、销售伪劣商品犯罪行为负有追究责任的国家机关工作人员徇私舞弊，不履行法律规定的追究职责，情节严重的行为。

本罪的主体为特殊主体，即负有追究责任的国家机关工作人员。主要是指负有法律规定的查处生产、销售伪劣商品的违法犯罪行为的义务的国家工作人员。本罪在主观方面是故意，即明知是有生产、销售伪劣商品犯罪行为的犯罪分子而不予追究刑事责任。

本罪侵犯的客体是国家对产品质量的监督管理制度。本罪在客观方面表现为对生产、销售伪劣商品犯罪行为负有追究责任的国家机关工作人员，徇私舞弊，不履行法律规定的追究职责，情节严重的行为。所谓徇私舞弊，一般是为了满足私情私利，在从事公务追究活动中，故意违背事实和法律，不履行法律规定的追究职责，弄虚作假，应为而不为的行为。构成本罪，必须是不履行法律规定的追究生产、销售伪劣商品犯罪行为达到情节严重的程度。

8. 帮助犯罪分子逃避处罚罪

本罪是指有查禁犯罪活动职责的司法及公安、国家安全、海关、税务等国家机关工作人员，向犯罪分子通风报信、提供便利，帮助犯罪分子逃避处罚的行为。

本罪的主体为特殊主体，只能是负有查禁犯罪活动职能的国家机关工作人员，非上述人员不能构成帮助犯罪分子逃避处罚罪主体。本罪在主观方面表现为故意，即要求行为人必须出于故意才能构成。行为人明知其为犯罪分子处于查禁之列，仍然向其通风报信、提供便利，目的在于使犯罪分子逃避处罚。

本罪侵犯的客体是国家机关的正常活动。本罪在客观方面表现为有查禁犯罪活动职责的司法及公安、国家安全、海关、税务等国家机关工作人员，向犯罪分子通风报信、提供便利，帮助犯罪分子逃避处罚的行为。

所谓通风报信，是指向犯罪分子泄露、提供有关查禁犯罪活动的情况、信息，如查禁的时间、地点、人员、方案、计划、部署等，其既可以当面口述，又可以通过电话、微信、QQ 等方式告知，还可以通过第三人转告。所谓提供便利条件，是指向犯罪分子提供住处等隐藏处所；提供钱、物、交通工具、证件资助其逃跑；或者指点迷津，协助其串供、隐匿、毁灭、伪造、篡改证据等。本罪是行为犯，只要行为人利用其查禁犯罪活动的职责便利条件，实施了向犯罪分子通风报信、提供便利，帮助犯罪分子逃避处罚的行为，即构成犯罪。

9. 环境监管失职罪

本罪是指负有环境保护监督管理职责的国家机关工作人员严重不负责任，不履行或者不认真履行环境保护监管职责导致发生重大环境污染事故，致使公私财产遭受重大损失或者造成人身伤亡的严重后果的行为。

本罪主体为特殊主体，即是负有环境保护监督管理职责的国家机关工作人员，具体是指在县级以上人民政府生态环境行政主管部门从事环境保护工作的人员，以及县级以上人民政府的自然资源、农业农村、市场监督管理等行政主管部门中依照有关法律的规定对资源的保护实施监督管理的人员。本罪在主观方面必须出于过失，即针对发生重大环境污染事故，致使公私财产遭受重大损失或者造成人身伤亡的严重后果而言，是应当预见却由于疏忽大意而没有预见或者虽然预见但却轻信能够避免，以致发生了这种严重后果。

本罪侵犯的客体是国家对保护环境防治污染的管理制度。本罪在客观方面表现为负有环境保护监督管理职责的国家机关工作人员严重不负责任，不履行或者不认真履行环境保护监管职责导致发生重大环境污染事故，致使公私财产遭受重大损失或者造成人身伤亡的严重后果的行为。所谓严重不负责任，是指行为人有我国《环境保护法》《水污染防治法》《畜禽污染防治条例》等法律及其他有关法规所规定的关于环境保护部门监管工作人员不履行职责，工作极不负责的行为。

所谓环境污染、是指由于有关单位违反法律、法规规定，肆意、擅自向土地、水体、大气排放、倾倒或者处置有放射性的废物、含传染病病原体的废物、有毒物质或其他危险废物，致使土地、水体、大气等环境的物理、化学、生物或者放射性等方面特性改变，致使影响环境的有效利用、危害人体健康或者破坏生态环境，造成环境恶化的现象。

第二节

渎职案例

一、非洲猪瘟防控期间多省公职人员因渎职被刑拘和接受纪检调查案

农业农村部办公厅于 2018 年 9 月 29 日发布了《农业农村部办公厅关于非洲猪瘟疫情防控中违法违纪典型案例的通报》（农办牧〔2018〕46 号）。从多省市疫情处置和疫源追踪情况看，有的养殖场（户）、生猪贩运人非法调运生猪，甚至出售发病生猪同群猪，造成疫情扩散传播；有的官方兽医严重失职、徇私舞弊、违规出证为相关人员非法调运生猪提供了便利；有的公职人员责任落实不够、监管不力，造成严重后果。

1. 黑龙江省陈某逃避检疫，销售生猪引发非洲猪瘟疫情案

2018 年 8 月 11 日，生猪经纪人陈某从黑龙江省佳木斯市通河县某祖代种猪有限公司购买 257 头商品猪，委托中间人杨某请托黑龙江省哈尔滨市汤原县鹤立镇畜牧兽医综合服务站官方兽医王某，非法获取动物检疫证明和生猪耳标。该批生猪运输至河南郑州双汇屠宰场后，发生非洲猪瘟疫情。目前，官方兽医王某以涉嫌动物检疫徇私舞弊罪共犯被立案查处；官方兽医王某被汤原县开除党籍、开除公职。

2. 吉林省白某违法违规出具检疫证明案

在非洲猪瘟疫情追溯过程中，吉林省四平市农业委员会查明，2018 年 7 月 30 日承运人白某甲从黑龙江省哈尔滨市巴彦县某种猪场承运 248 头猪至山东诸城某食品有限公司，途经 303 国道北双辽南收费站期间，请托吉林省四平市梨树县胜利乡官方兽医白某违法出具动物检疫证明。目前，梨树县纪委已对官方兽医白某进行立案调查，并将该案移交梨树县检察院，依法追究刑事责任。

3. 辽宁省任某、赵某违规出具检疫证明案

在非洲猪瘟疫情追溯过程中，辽宁省沈阳市农村经济委员会查明，沈阳市法库县三面船动物卫生监督所协检员任某、大孤家动物卫生监督所协检员赵某，为非本辖区生猪违规出具检疫证明，导致疫情追溯无法顺利开展，增大疫情防控难度。目前，法库县畜牧兽医局已解除任某、赵某聘用合同；免去三面船动物卫生监督所所长张某、大孤家动物卫生监

督所所长陈某所长职务，并根据调查情况，依规做出党纪政纪处分。

4．安徽省宣州市部分工作人员责任落实不到位，履职不力案件

2018年9月2日、3日，安徽省宣城市宣州区古泉镇、五星乡、金坝街道办事处先后确诊发生非洲猪瘟疫情。宣城市在防控督查工作中查明，五星乡畜牧兽医站站长王某对本乡私屠滥宰行为监管不力；古泉镇畜牧兽医站站长王某违规出具动物检疫证明。目前，宣州区人民政府已撤销王某五星乡畜牧兽医站站长职务，将其移交区纪委立案查处；将负有直接分管责任的区畜牧兽医局副局长陈某移交区纪委立案查处。

5．内蒙古自治区杨某违规出具检疫证明案

2018年9月24日，内蒙古自治区呼和浩特市某屠宰场发生非洲猪瘟疫情。经查，9月20日，内蒙古自治区通辽市奈曼旗某养猪场副总经理董某找到驻场官方兽医杨某，让其违法异地出具生猪检疫证明（B证）给辽宁省铁岭市昌图县夏某、邱某，杨某收受董某支付的好处费8000元。9月21日，夏某、邱某二人从铁岭市偷运96头生猪至某屠宰场；9月22日，驻该屠宰场官方兽医发现该批生猪待宰过程中有4头临床症状异常、死亡2头。9月24日，经确诊为非洲猪瘟疫情。目前，官方兽医杨某已被当地公安部门刑事拘留。

二、徇私舞弊伪造检疫结果案

2014—2016年，曹某、秦某身为C市动物卫生监督所派驻宏业肉类联合加工有限责任公司屠宰加工厂检疫员，伙同唐某（B县动物卫生监督所检疫员）在从事生猪检疫活动中徇私舞弊，明知部分生猪无产地检疫证明，仍开具准予屠宰通知单。为逃避检查，秦某伙同唐某伪造动物检疫合格证明9张；曹某伪造了从唐某处索要的13张空白动物检疫合格证明中的8张，并让陈某伪造了5张。

法院认为，唐某伙同曹某、秦某在从事动物检疫活动中徇私舞弊伪造检疫结果，唐某违法提供空白动物检疫合格证明给曹某、秦某，陈某明知曹某在从事动物检疫活动中徇私舞弊伪造检疫结果，仍为其提供帮助，共同伪造检疫结果，其行为均已构成动植物检疫徇私舞弊罪。鉴于案发后如实供述犯罪事实，庭审中自愿认罪，依法均可从轻处罚。判决唐某犯动植物检疫徇私舞弊罪，判处有期徒刑一年六个月，宣告缓刑两年；曹某犯动植物检疫徇私舞弊罪，判处有期徒刑一年，宣告缓刑一年六个月；秦某犯动植物检疫徇私舞弊罪，判处有期徒刑一年，宣告缓刑一年六个月；陈某犯动植物检疫徇私舞弊罪，免予刑事处罚。

三、滥用职权，为病死鸡出具检疫证明案

2007年11月至2011年2月，货主佘某为了将其非法生产加工的死因不明或病死鸡

产品运输外销，请其弟弟佘某甲找人开具动物检疫合格证明。佘某甲通过原 C 镇兽医站副站长薛某（已过世）先后 9 次请张某帮助开具证明。张某在既未查验白条鸡的检疫证明，又未对光鸡是否合格进行现场检疫的情况下，出于对领导薛某的信任和情面，先后 9 次违规开具了 9 套动物检疫合格证明，致使佘某非法生产加工的 113 吨未经检疫的死因不明或病死鸡产品被运输销售到河北、福建等省，流入市场。

2008 年至 2013 年 3 月间，丁某身为 B 市 D 镇农技中心副主任，分管畜牧兽医站，同时作为 B 市 D 镇东南片区的监管责任人，未按照相关规定每天对其包片责任区域内的生猪养殖场进行监督检查。2013 年 1 月 7 日上午，B 市动物卫生监督所副所长张甲和谢某等执法人员前往 D 镇开展联合执法检查活动，突击检查了佘某的加工窝点，查获大量死因不明或病死鸡。当日，B 市动物卫生监督所立案查处，确定案件承办人为张甲、谢某。

2013 年 1 月 18 日，B 市动物卫生监督所对佘某一案如何处罚进行研究，谢某汇报了案件情况和处罚意见，但未汇报佘某夫妇在笔录中承认销售鸡产品的情况。

法院认为，张某身为动物检疫员，在代表国家履行动物检疫管理工作中严重不负责任，明知出县境鸡产品必须进行检疫，为徇私情，违反规定，对应当检疫的鸡产品不检疫，致大量死因不明或病死鸡产品作为食品流入市场，严重危害人民群众的生命健康，使人民利益遭受重大损失，其行为已构成滥用职权罪。

丁某身为动物防疫监管人员，在代表国家履行动物防疫监管工作中严重不负责任，在长达几年的时间里未能发现被管理人的违法犯罪行为，且在发现违法行为后也未采取有效的监督措施，致大量死因不明或病死鸡产品作为食品流入市场，其行为已构成玩忽职守罪。

张甲、谢某身为公务人员，在联合执法检查工作中负有食品安全监督管理职责，两人在查处过程中，不认真履行自己的工作职责，造成严重后果，其行为均构成食品监管渎职罪，但两人犯罪情节轻微，依法对其免予刑事处罚。

一审法院以滥用职权罪，判决张某有期徒刑两年；以玩忽职守罪，判处丁某有期徒刑九个月；张甲、谢某犯食品监管渎职罪，免予刑事处罚。

张某、丁某不服，提出上诉。2016 年 12 月，B 市中级人民法院终审裁定驳回上诉，维持原判。

B 市中级人民法院认为，张某作为 B 市 C 镇农业技术推广中心畜牧兽医部（动物防疫站）工作人员，系受国家机关委托，代表国家机关行使职权的组织中从事公务的动物检疫员，有权开具动物检疫合格证明，其在开证人未提供检疫证明也未进行现场查验、检疫的情况下，违规开具 9 套检疫证明，其行为构成滥用职权罪。

丁某作为 B 市 D 镇动物防疫监管人员，具有代表国家履行动物防疫监管工作的职责，其同村的佘某属于丁某的监管范围，在佘某组织人员大量生产加工销售病死或死因不明鸡产品的几年内，丁其未能有效监管及时发现，即使在发现佘某有生产经营病死或死因不明鸡产品后，也未及时报告、配合相关部门查处，其工作严重不负责任，导致大量死因不明或病死鸡产品作为食品流入社会，严重危害人民群众的生命健康，其行为构成玩忽职守罪。

四、玩忽职守，销售"瘦肉精"猪肉案

行为人身为动物检疫人员，在实施动物检疫过程中滥用职权，明知他人收购的生猪产自其他辖区，本人无权对其进行检疫。但为徇私情，故意向他人开具生猪产地检疫合格证明，致使含有瘦肉精的猪肉流入市场。行为人的行为破坏了动物防疫检疫和动物产品安全监管秩序，构成滥用职权罪。

行为人身为动物检疫人员，玩忽职守，对应当检疫的生猪不依法依规履行检疫程序，违法加盖动物卫生监督机关印章、出具相关证明文件。行为人的行为破坏了动物防疫检疫和动物产品安全监管秩序，构成玩忽职守罪。

行为人明知所购生猪未经产地检疫，未进行瘦肉精检测，为牟取利益而仍然将其屠宰后销售。行为人的行为足以造成严重食物中毒事故或其他严重食源性疾病，构成生产、销售不符合安全标准的食品罪。

案情概况 CASE OVERVIEW

B 市 C 区人民检察院指控动物检疫人员田某某、刘某某犯玩忽职守罪；被告单位 B 市某屠宰有限责任公司，被告人王某甲、王某丙、刘某甲犯生产、销售不符合安全标准的食品罪，于 2014 年 6 月向 C 区人民法院提起公诉。法院依法组成合议庭，公开开庭审理了本案。

经审理查明，2011 年 5 月 13 日，世界园艺博览会食品安全监测领导小组设在锦江某超市电视塔店联合检测组在对入园猪肉例行抽检时，发现所抽两个样品经检测盐酸克仑特罗、沙丁胺醇均呈阳性，B 市农业委员会立即组织人员前往该超市采样（4 个），委托产品质量监督检验所进行检测。检测报告显示，有三个样品检出沙丁胺醇残留，分别为 27.7 微克 / 千克、17.3 微克 / 千克、0.5 微克 / 千克。经查，某超市电视塔店所购该批猪肉共 56 片，2 068 千克，产自于 B 市某屠宰场。

经查，2011 年 5 月 12 日，某屠宰场采购员被告人王某丙在某牧业发展有限公司收购生猪 65 头，收购价为 107 445 元，在该批生猪无猪耳标、未向当地动物卫生监督机构申报检疫、未取得产地动物检疫合格证明的情况下，违法将生猪运回 B 市 D 区某屠宰场。当日，该公司另一采购员被告人刘某甲在 E 市 F 县 G 镇 H 村吕某等农户家中收购生猪二三十头，也未向当地动物卫生监督机构申报检疫，在该批生猪无猪耳标、未经产地检疫的情况下，将生猪运至 E 市。在此期间，王某丙电话告知刘某甲，其在 I 市所购生猪没有产地检疫合格证明，让刘某甲

到 E 市 J 镇畜牧兽医站找检疫员刘某某，补上在 I 市所购生猪的部分检疫合格证明。被告人刘某甲找到被告人刘某某，告知刘某某其在 G 镇收购了一些生猪，没有产地检疫合格证明，让刘某某给其开具 50 头生猪的产地检疫合格证明。刘某某在明知生猪产自外县且未进行检疫、未核实生猪数量和猪耳标的情况下，即按照刘某甲的要求为其违法开具了 50 头生猪的检疫合格证明。之后，刘某甲将其收购的生猪运回某屠宰场。

B 市某屠宰有限责任公司的法定代表人被告人王某甲，安全生产责任不落实，明知该批生猪没有畜禽标识也没有经过产地检疫，未按照规定对该批猪肉进行全面的瘦肉精检测，违法组织对这批生猪进行屠宰和销售。B 市 D 区动物卫生监督所派驻某屠宰场的检疫员田某某，应当依照法律规定进行屠宰检疫，即落实宰前静养、申报制度，索要该批生猪的动物产地检疫合格证明，查验登记畜禽标识，核对产地检疫合格证与实际屠宰的生猪数量是否相符，若发现上述事项存在问题，就应当制止屠宰场对该批生猪进行屠宰。而田某某在当日的驻场同步检疫过程中，在没有进行检疫的情况下，即按照前一段时间该屠宰场的屠宰量估算，提前给某屠宰场开出 70 张动物产品检疫合格证明，到场之后，未查验登记猪耳标，对于屠宰场未经检疫即将生猪卸车放入待宰圈、未按规定落实生猪宰前应停食静养不少于 12 小时和提前 6 小时申报检疫等问题不予纠正，也未认真核对当日屠宰的生猪数量，便同意屠宰场对问题生猪进行屠宰。屠宰后田某某给每片猪肉加盖了检疫合格章，并给销往某超市电视塔店的 28 头猪肉开具了动物产品检疫合格证明。当晚屠宰的猪肉在 D 区当地向散户销售了 20 头，在某批发市场销售 43 头，通过 A 省某农业发展有限公司销往某超市电视塔店 28 头（某屠宰场出售该批猪肉的价格为 41 520 元），销往某某超市南郊店 2 头。后销往某超市电视塔店的 28 头猪肉被检测发现含有瘦肉精，田某某得知后到某屠宰场搜集了数个猪耳标，从中选了 2 个猪耳标号（1610581-00171461，1610581-00171481）填写在瘦肉精检测登记表上，经 A 省动物卫生监督所查询，这两个猪耳标号均没有符合条件的信息。因销往某超市电视塔店的 28 头猪肉被检测出瘦肉精，这 28 头猪肉已被全部查获销毁，其余猪肉已全部流入社会无法追回销毁，给人民群众的生命健康带来隐患，造成了恶劣的社会影响。

部分证据
SOME EVIDENCE

（一）书证

1. A 省 E 市 F 县 G 镇动物防疫站出具的证明，证实 H 村系 G 镇动物防疫站管辖区域，由该站进行生猪产地检疫及猪耳标佩挂工作。2011 年 5 月 12 日，H 村吕某养的生猪出售时未在该站进行申报检疫，也没有佩挂猪耳标。

2. 2011 年 5 月 12 日刘某某给某屠宰场开具的 50 头猪的动物检疫合格证明 81756770 号。

3. A 省定点屠宰场屠宰检疫申报单（第 017 号），申报单上显示待宰数量 50 头，申报时间为 2011 年 5 月 12 日 20 时，申报人签字为王某甲，申报单位为 B 市某屠宰有限责任公司，计划屠宰时间为 2011 年 5 月 12 日 23 时。

4. 田某某开具的 28 头猪肉动物产品检疫合格证明一张（2011 年 5 月 13 日，编号为 00650328），起运地点为 B 市 D 区大刘寨，到达地点为某超市。

5. B 市 D 区动物卫生监督所提供的 2011 年 5 月 13 日动物产品检疫合格证明存根，编号为 94916531~94916550、011843601~011843650，共计 70 张，货主为王某丙，动物检疫员签名均为田某某。

6. B 市食品药品检验所给 B 市农业委员会的函：2011 年 5 月 13 日锦江某超市电视塔店自 A 省某农业发展有限公司购进冷鲜猪肉 2 068 千克，计 28 头，经世园会食品安全保障检测小组驻某超市电视塔店快检室快速检验，所抽两个样品经检测盐酸克仑特罗和沙丁胺醇均为阳性，市工商局 K 分局驻某监管人员已对该批冷鲜猪肉进行了现场封存，请市农委尽快委托有资质的检验机构对该批商品进行检验。

7. B 市农业委员会向市公安局关于移交某超市所购含有违禁药物残留猪肉案件的函：2011 年 5 月 13 日，世园会食品安全监测领导小组设在某超市联合检测组在对入园猪肉例行抽检时，所抽两个样品经检测盐酸克仑特罗、沙丁胺醇均呈阳性，B 市农委立即组织人员前往该超市采样（4 个），并委托 A 省产品质量监督检验所进行定量检测，检测报告显示，有三个样品检出沙丁胺醇残留，分别为 27.7 微克 / 千克、17.3 微克 / 千克、0.5 微克 / 千克。经查证，某超市所购该批猪肉共 56 片，2 068 千克，来自于 B 市某屠宰有限责任公司。

8. B 市工商行政管理局 K 分局查明：锦江某超市电视塔店于 2011 年 5 月 13 日购进由 B 市某屠宰有限责任公司供给的猪肉 28 头，合计 2 068 千克，当日经世界园艺博览会食品安全小组驻某超市食品检测室快速检测为不合格，2011 年 5 月 18 日经 A 省产品质量监督检验所检测，其结果为不合格猪肉。截至 2011 年 5 月 13 日被查获，所购猪肉没有销售，经营期间没有违法所得。该局决定对锦江某超市罚款 20 000 元，对查获的 2 068 千克不合格猪肉予以监督销毁。

（二）证人证言

1. 证人刘某来、刘某并、李某乙（某牧业发展有限公司工作人员）的证言证明：2011 年 5 月 12 日，金来牧业公司向某屠宰场销售生猪 65 头，该批猪无耳标，也未进行产地检疫。

2. 证人吕某、吕某乙的证言证明：2011 年 5 月份，刘某甲经吕某介绍在吕某家中收购生猪 20 余头，在吕某对面邻居家中收购生猪 2 头，该批猪无猪耳标，未经产地检疫。

3. 证人王某喜、郭某利的证言证明：2011 年 5 月左右，王某丙通过郭某某，郭某某通过王宏喜找到刘某某，刘某某在未见到生猪的情况下，向王某丙出具了检疫合格证。

4. 证人刘某丁（B 市某屠宰有限责任公司员工）的证言证明：2011 年 5 月 12 日，其公司业务员刘某甲在 E 市 F 县 G 镇收购生猪 28 头，王某丙在某牧业发展有限公司收购生猪 65 头，对方没有提供检疫证，王某丙就联系了刘某甲让他在 F 县开 50 头猪的检疫证，刘某甲就给了一个姓刘的检疫员 100 元钱，检疫员就开了 50 头猪的检疫证。瘦肉精检测是由王某乙做的，其使用的检测试纸是从 D 区动检站买的，只能检出两项（盐酸克仑特罗、莱克多巴胺）。猪是当晚屠宰的，屠宰后给某超市销售 30 头，给个体商贩销售 20 头，剩下的 43 头在某市场批发。

5. 证人冷某利的证言证明：其没有动物检验资格证，但有时也检测瘦肉精，其经手的瘦肉精检测是检测三项，没有检测过两项，厂里有三种试纸，按要求就做三项检测，其只记得有沙丁胺醇，另两项不记得了，检测以后要填一张表，表上有三个项目的内容。场里还有动物卫生监督所的人检测，有田某某和另外两个人。

6. 证人罗某中的证言证明：2011 年 5 月 1~13 日，某超市的猪肉都是从 A 省某农业发展有限公司购进，5 月 13 日检验出有问题的猪肉就是从该公司进的。5 月 13 日凌晨 3~4 点，该公司送来 28 头生猪，56 片，合计 2 068 千克，三章两证是齐全的。

（三）被告人的供述及辩解

1. 被告人王某甲供述称：他是厂长，屠宰工有六七个人，卖肉过秤是媳妇刘某莲、侄女刘某丁和妹妹王某乙负责，他弟王某丙和刘某甲专门负责收购毛猪，冷某利一人负责瘦肉精检测，这也是他安排的。2011 年 5 月 12 日刘某甲在 E 市买了 28 头猪，王某丙在 I 市买了 65 头猪。这 93 头猪有 50 头有检疫证，猪都没有耳标。王某丙给他说是自己让刘某甲在 E 市开的 50 头检疫证，现在猪的管理很乱，畜牧站是见到猪或没有见到猪都开产地检疫合格证，运猪的可以随便报数字，一头猪畜牧站收 2 元钱，当时王某丙给他说刘某甲开出检疫证的畜牧站不是收猪当地的畜牧站，I 市的猪没有检疫，所以就让在 E 市开证，又不想多花钱，所以只开了 50 头的检疫证。实际数量是 93 头，猪都没有经过产地检疫。

依照规定，生猪的屠宰检疫程序是首先由检疫员查证验物——耳标是否齐全，检疫合格证手续是否齐备，然后猪放入待宰圈隔离观察，停食静养，还要做瘦肉精检测等。他们场的瘦肉精自检报告是 D 区动物卫生监督所发的，表格要求检测克仑特罗、莱克多巴胺、沙丁胺醇三项，他们场只检测了克仑特罗、莱克多巴胺两项，是不符合要求的。5 月 12 日这天，检疫员田某某来得晚，猪已经进圈舍了，后来他们把产地检疫合格证共 50 头的票给田某某，田某某也没有提出什么意见，没有指出手续有什么不对，就给他们出了准宰通知书，让他们屠宰了。当天的猪统一一次屠宰，最后卖了十多万元。一头猪平均毛重 210 斤，杀了之后出肉的比例是 1 斤毛重出 7 两净重猪肉，93 头猪净重有 1.3 万余斤，1 斤肉出厂价在 10 元，上下浮动可以有几角钱，算下来可以卖十多万。屠宰场前期没有库存，销售给某超市的猪肉是 5 月 12 日屠宰的这批 93 头生猪。

后来被工商部门送回来销毁的猪肉应该是他们屠宰场的，某屠宰场销售的猪肉有某屠宰场标志，这些标志水洗不掉。

2. 被告人王某丙供述称：2011 年 5 月 11 日，他们联系好了第二天由他去 I 市，刘某甲去 F 县收猪。2011 年 5 月 12 日他们各自开车出去收猪。他到了金来猪场后，把 65 头猪赶到车上，这批猪花了大概 10 万块钱，他就往厂里拉，当天下午三四点，他回到厂里，和厂里办理了交接手续，其他事就没有再管了。刘某甲在 L 县收了 28 头猪，按照规定应当由他们货主向当地动物卫生监督部门报检，办理产地检疫合格证。当天他在 I 市人生地不熟，他也就没有在当地报检，按规定，没有报检是不能购买、运输生猪的。他就给刘某甲打电话让在 E 市 J 镇多开几头生猪产地检疫合格证明，刘某甲问少开点行不行，他说行，刘某甲就到 J 镇刘某某处开了 50 头生猪产地检疫合格证明。驻场检疫员要检查（产地检疫合格证明），只看产地合格证明，不查数量，有产地合格证明就行。大概 2011 年 4 月，他在 J 镇想开检疫合格证，找到猪经纪郭某某，郭某某认识王某丙，王某丙认识刘某某，就这样，他认识了刘某某，他在刘某某处开过三四次产地检疫合格证明，有的是在 J 镇周边收的猪，有的是在 F 县收的猪，有时在外地收猪没有产地检疫合格证，他就专程到 J 镇找刘某某开产地检疫合格证明，有时还从刘某某那里要猪耳标。每次在刘某某那里开产地检疫合格证明，刘某某都只开合格证明，不看猪。

3. 被告人刘某甲供述称：这批生猪是 2011 年 5 月 12 日他和王某丙收购回来的，他从 E 市 F 县 G 镇收购了 28 头，整个这批猪是王某丙联系的。2011 年 5 月 12 日的上午 7 点他从某屠宰场出发到 G 镇，生猪经纪人把他带到农户家里，总共是收了两户的猪，一户家里收了 24 头猪，这一户的对门有 4 头猪，总共是 28 头猪。路上王某丙给他打电话说在 I 市收的猪没有产地检疫证明，让他在这边开证明。如果没有这些证明，驻场检疫员不能同意屠宰。他就到 J 镇畜牧兽医站找刘某某，让刘某某给他开了 50 头猪的产地检验合格证明。这 28 头猪没有猪耳标，按照法律规定，病、毒、死的猪是不能收购的，没有猪耳标的猪也不能收购，收的猪应当在当地的畜牧站进行报检，他没有在当地的畜牧站进行报检，而是把猪拉到了 J 镇进行了报检，而且当天他拉了 28 头让畜牧站开了 50 头的检验合格证，这些都是不对的。当天是王某丙给他打电话叫他去 J 镇畜牧站找刘某某开票，他找到刘某某说是王某丙让他过来开检疫票，王某丙和刘某某以前认识，刘某某没说啥就按他的要求把票开了。

4. 被告人田某某供述称：2007 年以前，D 区农工局下设畜牧兽医工作站，2007 年以后，D 区农工局成立疾控中心、动物卫生监督所、畜牧推广中心，将畜牧兽医工作分给这三个部门，机构分开，但人员职责未分开，当时他在畜牧兽医站就受上述三个部门领导，当时兽医站就他一个人，他就继续从事动物疾病防疫、屠宰检疫、产地检疫等工作。2010 年 12 月，农工局对人员进行改制，一部分人解决了编制问题，他还没解决，就一直在兽医站工作，是个临时工。他们兽医站继续对屠宰场进行屠宰检疫，因为某屠宰场在他们辖区，D 区动监所就委派他和韩某某对某屠宰场进行现场检疫。

按照国家有关法律规定：第一步，屠宰场屠宰前 6 个小时给他们报检；第二步，他们去现场查验登记猪耳标，索要产地检疫证明，核对实际屠宰猪的数量；第三步，目测猪的健康状况，宰前进行瘦肉精检测；第四步，给屠宰场发准宰通知书，批准屠宰场对生猪进行屠宰。如果没有猪耳标、产地检疫合格证，产地检疫合格证与实际屠宰数量不符，检疫人员应当阻止屠宰场进行屠宰，不给发准宰证。在这种情况下，生猪就不能进屠宰场，也不准卸车进入待宰圈。这些都是宰前检疫。宰中检疫的程序是：他们随着屠宰场的流程，同步对每头被宰生猪的头、蹄、内脏进行检验。宰后检疫的程序是：猪挂起来后对每一片猪肉的胴体、肌肉、淋巴进行检验，对每片猪肉开三刀，看六面，看看肌肉里有没有寄生虫，检疫合格后给每片猪肉滚动物检疫章，然后给每头开具检疫合格证。2011 年 5 月 12 日晚上 8 点，某屠宰场没有给他们报检，他到场后，屠宰场已经把猪卸到待宰圈，他问老板娘刘某莲有多少头猪要屠宰，刘某莲给了他 50 头猪的产地合格证，他就给开了 50 头猪的准宰证。那天天黑，他在待宰圈大概看了一下，也没有看清数量，估计有 50 头，没有认真核对猪耳标，就进行了瘦肉精检测，然后进行同步检疫，他虽然对每头猪进行检疫，但是没有核对数量，屠宰完后，就给每片猪肉滚上了合格章，这个过程也没有核对数量，根据以往屠宰的数量，他把动物产品检疫合格证提前开好，没有填写日期，放在了他的检验室。当天屠宰完后，给屠宰场开了动物产品检疫合格证明 70 张、出县境合格证一张计 28 头，合计 98 头的合格证。当天他没有认真核对产地检疫合格证与实际屠宰数量是否相符，没有产地检验合格证就应当制止屠宰场进行屠宰，也没有认真核对屠宰的生猪是否有猪耳标，没有猪耳标也应当制止屠宰场进行屠宰。但是当天屠宰的生猪存在上述问题，他没有制止，违反规定给屠宰场开出 98 头猪的检疫合格证明。出现瘦肉精事件以后，听说这批猪没有猪耳标，他就赶快到某屠宰场的屠宰池、晒猪毛的地方捡了二三十个猪耳标。他当天在某屠宰场检测瘦肉精时没有填写猪耳标号码，补的时候，他就在捡来的猪耳标中随便找了两个填在登记表上。他在动物检疫工作中，不该给这批生猪发放准宰证、合格证，正因为他没有严格履行好职责，造成这批生猪流入市场。

（四）鉴定意见

A 省产品质量监督检验所《检测报告》NF20111153W、NF20111154W、NF20111155W、NF20111156W（复印件）共 4 份，证明：有三个样品检出沙丁胺醇残留，分别为 27.7 微克 / 千克、17.3 微克 / 千克、0.5 微克 / 千克。

法院判决
COURT JUDGMENT

法院认为，被告人田某某作为依法从事公务的人员，在实施动物检疫的过程中，玩忽职守，导致含有瘦肉精的猪肉流入市场，危害人民群众生命健康，严重影响了食品安全，造成恶劣的社会影响，其行为已构成玩忽职守罪；被告人刘某某作为依法从事公务的人员，应依法对本辖区（E 市 J 镇）进行动物检疫监督工作，明知刘某甲收购的猪产自其他辖区，而滥用职权，违法开具产地检疫合格证明，导致含有瘦肉精的猪肉流入市场，危害人民群众生命健康，严重影响了食品安全，造成恶劣的社会影响，其行为已构成滥用职权罪；被告单位 B 市某屠宰有限责任公司生产、销售不符合安全标准的食品，足以造成严重食物中毒事故或其他严重食源性疾病，其行为已构成生产、销售不符合安全标准的食品罪，被告人王某甲作为直接负责的主管人员，被告人王某丙、刘某甲作为直接责任人员，已构成生产、销售不符合安全标准的食品罪。

B 市 C 区人民检察院指控被告人田某某、被告单位 B 市某屠宰有限责任公司及被告人王某甲、王某丙、刘某甲所犯罪名成立，指控被告人刘某某所犯罪名有误，法院予以更正。

被告人田某某的辩护人辩称被告人的行为造成的后果仅仅是一般的恶劣社会影响，还不至于非常严重，并且现无直接证据证实此案属于严重损害国家声誉或者造成恶劣社会影响的意见。经查，被告人田某某在实施动物检疫的过程中，玩忽职守，导致含有瘦肉精的猪肉流入市场，现有证据能够证实除销往某超市的 28 头猪肉被查获销毁外，其余猪肉已全部流入社会无法追回销毁，给人民群众的生命健康带来隐患，扰乱了食品市场秩序，造成了恶劣的社会影响，故该意见不予采纳。

辩称田某某的行为与本案后果有一定的因果关系，但不是直接、必然、唯一的，瘦肉精猪肉流向市场是多方原因所导致，田某某的行为只是其中之一的意见，经查，田某某作为检疫人员没有认真履行其监管职责，从而未能有效防止危害结果发生，其渎职行为对于危害结果具有"原因力"，应认定与危害结果之间具有刑法意义上的因果关系。

辩称田某某仅是动监所聘用的临时工作人员，无官方兽医资质，对驻场检疫工作不能完全胜任的意见。经查，田某某虽不是 B 市 D 区动物卫生监督所正式在编人员，但是在该动物卫生监督所从事公务，在代表该动物卫生监督所行使职权时有渎职行为，根据全国人民代表大会常务委员会《关于〈中华人民共和国刑法〉第九章渎职罪主体适用问题的解释》，符合渎职罪的主体要件；辩称被告人能够自愿认罪的意见，经查属实，予以采纳；建议对其免予刑事处罚的意见，经查，本案不符合"犯罪情节轻微，不需要判处刑罚"，该意见不予采纳。

被告人王某甲的辩护人辩称本案现有证据不足以证实该批含有瘦肉精的猪肉来自某屠宰场，被告人王某甲无罪的意见。经查，该批猪肉由 A 省某农业发展有限公司从某屠宰场收购后销给某超市，该事实有某屠宰场销售记录、出库单、A 省某农业发展有限公司出库单、某超市实际收货记录单、证人雷某国、罗某中的证言、被告人王某甲的供述、行政处罚决定书等证据证实，证据之间相互印证，足以认定，该辩护意见不予采纳。

被告人王某丙的辩护人辩称现有证据无法证实本案含瘦肉精的猪肉系王某丙所收购，故指控王某丙所犯罪名不成立的意见。经查，王某丙、刘某甲在收购生猪过程中，违反规定收购、运输没有畜禽标识、未经产地检疫的生猪，为了使收购的生猪具备检疫合格证明，王某丙让刘某甲去找刘某某虚开检疫合格证明，弄虚作假，从而使当天收购的生猪成功运回屠宰场进行屠宰，作为直接责任人员，其行为已构成生产、销售不符合安全标准的食品罪，故该辩护意见不予采纳。

被告人田某某、王某丙、刘某甲在未被采取强制措施的情况下经办案机关传唤归案，归案后如实供述犯罪事实，可认定为自首，依法可从轻处罚。被告人刘某某、王某甲能够自愿认罪，如实供述自己的罪行，依法可从轻处罚。

依据《中华人民共和国刑法》第三百九十七条、第一百四十三条等规定，一审判决：被告人田某某犯玩忽职守罪，判处有期徒刑一年；被告人刘某某犯滥用职权罪，判处有期徒刑一年；被告单位 B 市某屠宰有限责任公司犯生产、销售不符合安全标准的食品罪，判处罚金五十万元；被告人王某甲犯生产、销售不符合安全标准的食品罪，判处有期徒刑一年，并处罚金五十万元；被告人王某丙犯生产、销售不符合安全标准的食品罪，判处有期徒刑十个月，并处罚金三十万元；被告人刘某甲犯生产、销售不符合安全标准的食品罪，判处有期徒刑十个月，并处罚金三十万元；B 市某屠宰有限责任公司违法所得 41 520 元依法予以追缴。

五、滥用职权，骗取屠宰环节病害猪补贴资金案

行为人利用职务上的便利，通过虚报病害猪处理头数的方式，骗取国家生猪屠宰环节病害猪补偿资金和无害化处理财政专项补贴资金，用以支付单位招待费、公务费等，行为人的行为破坏了国家公职人员职务行为的廉洁性，构成滥用职权罪。

案情概况
CASE
OVERVIEW

A 省 B 市人民检察院指控被告人易某某犯滥用职权罪，于 2014 年 12 月向 B 市人民法院提起公诉。法院受理后，公开开庭审理了本案。

经审理查明：2008—2012 年，被告人易某某在担任 B 市定点屠宰办公室主任期间，安排定点办工作人员采取虚报病害猪数据方法，骗取 2008—2012 年度国家生猪屠宰环节病害猪补偿和无害化处理财政专项补贴资金 189.63 万元。其中，2008 年度 217 800 元，2009 年度 292 200 元，2010 年度 560 500 元，2011 年度 500 000 元，2012 年度 325 800 元。2008 年、2009 年的病害猪补偿和无害化处理专项补贴资金 51 万元转入定点办行政账户后，与该单位其他资金混合使用。2010 年，易某某安排工作人员将 2008—2009 年已使用的补贴资金账目改为由定点屠宰场承包人黄某某出具数额为 507 737 元的领条，从行政账户中抽出相应数额财会凭证另行保管，从而形成小金库。2010—2012 年的病害猪补偿和无害化处理专项补贴资金 1 386 300 元，由黄某某出具数额为 1 284 980 元领条，将上述款项从单位行政账上转账至黄某某银行卡，该银行卡由定点办出纳毛某某保管，资金由定点办使用。未转出的余款 103 583 元留在定点办行政账上使用。小金库资金除 2008 年购买 1 台焚化炉，花费 68 800 元，2009 年付给定点屠宰场承包人张

甲 89 500 元，2010 年从小金库转回定点办行政账户 20 000 元外，余款用于单位公务费用开支、商务局报账、职工福利、招待费开支。其中，因违规开支给国家造成经济损失 1 386 125.42 元。

案发前，B 市纪律检查委员会要求易某某协助调查 B 市商务局原局长张某某有关违纪问题时，易某某如实供述了自己的上述犯罪事实。

部分证据
SOME
EVIDENCE

（一）书证

1. C 市财政局、A 省财政厅关于拨付屠宰环节病害猪无害化处理中央财政补贴款通知的文件，证明 2008—2012 年生猪屠宰环节病害猪无害化处理中央财政补贴款拨付给 B 市的情况为 2008 年 21.78 万元、2009 年 29.22 万元、2010 年 56.05 万元、2011 年 50 万元，2012 年 32.58 万元。

2. 黄某某工商银行卡的账户清单、明细、取款凭证，证明该卡从 2011 年 1 月 10 日开户至 2013 年 3 月 30 日期间该账户进账和支出明细情况。

3. B 市人民检察院反渎局出具的线索来源及归案经过说明、B 市纪委出具的易某某到案情况说明，证明 B 市纪委通知易某某到纪委协助调查张某某违纪问题时，如实交代了自己及张某某的问题。反渎局传唤易某某到 B 市人民检察院接受讯问时，易某某如实供述自己滥用职权的事实。

4. 领条 3 张，证明 2010 年 1 月 10 日至 4 月 9 日，张甲（胡某甲的妻子）3 次在定点办领取生猪无害化处理款 89 500 元。

5. 定点办 2009 年 3 月 31 日转账凭证、电汇凭证、发票、购货合同，证明定点办购买焚烧炉 1 台，支付货款 68 800 元。

6. 定点办 2008—2012 年申报生猪屠宰环节病害猪无害化处理中央财政补贴款的申报资料，证明定点办申报生猪屠宰环节病害猪无害化处理中央财政补贴款的情况。

（二）证人证言

1. 证人黄某某的证言，证明他于 2010 年 8 月 6 日开始承包 B 市定点屠宰场，和商务局签订了 6 年承包合同。承包期间屠宰场一般都有一二百头猪的储备，在待宰期间有猪生病或死亡的情况，病害猪的无害化处理费用由定点办负责。工商银行卡是他按照定点办主任易某某的要求办的，由定点办出纳保管，用来领取国家的病死猪无害化处理补贴资金。每次进账之前，他都到定点办写领条，支出情况不清楚。银行取款凭证上面的签名都不是他签的。

2. 证人张某甲的证言，证明他是定点办副主任。从 2009 年开始负责病害生猪无害化处理工作。B 市本地的病害猪及无害化处理的数字没有上报的多，很大一部分数据是为了向上级部门套取资金。B 市定点屠宰场的承包者和待宰户没有申报过病害猪补贴。每年初，主任易某将当年的病害猪及无害化处理需要上报的数据给他，由他制表后交给李某甲、毛某某，他们将一年的数据分解到每个月、每天进行填写，再由他汇总，每周将病害猪及无害化处理猪的头数通过电子表格上报商务部的信息平台，同时报送 C 市商务局定点办。书面表格装订成册，留在定点办备查。B 市进行无害化处理的猪，每年不超过 10 头。

3. 证人苏某某的证言，证明他于 2002 年 8 月至 2010 年 3 月在定点办工作并兼任出纳。从 2007 年开始，国家每年都有病害猪无害化处理补贴资金。B 市每年的病害猪一二十头。定点办根据资金额上报虚假数据，补贴资金拨到定点办后，没有支付给病害猪的货主或定点屠宰场，被商务局挪用弥补经费不足。上报虚假数据是张某某局长和易某某主任决定，确定上报数据是易某某，负责填报的是张某甲。病害猪的货主或定点屠宰场没有向定点办提出过病害猪无害化处理补贴资金的申请。这笔资金定点办没有单独建账，与其他资金混在一起使用。2008 年、2009 年商务局每年到定点办拿钱或报账 30 万元左右。2010 年 1 月 10 日、4 月 9 日张甲打的 3 张领条，领取生猪无害化处理款 89 500 元，支付给了胡某甲及张某甲了。

4. 证人晏甲的证言，证明他是 B 市畜牧水产局城区动物防疫站长。定点屠宰场每年的屠宰总数 2 万头左右，发现的病害猪每年二三十头。

5. 证人李某甲的证言，证明他是 B 市定点办会计。从 2007 年开始财政下拨病害猪补贴及无害化处理资金，2007—2012 年共 194.73 万元。2007—2009 年，这笔资金的支出原来都体现在账上，其中 2008 年买了 1 个焚化炉，花了 6 万多元。其他的资金都没用于病害猪补贴和无害化处理。2010 年，易某某要他将 2008 年和 2009 年的账改一下，伪造了领款明细，在账目上体现将钱拨付给待宰户和屠宰场的老板，但实际上这些钱没有拨付给他们，而是由定点办和商务局开支使用了。2010—2012 年，这笔钱从财政局拨到定点办账上后，由黄某某打领条，定点办再打到黄的银行卡上，这张银行卡是由出纳毛某某保管，商务局和定点办报账的钱从这笔资金里支付，没有进定点办的财务账。该笔资金主要用作商务局及定点办的费用支出，没有用于病害猪无害化处理和待宰户补贴。商务局要定点办每年上交 20 多万元，由商务局到定点办报账冲抵。

6. 证人毛某某的证言，证明她自 2010 年担任定点办出纳。她担任出纳期间，病害猪补贴及无害化处理资金有 130 多万元。财政局将资金拨付到定点办后，由黄某某打领条到财政局的支付局将这笔资金打入黄某某的银行卡，这张卡是易主任要她保管的。这笔钱应该是补给待宰户及无害化处理费用，他们没有将这笔钱补贴给屠宰场的老板，由商务局和定点办使用了。

7. 证人胡某甲的证言，证明 2008—2010 年，他和王某湘、陈甲、徐甲以他老婆张甲的名义合伙承包了定点屠宰场。承包一年后，他们转包给了别人，在承包期间，没有获得过国家屠宰环节生猪无害化处理补贴资金。2010 年的 3 张领条上张甲的名字是他签的，这 3 张领条合计 89 500 元，他没有拿钱。

（三）被告人的供述及辩解

被告人易某某的供述，证明他是 B 市定点办主任、党支部书记。定点办每年有一笔国家下拨的生猪无害化处理补贴资金，他们在申报、使用和管理中违规操作，形成了账外账。每年的无害化处理资金在下拨前，他们按照可能下拨的数额上报虚假数据。2009 年前，这笔资金放在定点办的财务账上做公用经费支出了。2010 年，为应付财政检查，在考察学习其他县市的做法之后，由张局长决定，由定点屠宰场的老板黄某某打领条，将资金拨到黄的银行卡上，银行卡由定点办的出纳毛某某保管，资金没有给他，以账外账的形式使用，用于商务局和定点办的经费支出。从 2008 年开始，商务局每年到定点办报账的金额有三四十万元。商务局及定点办每年春节期间购买各种肉品从定点办支出十七八万元，用于给各部门及相关领导拜年，局里、办里的职工发福利。2010 年张甲打了 3 张领条，领取病害猪无害化处理款 89 500 元，是经张局长同意后，支付给了胡某甲。商务局到定点办报账，定点办的经费紧张，只能用无害化处理补贴资金来弥补经费的不足，都经过了张局长同意。

法院判决
COURT
JUDGMENT

对于被告人易某某提出的套取出来的资金全部用于定点办的运转和上缴商务局，他没有贪污挪用的辩解意见。经查，2008—2012 年定点办通过虚报病死猪数据套取国家补贴及无害化处理资金 17 23 917 元，未专款专用，而是用于发放福利、支付本单位公务费用、支付商务局报账、支付招待费等。本案公诉机关指控的是被告人易某某滥用职权犯罪，不是贪污挪用犯罪，故被告人易某某对此提出的辩解意见于本案没有关联，不予采纳。

法院认为：被告人易某某身为国家工作人员，在担任 B 市定点办主任期间，超越职权，在病害猪无害化处理资金的申报、管理及使用中，虚报病害猪数据，套取国家专项资金并违规使用专项资金 1 386 125.42 元，致使国家遭受重大损失，情节严重，其行为构成滥用职权罪。公诉机关指控的罪名成立。被告人易某某提出定点办的"账外账"是按照上级的要求，到其他县学习后经商务局局长张某某同意设立的辩解意见不影响本案的定罪，故被告人易某某对此提出的辩解意见，法院不予采纳。被告人易某某在 B 市纪委通知其协助调查张某某违纪问题时，如实交代了自己滥用职权的事实；在 B 市人民检察院反渎局办案人员电话通知其接受讯问时，能主动到检察院接受讯问，并如实供述自己的犯罪事实，系自首，可从轻或减轻处罚，其中犯罪较轻的，可以免除处罚。故被告人易某某提出的有自首情节，请求从轻处理的辩解意见成立，予以采纳。本案中，被告人易某某在虚报病死猪数据、套取国家补贴资金、设立小金库时都与本单位其他负责人进行过商量，并征得了商务局分管领导张某某局长的同意，套取的资金大部分用于支付商务局的费用及本单位的运转，可酌情从轻处罚，综合被告人易某某的犯罪情节，决定对其免除处罚。

依照《中华人民共和国刑法》第三百九十七条第一款、第六十七条第一款之规定，判决被告人易某某犯滥用职权罪，免除刑事处罚。

六、滥用职权，未履行屠宰环节病害猪无害化补贴审查职责案

行为人疏于对病害生猪无害化处理过程的监管，明知定点屠宰场未按规定无害化处理病害猪，仍然对定点屠宰场上报的病害猪无害化财政补贴申报材料签字认可，致使定点屠宰场违规虚假上报病害猪处理头数，套取国家补贴款。行为人的行为破坏了国家对生猪屠宰监管的正常秩序，构成滥用职权罪。

案情概况
CASE OVERVIEW

A省B县人民检察院指控被告人钤某某犯滥用职权罪，向B县人民法院提起公诉。法院审查受理后，依法组成合议庭，公开开庭进行了审理。B县人民检察院指派代理检察员谭某彬出庭支持公诉，被告人钤某某到庭参加诉讼。本案现已审理终结。

2009年3月至2011年6月，被告人钤某某在B县商务局稽查队任职期间，负有对辖区内生猪定点屠宰厂（场）病害猪无害化处理过程现场监督管理，并对辖区各定点屠宰厂（场）上报的病害猪产品无害化处理申领国家财政补贴手续内容及病害猪数量确认的职责。钤某某在签字确认辖区C、D等定点屠宰厂（场）上报申领病害猪无害化处理数量时，明知上述定点屠宰厂（场）未按规定无害化处理病害猪，仍然对上述定点屠宰厂（场）上报的病害猪无害化财政补贴申报材料集中签字、认可，致使C、D等定点屠宰厂（场）从2009—2011年6月虚假上报病害猪783头，套取国家补贴款454 140元，给国家造成了重大经济损失。

部分证据
SOME EVIDENCE

被告人钤某某在开庭审理过程中亦无异议，且有证人赵某等证人证言，商务局证明，到案情况证明，B县财政局账证，商务局病害猪无害化处理卷宗，鉴定意见，银行账户明细及存取款单等证据予以证明，足以认定当事人违法行为。

法院判决
COURT JUDGMENT

法院认为，钤某某在任B县商务局稽查队负责人期间，负有对辖区内生猪定点屠宰厂病害猪无害化处理过程现场监督管理，并对各定点屠宰厂上报的病害猪产品无害化处理申领国家财政补贴手续内容及病害猪数量确认的职责，系国家机关工作人员。其在定点屠宰场病害猪无害化财政补贴申报过程中，不认真履行职责，在明知申报的数量不实的情况下，滥用职权，对申报的材料集中签字认可，给国家造成重大损失，其行为构成滥用职权罪。公

诉机关指控的罪名成立。被告人钤某某到案后如实供述自己的罪行，系坦白，依法从轻处罚。其悔罪态度较好，符合法律规定适用缓刑的条件。

依照《中华人民共和国刑法》第三百九十七条第一款等规定，判决被告人钤某某犯滥用职权罪，判处有期徒刑一年，缓刑二年。

七、徇私舞弊不移交刑事案件，收购病死猪肉生产、加工腌腊制品案

行为人明知他人收购病死猪肉加工制作腊肉的行为属犯罪行为，应当依法移交司法机关追究刑事责任，为牟取本单位利益及个人奖励而故意不将案件移交至司法机关。行为人徇私舞弊，以罚代刑的行为，致使犯罪嫌疑人继续进行同种违法犯罪活动，破坏了国家机关正常的司法秩序，构成徇私舞弊不移交刑事案件罪。

行为人为牟取非法利益，长期大量收购病死猪肉用于生产加工火腿、腊肉予以销售，数量较大。行为人的行为足以造成严重食物中毒事故或者其他严重食源性疾病，给人民群众的生命健康造成极大危害，构成生产、销售不符合安全标准的食品罪。

［提起上诉］

A 省 B 市 C 县人民法院审理 C 县人民检察院指控原审被告人彭某、贺某犯徇私舞弊不移交刑事案件罪，原审被告人曾某甲、陈某犯生产、销售不符合安全标准的食品罪一案，于 2013 年 11 月作出刑事判决。原审被告人曾某甲、陈某不服，提出上诉。B 市中级人民法院依法组成合议庭，进行了不开庭审理。

案情概况
CASE
OVERVIEW

〈一审情况〉

原判认定，2010 年 9 月 1 日，C 县 D 工商分局在市场巡查时，发现 C 县某火腿厂购买了 24 头死猪及 100 多斤猪肉。经畜牧兽医站认定，这批死猪及猪肉系患有蓝耳病的病死猪和病死猪肉。后该案由 C 县某工商局彭某、贺某承办。被告人彭某、贺某以立案审批表、行政处罚决定审批表向 C 县工商局政研法规股、分管副局长呈报处理意见：陈某无证经营，取缔某火腿厂。后经审批，C 县工商局决定取缔某火腿厂及罚款 15 000 元。

2012 年 7 月 19 日，C 县某派出所经群众举报，在某火腿厂当场查获成品包装腊肉 1 440 斤、散猪肉 400 斤、盐腌猪肉 1 380 斤、烟熏猪肉 690 斤、废弃猪肉 300 斤。经 B 市质量技术监督检测中心检验认定，上述猪肉及制品均为质量不合格产品。

上述事实，有经庭审查证属实的证人曾某乙、罗某、曾某丙、李某等人的证言，彭某、贺某的任职文件、执法资格证明，C 县工商局相关文件及财务资料证明，相关照片资料，C 县公安局扣押物品、销毁物品清单，B 市质量技术监督检测中心检验报告，工商营业执照，

卫生许可证,犯罪嫌疑人归案情况说明,常住人口登记表等证据证实。

原审人民法院认为,被告人彭某、贺某身为行政执法人员,为了牟取本单位及个人利益而不移交刑事案件,徇私舞弊,以罚代刑,放纵犯罪嫌疑人,致使犯罪嫌疑人继续进行同种违法犯罪活动,情节严重,二被告人的行为构成徇私舞弊不移交刑事案件罪。被告人曾某甲、陈某长期大量收购病死猪肉生产加工火腿、腊肉予以销售,足以造成严重食物中毒事故或者其他严重食源性疾病,给人民的生命健康造成了极大危害,二被告人的行为构成生产、销售不符合安全标准的食品罪。被告人曾某甲、陈某在共同犯罪中分工不同,作用相当,不宜分主、从犯。被告人曾某甲、陈某被工商部门多次处罚,仍不悔改,主观恶性大,社会影响恶劣,应当予以严惩。被告人彭某、贺某、曾某甲、陈某在归案后能如实供述自己的罪行,可以对其从轻处罚。被告人彭某、贺某为谋取单位私利不认真履行职责,但是二被告人犯罪情节轻微,可不需要判处刑罚,均可免予刑事处罚。据此,依照《中华人民共和国刑法》第一百四十三条、第四百零二条等规定,判决:被告人彭某、贺某犯徇私舞弊不移交刑事案件罪,免予刑事处罚;被告人曾某甲、陈某犯生产、销售不符合安全标准的食品罪,各判处有期徒刑一年,并处罚金10 000元。

〈二审情况〉

原审被告人曾某甲上诉提出,其提供线索使其他案犯被追究刑事责任,依法应认定为立功。原判对其量刑过重,请求从轻处罚。

原审被告人陈某上诉提出,其提供线索使其他案犯被追究刑事责任,依法应认定为立功;其只是曾某甲的雇员,主观上没有获利的故意,应认定为从犯。原判对其量刑过重,请求从轻处罚。

经审理查明,C县某火腿厂由上诉人曾某甲在2008年8月8日注册成立,经营范围为火腿加工、零售,经营者为曾某甲,工商营业执照有效期限为2008年8月8日至2011年12月31日。生产经营的日常管理及猪肉采购由上诉人陈某负责,产品销售由曾某甲负责。

2010年9月1日,C县工商行政管理局某分局(以下简称某工商分局)在市场巡查时,发现某火腿厂购买了24头死猪及100多斤猪肉用于加工制作腊肉。经畜牧兽医站工作人员黄某、罗某目测认定,这批死猪及猪肉系患有蓝耳病的病死猪和病死猪肉,并以畜牧兽医站的名义出具了证明。随后某工商分局打电话向C县工商行政管理局请示,该局指定由C县某局彭某、贺某承办此案。后原审被告人彭某、贺某为完成本单位的罚没款任务及谋取个人奖励,根据工作流程,以立案审批表、行政处罚决定审批表向C县工商行政管理局政研法规股、机关负责人呈报处理意见:陈某涉嫌无照经营,建议立案调查;建议取缔陈某无照经营行为,处罚款15 000元上缴国库。经C县工商行政管理局政研法规股、分管局领导审批,该局作出行政处罚决定书,对当事人陈某作出如下行政处罚:依法取缔当事人无照经营行为,处罚款15 000元上缴国库。后该案未移送司法机关处理,某火腿厂也未被取缔。

2012 年 7 月 19 日，C 县公安局某派出所经群众举报，对某火腿厂收购病死猪肉加工制作腊肉的违法行为进行查处，当场查获用死因不明的死猪肉加工制作的成品包装腊肉 1440 斤、散猪肉 400 斤、盐腌猪肉 1 380 斤、烟熏猪肉 690 斤、废弃猪肉 300 斤。经 C 县公安局抽样送检和 B 市质量技术监督检测中心检验认定，送检样品均不合格。

上述事实，有经一审庭审查证属实的原审被告人供述、证人证言、鉴定意见以及相关书证等证据证实，法院予以确认。

法院判决
COURT JUDGMENT

关于上诉人陈某上诉提出其主观上没有获利故意的意见。经查，该意见与其本人供述及本案查明的事实和证据不符，不予采纳。

法院认为，原审被告人彭某、贺某身为行政执法人员，为牟取本单位利益及个人奖励，以罚代刑，对依法应当移交司法机关追究刑事责任的案件不移交，情节严重，其行为均构成徇私舞弊不移交刑事案件罪。上诉人曾某甲、陈某以销售为目的，生产不符合安全标准的食品，足以造成严重食物中毒事故或者其他严重食源性疾病，其行为均构成生产、销售不符合安全标准的食品罪。上诉人曾某甲、陈某在共同犯罪中虽然分工不同，但作用相当，不宜区分主、从犯，上诉人陈某上诉提出其为从犯的意见，与本案查明的事实和证据不符，不予采纳。原审被告人彭某、贺某，上诉人曾某甲、陈某归案后如实供述自己罪行，依法均可以从轻处罚。关于上诉人曾某甲、陈某上诉提出其有立功表现的意见，经查，二上诉人供述向其提供病死猪肉的人员，属如实供述自己罪行，依法不能认定为具有立功表现；本案无其他证据证实二上诉人有立功表现。二上诉人的该上诉意见均不予采纳。原审被告人彭某、贺某犯罪情节轻微，不需要判处刑罚，依法均可免予刑事处罚。上诉人曾某甲、陈某二审期间认罪悔罪，积极缴纳罚金，均可酌情在原判基础上再予从轻处罚。原判认定事实清楚，证据确实、充分，定罪准确，审判程序合法。

依照《中华人民共和国刑事诉讼法》第二百二十五条第一款第二项，《中华人民共和国刑法》第一百四十三条、第四百零二条等规定，判决：①维持 C 县人民法院［2013］吉刑初字第 93 号刑事判决第一项和第二项中的定罪、判处的罚金刑部分。即被告人彭某、贺某犯徇私舞弊不移交刑事案件罪，均免予刑事处罚；被告人曾某甲、陈某犯生产、销售不符合安全标准的食品罪，各并处罚金 100 00 元。②撤销 C 县人民法院［2013］吉刑初字第 93 号刑事判决第二项中对上诉人曾某甲、陈某判处的主刑部分，即各判处被告人曾某甲、陈某有期徒刑一年。③上诉人曾某甲犯生产、销售不符合安全标准的食品罪，判处有期徒刑八个月，并处罚金 10 000 元。④上诉人陈某犯生产、销售不符合安全标准的食品罪，判处有期徒刑八个月，并处罚金 10 000 元。

八、食品监管渎职，放纵管理相对人加工病死动物案

行为人作为负责动物卫生监督的国家机关工作人员，违规接受他人吃请，对非法从事病死动物产品加工、销售活动不依法加以查处。行为人的行为破坏了动物产品安全监管秩序，构成食品监管渎职罪。此案为 2015 年最高人民检察院通报的 11 起检察机关加强食品安全司法保护典型案例之一。

案情概况
CASE OVERVIEW

B 市人民检察院指控被告人 B 市动物卫生监督所 C 镇分所所长王某犯玩忽职守罪，于 2014 年 8 月 28 日向法院提起公诉，并于同年 12 月补充起诉。B 市人民法院依法组成合议庭，于 2014 年 9 月、2015 年 1 月二次公开开庭审理了本案。现已审理终结。

经审理查明，被告人王某于 2009 年 2 月被 B 市畜牧兽医局（原畜牧局）任命为 B 市动物卫生监督所 C 镇分所所长，于 2012 年 7 月被任命为 C 镇动物卫生监督所所长，具有畜牧兽医行政执法权和动物防疫监督员资格，负责 C 镇、D 镇境内的集贸市场、冷库等场所遵守《中华人民共和国动物防疫法》《动物防疫监督员、动物检疫员管理办法》及相关法规的情况进行监督检查，发现违法、违规行为，依法查处；对动物、动物产品在生产、经营、流通各环节进行动物防疫监督检查；严查无证、证物不符等"问题肉"，严厉打击经营病害肉类行为等职责。

被告人王某在任职期间，其辖区内曹某经营的冻库因"涉嫌储藏病死或死因不明动物副产品"，于 2009 年 7 月 13 日被 B 市动物卫生监督所以违反《中华人民共和国动物防疫法》第二十五条之规定为由，将曹某冻库予以查封，并于当年 8 月 4 日对曹某作出行政处罚决定。此后，王某多次接受曹某等人的请吃、钓鱼、送礼，在接受曹某吃请送礼后，放松监管，玩忽职守，未按照《B 市动物卫生监督、防疫防控工作要点》《动物屠宰环节和动物产品冷藏场所集中整治工作实施方案》的规定和 B 市动物卫生监督局的要求履行或不认真履行对曹某冻库加强巡查和对辖区重点区域每月巡查不少于三次的职责，即便巡查几次，也均以"曹某冻库大门紧锁、无法联系本人进入检查"敷衍应对。并且，王某多次在 B 市动物卫生监督局组织对冻库检查之前给曹某等人打招呼，或称最近要检查、注意点，使其做准备，逃避上级监管。2013 年 10 月 23 日，王某在市政府组织联合执法检查时，给曹某通风报信，致曹某翻墙逃跑，后被抓获归案。

2011 年 11 月 29 日，王某到曹某冻库发现，B 市动物卫生监督局查封该冻库的封条被撕毁，但王某未采取补救措施，也未制止或处罚曹某；2012 年 9 月 27 日，王某在曹某冻库门前发现郑某驾驶一白色货车拖来两头死猪，当年下半年，王某又发现 E 村一农民用三轮车拖来一头拔了毛的死猪及 F 村二农民用三轮车拖来两头病死猪到冻库准备出卖，王某本应对曹

某冻库涉嫌制售病死猪肉重点监管和查处，但每次仅对农户进行处理，未对曹某冻库进行检查、立案查处、上报和采取相应的预防措施。

由于被告人王某不认真履行职责，严重不负责任，放松甚至放弃监管职责，对曹某冻库暴露出的涉嫌制售不符合安全标准食品的行为不履行或不认真履行职责，使曹某冻库处于一种放任和脱离监管的状态，导致曹某等人从 2010 年上半年开始长期、大量收购病死猪，并制成鲜肉、冻肉、香肠、腊肉等大量不符合安全标准的食品销售到宜昌、重庆、湖南、浙江等地，时间跨度达四年之久，严重损害公众的身体健康和生命安全，造成了恶劣的社会影响。特别是 2012 年 7 月至 2013 年 10 月期间，曹某等人利用收购的病死猪生产、销售不符合安全标准的食品到浙江温州市和平阳县鳌江镇、湖南澧县、重庆云阳等地，涉案物品达 33 573 千克，生产、销售金额达 575 650 元，造成了严重危害食品安全的事件。2014 年 5 月 20 日，浙江省温州市公安局对陈某、石某等 9 人以涉嫌销售不符合安全标准的食品罪立案查处；同年，曹某、张某等 11 人被法院以生产、销售不符合安全标准的食品罪判处有期徒刑，其中曹某被判处六年徒刑并处巨额罚金。

部分证据
SOME EVIDENCE

上述事实，有公诉机关及被告人提交的下列证据证明：

（一）书证、物证

1. B 市检察院监所科线索来源说明、补充移送起诉通知书、温州市公安局起诉意见书、B 市价格认证中心《关于曹某等人生产和销售不符合安全标准肉类产品价格的鉴证结论意见书》、B 市动物卫生监督局《鉴定意见书》、宜昌市产品质量监督检验所《检验报告》、B 市公安局起诉意见书、法院〔2014〕鄂当阳刑初字第 00134 号、第 00215 号刑事判决书、宜昌市中级人民法院（2014）鄂宜昌中刑终字第 00200 号刑事裁定书等，证实 C 镇动物卫生监督所负责人疏于监管及 2012 年 7 月份以来曹某等人大量收购病死猪加工成冻肉、香肠、腊肉、猪蹄销往湖南省澧县、重庆市云阳县和浙江省温州市等地共 26 835 千克，涉案价值 432 207 元，2013 年 10 月 23 日在曹某的冻库当场查获病死猪及猪肉制品 6 738 千克，涉案价值 143 443 元，共计 33 573 千克、价值 575 650 元，送检的腌肉、内脏、猪蹄等物属未经检疫动物产品、死因不明的猪肉产品，送检的腌制肉、熏肉、香肠亚硝酸盐、过氧化值、酸价超标，曹某、张某等十余人因生产、销售不符合安全标准的食品罪已被追究刑事责任。

2. 曹某手机 134××××1486 通信详单，证实 2013 年 10 月 23 日 11：08：06 接收到王某手机 139××××6769 的短信，11：25：58 曹某与王某手机通话的事实。

（二）证人证言

1. 曹某（D 镇冻库经营者）的证言，证实与妻子张某于 2005 年经营冻库，有时收购好猪肉，有时也收购病死猪，2010 年时冻库收购少量病死猪，到 2012 年 5~6 月份冻库里积攒了大量成色不好的肉。病死猪大部分是猪贩子送来的，还有部分是其到农户和猪场去拖的。

从王某到 C 镇当所长，每年过年过节都给他们送猪、鱼、羊、牛肉、狗肉等，猪一般送三头，约值 2 000 元；鱼一般百十斤，价值 500 元；羊一般两只，价值 1 000 元；牛肉六七十斤，大概 1 000 多元；狗一般杀五六只，他们只要公的、活的，1 500 元左右。这些东西都是给王某打电话后送的，有时是其送去，有时他们来人拿，有几次是其送到老畜牧局那。

王某经常来冻库，也看到过有问题的肉，2011 年其在家时王某发现过不合格的腊货，有时说要把不合格的货都销毁，有时不说就离开了；2012 年 7 月王某发现过冻库内一些有问题的肉，要我们自行销毁，但没有处罚。冻库安装铁门之后王某一次都没来检查过，大型检查他一般都不带检查人员到冻库；每次检查前他都要提前一两天告知停两天，我们就把院子门锁上不做事，但是平时不锁院子门。不管有什么检查，都是王某打电话或亲自骑车过来告诉一下，说什么时间、有些什么人要来、过来干什么，其不在家时就给张某说，说这两天要检查，注意点。有一次王某骑个白色的摩托车到冻库，告知第二天有检查，把门关掉，他走时，其塞给他 1 000 块钱；因赌博坐牢期间，妻子说她给王某送过两次钱，一次是 2 000 元，一次是 1 000 元。10 月 23 日王某给其发了条信息问"在搞没有"，当时手机没开机，开机后才看到信息，就给王某回电话问他怎么回事，听到他旁边乱哄哄的，院子门口也是乱哄哄的，其预感不妙，可能有检查，就从旁边院墙翻墙跑了。

2. 张某甲（张某之兄）的证言，证实 2010 年上半年曹某开始收购病死猪，当年病死母猪特别多，高峰时间每天都收购病死母猪几十头，2010 年收购 1 000 多头病死猪，这些猪肉以鲜肉和冻肉的方式进行销售；2012 年开始收的活猪马上卖到枝江、宜昌了，至 2012 年 7 月初，总共收购了 400~500 头病死猪，这些肉都当做正常肉销售出去了。石某山来了以后，业务发生了变化，先是将病死猪肉以鲜肉的方式出售，不好的肉制成香肠、腊肉再销售，从 2010 年开始到 2013 年 10 月 23 日，曹某的冻库收购的病死猪应该在 3 000 头以上，猪的来源一部分是其开车直接去拖，一部分是猪贩子送到冻库，另一部分是农户打电话说猪死了就去拖的。

（三）被告人供述

王某的供述及悔过书，证实其主要负责 C 镇、D 镇的动物、动物产品检疫、动物防疫、兽药饲料、养殖大户的动物卫生监管、综合执法及畜产品质量安全等。曹某在经营冻库过程中从事了生猪的贩运、屠宰、加工，属于其职责管理范围，曹某冻库没有屠宰资格，更不要说检疫了，他冻库内的猪肉及肉制品都是未经检疫的。

上述证据已经法庭质证并已核实，法院审查认为证据来源、形式合法，证据间相互印证，足以证明案件事实，法院予以确认。

　　法院认为，被告人王某身为动物卫生监督机构负有食品安全监督管理职责的从事公务的工作人员，在工作中不认真履行食品安全监督职责，致使不符合安全标准的食品大量流入社会，严重危害社会公众食品安全，社会影响恶劣，其行为已构成食品监管渎职罪。被告人因玩忽职守造成公共财产和人民利益遭受重大损失，导致发生危害食品安全的严重后果，其行为应同时构成玩忽职守罪和食品监管渎职罪，但食品监管渎职罪属特别法规定，根据特别法优于普通法、重法优于轻法的法律适用原则，即应以食品监管渎职定罪处罚，故公诉机关以玩忽职守指控罪名不当，应予更正。

　　关于被告人王某提出其在侦查阶段所作的供述及悔过书系因办案人员威胁和诱导而作出，应作为非法证据排除。经审查，办案人员在办案过程中告知相关刑事政策及法律后果，属正常的办案方式，且本案并不存在刑讯逼供或变相刑讯逼供的情形，根据《中华人民共和国刑事诉讼法》第五十四条及《关于办理刑事案件排除非法证据若干问题的规定》，被告人的供述只有受到刑讯逼供或变相刑讯逼供才适用非法证据排除规则予以排除，被告人的该辩称不符合上述情形，其在侦查阶段的供述及悔过书在庭审中经调查质证及观看同步录音录像，应结合其他证据予以认定。

　　关于被告人王某辩称其行为不应构成犯罪及辩护人辩称对被告人定罪缺乏事实依据、证据不足的意见。经审查，上述证据中，相关书证证实了被告人王某应履行的法定职责，证人曹某、张某等多人证实了其冻库在历年经营中为逃避处罚而对王某请吃送礼后，王某予以放松管理、通风报信的事实；证人徐某、唐某证实了王某所具有职责及王某未报告过曹某冻库涉嫌收购、制售病死猪产品的事实；王某所在单位《巡查日志》证实了其未按规定巡查或巡查敷衍应对的事实；法院及上级法院一审、二审刑事裁判文书证实了曹某等多人因生产、销售不符合安全标准的食品罪受刑事处罚的事实；被告人王某的供述亦证实其不认真或不履行职责及接受吃请为冻库通风报信的事实。现有证据已形成锁链，足以认定本案事实。被告人王某作为辖区内动物卫生监管工作的具体负责人，其在工作中玩忽职守，对重点监管对象的生猪制品场所放松管理，并在接受监管对象吃请送礼后予以通风报信，致使不符合安全标准的食品大量流入社会，严重危害人体健康，社会影响恶劣，其行为与危害后果有法律上的因果关系，符合食品监管渎职罪的构成特征，应定罪处罚。虽然目前食品安全监管存在多部门分管模式，但其他部门及人员是否存在渎职行为并不能阻却被告人在本案中应承担的渎职犯罪的法律责任，因此上述辩解意见法院不予采纳。综上，被告人王某身为负有食品安全监督管理职责的从事公务的工作人员，不认真履行职责，并在接受监管对象吃请送礼后予以通风报信，且庭审时不具有认罪、悔罪表现，应从重处罚。

　　据此，法院依照《中华人民共和国刑法》第四百零八条的规定，判决：被告人王某犯食品监管渎职罪，判处有期徒刑十个月。

九、徇私舞弊，售出检疫证明案

行为人利用职务上的便利，为徇私情、私利，多次未到现场检疫即将盖有动物卫生监督机关印章的空白动物检疫合格证明卖给他人使用，致使大量未经检疫的生猪流入市场。行为人的行为扰乱了动物防疫检疫秩序，构成动植物检疫徇私舞弊罪。

案情概况
CASE
OVERVIEW

A 省 B 县人民检察院指控动物检疫人员张某犯动植物检疫徇私舞弊罪，于 2015 年 6 月向法院提起公诉。法院依法组成合议庭，于 2015 年 7 月公开开庭审理了本案。

经审理查明：被告人张某于 2009 年 5 月 19 日被任命为 B 县畜牧兽医水产局 F 乡畜牧兽医水产站站长，于 2012 年 7 月 16 日取得官方兽医资格。

2012 年年底至 2013 年 8 月份期间，被告人张某利用任 B 县畜牧兽医水产局 F 乡畜牧兽医水产站站长，具有官方兽医资格，可以从 A 省 B 县动物卫生监督所领取动物检疫合格证明票据，独立开展动物检疫工作，出具动物检疫合格证明的便利条件，将从 A 省 B 县动物卫生监督所领取的空白加盖该所公章的动物检疫合格证明第二联，以每张 90~100 元不等的价格，卖给许某 192 张，从中牟利，并伪造第一联 103 张交 A 省 B 县动物卫生监督所存档。许某又将购得空白加盖 A 省 B 县动物卫生监督所印章的动物检疫合格证明第二联转卖给谢某 147 张，转卖给陈某 34 张，转卖给葛某 11 张。被告人张某在未到场检疫，未对运载工具进行消毒并监督装载的情况下，任由许某、谢某、陈某、葛某等人填写虚假的动物检疫合格证明，用于贩卖生猪，致使未经检疫的生猪流入市场。

另查明：C 省 D 市 E 区人民法院［2014］锡法刑初字第 00358 号刑事判决书认定，2012 年 12 月至 2013 年 8 月期间，许某多次从张某处购得空白加盖 B 县动物卫生监督所印章的检疫证明共计 192 张，其中卖给谢某 147 张，卖给陈某 34 张，卖给葛某 11 张，并于 2015 年 2 月 26 日，以许某犯买卖国家机关证件罪，判处有期徒刑三年十一个月。

2015 年 3 月 23 日，被告人张某向 A 县人民检察院退案件款 16 620 元。

部分证据
SOME
EVIDENCE

（一）书证

1. 复印于许某案加盖 A 省 B 县动物卫生监督所印章，官方兽医署名张某的动物检疫合格证明（动物 A）第二联证明，加盖 A 省 B 县动物卫生监督所印章的动物检疫合格证明（动物 A）被伪造的具体情况。

2. 复印于宿州市动物卫生监督所的动物检疫合格证明（动物 A）第一联 103 张，证明被告人张某伪造动物检疫合格证明（动物 A）第一联 103 张的具体情况。

3．C 省 D 市 E 区人民法院［2014］锡法刑初字第 00358 号《刑事判决书》证明，许某从被告人张某处购买加盖公章的空白动物检疫合格证明 192 张，贩卖给他人，其行为构成买卖国家机关证件罪及被该院判刑情况。

（二）辨认笔录

D 市公安局直属分局制作的辨认笔录两份证明，经许某辨认被告人张某就是向其出售空白已盖章的动物检疫合格证明的人；谢某、陈某就是向其购买空白已盖章的动物检疫合格证明的人；经被告人张某辨认，许某就是向其购买空白已盖章的动物检疫合格证明的人。

（三）证人证言

1．许某证言证明，他做生猪销售中间人（主要是将收购生猪的屠宰户介绍给他们当地的生猪养殖户，从中赚取介绍费）期间，认识了 B 县的动物检疫员、官方兽医张某及在 D 从事生猪屠宰生意的谢某和陈某。2012 年年底的时候，谢某多次给他说 D 市很多做生猪屠宰生意的人，使用空白的动物检疫合格证明来贩卖生猪屠宰销售，让他帮忙搞点空白的动物检疫合格证明，并答应给他好处费。后联系张某，张某提出每张空白的动物检疫合格证明需要 100 元钱。谢某同意每张给他 150 元钱，让他从中赚取每张 50 元钱的差价。于是从 2012 年年底开始，他就从张某处购买空白的动物检疫合格证明，转卖给谢某。后陈某、葛某也找他买空白的动物检疫合格证明。他共从张某处购买空白的动物检疫合格证明 220 多张，都是以每张 150 元价格卖出去，其中卖给谢某 140~150 张，卖给陈某 50 张，卖给葛某 15 张。张某知道他是把空白的动物检疫合格证明拿来转卖，从中赚钱的，也知道空白的动物检疫合格证明是用来虚开的，证实运到 D 市的生猪是经过 B 县检疫合格的。张某还嘱咐他动物检疫合格证明上的官方兽医应填写张某的名字，他也就交代谢某、陈某、葛某，官方兽医一定要签张某的名字，其他内容都是谢某、陈某、葛某自己填写的。

2．谢某证言证明，2012 年年底，他打许某电话问许某能不能搞到动物检疫合格证明，许某说可以，并要每张 150 元钱。过了几天，许某路过 D 市约他在 D 市东高速路口见面，给了他 10 张空白的 A 省 B 县的动物检疫合格证明，并他给了许某 1 500 元钱。许某关照他填写空白动物检疫合格证明落款官方兽医应写张某，货主写许某，并说这样写安全。后他每次把空白的动物检疫合格证明用完就联系许某购买，一般每次三四张，最多一次 6 张。他向许某购买 147 张空白的 A 省 B 县动物检疫合格证明第二联（每张都是 150 元钱）均被他和马某拼车到浙江省嘉兴市购买未经检疫的生猪用了。

3．陈某证言证明，2013 年 1 月份的一天，他打电话问许某能否给他弄一些空白的 A 省的动物检疫合格证明，以便冒经 A 省检疫过来的生猪。过了七八天，许某让人给他送来 4 张 A 省 B 县空白的动物检疫合格证明，他给了许某 800 元。2013 年 1~7 月份，他先后向许某购买六七次，共计 34 张，均被他用于从浙江购买的未经检疫的生猪，冒充经 A 省 B 县动物检疫部门检疫合格的生猪。

4. 葛某证言证明，2013 年 1~8 月份期间，他共从许某手中购买 11 张 A 省 B 县的空白动物检疫合格证明，其中的 9 张被他到浙江嘉兴市购买未经检疫的生猪用了，另外两张给其他人用了。

（四）被告人供述

被告人张某供述证明，许某经常到 B 县 F 乡买猪，他负责检疫，时间长了，就和许某熟悉了。2012 年年底，许某到 F 乡 G 村收猪时，问能不能向他买点空白的动物检疫证明。他问许某买空白的动物检疫证明干什么的。许某说有时收猪找不到检疫员，耽误时间，买点空白的动物检疫合格证明留着急用，他和许某熟悉多年了，碍于情面，另外还能挣点钱，他就以每张 100 元的价格卖给许某五张空白的动物检疫合格证明。后许某就不断向他买空白的动物检疫合格证明，有时三五张，有时十多张，一二十次，共计 200 多张。前两次卖给许某空白的动物检疫合格证明是 100 元每张，后来都是 90 元每张。每次交易都是许某事先打他的电话，然后到 F 乡和他交易。许某长期收购生猪，动物检疫合格证明上常规内容都会填，但检疫员签名那一栏他让许某签他的名字。他卖给许某那些空白动物检疫证明的存根联，都是他在准备到局里换新票前，胡乱填写的，和许某买去后填写的内容是不一致的。直到 B 市公安局找他调查时，他才知道许某买空白动物检疫证明赚钱，在收购生猪过程中逃避检疫。

法院判决
COURT JUDGMENT

关于公诉机关指控被告人张某卖给许某空白已加盖 A 省 B 县动物卫生监督所印章的动物检疫合格证明共计 229 张。经查，公诉机关指控被告人张某为了徇私情、私利，以每张 90~100 元不等的价格出卖空白加盖 A 省 B 县动物卫生监督所印章的动物检疫合格证明第二联给许某，而许某已被生效判决认定从被告人张某处购买空白加盖 A 省 B 县动物卫生监督所印章的动物检疫合格证明第二联共计 192 张。被告人张某虽供述卖给许某空白加盖 A 省 B 县动物卫生监督所印章的动物检疫合格证明 200 多张，但不能明确具体多少张；证人许某虽证明从被告人张某处购得空白加盖 A 省 B 县动物卫生监督所印章的动物检疫合格证明 220 多张，但也证明从被告人张某处购得的动物检疫合格证明均卖给了谢某、陈某、葛某；结合证人谢某、陈某、葛某证言，法院认为，应认定被告人张某卖给许某空白加盖 A 省 B 县动物卫生监督所印章的动物检疫合格证明第二联共计 192 张。故公诉机关该指控，法院不予支持。

关于被告人张某辩解其不符合动植物检疫徇私舞弊罪的主体要件，其行为不构成动植物检疫徇私舞弊罪。经查，被告人张某于 2009 年 5 月 19 日被任命为 B 县畜牧兽医水产局 F 乡畜牧兽医水产站站长，于 2012 年 7 月 16 日取得官方兽医资格，2012 年年底至 2013 年 8 月份期间，系 B 县畜牧兽医水产局的检疫人员，为了私情、私利，在未到现场检疫情况下即将空白加盖 A 省 B 县动物卫生监督所印章的动物检疫合格证明 192 张出卖给许某，许某又转卖给他人用于生猪销售，致使未经检疫的生猪流入市场。法院认为，被告人张某符合动植物检疫徇私舞弊罪的主体要件，其行为应构成动植物检疫徇私舞弊罪。故被告人张某该辩解，法院不予采纳。

法院认为：被告人张某身为动植物检疫机关的检疫人员，为徇私情、私利，多次未到现场检疫即将空白已盖章的动物检疫合格证明卖给他人伪造后使用，致使未经检疫的生猪流入市场，其行为已构成动植物检疫徇私舞弊罪，应依法惩处。被告人张某归案后能如实供述自己的犯罪事实，依法予以从轻处罚。公诉机关指控被告人张某犯动植物检疫徇私舞弊罪主要事实存在，罪名成立。

根据本案的事实、情节及对社会的危害程度，依照《中华人民共和国刑法》第四百一十三条第一款、第六十七条第三款等规定，一审判决：被告人张某犯动植物检疫徇私舞弊罪，判处有期徒刑三年。

十、徇私舞弊，违规出具狗肉检疫证明案

行为人身为动物检疫人员，为徇私情，不依法履行检疫监管职责，违规出具动物检疫合格证明，致使未经检疫的大量狗肉产品流入市场。行为人的行为破坏了国家动植物检疫机关对动植物制品的正常监管活动，构成动植物检疫徇私舞弊罪。

案情概况 CASE OVERVIEW

A 省 B 县人民检察院指控协检员贾某某犯动植物检疫徇私舞弊罪，于 2015 年 4 月向 B 县人民法院提起公诉。法院依法适用简易程序，组成合议庭，公开开庭进行了审理。

经审理查明：2010 年 3 月被告人贾某某被 B 县动物卫生鉴定所聘任为 B 县大屯镇检疫协检员，在任职期间，明知 C 市动物卫生监督所禁止对已宰杀的狗进行检疫，为徇私情，对安某（已判刑）申报检疫的产品未进行现场检疫的情况下，分别于 2012 年 9 月、2013 年 1 月为安某伪造了运往省外的产品名称为"狗产品""毛壳狗"的动物检疫合格证明各一份，致使未经检疫的大量狗肉制品流入市场。

庭审中，公诉人提出被告人贾某某到案后能如实供述自己的犯罪事实，系坦白，具有法定从轻处罚情节。

法院判决 COURT JUDGMENT

法院认为，被告人贾某某身为动物检疫人员徇私舞弊，不检疫而出具合格检疫证明，其行为已构成动植物检疫徇私舞弊罪。公诉机关指控被告人贾某某犯动植物检疫徇私舞弊罪的事实清楚，证据确实充分。被

告人贾某某犯动植物检疫徇私舞弊罪依法应当判处五年以下有期徒刑或者拘役。其到案后如实供述自己的犯罪事实，系坦白，法院决定对其从轻处罚。

根据被告人贾某某的犯罪事实、犯罪性质、情节和对于社会的危害程度，依照《中华人民共和国刑法》第四百一十三第一款、第六十七条第三款之规定，判决被告人贾某某犯动植物检疫徇私舞弊罪，判处拘役六个月。

十一、检疫失职，违规出具检疫证明案

行为人疏于职守，严重不负责任，对应当检疫的生猪没有严格履行法定的检疫程序，致使他人和国家利益遭受重大损失。行为人的行为破坏了国家正常的动植物检疫秩序，构成动植物检疫失职罪。

案情概况
CASE OVERVIEW

A省B县人民检察院指控动物检疫人员屈某、崔某涉嫌犯动植物检疫失职罪，于2013年7月向B县人民法院提起公诉。法院依法组成合议庭，公开开庭审理了本案。

经审理查明：2012年12月20日，被告人屈某、崔某在B县C乡对白某收购的生猪没有严格履行法定的检疫程序，严重不负责任，直接对白某收购的生猪出具动物检疫证明。导致白某收购的生猪在运往G市时，其中8头被检测为重大病康复猪，94头生猪被全部焚烧，给白某造成经济损失达215 700元。

另查明，2013年1月18日，B县畜牧局与白某签订补助协议，B县畜牧局经B县国库支付中心支付白某人民币16万元生猪扑杀补助款。

部分证据
SOME EVIDENCE

1. 被告人屈某供述：2012年12月20日上午，C乡分所所长崔某走时给他说，郑某收猪安排他一人值班，崔某下午回畜牧局开会。当天下午，收猪的人用车拉着猪，拿着乡村防疫员给开出的未使用瘦肉精承诺书，到动检所让他给生猪检验检疫，他看以后，就让收猪的人直接把猪送到郑某的收猪台，郑某收完猪之后，他直接开了检疫证明，他在检疫证明的第一联替崔某签了名。检疫证明开的是白某的名字，猪装了两车，一车装94头运往G市。白某从A省B县运输到G市的94头生猪，在G市E县I镇动物卫生监督检查站被检查出了8头重大病康复猪，94头生猪被全部烧掉。对出售的生猪，按照检疫程序，要到厂到户进行实地检疫，他没有到户进行检疫，就直接开了检疫证明。

2. 被告人崔某供述：2012年12月20日，B县C乡H村村委的郑某为D县的白某收生猪，派了检疫员屈某对白某收购的生猪进行了检疫，检疫证上的签字是屈某代签的。

12 月 21 日下午，白某收购的 94 头生猪被 G 市 E 县 I 镇动物卫生监督检查站检查出 8 头重大病康复猪，94 头生猪被全部焚烧了，给白某造成 20 多万元损失。

3. 证人白某陈述：2012 年 12 月 20 日，他到 B 县 C 乡，让郑某帮忙收购生猪。当天共收两车猪，一车运往 G 市共 94 头，重 25 575 斤，价值 208 900 元，运费是 6 800 元。运载的生猪在 G 市 E 县 I 镇动物卫生监督检查站，被查出有 8 头重大病康复猪，G 市 E 县将 94 头生猪焚烧。

4. 证人亓某、郑某、潘某证言：证实 2012 年 12 月 20 日帮白某收猪，没有看到检疫员屈某对生猪进行检验检疫，就直接开出检疫证。

5. 证人赵某、赵某某证言：证实出具检疫证明需要检疫员和分所所长两人同时签字，签字以后，由所长将检疫情况用电话向包片局领导进行汇报。2012 年 12 月 20 日，白某在 B 县 C 乡经郑某收了两车生猪，其中有一车生猪 94 头运往 G 市，被 G 市 E 县 I 镇动物卫生监督检查站检查出有 8 头重大病康复猪，94 头生猪已被 G 市方面扑杀。白某遭受 20 多万元的经济损失。

6. 染疫动物处理通知书：证实 2012 年 12 月 22 日，A 省白某的 94 头生猪在 E 县 I 镇检查站监督检查时发现感染重大病，G 市 E 县动物卫生监督所对该批 94 头生猪采取焚烧、深埋无害化处理。

7. 补助协议及收据：证实 2013 年 1 月 18 日，A 省 B 县畜牧局与白某签订补助协议，B 县畜牧局经 B 县国库支付中心支付白某人民币 16 万元生猪扑杀补助款。

8. F 市动物卫生监督所文件：证实动物检疫人员在检疫中必须严格实行"四制"要求，一是生猪出栏前报检登记制度；二是养殖场业主保证制；三是生猪检疫与"瘦肉精"检测同步制；四是出证"双签"制。

9. A 省 B 县畜牧局文件：证实 B 县畜牧局对崔某、屈某所犯错误的处分决定，免去崔某 B 县芦庙动物卫生监督分所所长职务，调离 C 乡分所；给屈某行政记大过处分，撤销屈某检疫员资格。

10. F 市卫生监督所通报：证实 F 市动物卫生监督所对 B 县检疫员屈某违犯《六条禁令》的通报批评，取消检疫员资格，并建议 B 县畜牧局给予相关责任人和 C 乡分所负责人给予严厉的行政处分。

11. B 县动物卫生监督所动物检疫人员及分所所长岗位职责及责任书：证实动物检疫人员及分所所长的岗位职责，并签订责任书。

12. 行政许可法、动物防疫法、动物检疫管理办法、检疫规程、农业部《六条禁令》、动物疫病病种名录。

13. 到案经过：证实二被告人的到案情况。

法院判决
COURT
JUDGMENT

　　法院认为，被告人屈某、崔某，不履行工作职责，致使国家利益遭受重大损失，事实清楚，证据确实充分，二被告人的行为均已构成动植物检疫失职罪；公诉机关指控的犯罪事实及罪名成立，依法判处应予支持。鉴于二被告人当庭自愿认罪，可酌情从轻处罚；综合考虑被告人的犯罪事实、情节、社会危害程度及悔罪表现，依照《中华人民共和国刑法》第四百一十三条第二款、第三十七条、第六十七条第三款之规定，判决：被告人屈某犯动植物检疫失职罪，免予刑事处罚；被告人崔某犯动植物检疫失职罪，免予刑事处罚。

十二、放纵管理相对人制售病死动物产品案

　　行为人作为负责动物卫生监督的国家机关工作人员，违规接受他人吃请，明知他人无屠宰资质条件，非法从事动物产品加工、销售活动而不依法加以监管，擅自将依法扣押的动物产品返还给他人。行为人的行为破坏了动物防疫检疫秩序和动物产品安全监管秩序，构成放纵制售伪劣产品罪。

提起上诉
APPEAL

　　A省B市人民法院审理B市人民检察院指控的原审被告人姜某犯放纵制售伪劣商品犯罪行为罪一案，于2014年6月作出刑事判决，姜某不服，提出上诉。E市中级人民法院于2015年1月立案，于2015年3月公开开庭审理了本案。

案情概况
CASE
OVERVIEW

〈一审情况〉

　　原审判决认定，被告人姜某自2009—2013年担任A省B市畜牧局动物卫生监督所所长，负责B市辖区内动物产品加工经营的监督检查及畜禽产品的无害化处理等全面工作。2010年8月份至2011年6月份，A省郝某某（已判刑）等人在无工商执照及未经卫生、动物检疫部门检疫的情况下，在B市开发区租赁房屋收购病、死牛、马，经过屠宰加工成熟食后在市场销售。被告人姜某接受郝某某的吃请，明知郝某某的屠宰点无合法手续进行非法经营活动，在监督执法当中扣押郝某某未经检疫的死因不明马肉300余斤，在未对郝某某任何处罚情况下，擅自将所扣押涉案物品返还郝某某，郝某某将该批马肉加工成熟食品后重新投入市场销售。因被告人姜某不履行法定监督职责，致使郝某某等人屠宰、加工大量有害食品流入市场，销售金额达人民币39万余元。2013年5月7日，被告人姜某在B市C镇被抓获。

　　上述事实，有经过原审法院质证确认的下列证据证实：

1. 证人尚某某的证言：2010 年 3 月份，我通过李某某与郝某某相识。郝某某在闲谈中对我说他倒卖死牛、死马二十多年从未办理相关证照，他还说他在 D 镇干这几年每年的收入都在 20 余万元。他还说如果能来 C 镇发展收益会更好，因为 B 市畜牧局动物检疫站站长徐某某是我非常好的朋友。我每年死牛、死马的处理从未经过检疫，徐某某自上任以来都给予特别的关照，从未过问过屠宰的事。2010 年 6 月初，郝某某的黑屠宰点建成了，设在高速公路旁的荷花山庄边上，他同时告诉我不让我参与合作了。2010 年 6 月末，郝某某的黑屠宰点正式开业。开业当天中午，B 市畜牧局动物卫生监督所的姜某所长带领他的下属白某甲、扈某某、杨某某等人以及动物卫生检疫站徐某某带下属张某某、孔某某、韩某某等人一起去这个屠宰点喝的酒。郝某某开始张罗酒时说今天我的加工点开业了，请大家来喝点酒。徐某某就说你这个加工点也不是什么正规的还开什么业啊，不用说大家也心知肚明，以后有什么事检疫站能办的一定全力以赴、全力支持。

2. 证人郝某某的证言：2010 年 5 月末，我在 D 镇收了一匹马杀了之后在市场上卖肉，被 B 市畜牧局的姜某、杨某某、白某甲给处罚了，他们说我是私屠滥宰，罚款 15 000 元。2010 年末，我在 C 镇荷花山庄附近租了一个三层小楼开了一个黑加工点，屠宰死牛、死马分解后加工成熟食出售。这个加工点在开业之前的一天，我杀了一只羊，然后我请了检疫站的徐某某和监督所的姜某，并让他们带站里的好哥们一起过来喝酒。当天徐某某和姜某分别带着下属来到我的加工点，一共来了七八个人。在喝酒期间我张罗一杯酒说我从 D 镇搬到 C 镇来了，还干屠宰加工这生意，今天请哥几个到我这认认家门，加深一下感情。我请他们吃完饭后就开始屠宰加工了。过了一段时间，姜某领着几个人到我的加工点扣了三四百斤马肉。隔了几天后我去找姜某求了好几次情，我对姜某说你以前罚过我，这次就别扣我肉了。当时姜某对我说这次就这么地了，下次注意。然后姜某就让我到 B 市客运站附近的一个冷冻库把扣我的肉取回来，后来我把这些马肉煮熟后卖了。

3. 证人丁某某的证言：2011 年 6 月 8 日，我和主任姜某接到尚某某的举报电话，称郝某某在高速公路旁的荷花山庄开设黑加工点私屠滥宰，请求我们查处。我们接到举报后协同公安机关将郝某某的这个黑加工点查封了，并将此案移交公安机关处理。郝某某的屠宰点什么证照都没有，纯属私屠滥宰。

4. 证人白某乙的证言：我在 2005 至 2011 年 9 月份期间担任 B 市畜牧局副局长，分管动物卫生检疫站和动物卫生监督所工作。我们局里曾开会研究决定这两个站所的分工，C 镇内的动物卫生案件行政执法由动物卫生检疫站负责，C 镇之外的其他乡镇的动物卫生案件行政执法由动物卫生监督所负责。2010 年郝某某在 D 镇杀了一匹未经检疫的马，被我们局监督所的工作人员去处罚了。后来郝某某在 C 镇高速公路旁的荷花山庄开了个黑加工点，2011 年 6 月份我带领检疫站的王某、张某去对他进行了处罚。动物卫生监督所的姜某及相关人员到郝某某在荷花山庄开的黑加工点执法的事我不知道，他们如果要是处理郝某某的话应该形成执法卷宗，应到法制办还有我这履行相关的审核、审批手续。我们在执法过程中如发现涉案数额较大、情节较严重可能涉嫌犯罪的情况，应当移交公安机关处理。

5. 证人白某甲的证言：2010年郝某某在D镇杀了一匹马，我们监督所到D镇处罚过郝某某，当时是杨某某开车拉着和扈某某一起去的，姜某去没去我记不清了。2010年秋天的一天，所长姜某对我说出去一趟，后来杨某某开车到我家接的我，我上车后才知道去郝某某的加工点吃饭。这样我就和杨某某、扈某某跟着姜某去了荷花山庄附近郝某某的屠宰点。我理解郝某某请我们吃饭的意思就是他开这个屠宰点让我们以后多照顾。这次吃饭后的一天，我和姜某某、王某某、扈某某、杨某某下乡回来的途中，姜某某提议去郝某某的加工点去看看，这样我们就过去了。我们到现场后看见有个工人正在分割马肉，我就给他出具了扣押清单，然后我们就把这些马肉拉到新客运站附近的一个冷库里了。对郝某某的这次违法行为我们监督所没作任何处理，也没谈笔录，也没下处罚决定书，也没有形成处罚卷宗，这个案子就不了了之了。

6. 证人杨某某的证言：2010年我们监督所到D镇处罚过郝某某，当时是我开车拉着姜某、扈某某、白某甲一起去的。后来郝某某在高速公路旁的荷花山庄附近开了一个牛、马肉加工点，开业的那天中午，我们所长姜某对我们说郝某某杀只羊请我们去吃饭，于是姜某就领我和扈某某、白某甲四人去了郝某某的屠宰点。在吃饭之前郝某某说我的屠宰点从D镇搬C镇来了，以后请你们继续多多关照。郝某某请我们监督所和检疫站的人吃饭，目的就是让主管的领导对他的经营行为予以照顾。郝某某的加工点开业之后的一天，姜某领着我和白某甲、扈某某、王某某一起去这个加工点执法检查，我们发现有人正在分割死因不明的马肉，我们就当场扣押了这些马肉，后来我们在警察的协助下将这批马肉拉到新客运站附近的一个冷库里保存。后来我们也没有取郝某某的笔录，也没有对他作出什么处理。

7. B市人民法院〔2012〕尚刑初字第10号刑事判决书：2010年8月份至2011年6月份，A省某县某镇居民郝某某等人在无工商执照及未经卫生、动物检疫部门检疫的情况下，在B市开发区租赁房屋收购病、死牛、马，经过屠宰加工成熟食后在市场销售，销售金额人民币39万余元。郝某某等人被处以刑罚。

8. 被告人姜某的供述：2010年5月份，我们接到举报称郝某某在D镇屠宰加工死因不明的马，我安排我们监督所的扈某某、杨某某、白某甲去对其进行了处罚。2010年夏天，郝某某在尚志荷花山庄附近开的加工点开业时，他给我打电话说他杀了一只羊，要请我们去吃饭，我就领着我所里的扈某某、杨某某、白某甲一起去了。自郝某某在C镇开设加工点后，我们监督所就过一次执法检查，是在到郝某某开业吃饭之后的一天，我们监督所去一面坡下乡时，我接到举报说有人在荷花山庄杀了一匹马，我就带着杨某某、白某甲、扈某某、王某某一起去了郝某某的加工点。到现场后发现郝某某不在家，我们就对现场进行了勘查，然后就雇车把涉案的三四百斤马肉拉走了。当我们走到收费站附近时，郝某某追了上来不让我们把马肉拉走，我们就去开发区派出所报警了，后来在警察的协助下我们把马肉拉到新客运站附近的一个冷藏库存放了。我们在调查取证时，郝某某拒不配合，只是口头称杀的是活马，肉是好肉。后来我和扈某某商量，郝某某不谈笔录，证据保存超过七天就违规了。另外郝某某还和我说他家里有个生病的媳妇，考虑到他家的实际情况，最后我和扈某某就决定把肉退还给郝某某，然后我就给郝某某打电话让他去冷库取肉。这起案件的处理我们没有形成卷宗，我也没有向局领导请示汇报。依照局里分工，我们监督所负责C镇之外的其他乡镇的动物卫生案件的行政执法，C镇内的动物卫生案件由检疫站负责。我们这次对郝某某进行监督检查是因为有人举报，按照规定，只要接到举报就得受理。这次对郝某某的处理确实不妥，该承担什么责任我就承担什么责任。

原审法院认为，被告人姜某身为国家机关工作人员，明知郝某某等人屠宰、加工有害动物食品出售，徇私舞弊，不履行法律规定的追究职责，情节严重，其行为已构成放纵制售伪劣商品犯罪行为罪。公诉机关指控的事实和罪名成立。姜某辩称依照B市畜牧局内部分工其对郝某某的黑屠宰加工点无执法监督职责，与法律法规赋予的职责相悖，不予采纳。姜某自愿认罪，确有悔罪表现，可以酌情从轻处罚。依照《中华人民共和国刑法》第四百一十四条、第七十二条第一款、第七十三条第二款、第三款及《最高人民法院关于办理生产、销售伪劣商品刑事案件具体应用法律若干问题的解释》第八条第（一）项的规定，判决被告人姜某犯放纵制售伪劣商品犯罪行为罪，判处有期徒刑一年，缓刑二年。

〈二审情况〉

宣判后，原审被告人姜某以量刑过重为由提出上诉。其辩护人提出姜某对郝某某的黑屠宰加工点无执法监督职责，没有徇私舞弊，不构成放纵制售伪劣商品犯罪行为罪。

二审法院审理认为，原审判决认定上诉人姜某犯放纵制售伪劣商品犯罪行为罪事实清楚、证据充分，定性准确，诉讼程序合法。姜某某在明知郝某某无相关证照，屠宰加工未经检疫的动物食品出售的情况下，接受郝某某的宴请，在郝的请求下，不履行法律规定的追究职责，不按法定程序处置，擅自决定将在执法过程中扣押未经检疫、死因不明的300余斤马肉返还给郝某某，致使郝某某将该批马肉加工成熟食后销售。上述事实，有尚某某、郝某某、扈某某、白某乙、杨某某等证人及认定郝某某犯生产、销售伪劣产品罪的刑事判决书等证据的证实，姜某亦供认。姜某身为对生产、销售伪劣商品犯罪行为负有追究责任的国家机关工作人员，徇私舞弊，不履行法律规定的追究职责，情节严重，其行为已构成放纵制售伪劣商品犯罪行为罪。原审法院在对姜某量刑时已综合考虑其犯罪事实及其犯罪行为对社会的危害程度等本案具体量刑情节，对其量刑并无不当。姜某的上诉理由及辩护人的辩护意见不能成立。

法院判决 COURT JUDGMENT 依照《中华人民共和国刑事诉讼法》第二百二十五条第（一）项之规定，终审裁定：驳回上诉，维持原判。

十三、病死猪肉监管渎职案

2015 年最高人民检察院通报的 11 起检察机关加强食品安全司法保护典型案例之一，公布案情如下：

2011 年 9 月 17 日至 2013 年 11 月 25 日，B 市检察院先后以涉嫌食品监管渎职罪对 B 市动物卫生监督所所长李某等人立案侦查，以涉嫌滥用职权罪对 B 市畜牧兽医水产局副局长郑某等人立案侦查。

经查，2010 年 12 月至 2011 年 9 月，张某等 26 人利用其租用的 B 市福龙公司屠宰车间，大量屠宰未经检验检疫的生猪和病、死猪。时任 B 市畜牧兽医水产局副局长郑某和动物卫生监督所所长李某在明知张某等人租用福龙公司定点屠宰场分割车间非法宰杀生猪的情况下，决定按每月 4 000 元的标准向张某等人的分割车间收取检疫费，但是，时任动物卫生监督所检疫员陈某等人并未按规定对张某等人屠宰的生猪和猪肉产品进行检疫。郑某和李某明知动物卫生监督所工作人员未进行检疫，违法出具动物产品检疫合格证明等"三证"，没有采取措施予以纠正，放任不管，造成张某等人长期非法屠宰生猪，造成 3 000 余吨未经检疫的猪肉和病、死猪肉流入市场。在此过程中，李某收受张某的贿赂 6 000 元。

2012 年 12 月 20 日，B 市人民法院判决李某犯食品监管渎职罪，判处有期徒刑三年；犯受贿罪，判处有期徒刑六个月；2014 年 7 月 4 日，B 市人民法院判决郑某犯食品监管渎职罪，判处有期徒刑二年，缓刑二年六个月。

十四、玩忽职守，病死猪监管失职案

2015 年最高人民检察院通报的 11 起检察机关加强食品安全司法保护典型案例之一，公布案情如下：

2014 年 12 月 27 日，中央电视台播出《追踪病死猪肉》的新闻，新闻中报道，A 省 B 市不少病、死猪被长期收购，销往广东等七个省份。后江西省检察院将此案交由 C 市检察院立案查处。目前共立案 16 人，其中 D 市检察院立案 7 人，B 市检察院立案 9 人。

A 省 D 市院 2014 年 12 月 30 日以事立案，2015 年 1 月 20 日确定犯罪嫌疑人。立案侦查了 D 市商务局原副局长唐某（副科级）、D 市商务局执法大队原大队长任某、D 市商务局市场秩序科原科长熊某甲、D 市畜牧水产局原党组成员孙某、D 市畜牧水产局动物检疫站原站长付某、D 市畜牧水产局动物检疫姜某站原副站长熊某乙、D 市畜牧水产局动物检疫站站员丁某 7 人玩忽职守案。

2015 年 2 月 5 日，B 市检察院立案查处了 B 市畜牧水产局原局长王某（正科级）玩忽职守、受贿案。2014 年 12 月 30 日，B 市检察院立案查处了 B 市畜牧水产局原副局长艾某（副科级）

玩忽职守案。2014 年 12 月 31 日，B 市检察院立案查处了 B 市畜牧水产局原副局长兰某（副科级）玩忽职守案。2015 年 3 月 17 日，B 市检察院立案侦查了 B 市畜牧水产局 E 镇兽医站原站长朱某玩忽职守、受贿案。2015 年 4 月 14 日，B 市检察院立案侦查了蓝某生产、销售不符合安全标准食品案。2015 年 5 月 2 日，B 市检察院立案查处了 B 市人保财险公司原经理李某（正科级）玩忽职守案。

十五、徇私舞弊，不移交"瘦肉精"监测阳性案

2009 年 3 月份，C 市 B 县畜牧水产局对 B 县生猪养殖规模户进行"瘦肉精"普查检测。2009 年 3 月 9 日，当时任 B 县畜牧水产局局长的禹某和任兽医药政渔政股负责人的王某等人对 B 县 D 镇佘某（另案处理）"桥边养殖场"进行"瘦肉精"检测时发现结果呈阳性，于是将生猪尿样送 A 省兽药饲料监察所进行定量检测，检测结果含"瘦肉精"严重超标，含量达 12.3 纳克 / 毫升。

2009 年 3 月 25 日犯罪嫌疑人王某等人对此事进行调查，经调查证实佘某"桥边养殖场"在喂饲过程中添加了"瘦肉精"。佘某多次找犯罪嫌疑人禹某、王某等人求情，并送了四条"黑硬"芙蓉王烟给犯罪嫌疑人禹某等人。犯罪嫌疑人禹某、王某未按相关规定将该案移送司法机关进行刑事立案，而仅作了罚款 1.5 万元的行政处罚。佘某经这次行政处罚后并未停止该违法犯罪行为，2010 年 10 月，佘某因贩卖含"瘦肉精"的生猪到广东时被查获。

在佘某涉嫌生产、销售有毒、有害食品罪案件移送 B 县人民检察院公诉科审查起诉过程中，承办人在查阅案卷时发现"2009 年佘某因添加'瘦肉精'养殖生猪被 B 县畜牧水产局进行过行政处罚"的时候，推断佘某一案背后可能隐藏着行政执法工作人员以罚代刑的失职渎职犯罪行为。通过查找相关法律法规，承办人进一步证实了添加"瘦肉精"养殖生猪的行为涉嫌犯罪，行政执法机关必须将该行为移送司法机关处理，不得以罚代刑放纵犯罪，该线索的成案可能性大大增强。随后，承办人当即向主管领导汇报，在要求公安机关补充侦查、组织研究讨论、进行案情分析后，公诉科将该线索移送至反渎职侵权局。

在向检察长汇报情况并取得同意之后，2011 年 3 月 8 日，反渎职侵权局便对该案进行初查。初查中，办案人员采取旁敲侧击的策略，开始收集外围证据，通过询问畜牧水产局工作人员及当天陪同禹某、王某对佘某"桥边养殖场"进行"瘦肉精"检测的工作人员，逐步掌握了负责对佘某添加"瘦肉精"养殖生猪一案进行行政处罚的承办人王某以罚代刑的基本犯罪事实。随着侦查工作的逐步深入，办案人员发现畜牧水产局局长禹某在处理佘某投喂"瘦肉精"一案时仅仅是根据王某提交的行政处罚意见，就在该局全体局务会议上拍板对佘某做行政处罚的决定，并随后在立案审批表上签署了"同意立案"的意见，而自始至终未提出将该案移送司法机关处理，致使佘某继续投喂"瘦肉精"养殖生猪，危害公众健康。禹某的行

为同样涉嫌徇私舞弊不移交刑事案件罪。

2011年11月11日，B县人民法院对该案作出一审判决，判处禹某有期徒刑十个月，判处王某有期徒刑六个月，缓刑一年。王某不服一审判决上诉，2012年3月1日，C市中级人民法院对该案做出终审判决，禹某维持原判，改判王某免予刑事处罚。

十六、病死猪肉监管渎职案

2015年最高人民检察院通报的11起检察机关加强食品安全司法保护典型案例之一，公布案情如下：

2013年11月27日，A省B市C区检察院对B市D区畜牧局城区兽防站驻B市第二市场检疫员张某以涉嫌滥用职权罪立案侦查。经查，2010年至今，犯罪嫌疑人张某负责B市第二市场畜禽及畜禽产品检验检疫，其在对腌腊制品检验检疫时，明知无检疫条件，但为收取检疫费，对腌腊制品随意发放检疫证明，致使耿某、刘某、杨某三人长期在第二市场销售用病、死猪肉加工生产的香肠、腊肉，造成恶劣社会影响。2014年11月B市中级人民法院判决张某有期徒刑六个月，缓刑一年。

十七、徇私舞弊，违规出具检疫证明案

2015年最高人民检察院通报的11起检察机关加强食品安全司法保护典型案例之一，公布案情如下：

2012年9月19日，A省B市检察院对B市畜牧局某某动物卫生监督分所所长张某以动植物检疫徇私舞弊罪立案侦查，同年9月20日被取保候审，同年12月19日张某因构成动植物检疫徇私舞弊罪被判处有期徒刑一年。

经查，2011年12月至2012年4月，张某在动物检疫执法过程中徇私舞弊，违反《中华人民共和国动物防疫法》的有关规定及检测"瘦肉精"的有关通知精神，在不按规定对运往县境外屠宰场的肉鸭和生猪进行检疫和检测情况下，按照每只肉鸭0.07元，每头生猪5元的收取标准，通过其儿子、儿媳向动物运输户出卖动物检疫合格证明21份。事后，张某伪造检疫结果交回B市畜牧兽医局。张某的行为致使一些运输户完全摆脱了动物卫生监督机构的监控，给动物疫情控制和人民群众的食品安全带来了极大隐患。

十八、注水猪"放行"案

2014年1月，B市经济技术开发区公安分局破获一起注水猪案件，相继抓获犯罪嫌疑

人卢某、何某等 6 人，查获注水猪数十头。经过鉴定，这些注过水的肉品为假冒伪劣肉品，食用该肉品对身体健康构成潜在危害。因为当天收来的猪第二天卖时会"掉膘"，往往卖不上好价钱。卢某、何某情急之下想出了给猪"注水增肥"的点子，每天给生猪"增肥"。为躲避公安机关处理，给猪注水的时间一般都在后半夜。注过水后，每头猪能多卖好几百元。收的猪一运来就立即被卢某、何某等人带去注水，随后，立即将猪运送到屠宰场进行屠宰，再由商贩拉到各地进行销售。

案件侦办过程中，警方发现史某、卢某等人送来的注水猪全部都送到 C 市 D 屯屠宰场进行屠宰。一般情况下，检疫员在检疫生猪时应将生猪引入待宰圈静养 6 小时，并在此期间巡查检疫，若健康才能开具准宰通知书。史某、卢某等人送来的注水猪又是如何通过检疫顺利进入屠宰程序的？经查，警方发现 C 市 D 屯动物卫生监督所驻 D 屠宰场协检员赵某有犯罪嫌疑。

经审理，2012 年 12 月至 2014 年 1 月，赵某以少开检疫票据、每头生猪多收取 0.5 元检疫费的方式为单位谋取利益。在明知货主史某、卢某送至屠宰场的生猪系注水猪的情况下，未按规定履行停止检疫并向主管部门通报的职责，多次放任史某、卢某实施生产销售伪劣商品犯罪行为。据统计，在此期间，因赵某放纵制售伪劣商品犯罪行为，致使约 3 244 头注水猪经屠宰后销售。

法院审理认为，赵某未按规定程序检疫，并未按规定履行通知检疫向主管部门通报的职责，直接下达准宰通知书、检疫合格通知书。身为对生产、销售伪劣商品行为负有追究责任的国家机关工作人员，徇私舞弊，不履行法律规定的追究职责，情节严重，其行为已构成放纵制售伪劣商品行为罪，依法判处有期徒刑二年，缓刑两年。

十九、徇私舞弊，售出空白检疫证明案

2012 年 6 月至 2013 年 6 月期间，A 省 B 市 C 市 D 镇畜牧兽医水产站站长何某，向多个生猪贩运人以每张 40 元的价格开具空白动物检疫合格证明 1 694 张，并收取费用 67 760 元，违反规定不予上缴国库而归个人使用。B 市 E 镇畜牧兽医水产站原站长刘某，向生猪养殖户、生猪贩运人开具空白检疫证明 370 张，并以每张 30 元或 40 元的价格收取费用 11 070 元，违反规定不予上缴国库而归个人使用；刘某还于 2011—2013 年期间，采取虚报母猪数量的形式骗取能繁母猪补贴 19 600 元。2014 年 3 月 18 日，A 省 B 市 C 市人民法院判决刘某犯贪污罪，判处有期徒刑一年；犯动植物检疫徇私舞弊罪，判处有期徒刑六个月。数罪并罚，决定执行有期徒刑一年三个月。3 月 19 日，C 市人民法院判决何某犯动植物检疫徇私舞弊罪，判处有期徒刑三年，缓刑四年。

二十、徇私舞弊，违规出具检疫证明案

2012 年 9~12 月期间，A 省 B 市 C 县畜牧局检疫员翟某在明知 C 县某食品有限公司不属于其辖区内企业，未对企业进购鸡产品原料进行查证验物，为企业开具了 70 份动物检疫合格证明，产品数量共计 877 吨，并擅自以每吨 8 元收取检疫费，将收取的 7 000 元检疫费据为己有，用于个人花销。2013 年，翟某未对 C 县某食品厂进购的鸡产品原料进行查证验物、未对运输车辆进行消毒，为该企业开具了 23 份动物检疫合格证明，致使 230 吨产品未经检疫流入市场。2014 年 10 月 28 日，C 县人民法院判决翟某犯贪污罪，免予刑事处罚；犯动植物检疫徇私舞弊罪，判处有期徒刑六个月，数罪并罚，决定执行有期徒刑六个月。

二十一、徇私舞弊，虚开检疫证明案

2013 年 12 月至 2014 年 1 月期间，A 省 B 市 C 市动物卫生监督所 D 镇分所协检员陈某、汤某，经与生猪经纪人张某通谋，由陈某或其指使汤某在未对生猪进行现场检疫的情况下，出具 24 份虚假的动物检疫合格证明，致使 2 508 头未经检疫的生猪进入屠宰场。陈某虚开动物检疫合格证明 20 份，涉及生猪 2 063 头；汤某虚开动物检疫合格证明 4 份，涉及生猪 445 头。2014 年 11 月 19 日，A 省 B 市 E 区人民法院审理判决，陈某犯动植物检疫徇私舞弊罪，判处有期徒刑八个月；汤某犯动植物检疫徇私舞弊罪，判处有期徒刑六个月，缓刑一年。

二十二、徇私舞弊，虚开检疫证明案

A 省铁路兽医卫生处 B 段检疫员孙某，在未到现场对货主王某、梁某（均已判刑）非法经营的牛肉查证验物的情况下，为其伪造检疫合格证明 35 张，填写虚假的货主、产地名称、数量等内容，并收取检疫费共计 768 元，上交检疫费 135 元，违法所得 603 元用于个人吃喝。2014 年 12 月 16 日，A 省 B 市中级人民法院终审裁定，维持 A 省 C 县人民法院原审判决，孙某犯动植物检疫徇私舞弊罪，判处有期徒刑二年。

二十三、徇私舞弊，虚开检疫证明案

2012 年 6 月至 2014 年期间，B 区畜牧兽医技术推广中心检疫员朱某违反规定，出于私情私利，在未到 B 区越泉牧业有限公司对生猪进行现场产地检疫的情况下，直接为该公司开具检疫合格证明，或直接将空白检疫合格证明交由该公司负责人杨某自行开具；被告人朱

某在明知被告人黄某系畜牧兽医站防疫员，不能独立从事检疫工作的情况下，将空白检疫证明交由黄某自行开具处理。至案发时，共造成 173 份动物检疫合格证明被虚假开具使用，9 568 头生猪在未经检疫的情况下流入市场。

法院认为，被告人朱某作为检疫机关的检疫人员，违反国家动植物检疫法规，徇私舞弊，伪造检疫结果，被告人黄某明知朱某实施以上行为，仍帮助伪造检疫结果，其行为均已构成动植物检疫徇私舞弊罪。朱某犯动植物检疫徇私舞弊罪，判处拘役六个月，缓刑十个月；黄某犯动植物检疫徇私舞弊罪，免予刑事处罚。

二十四、贪污，违规检疫案

2011 年 1 月至 2014 年 5 月，被告人朱某在担任 B 县畜牧兽医局动物卫生监督所派驻 B 县新旺食品有限公司检疫员期间，谋取私利，徇私舞弊，多次将加盖"A 省 B 县动物卫生监督所检疫（验）专用"印章的空白动物检疫合格证（产品 B）留置该企业，在未进行现场检疫的情况下，任由企业销售部工作人员卞某、韩某等人自己开具，致使 520.05 吨鸡产品未经检疫流入食品市场，对人民生命健康安全造成隐患。

2011 年 1 月至 2013 年 12 月，被告人朱某利用担任 B 县畜牧兽医局 C 镇畜牧兽医站站长的职务之便，在收缴检疫费的过程中，采取收款后不上缴的手段，先后多次侵吞从 B 县新旺食品有限公司、A 省博大禽业有限公司收取的检疫费共计人民币 102 114 元。

法院审理认为，被告人朱某身为动植物检疫机关的检疫人员，违反国家动植物检疫法规，在检疫过程中，徇私舞弊，非法出具检疫合格证明；利用担任 B 县畜牧兽医局 C 镇畜牧站站长职务便利，在收取检疫费过程中，采取收款后不上缴的手段，多次侵吞公款 102 114 元，其行为已构成动植物检疫徇私舞弊罪、贪污罪。判决朱某犯动植物检疫徇私舞弊罪，免予刑事处罚；犯贪污罪，判处有期徒刑十年。决定执行有期徒刑十年；涉案赃款 102 114 元依法追缴。

二十五、徇私舞弊，违规检疫案

B 市人民检察院指控，被告人葛某于 2002 年 8 月 30 日取得动物检疫检验资格，自 2012 年 9 月 1 日至 2014 年 8 月 31 日被 B 市动物卫生监督所聘任为动物检疫协检员，在 B 市经济开发区（C 街道）畜牧兽医站从事动物检疫工作。2013 年 9 月至 2014 年 6 月期间，被告人葛某为徇私情私利、贪图便利，在未见到生猪、未进行检疫的情况下，将空白的动物检疫合格证明交由其妻子朱某和生猪养殖户吕某自行开具使用，由两人开具 17 份虚假的《动物检疫合格证明（动物 B）》，造成 554 头生猪未经产地检疫的情况下而进入屠宰场，最终流入市场。

法院经审理认为，被告人葛某作为检疫机关的检疫人员，违反国家动植物检疫法规，徇私舞弊，伪造检疫结果，其行为已构成动植物检疫徇私舞弊罪，应依法惩处。最后判决葛某犯动植物检疫徇私舞弊罪，判处有期徒刑六个月，缓刑一年。

二十六、徇私舞弊，违规检疫造成走私生猪流入案

胡某系 B 市 C 区某镇水产畜牧兽医站副站长，在 2013 年 9~11 月期间违反检疫规定，在未见到猪、未到现场进行检疫的情况下，多次擅自给他人出具《动物检疫合格证明（动物 B）》37 份，其中 30 份（1 000 多头）被 A 自治区 D 县猪贩作为从越南走私入境的生猪进入 D 县屠宰时产地动物检疫合格证明使用；安排没有检疫资格的村兽医李某实施检疫，李某出具了 23 份动物检疫合格证明，且李某在未见到猪的情况下，给他人出具《动物检疫合格证明（动物 B）》3 份，其中 1 份（54 头）被 A 自治区 D 县猪贩作为从越南走私入境的生猪进入 D 县屠宰时产地动物检疫合格证明使用，致使从越南走私的生猪未经检疫流入市场，给人民群众的食品安全带来严重隐患。

法院经审理认为，胡某身为动植物检疫机关的检疫人员，徇私舞弊，违反国家动植物检疫法规，在动物检疫过程中伪造检疫结果，先后多次未到现场检疫即为他人开具动物检疫合格证明，其行为已构成动植物检疫徇私舞弊罪。胡某归案后如实供述自己的罪行且当庭认罪，属坦白，可从轻处罚。根据胡某的犯罪的事实，犯罪的性质、情节及对社会的危害程度，法院以动植物检疫徇私舞弊罪一审判处胡某有期徒刑一年六个月。

二十七、徇私舞弊，售出检疫证明案

2011 年 3 月，B 市某区动物卫生监督所在当地市场上例行检查时，查获了一批从 C 县运输进来的生猪，发现猪的耳标和出具检疫证明的地点不符，并且检疫证明号码都连着，使用时间的先后顺序颠倒，遂对运猪户韩某依法给予处罚，同时向检疫证明出具地的 D 县畜牧兽医局进行了通报。据此，D 县畜牧兽医局组织排查，很快发现涉案检疫证明全为当地畜牧兽医局卫生监督所所长魏某、动物检疫员赵某经手发放，至此案情真相大白。

2011 年 3 月，魏某以 1 000 元的价格，将空白的动物检疫合格证明 50 份卖给了来自 C 县的运猪户韩某。此后，魏某在没有依法到场检疫、未对运载工具进行装前消毒并监督装载的情况下，伪造检疫结果存根并交回本局。而韩某每次运输生猪都使用魏某卖给的动物检疫合格证明，猪只数量、检疫结果等内容都是其自己填写的，从未经过检疫，截至案发前共用了 15 份，运输生猪约 800 多头，剩余空白的动物检疫合格证明在案发后被全部收缴。

另查明，被告人赵某曾于 2009 年 4 月和 6 月，以同样价格两次卖给其他生猪运输户动物检疫合格证明 5 份，并在未予检疫及对运载工具消毒的情况下，伪造相关的检疫结果存根交回本局。

D 县法院审理认为，魏某、赵某身为动物检疫机关的检疫人员，为徇私利，违规出卖动物检疫合格证明，伪造检疫结果存根，他们的行为均构成了动植物检疫徇私舞弊罪，以动植物检疫徇私舞弊罪判处被告人魏某有期徒刑一年、缓刑二年，被告人赵某有期徒刑六个月、缓刑一年。

二十八、玩忽职守，造成"瘦肉精"生猪流出案

王某甲、杨某、王某乙负责动物的防疫、检疫工作，但疏于职守，对出境生猪应检疫而未检疫，运输工具应当消毒而未消毒，且没有进行盐酸克仑特罗检测，就违规出具动物检疫合格证明，致使 3.8 万余头未经瘦肉精检测的生猪运到 B 省 C 市、A 省 D 市等地，且部分生猪喂养了瘦肉精。王某甲开具动物检疫合格证明 908 车，生猪 23 777 头；杨某开具动物检疫合格证明 240 车，生猪 5 916 头；王某乙开具动物检疫合格证明 489 车，生猪 9 177 头。其中，王某甲、王某乙委托或默许不具备检疫资格的牛某代开证明。牛某代王某甲开动物检疫合格证明 95 份，生猪 1 303 头；代被告人王某乙开动物检疫合格证明 381 份，生猪 7 409 头。

2011 年 2 月 22 日，中央电视台记者在曹某的带领下到 E 镇动物检疫申报点要求出具检疫合格证明，牛某通过电话征得王某乙同意后，在未见到生猪和运载工具的情况下向记者开具了检疫证明，此事在 2011 年 3 月 15 日被中央电视台《每周质量报告》曝光后，造成了极其恶劣的社会影响。

2011 年 3 月 15 日，中央电视台《每周质量报告》《焦点访谈》《新闻 1+1》等栏目对 F 市所辖 G 市、H 市、I 县"健美猪"事件和牛某代王某乙开具证明的情况进行了报道。

H 市人民法院认为，被告人王某甲、杨某、王某乙身为动物防疫、检疫工作人员，不履行职责，对报检出境的生猪应进行瘦肉精检测而不检测，运输工具应当消毒而不消毒，即违规出具检疫证明，造成恶劣的社会影响，其行为均已构成玩忽职守罪。三被告人的玩忽职守行为，导致大量未经瘦肉精检测的生猪流向市场，且部分生猪喂养了瘦肉精，客观上对广大消费者的身体健康造成了严重危害，且经媒体报道后，对广大消费者造成了心理恐慌，严重扰乱了食品市场秩序，影响极为恶劣，属于情节特别严重。其中，被告人王某甲主管生猪检疫工作，怠于履行职责，对 E 镇动物检疫申报点未尽到管理职责，且其开具的证明涉及的生猪数量大，还让不具有检疫资格的妻子牛某代开证明。被告人杨某作为 E 镇动物防疫中心站

的负责人、检疫员，亦不履行监管及防疫、检疫职责，随意为他人开具证明。被告人王某乙作为防疫、检疫员，放弃职责，未经检测、消毒，就为他人开具证明，亦委托牛某代开，对三被告人均应依法惩处。依照《中华人民共和国刑法》第三百九十七条第一款之规定，判决：被告人王某甲犯玩忽职守罪，判处有期徒刑六年；被告人杨某犯玩忽职守罪，判处有期徒刑五年；被告人王某乙犯玩忽职守罪，判处期徒刑五年。

二十九、放纵制售伪劣商品，发现"瘦肉精"不收缴案

2007 年 12 月 7 日，宋某身为 B 市畜牧局动物卫生监督管理所工作人员，与组长张某及工作人员崔某、邱某、宋某到 B 市 C 乡进行执法检查时，在已经发现贩猪经纪人董某非法携带销售"瘦肉精"的情况下，不正确履行职责，既没将董某所携带的瘦肉精全部查扣，亦未将董某携带瘦肉精的情况移交 B 市畜牧局兽药饲料监察所进行处理，当场收取董某3 800 元后（以检疫费名义入账），放任其将 20 余包瘦肉精带走，致使董某于 2008 年6~11 月期间，将未被查扣的瘦肉精非法销售给 B 市 C 乡梁某，D 乡魏某、刘某等饲养户用于生猪饲养。2008 年 10 月，梁某等生猪饲养户喂养的生猪销售到 E 省 F 市时，被农业部检测出猪体内瘦肉精成分严重超标，给国家食品卫生安全和人民群众生命健康造成严重威胁。

原判认定上述事实的证据有被告人宋某在开庭审理过程中的供述；同案被告人张某、崔某、郭某等人对 2007 年 12 月 7 日与被告人宋某在 C 乡进行执法检查时，发现董某违法携带瘦肉精，但没有正确履行职责，未将董某违法携带的瘦肉精全部查扣的事实的证言；证人董某对 2007 年 12 月 7 日在 C 乡所携带的两件瘦肉精被张某等人查扣一件的事实；证人梁某等人对 2008 年 6~11 月分别从董某处购买数量不等的瘦肉精用于生猪饲养的事实的证言；农业部认定生猪体内瘦肉精含量严重超标的相关检测报告及有关书证等证据。

法院根据上述事实和证据以放纵制售伪劣商品犯罪行为罪判处被告人宋某拘役三个月，缓刑六个月。其他人员另案判决。

三十、滥用职权，造成有害肉品流出案

张某在 2009 年 7 月 15 日任 B 县 C 乡畜牧兽医站负责人及获得动物检疫员资格以来，在负责实施动物卫生监督、畜产品质量安全检测工作期间，超越职权，违反《中华人民共和国动物防疫法》等法律法规的规定，对 B 县 C 乡辖区内未在定点屠宰场宰杀的生猪肉品不进行产品检疫的情况下擅自加盖检疫印章，致使注射沙丁胺醇、涂抹荧光增白剂的肉品及不符合检疫标准的生猪肉品进入销售环节销售，严重危害了人民群众的身体健康。另查明，张

某将检疫印章流传在在屠宰户中自行加盖，被 D 市商务局等相关部门巡查时当场查扣，造成了恶劣社会影响。

张某身为国家机关工作人员，负有对辖区内生猪肉品检疫的职责，其滥用职权，对辖区内未在定点屠宰场宰杀的生猪肉品不进行产品检疫的情况下擅自加盖检疫印章，致使有毒有害及不符合检疫标准的生猪肉品进入销售环节，并将检疫印章流传在屠宰户中自行加盖，被相关部门查扣，严重危害了人民群众的身体健康，造成了恶劣的影响，其行为已构成滥用职权罪。依照《中华人民共和国刑法》第三百九十七条第一款之规定，法院判决被告人张某犯滥用职权罪，判处有期徒刑一年六个月。

三十一、违规为走私牛产品开具检疫证明案

2013 年 7 月至 2014 年 3 月间，被告人权某、史某明知许某、汤某等人（另案处理）委托其运输的是非法进口的冷冻牛产品，且没有合法动物检疫合格证明，仍违反法律法规规定，应牛产品销售方、购买方要求及逃避运输监管的需要，请托被告人蒋某非法出具动物检疫合格证明，被告人蒋某作为 B 市 C 区农业委员会 D 镇畜牧兽医站站长、动物检疫员，明知其对进口的牛产品无权进行检验、检疫，仍徇私情私利，违反动物产品检验检疫法律、法规和工作流程要求，分别以每车收取 150 元或 100 元的"检疫费"，为被告人权某、史某等人违规开具动物检疫合格证明 43 份（车次），计 58 万余千克。每车实际上缴单位检疫费 50 元，其余多收的部分被其个人使用。其中，被告人蒋某为被告人权某开具动物检疫合格证明 19 份，为被告人史某开具动物检疫合格证明 17 份。致使巴西疯牛病疫区牛产品逃避食品运输监管和产品销售地工商、动物检疫部门监管，被销售到 A 省 E 市、F 市、G 市、H 市等地食品市场，严重危害当地人民群众的生命健康安全。人民网、新华网、光明网及《检察日报》等数十家媒体进行了披露，造成了恶劣的社会影响。

法院认为，被告人蒋某作为负有动物检疫监管职责的国家机关工作人员，在履行职责时，徇私舞弊，滥用职权，致使公共财产、国家和人民的利益遭受重大损失，其行为已构成滥用职权罪。法院最后判决蒋某犯滥用职权罪，判处有期徒刑二年；权某犯滥用职权罪，判处有期徒刑十个月，缓刑一年。

三十二、滥用职权，致使养殖场套取国家专项资金案

2011 年，A 省 B 市 C 县 D 镇 E 村郭某在得知国家下发"生猪标准化养殖场建设项目"资金政策后，明知其养猪场不具备申报条件，而找到 C 县农业局畜牧水产股的表弟赵某，让其帮助申报该项补助资金，被告人赵某明知郭某养猪场出栏量达不到申请补助标准

的情况下，而帮助其打印用于证明生猪年出栏量为 1 650 头的虚假出栏量证明，并找到 C县农业局动物卫生监督所所长龙某，以照顾亲属为名，让龙某在出栏证明上加盖了动物卫生监督所公章。被告人王某明知上述虚假情况，未予纠正，并未按规定公告、公示，违规进行上报，致使郭某养猪场套取国家专项资金 40 万元。

2011 年 3、4 月份，C 县 F 镇 G 村田某得知国家下发"生猪标准化建设项目"资金政策后，将正在建设的民会饲养场作为申报主体，欲申请专项资金。2011 年 8 月，在上级下达该年下半年补助资金指标 60 万元后，被告人王某通知田某准备上报资料，并告知龙某由其出具符合 60 万元补助标准的出栏证明，龙某明知该饲养场生猪出栏量不达标，而为徇私情帮助田某出具年出栏量为 2 350 头的虚假证明，后田某将出具的土地证明及虚假的出栏证明上报C 县农业局畜牧水产股，被告人赵某明知土地证明系违规出具，被告人王某明知申报材料系虚假证明，为徇私情未按规定进行公告、公示，违规上报，致使徐水县民会饲养场套取国家专项资金 60 万元。案发后该笔款项已退回 C 县财政局。

法院认为：被告人王某、赵某、龙某身为国家机关工作人员，利用职务上的便利，徇私舞弊、滥用职权，违规审核、出具虚假材料，致使国家惠农政策的专项补助资金遭受重大经济损失，其行为侵犯了国家机关的正常活动，三被告人的行为均已构成滥用职权罪。判决王某犯滥用职权罪，判处拘役六个月，缓刑一年；赵某犯滥用职权罪，判处拘役六个月，缓刑一年；龙某犯滥用职权罪，判处拘役六个月，缓刑一年。

三十三、滥用职权，动物卫生监督所所长卷入大型生猪交易涉黑案

2018 年 12 月 25 日，沈阳市大东区人民法院对被告人谷某涛、谷某军等 17 人组织、领导、参加黑社会性质组织犯罪一案及相关"保护伞"案件进行集中公开宣判。法院经审理查明，2009 年以来，被告人谷某涛、谷某军纠集被告人杨某、赵某喜、刘某强、唐某军、王某涛、李某等人，为树立非法权威，实现在社会上长期称霸一方，以给组织成员工资、奖金、集中食宿，配备无牌照车辆、发放自制凶器等手段，笼络人心、统一管理，通过殴打、辱骂等暴力方式强化控制，并帮助组织成员逃避法律追究，支持该组织的违法犯罪活动，逐步形成以谷某涛、谷某军为组织者、领导者，以杨某、赵某喜、刘某强等为积极参加者、骨干成员，以唐某军、王某涛、李某等人为积极参加者，以刘某、王某辰、张某鑫等人为一般参加者的黑社会性质犯罪组织。该黑社会性质组织在沈阳市辽中区范围内，以暴力、威胁、恐吓等手段，有组织地大肆进行故意伤害、寻衅滋事、聚众斗殴、故意毁坏财物、敲诈勒索等违法犯罪活动。其中，实施故意伤害犯罪 5 起，致 1 人重伤、4 人轻伤的后果；实施寻衅滋事、故意毁坏财物、聚众斗殴犯罪 15 起，致 3 人轻伤、6 人轻微伤，造成他人直接经济损失 19 余万元；实施敲诈勒索犯罪 3 起，勒索他人财物 700 余万元；

实施强迫交易犯罪，非法获利 167 余万元。成立辽中区顺势水稳站、亦辰沙石料经销处、天霸生猪交易市场等经济实体，实施非法采矿、非法占用农用地、强迫交易等犯罪，拉拢、腐蚀国家工作人员，打压、排挤竞争对手，垄断辽中区的生猪交易行业，非法攫取巨额利益，严重破坏了辽中地区的社会秩序，造成恶劣社会影响。

为维护社会正常的生产、生活秩序，保护人民群众人身和财产安全，体现对黑社会性质组织依法从严惩处的刑事政策，法院依法以组织、领导黑社会性质组织罪，故意伤害罪，寻衅滋事罪，聚众斗殴罪，故意毁坏财物罪，强迫交易罪，敲诈勒索罪，非法采矿罪，非法占用农用地罪 9 项罪名，数罪并罚，判处被告人谷某涛有期徒刑 24 年，并处没收财产 100 万元、罚金人民币 100 万元；以组织、领导黑社会性质组织罪，故意伤害罪，寻衅滋事罪，聚众斗殴罪，故意毁坏财物罪，强迫交易罪，敲诈勒索罪，非法采矿罪，非法占用农用地罪，妨害作证罪 10 项罪名，判处被告人谷某军有期徒刑 22 年，并处没收财产 100 万元、罚金人民币 100 万元；以积极参加黑社会性质组织罪、强迫交易罪、故意伤害罪、敲诈勒索罪、聚众斗殴罪等多项罪名，分别判处被告人赵某喜、刘某强、杨某 10~18 年不等有期徒刑；判处被告人唐某军、王某涛、李某、乔某平、郑某龙、赵某、毕某佳、那某银、吴某凯、吴某涛、于某、高某宇等人 4~18 年不等有期徒刑。

被告人杨某原系沈阳市辽中区动物卫生监督所所长，在履行职务过程中收受其单位人员及黑社会性质组织的组织者、领导者谷某涛给予的贿赂人民币 14 万元，为上述人员牟取利益；在黑社会性质组织以辽中区天霸生猪交易市场为平台实施强迫交易犯罪过程中，不正当履行职务、滥用职权，造成人民群众财产损失 100 余万元。

第三节

渎职案件专题分析

1. 通报的非洲猪瘟疫情防控中涉嫌公职人员失职渎职案件情况

农业农村部办公厅在《农业农村部办公厅关于非洲猪瘟疫情防控中违法违纪典型案例的通报》（农办牧〔2018〕46 号）中公布，"从疫情处置和疫源追踪情况看，有的官方兽医严重失职、徇私舞弊、违规出证为相关人员非法调运生猪提供了便利，有的公职人员，责任落实不够、监管不力，造成严重后果。"通报涉及的 6 个省（自治区）中，就有黑龙江、吉林、辽宁、安徽、内蒙古 5 个省（自治区）共 10 名官方人员违纪违规和失职渎职。其中，刑事立案查处的 3 人，开除党籍、开除公职和解除聘用合同的 3 人，免职并进一步调查处分的 4 人。

2. 各省市前期渎职罪案件情况

本书收集了渎职罪中涉及滥用职权罪、玩忽职守罪、徇私舞弊不移交刑事案件罪、食品监管渎职罪、动植物检疫徇私舞弊罪、动植物检疫失职罪、放纵制售伪劣商品犯罪行为罪、帮助犯罪分子逃避处罚罪等，与动物及动物产品生产流通领域相关的案例共 37 个。应当说，全国畜牧兽医系统内出现失职渎职的情况是严重的，必须引起高度警惕。2015 年 8 月 5 日，最高人民检察院通报了 11 起检察机关加强食品安全司法保护典型案例，其中涉及生产、销售病害动物及动物产品的案件就达 7 起，这说明动物产品安全在近年来出的问题较多；在 11 起案件中，6 起案件涉及执法人员渎职犯罪，其中 5 起涉及动监机构负责人及动监执法人员渎职犯罪，这一问题，必须引起我们高度警惕并加以重点防范。

3. 农业农村部门如何加强失职渎职的防范工作

近年来，各级动物卫生监督机构按照相关法律法规要求，不断强化动物卫生监督执法工作，有力保障了动物产品安全和养殖业健康发展。但是，部分人员在工作中仍存在违法违纪行为，严重影响了动物卫生监督执法工作的公正性和权威性，损害了动物卫生监督机构队伍形象。本章数十起案例既涉及兽医主管部门，也涉及动物卫生监督机构和其他部门，既有党员领导干部，也有普通检疫人员和聘用人员，各地一定要从以上案例中汲取深刻教训，引以为戒，警钟长鸣，切实增强遵纪守法意识。

（1）认真领会农业农村部通报中对公职人员失职渎职严肃处理的要求。对瞒报、谎报、迟报、漏报动物疫情，授意他人瞒报、谎报、迟报动物疫情，或阻碍他人报告动物疫情的；不履行应急处理职责，不执行对疫点、疫区和受威胁区采取的措施或防控措施不到位的；对上级人民政府有关部门的疫情调查不予配合或者阻碍、拒绝的；违反《动物防疫法》规定，未及时采取预防、控制、扑灭等措施的；违反《动物防疫法》规定，对未经现场检疫或者检疫不合格的动物、动物产品出具检疫证明、加施检疫标志，或者对检疫合格的动物、动物产品拒不出具检疫证明、加施检疫标志的；未履行动物疫病监测、检测职责或者伪造监测、检测结果的，发生动物疫情时未及时进行诊断、调查的；不向本级人民政府提出启动应急指挥系统、应急预案和对疫区的封锁建议的；对动物扑杀、销毁不进行技术指导或者指导不力，或者不组织实施检验检疫、消毒、无害化处理的；不足额配套动物防疫资金、影响防控措施落实的，一律追责问责，严惩不贷，绝不姑息。对检疫人员徇私舞弊、伪造检疫结果的；严重不负责任，对应当检疫的检疫物不检疫，或者延误检疫出证、错误出证，致使国家利益遭受重大损失的，一律移交有关机关追究刑事责任。

（2）坚持自律。自律是最好的自我防腐剂，也是预防渎职犯罪的根本措施。每个执法人员要严于律己，切不可轻小节而忘乎所以，每个人犯罪都是从少到多，从小到大，从量变到质变的过程。官方兽医应当熟悉《刑法》中关于失职渎职罪的相关法条，通过对典型案例的分析，严格遵守农业农村部畜牧兽医执法"六条禁令"规定，筑牢监督管理工作中"防火墙"。

（3）坚持学习法规，加强警示教育。要坚持系统学习和掌握本部门所执行的法律法规和与之相关的部门所执行的法律法规，熟悉本行业务，掌握法律法规的基本知识，做到执法中不越权、不失职，提高行政执法水平。各地也应当采取召开座谈会、典型案例讨论会、讲课等形式，对行政执法人员进行警示教育，使干部引以为戒，保持清醒的头脑，谨慎行事，防微杜渐，自觉做到不正之风不染、不义之财不取、不法之事不干。让大家懂得"平安就是福，自由值千金"的深刻含义，牢牢筑起避免渎职失职的坚固防线。

（4）坚持执法公开。无数事实证明，渎职失职犯罪最重要原因是对权力约束不力，行使权力缺乏公开性和透明度，失去制约的权力越大，发生渎职失职犯罪的可能性也就越大。因此，执法部门要将执法标准、程序向社会公开，自觉接受群众监督，防止执法人员权力滥用或失职。

CHAPTER

第十一章 11

妨害公务罪

第一节

妨害公务罪研读

[刑法法条]

《中华人民共和国刑法》

第二百七十七条［妨害公务罪］ 以暴力、威胁方法阻碍国家机关工作人员依法执行职务的，处三年以下有期徒刑、拘役、管制或者罚金。

[罪名解读]

妨害公务罪，是指以暴力、威胁方法阻碍国家机关工作人员依法执行职务的行为。

本罪的主体为一般主体，凡达到刑事责任年龄且具备刑事责任能力的自然人均能构成本罪；本罪在主观方面表现为故意，即明知对方是正依法执行职务的国家机关工作人员，而故意对其实施暴力或者威胁。

本罪的客体是国家的正常管理活动和国家机关工作人员的人身权利。本罪在客观方面表现为以暴力、威胁方法阻碍国家机关工作人员依法执行职务。

依法执行职务，是指国家机关工作人员在国家规定的范围内，运用其合法职权从事公务活动。对尚未开始执行公务或者执行公务已经完毕的国家机关工作人员施以暴力，不再具有阻碍执行公务的性质。

暴力，是指行为人对正在依法执行职务的国家工作人员的身体实施了暴力打击或者人身强制，如殴打行为、捆绑行为等。威胁，是指行为人以杀害、伤害、毁坏财产、破坏名誉、扣押人质等对正在依法执行职务的国家机关工作人员进行威逼、胁迫，企图迫使国家机关工作人员放弃执行职务。

"国家机关工作人员"是否包括"国有事业单位人员或国家机关中事业编制人员"是基层工作中常面对的问题。根据 2003 年 3 月最高人民检察院《关于以暴力威胁方法阻碍事业编制人员依法执行行政执法职务是否可对侵害人以妨害公务罪论处的批复》中指出，"对于以暴力、威胁方法阻碍国有事业单位人员依照法律、行政法规的规定执行行政执法职务的，或者以暴力、威胁方法阻碍国家机关中受委托从事行政执法活动的事业编制人员执行行政执法职务的，可以对侵害人以妨害公务罪追究刑事责任。"该《批复》实际上是考虑到妨害公务罪的犯罪本质，而将依法执行公务的国有事业单位人员、国家机关中的事业编制人员纳入妨害公务罪的行为客体范围。

妨害公务案例

山东岚山私设屠宰场暴力抗法案

山东省日照市岚山区的老郑、小郑父子二人未经许可在家中私设屠宰场，大量收购生猪后予以屠宰，在被执法人员查处时还进行辱骂、持刀威胁。2016 年 11 月，人民法院以非法经营罪、妨害公务罪对其分别判处有期徒刑一年十个月和两年，并处罚金。

2015 年 3~11 月期间，老郑、小郑父子二人在没有办理营业执照，也未经检验检疫情况下，即从周边养猪户处大量收购生猪，每天屠宰 3~4 头，遇到节假日时屠宰 10 余头，并将未经检验检疫的猪肉售卖到附近村居的商铺，销售金额达 30 余万元。

同年 11 月 20 日凌晨，日照市动物卫生监督所接到群众举报，联合日照市公安局食品药品与环境犯罪侦查支队、岚山公安分局、畜牧部门等进行执法检查。待老郑父子屠宰完毕敞开家门，准备向外销售猪肉时，执法人员携带执法记录仪等向他们亮明执法身份。此时，老郑、小郑情绪激动，手持剔骨刀威胁执法人员，将执法人员逼出家门，并将停放在家门的警车移开，驾驶装载猪肉的厢式货车离开。

公安民警随后在现场将老郑抓获，查扣了他们当天和 11 月 19 日两天屠宰后待售的猪皮共 13 张、部分生猪肉、待屠宰的生猪 10 头。

事后经农业畜牧人员认定，被查扣的猪肉虽未经检验检疫，但非病害猪肉。小郑在躲藏 1 个多月后，主动到公安机关投案。

岚山法院经审理后认为，两名被告人违反国家规定，未经检验检疫从事生猪屠宰、销售，情节严重；还以暴力、威胁方法阻碍国家机关工作人员依法执行职务，其行为分别构成非法经营罪、妨害公务罪，并作出上述判决。

CHAPTER

第十二章 12

相关法律法规和规定

要求

一、农业农村部办公厅关于非洲猪瘟疫情防控中违法违纪典型案例的通报

（农办牧〔2018〕46 号）

各省、自治区、直辖市畜牧兽医（农牧、农业）厅（局、委、办），新疆生产建设兵团农业局：

2018 年 8 月以来，辽宁、河南、安徽等 8 省先后发生多起非洲猪瘟疫情。从疫情处置和疫源追踪情况看，有的养殖场（户）、生猪贩运人非法调运生猪，甚至出售发病生猪同群猪，造成疫情扩散传播；有的官方兽医严重失职、徇私舞弊、违规出证为相关人员非法调运生猪提供了便利；有的公职人员责任落实不够、监管不力，造成严重后果。现对部分典型案例予以通报。

（一）典型案例

1. 黑龙江省陈某逃避检疫，销售生猪引发非洲猪瘟疫情案。2018 年 8 月 11 日，生猪经纪人陈某从黑龙江省佳木斯市通河县某祖代种猪有限公司购买 257 头商品猪，委托中间人杨某请托黑龙江省哈尔滨市汤原县鹤立镇畜牧兽医综合服务站官方兽医王某，非法获取动物检疫证明和生猪耳标，该批生猪运输至河南郑州双汇屠宰场后，发生非洲猪瘟疫情。目前，生猪经纪人陈某、中间人杨某、官方兽医王某以涉嫌动物检疫徇私舞弊罪共犯被立案查处。官方兽医王某被汤原县开除党籍、开除公职。通河县动物卫生监督所对某祖代种猪有限公司出售应当检疫而未检疫生猪行为进行立案查处。

2. 吉林省白某荣违法违规出具检疫证明案。在非洲猪瘟疫情追溯过程中，吉林省四平市农业委员会查明，2018 年 7 月 30 日承运人白某龙从黑龙江省哈尔滨市巴彦县某种猪场承运 248 头猪至山东诸城某食品有限公司，途经 303 国道北双辽南收费站期间，请托吉林省四平市梨树县胜利乡官方兽医白某荣违法出具动物检疫证明。目前，梨树县纪委对白某荣进行立案调查，并将该案移交梨树县检察院，依法追究刑事责任。承运人白某龙另案处理。

3. 辽宁省王某、各某逃避检疫，销售生猪引发非洲猪瘟疫情案。2018 年 6 月，辽宁省沈阳市浑南区养殖户王某通过辽宁省生猪经纪人朱某、吉林省生猪经纪人郑某购入 100 头仔猪，后陆续发病死亡，王某及其妻各某未经申报检疫将同群猪全部售出。其中，出售给沈阳市沈北新区沈北街道五五社区养殖户张某的 45 头生猪，8 月 2 日确诊为非洲猪瘟疫情。目前，养殖户王某及其妻各某，生猪经纪人朱某、郑某等以涉嫌妨害动物防疫、检疫罪和生产、销售不符合安全标准的食品罪被刑事拘留。相关调查处理工作正在进行中。

4. 辽宁省任某军、赵某违规出具检疫证明案。在非洲猪瘟疫情追溯过程中，辽宁省沈阳市农村经济委员会查明，沈阳市法库县三面船动物卫生监督所协检员任某军、大孤家动物卫生监督所协检员赵某，为非本辖区生猪违规出具检疫证明，导致疫情追溯无法顺利开展，增大疫情防控难度。目前，法库县畜牧兽医局已解除任某军、赵某聘用合同；免去三面船动

物卫生监督所所长张某平、大孤家动物卫生监督所所长陈某新所长职务，并根据调查情况，依规做出党纪政纪处分。

5. 安徽省宣州市部分工作人员责任落实不到位，履职不力案件。2018 年 9 月 2 日、3 日，安徽省宣城市宣州区古泉镇、五星乡、金坝街道办事处先后确诊发生非洲猪瘟疫情。宣城市在防控督查工作中查明，五星乡畜牧兽医站站长王某对本乡私屠滥宰行为监管不力；古泉镇畜牧兽医站站长王某违规出具动物检疫证明。目前，宣州区人民政府已撤销王某五星乡畜牧兽医站站长职务，将王某移交区纪委立案查处；将负有直接分管责任的区畜牧兽医局副局长陈某木移交区纪委立案查处。

6. 内蒙古自治区杨某违规出具检疫证明案。2018 年 9 月 24 日，内蒙古自治区呼和浩特市某屠宰场发生非洲猪瘟疫情。经查，9 月 20 日，内蒙古自治区通辽市奈曼旗某养猪场副总经理董某找到驻场官方兽医杨某，让其违法异地出具生猪检疫证明（B 证）给辽宁省铁岭市昌图县夏某、邱某，杨某收受董某支付的好处费 8 000 元。9 月 21 日，夏某、邱某二人从铁岭市偷运 96 头生猪至某屠宰场；9 月 22 日，驻该屠宰场官方兽医发现该批生猪待宰过程中有 4 头临床症状异常、死亡 2 头；9 月 24 日，经确诊为非洲猪瘟疫情。目前，官方兽医杨某，奈曼旗某养猪场总经理刘某、副总经理董某、销售员张某等 4 名嫌疑人已被当地公安部门刑事拘留，辽宁省铁岭市夏某、邱某等涉案人员正在抓捕中。

（二）相关要求

当前正值非洲猪瘟疫情防控关键时期，各地要以高度的使命感和责任感，全面贯彻国务院非洲猪瘟等动物疫病防控工作部署，确保非洲猪瘟各项防控措施落实到位。

1. 管理相对人违法必须追究。对不遵守有关控制、扑灭动物疫病规定，非法使用明令禁止的泔水等餐厨剩余物饲喂生猪的；发现动物出现群体发病或者死亡不报告，明知饲养生猪发生疫情仍非法销售发病猪同群猪的；藏匿、转移、盗掘已被依法隔离、封存、处理的动物和动物产品的；逃避检疫监管、私自收购、屠宰病死猪或出售病死猪肉的；不如实提供与动物防疫活动有关资料的，阻挠干扰疫情处置、隐藏销毁调查证据影响防控工作正常开展的；拒绝动物卫生监督机构进行监督检查的、拒绝动物疫病预防控制机构进行动物疫病监测、检测的；非法采集病料、开展病毒分离鉴定的，发现一起查处一起，从严从重处置。对引起重大动物疫情，或者有引起重大动物疫情危险，情节严重的；私设生猪屠宰厂（场），从事生猪屠宰、销售等经营活动，情节严重的，一律移送公安机关追究刑事责任。

2. 公职人员失职、渎职必须处理。对瞒报、谎报、迟报、漏报动物疫情，授意他人瞒报、谎报、迟报动物疫情，或阻碍他人报告动物疫情的；不履行应急处理职责，不执行对疫点、疫区和受威胁区采取的措施或防控措施不到位的；对上级人民政府有关部门的疫情调查不予配合或者阻碍、拒绝的；违反动物防疫法规定，未及时采取预防、控制、扑灭等措施的；违反动物防疫法规定，对未经现场检疫或者检疫不合格的动物、动物产品出具检疫证明、加施检疫标志，或者对检疫合格的动物、动物产品拒不出具检疫证明、加施检疫标志的；未履行动物疫病监测、检测职责或者伪造监测、检测结果的，发生动物疫情时未及时进行诊断、调查的；不向本级人民政府提出启动应急指挥系统、应急预案和对疫区的封锁建议的；对动物扑杀、销毁不进行技术指导或者指导不力，或者不组织实施检验检疫、消毒、无害化处理的；不足额配套动物防疫资金、影响防控措施落实的，一律追责问责，严惩不贷，绝不姑息。对检疫人员徇私舞弊、伪造检疫结果的；严重不负责任，对应当检疫的检疫物不检疫，或者延误检疫出证、错误出证，致使国家利益遭受重大损失的，一律移交有关机关追究刑事责任。

3. 宣传、告知、培训必须到位。要将非洲猪瘟疫情防控政策、有关法律法规要求，告知养殖、屠宰、经营、运输等相关管理相对人，提高养殖生产者防疫主体责任意识，政策宣传不留死角。要将典型违法案例、非洲猪瘟防控技术和应急处置措施传达到基层动物防疫人员、监督执法人员，切实提升防控能力。要广泛宣传非洲猪瘟科普知识，坚持保安全、保供给，及时回应社会关切，理性看待非洲猪瘟疫情。

2018 年 9 月 29 日

二、国务院办公厅关于做好非洲猪瘟等动物疫病防控工作的通知（节选）

（国办发明电〔2018〕10 号）

党中央、国务院高度重视动物疫病防控工作。习近平总书记指出，国家对动物疫病实行预防为主的方针，要加强对动物防疫工作的统一领导，建立健全动物防疫体系，加强对动物防疫活动的管理，预防、控制和扑灭动物疫病，促进养殖业发展，保护人体健康，维护公共卫生安全。李克强总理多次作出批示，要求毫不放松抓好非洲猪瘟防控工作，特别是要指导和督促相关地方严格落实责任，坚决阻断疫情传播和蔓延，尽快扑灭疫情，正确引导舆论，及时回应群众关切。胡春华副总理作出具体安排部署。尽管非洲猪瘟不是人畜共患病，不感染人，但该病对生猪产业威胁巨大，发病率、死亡率高，疫情早期发现难、预防难、根除难，防控难度极大。此次疫情的具体传入途径和病毒污染面还有待进一步调查，后续疫情形势存在许多不确定性，不排除出现新发疫情的可能。该病在我周边国家已呈现出大规模流行态势，疫情从境外传入的风险不可低估。我国是全世界最大的猪肉生产国和消费国，生猪产业在国民经济发展和人民群众生活中具有不可替代的重要作用，做好非洲猪瘟防控工作意义重大。此外，近期一些省份先后发生炭疽、禽流感等 4 起人畜共患病疫情。要清醒认识和高度重视当前非洲猪瘟等动物疫情形势，坚持底线思维，立足最不利局面，切实加强防控工作，不能有丝毫放松和懈怠。

确保市场供应安全。要严格执行生猪产地检疫和屠宰检疫，强化对非洲猪瘟疑似临床症状的检查，严厉打击私屠滥宰、屠宰病死猪等违法行为，防止病死猪流入市场。要加强生猪产品流通、加工、餐饮环节质量安全监管，严厉打击违法经营猪肉产品的行为，确保人民群众吃上"放心肉"。

健全联防联控机制。要进一步增强"四个意识"，密切配合，共同做好防控工作。农业农村部要牵头组织协调各省级人民政府和相关部门，按照抓早抓小、从严控制、联防联控的原则，依法做好非洲猪瘟等动物疫情的预防、控制和扑灭工作。海关要严格禁止进口来自非洲猪瘟疫区的生猪及其产品，加强对国际运输工具、国际邮件、跨境电商产品、出入境旅客携带物的查验和检疫，加大打击走私力度，监督销毁非法入境的来自疫区的家猪、野猪及其产品。市场监管部门要加强流通环节动物产品监管，严防病死动物及其产品流入市场、进入餐桌。公安部门要做好疫区安全保卫、社会治安管理和口岸监督检查工作，配合农业农村部门做好疫情处置，依法加强有关案件侦办，对恶意传播非洲猪瘟疫情的违法犯罪行为，一旦查实要依法严厉打击。

2018 年 8 月 30 日

三、行政执法机关移送涉嫌犯罪案件的规定

（国务院令 2001 年第 310 号发布）

第一条 为了保证行政执法机关向公安机关及时移送涉嫌犯罪案件，依法惩罚破坏社会主义市场经济秩序罪、妨害社会管理秩序罪以及其他罪，保障社会主义建设事业顺利进行，制定本规定。

第二条 本规定所称行政执法机关，是指依照法律、法规或者规章的规定，对破坏社会主义市场经济秩序、妨害社会管理秩序以及其他违法行为具有行政处罚权的行政机关，以及法律、法规授权的具有管理公共事务职能、在法定授权范围内实施行政处罚的组织。

第三条 行政执法机关在依法查处违法行为过程中，发现违法事实涉及的金额、违法事实的情节、违法事实造成的后果等，根据刑法关于破坏社会主义市场经济秩序罪、妨害社会管理秩序罪等罪的规定和最高人民法院、最高人民检察院关于破坏社会主义市场经济秩序罪、妨害社会管理秩序罪等罪的司法解释以及最高人民检察院、公安部关于经济犯罪案件的追诉标准等规定，涉嫌构成犯罪，依法需要追究刑事责任的，必须依照本规定向公安机关移送。

第四条 行政执法机关在查处违法行为过程中，必须妥善保存所收集的与违法行为有关的证据。

行政执法机关对查获的涉案物品，应当如实填写涉案物品清单，并按照国家有关规定予以处理。对易腐烂、变质等不宜或者不易保管的涉案物品，应当采取必要措施，留取证据；对需要进行检验、鉴定的涉案物品，应当由法定检验、鉴定机构进行检验、鉴定，并出具检验报告或者鉴定结论。

第五条　行政执法机关对应当向公安机关移送的涉嫌犯罪案件，应当立即指定2名或者2名以上行政执法人员组成专案组专门负责，核实情况后提出移送涉嫌犯罪案件的书面报告，报经本机关正职负责人或者主持工作的负责人审批。

行政执法机关正职负责人或者主持工作的负责人应当自接到报告之日起3日内作出批准移送或者不批准移送的决定。决定批准的，应当在24小时内向同级公安机关移送；决定不批准的，应当将不予批准的理由记录在案。

第六条　行政执法机关向公安机关移送涉嫌犯罪案件，应当附有下列材料：

（一）涉嫌犯罪案件移送书；

（二）涉嫌犯罪案件情况的调查报告；

（三）涉案物品清单；

（四）有关检验报告或者鉴定结论；

（五）其他有关涉嫌犯罪的材料。

第七条　公安机关对行政执法机关移送的涉嫌犯罪案件，应当在涉嫌犯罪案件移送书的回执上签字；其中，不属于本机关管辖的，应当在24小时内转送有管辖权的机关，并书面告知移送案件的行政执法机关。

第八条　公安机关应当自接受行政执法机关移送的涉嫌犯罪案件之日起3日内，依照刑法、刑事诉讼法以及最高人民法院、最高人民检察院关于立案标准和公安部关于公安机关办理刑事案件程序的规定，对所移送的案件进行审查。认为有犯罪事实，需要追究刑事责任，依法决定立案的，应当书面通知移送案件的行政执法机关；认为没有犯罪事实，或者犯罪事实显著轻微，不需要追究刑事责任，依法不予立案的，应当说明理由，并书面通知移送案件的行政执法机关，相应退回案卷材料。

第九条　行政执法机关接到公安机关不予立案的通知书后，认为依法应当由公安机关决定立案的，可以自接到不予立案通知书之日起3日内，提请作出不予立案决定的公安机关复议，也可以建议人民检察院依法进行立案监督。

作出不予立案决定的公安机关应当自收到行政执法机关提请复议的文件之日起3日内作出立案或者不予立案的决定，并书面通知移送案件的行政执法机关。移送案件的行政执法机关对公安机关不予立案的复议决定仍有异议的，应当自收到复议决定通知书之日起3日内建议人民检察院依法进行立案监督。

公安机关应当接受人民检察院依法进行的立案监督。

第十条　行政执法机关对公安机关决定不予立案的案件，应当依法作出处理；其中，依照有关法律、法规或者规章的规定应当给予行政处罚的，应当依法实施行政处罚。

第十一条　行政执法机关对应当向公安机关移送的涉嫌犯罪案件，不得以行政处罚代替移送。

行政执法机关向公安机关移送涉嫌犯罪案件前已经作出的警告，责令停产停业，暂扣或者吊销许可证、暂扣或者吊销执照的行政处罚决定，不停止执行。

依照行政处罚法的规定，行政执法机关向公安机关移送涉嫌犯罪案件前，已经依法给予当事人罚款的，人民法院判处罚金时，依法折抵相应罚金。

第十二条　行政执法机关对公安机关决定立案的案件，应当自接到立案通知书之日起3日内将涉案物品以及与案件有关的其他材料移交公安机关，并办结交接手续；法律、行政法规另有规定的，依照其规定。

第十三条　公安机关对发现的违法行为，经审查，没有犯罪事实，或者立案侦查后认为犯罪事实显著轻微，不需要追究刑事责任，但依法应当追究行政责任的，应当及时将案件移送同级行政执法机关，有关行政执法机关应当依法作出处理。

第十四条　行政执法机关移送涉嫌犯罪案件，应当接受人民检察院和监察机关依法实施的监督。

任何单位和个人对行政执法机关违反本规定，应当向公安机关移送涉嫌犯罪案件而不移送的，有权向人民检察院、监察机关或者上级行政执法机关举报。

第十五条　行政执法机关违反本规定，隐匿、私分、销毁涉案物品的，由本级或者上级人民政府，或者实行垂直管理的上级行政执法机关，对其正职负责人根据情节轻重，给予降级以上的行政处分；构成犯罪的，依法追究刑事责任。

对前款所列行为直接负责的主管人员和其他直接责任人员，比照前款的规定给予行政处分；构成犯罪的，依法追究刑事责任。

第十六条　行政执法机关违反本规定，逾期不将案件移送公安机关的，由本级或者上级人民政府，或者实行垂直管理的上级行政执法机关，责令限期移送，并对其正职负责人或者主持工作的负责人根据情节轻重，给予记过以上的行政处分；构成犯罪的，依法追究刑事责任。

行政执法机关违反本规定，对应当向公安机关移送的案件不移送，或者以行政处罚代替移送的，由本级或者上级人民政府，或者实行垂直管理的上级行政执法机关，责令改正，给予通报；拒不改正的，对其正职负责人或者主持工作的负责人给予记过以上的行政处分；构成犯罪的，依法追究刑事责任。

对本条第一款、第二款所列行为直接负责的主管人员和其他直接责任人员，分别比照前两款的规定给予行政处分；构成犯罪的，依法追究刑事责任。

第十七条 公安机关违反本规定,不接受行政执法机关移送的涉嫌犯罪案件,或者逾期不作出立案或者不予立案的决定的,除由人民检察院依法实施立案监督外,由本级或者上级人民政府责令改正,对其正职负责人根据情节轻重,给予记过以上的行政处分;构成犯罪的,依法追究刑事责任。

对前款所列行为直接负责的主管人员和其他直接责任人员,比照前款的规定给予行政处分;构成犯罪的,依法追究刑事责任。

第十八条 行政执法机关在依法查处违法行为过程中,发现贪污贿赂、国家工作人员渎职或者国家机关工作人员利用职权侵犯公民人身权利和民主权利等违法行为,涉嫌构成犯罪的,应当比照本规定及时将案件移送人民检察院。

第十九条 本规定自公布之日起施行。

四、公安机关受理行政执法机关移送涉嫌犯罪案件规定

(公通字〔2016〕16 号,2016 年 6 月 16 日下发)

第一条 为规范公安机关受理行政执法机关移送涉嫌犯罪案件工作,完善行政执法与刑事司法衔接工作机制,根据有关法律、法规,制定本规定。

第二条 对行政执法机关移送的涉嫌犯罪案件,公安机关应当接受,及时录入执法办案信息系统,并检查是否附有下列材料:

(一)案件移送书,载明移送机关名称、行政违法行为涉嫌犯罪罪名、案件主办人及联系电话等。案件移送书应当附移送材料清单,并加盖移送机关公章;

(二)案件调查报告,载明案件来源、查获情况、嫌疑人基本情况、涉嫌犯罪的事实、证据和法律依据、处理建议等;

(三)涉案物品清单,载明涉案物品的名称、数量、特征、存放地等事项,并附采取行政强制措施、现场笔录等表明涉案物品来源的相关材料;

(四)附有鉴定机构和鉴定人资质证明或者其他证明文件的检验报告或者鉴定意见;

(五)现场照片、询问笔录、电子数据、视听资料、认定意见、责令整改通知书等其他与案件有关的证据材料。

移送材料表明移送案件的行政执法机关已经或者曾经作出有关行政处罚决定的,应当检查是否附有有关行政处罚决定书。

对材料不全的,应当在接受案件的二十四小时内书面告知移送的行政执法机关在三日内补正。但不得以材料不全为由,不接受移送案件。

第三条 对接受的案件,公安机关应当按照下列情形分别处理:

（一）对属于本公安机关管辖的，迅速进行立案审查；

（二）对属于公安机关管辖但不属于本公安机关管辖的，移送有管辖权的公安机关，并书面告知移送案件的行政执法机关；

（三）对不属于公安机关管辖的，退回移送案件的行政执法机关，并书面说明理由。

第四条 对接受的案件，公安机关应当立即审查，并在规定的时间内作出立案或者不立案的决定。

决定立案的，应当书面通知移送案件的行政执法机关。对决定不立案的，应当说明理由，制作不予立案通知书，连同案卷材料在三日内送达移送案件的行政执法机关。

第五条 公安机关审查发现涉嫌犯罪案件移送材料不全、证据不充分的，可以就证明有犯罪事实的相关证据要求等提出补充调查意见，商请移送案件的行政执法机关补充调查。必要时，公安机关可以自行调查。

第六条 对决定立案的，公安机关应当自立案之日起三日内与行政执法机关交接涉案物品以及与案件有关的其他证据材料。

对保管条件、保管场所有特殊要求的涉案物品，公安机关可以在采取必要措施固定留取证据后，商请行政执法机关代为保管。

移送案件的行政执法机关在移送案件后，需要作出责令停产停业、吊销许可证等行政处罚，或者在相关行政复议、行政诉讼中，需要使用已移送公安机关证据材料的，公安机关应当协助。

第七条 单位或者个人认为行政执法机关办理的行政案件涉嫌犯罪，向公安机关报案、控告、举报或者自首的，公安机关应当接受，不得要求相关单位或者人员先行向行政执法机关报案、控告、举报或者自首。

第八条 对行政执法机关移送的涉嫌犯罪案件，公安机关立案后决定撤销案件的，应当将撤销案件决定书连同案卷材料送达移送案件的行政执法机关。对依法应当追究行政法律责任的，可以同时向行政执法机关提出书面建议。

第九条 公安机关应当定期总结受理审查行政执法机关移送涉嫌犯罪案件情况，分析衔接工作中存在的问题，并提出意见建议，通报行政执法机关、同级人民检察院。必要时，同时通报本级或者上一级人民政府，或者实行垂直管理的行政执法机关的上一级机关。

第十条 公安机关受理行政执法机关移送涉嫌犯罪案件，依法接受人民检察院的法律监督。

第十一条 公安机关可以根据法律法规，联合同级人民检察院、人民法院、行政执法机关制定行政执法机关移送涉嫌犯罪案件类型、移送标准、证据要求、法律文书等文件。

第十二条 本规定自印发之日起实施。

五、中组部、中宣部、司法部、人力资源和社会保障部关于完善国家工作人员学法用法制度的意见

（2016 年 3 月 22 日）

为全面贯彻党的十八大和十八届三中、四中、五中全会精神，深入贯彻习近平总书记系列重要讲话精神，推动国家工作人员学法用法工作进一步制度化、规范化，切实提高国家工作人员法治素养和依法办事的能力，现就完善国家工作人员学法用法制度提出如下意见。

（一）完善国家工作人员学法用法制度的重要性

国家工作人员学法用法是全面依法治国的基础性工作，是深入推进社会主义核心价值观建设的重要内容，是切实加强干部队伍建设的有效途径。党中央、国务院历来高度重视国家工作人员学法用法工作。党的十八大以来，习近平总书记多次对国家工作人员学法用法工作作出重要指示、提出明确要求，为国家工作人员学法用法工作指明了方向。各地各部门认真贯彻落实中央决策部署，采取有力措施，大力推进国家工作人员学法用法工作，取得显著成效。国家工作人员的学法自觉性不断提高，法律意识和法治素养明显增强，依法决策、依法行政、依法管理的能力普遍提高，在推进国家法治建设中发挥了重要作用。但同时也要看到，与全面依法治国的新要求相比，国家工作人员在学法用法方面还存在一些问题。有的领导干部对国家工作人员学法用法重视不够，有的地方和部门学法用法制度不够健全，有的国家工作人员法治观念淡薄，有的甚至知法犯法、以言代法、以权压法、徇私枉法。各地各部门一定要从全面依法治国的战略高度，充分认识国家工作人员学法用法的重要性，进一步健全完善学法用法各项制度，大力推动国家工作人员带头尊法学法守法用法，切实提高运用法治思维和法治方式解决问题的能力，不断促进全社会树立法治意识、厉行法治，为建设社会主义法治国家作出应有贡献。

（二）国家工作人员学法用法的指导思想和主要内容

1. 指导思想。全面贯彻党的十八大和十八届三中、四中、五中全会精神，坚持以马克思列宁主义、毛泽东思想、邓小平理论、"三个代表"重要思想、科学发展观为指导，深入学习贯彻习近平总书记系列重要讲话精神，贯彻落实中央关于法治宣传教育工作的决策部署，适应全面依法治国和全面从严治党的新要求，坚持学法用法相结合，进一步完善国家工作人员学法用法各项制度，健全考核评估机制，创新工作方式方法，不断推进国家工作人员学法用法工作持续深入开展，努力提高国家工作人员法治素养，增强运用法治思维和法治方式推动发展的能力水平，充分发挥在建设社会主义法治国家中的重要作用，为全面建成小康社会，实现"两个一百年"奋斗目标，实现中华民族伟大复兴的中国梦创造良好的法治环境。

2. 主要内容。国家工作人员学法用法要紧密结合实际，认真学习以宪法为核心的各项

法律法规，牢固树立社会主义法治理念，努力提高法治素养，不断增强在法治轨道上深化改革、推动发展、化解矛盾、维护稳定的能力。各级领导干部要做尊法学法守法用法的模范，带头学习宪法和法律，带头厉行法治、依法办事。党员干部要深入学习党章和党内法规，尊崇党章，增强党章党规党纪意识，做党章党规党纪和国家法律的自觉尊崇者、模范遵守者、坚定捍卫者。

（1）突出学习宪法。坚持把学习宪法放在首位，深入学习宪法确立的基本原则、国家的根本制度和根本任务、国体和政体、公民的基本权利和义务等内容，培养宪法意识，树立宪法至上理念，自觉遵守宪法，维护宪法实施。

（2）学习国家基本法律。认真学习宪法相关法、民法商法、行政法、经济法、社会法、刑法、诉讼与非诉讼程序法、国防法以及国际法等方面的法律，认真学习党的十八大以来制定修改的法律，努力掌握法律基本知识，不断提高法律素养。

（3）学习与经济社会发展和人民生产生活密切相关的法律法规。认真学习社会主义市场经济法律法规、文化建设法律法规、生态环境保护法律法规，以及教育、就业、收入分配、社会保障、医疗卫生等保障和改善民生方面的法律法规，不断提高运用法律手段管理经济社会事务的水平。

（4）学习与履行岗位职责密切相关的法律法规。坚持干什么学什么、缺什么补什么，有针对性地加强与履职相关法律知识的学习，切实提高依法办事能力。

（5）深入推进法治实践。坚持与法治实践相结合，把法治实践成效作为检验国家工作人员学法用法工作的重要标准，积极推进国家工作人员结合岗位需求开展用法活动，严格按照法律规定履行职责，不断提高社会治理法治化水平。

（三）进一步健全完善国家工作人员学法用法制度

1. 健全完善党委（党组）中心组学法制度。坚持领导干部带头尊法学法，把宪法法律和党内法规列入各级党委（党组）中心组年度学习计划，组织开展集体学法。党委（党组）书记认真履行第一责任人职责，带头讲法治课，做学法表率。坚持重大决策前专题学法，凡是涉及经济发展、社会稳定和人民群众切身利益等重大问题，决策前应先行学习相关法律法规。逐步建立和完善领导干部学法考勤、学法档案、学法情况通报等制度，把领导干部学法各项要求落到实处。

2. 健全完善日常学法制度。结合国家工作人员岗位需要，推动学法经常化。坚持以自学为主的方法，联系实际制定学习计划，明确学习任务，保证学习时间和效果。定期组织法治讲座、法治论坛、法治研讨等，利用国家宪法日、宪法宣誓、法律颁布实施纪念日等开展学法活动，推动经常性学法不断深入。依托全国党员干部现代远程教育系统、各级政府网站、专门普法网等资源，建设网络学法学校、网络学法课堂，搭建和完善学法平台。注重微博、微信、微视、移动客户端等新技术在学法中的运用，组织开展以案释法、旁听庭审、警示教育等，不断拓宽学法渠道，推进学法形式创新。

3. 加强法治培训。把法治教育纳入干部教育培训总体规划，明确法治教育的内容和要求。把宪法法律列为各级党校、行政学院、干部学院、社会主义学院和其他相关培训机构的培训必修课，进一步加强法治课程体系建设，不断提高法治教育的系统性和实效性。把法治教育纳入国家工作人员入职培训、晋职培训的必训内容，确保法治培训课时数量和培训质量。根据实际需要组织开展专题法治培训，加大各类在职业务培训中法治内容的比重。在组织调训中增加设置法治类课程，明确法治类课程的最低课时要求。

4. 坚持依法决策。严格遵守宪法和法律规定决策，做到法定职责必须为、法无授权不可为。落实重大决策合法性审查机制，对重大事项的决策权限、内容和程序等进行合法性审查，未经合法性审查或经审查不合法的，不得提交讨论。积极推进政府法律顾问制度，为政府重大决策提供法律意见，预防和减少违法决策行为的发生。各级党政机关和人民团体要普遍设立公职律师，参与决策论证，提高决策质量。推动在国有企业设立公司律师，防范经营风险，实现国有资产保值增值。落实重大决策终身责任追究制度及责任倒查机制，对于违法决策以及滥用职权、怠于履职造成重大损失、恶劣影响的，都要严格依法追究法律责任。

5. 严格依法履职。牢固树立权由法定、权依法使等基本法治观念，严格按照法律规定和法定程序履行职责，把学到的法律知识转化为依法办事的能力。严格实行执法人员持证上岗和资格管理制度，未取得执法资格的，不得从事执法活动。严格执行重大执法决定法制审核制度，对重大执法决定未经法制审核或者审核未通过的，不得作出决定。落实信息公开制度，依法公开职责权限、法律依据、实施主体、流程进度、办理结果等事项，自觉接受社会各方面监督。落实执法案卷评查、案件质量跟踪评判工作，努力提高执法质量和执法水平。执法、司法机关领导干部要以更高的标准和要求学法用法，忠于法律、捍卫法治。落实执法责任制，严格责任追究。

6. 完善考核评估机制。加强国家工作人员录用、招聘中法律知识的考察测试，增加公务员录用考试中法律知识的比重。定期组织开展国家工作人员法律考试，健全完善国家工作人员任职法律考试制度，推动以考促学、以考促用。对拟从事行政执法人员组织专门的法律考试，经考试合格方可授予行政执法资格。把学法用法情况列入公务员年度考核重要内容。领导班子和领导干部在年度考核述职中要围绕法治学习情况、重大事项依法决策情况、依法履职情况等进行述法。把法治观念、法治素养作为干部德才的重要内容，把能不能遵守法律、依法办事作为考察干部的重要依据。探索建立领导干部法治素养和法治能力测评指标体系，将测评结果作为提拔使用的重要参考。把国家工作人员学法用法情况纳入精神文明创建内容，列入法治城市、法治县（市、区）创建考核指标，增加考核的分值权重。

（四）切实加强组织领导

各地各部门要把国家工作人员学法用法工作摆在重要位置，切实加强领导。主要领导负总责，分管领导具体抓，并明确专门机构和人员负责学法用法工作的具体落实。把国家工作人员学法用法作为一项长期性、经常性工作来抓，纳入本部门、本单位工作总体布局中，做到与业务工作同部署、同检查、同落实，细化各项制度措施，体现不同岗位特点，并为国家工作人员学法用法创造条件、提供保障。把国家工作人员学法用法工作纳入"法律进机关（单位）"、学习型党组织建设、学习型机关建设、机关（单位）法治文化建设的重要内容，推动学法用法向纵深发展。积极探索建立激励机制，按照国家有关规定表彰奖励先进单位和个人，充分调动国家工作人员学法用法的积极性和自觉性。注重总结宣传学法用法工作的成功经验和做法，充分发挥典型示范作用。

各有关部门要在党委的统一领导下，明确职责分工，加强协调配合，完善国家工作人员学法用法工作机制，进一步形成各司其职、各负其责、齐抓共管的工作格局。党委组织部门要对国家工作人员学法用法工作进行宏观指导和监督，把国家工作人员学法用法列入干部培训计划，协调培训院校落实宪法法律必修课，把学法用法情况作为考察干部的重要内容。党委宣传部门要协助落实党委（党组）中心组学法制度，加强对学法用法工作的舆论宣传。公务员主管部门要把法治知识纳入公务员录用考试、培训和年度考核范围。司法行政部门要具体承担国家工作人员学法用法的组织协调、指导和检查。

各地各部门要按照本意见的精神，研究制定符合本地本部门实际的国家工作人员学法用法制度，认真组织实施。

六、最高人民法院、最高人民检察院关于办理危害食品安全刑事案件适用法律若干问题的解释

（2013 年 4 月 28 日最高人民法院审判委员会第 1576 次会议、2013 年 4 月 28 日最高人民检察院第十二届检察委员会第 5 次会议通过，自 2013 年 5 月 4 日起施行。）

为依法惩治危害食品安全犯罪，保障人民群众身体健康、生命安全，根据刑法有关规定，对办理此类刑事案件适用法律的若干问题解释如下：

第一条　生产、销售不符合食品安全标准的食品，具有下列情形之一的，应当认定为刑法第一百四十三条规定的"足以造成严重食物中毒事故或者其他严重食源性疾病"：

（一）含有严重超出标准限量的致病性微生物、农药残留、兽药残留、重金属、污染物质以及其他危害人体健康的物质的；

（二）属于病死、死因不明或者检验检疫不合格的畜、禽、兽、水产动物及其肉类、肉类制品的；

（三）属于国家为防控疾病等特殊需要明令禁止生产、销售的；

（四）婴幼儿食品中生长发育所需营养成分严重不符合食品安全标准的；

（五）其他足以造成严重食物中毒事故或者严重食源性疾病的情形。

第二条　生产、销售不符合食品安全标准的食品，具有下列情形之一的，应当认定为刑法第一百四十三条规定的"对人体健康造成严重危害"：

（一）造成轻伤以上伤害的；

（二）造成轻度残疾或者中度残疾的；

（三）造成器官组织损伤导致一般功能障碍或者严重功能障碍的；

（四）造成十人以上严重食物中毒或者其他严重食源性疾病的；

（五）其他对人体健康造成严重危害的情形。

第三条　生产、销售不符合食品安全标准的食品，具有下列情形之一的，应当认定为刑法第一百四十三条规定的"其他严重情节"：

（一）生产、销售金额二十万元以上的；

（二）生产、销售金额十万元以上不满二十万元，不符合食品安全标准的食品数量较大或者生产、销售持续时间较长的；

（三）生产、销售金额十万元以上不满二十万元，属于婴幼儿食品的；

（四）生产、销售金额十万元以上不满二十万元，一年内曾因危害食品安全违法犯罪活动受过行政处罚或者刑事处罚的；

（五）其他情节严重的情形。

第四条　生产、销售不符合食品安全标准的食品，具有下列情形之一的，应当认定为刑法第一百四十三条规定的"后果特别严重"：

（一）致人死亡或者重度残疾的；

（二）造成三人以上重伤、中度残疾或者器官组织损伤导致严重功能障碍的；

（三）造成十人以上轻伤、五人以上轻度残疾或者器官组织损伤导致一般功能障碍的；

（四）造成三十人以上严重食物中毒或者其他严重食源性疾病的；

（五）其他特别严重的后果。

第五条　生产、销售有毒、有害食品，具有本解释第二条规定情形之一的，应当认定为刑法第一百四十四条规定的"对人体健康造成严重危害"。

第六条　生产、销售有毒、有害食品，具有下列情形之一的，应当认定为刑法第一百四十四条规定的"其他严重情节"：

（一）生产、销售金额二十万元以上不满五十万元的；

（二）生产、销售金额十万元以上不满二十万元，有毒、有害食品的数量较大或者生产、销售持续时间较长的；

（三）生产、销售金额十万元以上不满二十万元，属于婴幼儿食品的；

（四）生产、销售金额十万元以上不满二十万元，一年内曾因危害食品安全违法犯罪活动受过行政处罚或者刑事处罚的；

（五）有毒、有害的非食品原料毒害性强或者含量高的；

（六）其他情节严重的情形。

第七条 生产、销售有毒、有害食品，生产、销售金额五十万元以上，或者具有本解释第四条规定的情形之一的，应当认定为刑法第一百四十四条规定的"致人死亡或者有其他特别严重情节"。

第八条 在食品加工、销售、运输、贮存等过程中，违反食品安全标准，超限量或者超范围滥用食品添加剂，足以造成严重食物中毒事故或者其他严重食源性疾病的，依照刑法第一百四十三条的规定以生产、销售不符合安全标准的食品罪定罪处罚。

在食用农产品种植、养殖、销售、运输、贮存等过程中，违反食品安全标准，超限量或者超范围滥用添加剂、农药、兽药等，足以造成严重食物中毒事故或者其他严重食源性疾病的，适用前款的规定定罪处罚。

第九条 在食品加工、销售、运输、贮存等过程中，掺入有毒、有害的非食品原料，或者使用有毒、有害的非食品原料加工食品的，依照刑法第一百四十四条的规定以生产、销售有毒、有害食品罪定罪处罚。

在食用农产品种植、养殖、销售、运输、贮存等过程中，使用禁用农药、兽药等禁用物质或者其他有毒、有害物质的，适用前款的规定定罪处罚。

在保健食品或者其他食品中非法添加国家禁用药物等有毒、有害物质的，适用第一款的规定定罪处罚。

第十条 生产、销售不符合食品安全标准的食品添加剂，用于食品的包装材料、容器、洗涤剂、消毒剂，或者用于食品生产经营的工具、设备等，构成犯罪的，依照刑法第一百四十条的规定以生产、销售伪劣产品罪定罪处罚。

第十一条 以提供给他人生产、销售食品为目的，违反国家规定，生产、销售国家禁止用于食品生产、销售的非食品原料，情节严重的，依照刑法第二百二十五条的规定以非法经营罪定罪处罚。

违反国家规定，生产、销售国家禁止生产、销售、使用的农药、兽药，饲料、饲料添加剂，或者饲料原料、饲料添加剂原料，情节严重的，依照前款的规定定罪处罚。

实施前两款行为，同时又构成生产、销售伪劣产品罪，生产、销售伪劣农药、兽药罪等其他犯罪的，依照处罚较重的规定定罪处罚。

第十二条 违反国家规定，私设生猪屠宰厂（场），从事生猪屠宰、销售等经营活动，情节严重的，依照刑法第二百二十五条的规定以非法经营罪定罪处罚。

实施前款行为，同时又构成生产、销售不符合安全标准的食品罪，生产、销售有毒、有害食品罪等其他犯罪的，依照处罚较重的规定定罪处罚。

第十三条 生产、销售不符合食品安全标准的食品，有毒、有害食品，符合刑法第一百四十三条、第一百四十四条规定的，以生产、销售不符合安全标准的食品罪或者生产、销售有毒、有害食品罪定罪处罚。同时构成其他犯罪的，依照处罚较重的规定定罪处罚。

生产、销售不符合食品安全标准的食品，无证据证明足以造成严重食物中毒事故或者其他严重食源性疾病，不构成生产、销售不符合安全标准的食品罪，但是构成生产、销售伪劣产品罪等其他犯罪的，依照该其他犯罪定罪处罚。

第十四条 明知他人生产、销售不符合食品安全标准的食品，有毒、有害食品，具有下列情形之一的，以生产、销售不符合安全标准的食品罪或者生产、销售有毒、有害食品罪的共犯论处：

（一）提供资金、贷款、账号、发票、证明、许可证件的；

（二）提供生产、经营场所或者运输、贮存、保管、邮寄、网络销售渠道等便利条件的；

（三）提供生产技术或者食品原料、食品添加剂、食品相关产品的；

（四）提供广告等宣传的。

第十五条 广告主、广告经营者、广告发布者违反国家规定，利用广告对保健食品或者其他食品作虚假宣传，情节严重的，依照刑法第二百二十二条的规定以虚假广告罪定罪处罚。

第十六条 负有食品安全监督管理职责的国家机关工作人员，滥用职权或者玩忽职守，导致发生重大食品安全事故或者造成其他严重后果，同时构成食品监管渎职罪和徇私舞弊不移交刑事案件罪、商检徇私舞弊罪、动植物检疫徇私舞弊罪、放纵制售伪劣商品犯罪行为罪等其他渎职犯罪的，依照处罚较重的规定定罪处罚。

负有食品安全监督管理职责的国家机关工作人员滥用职权或者玩忽职守，不构成食品监管渎职罪，但构成前款规定的其他渎职犯罪的，依照该其他犯罪定罪处罚。

负有食品安全监督管理职责的国家机关工作人员与他人共谋，利用其职务行为帮助他人实施危害食品安全犯罪行为，同时构成渎职犯罪和危害食品安全犯罪共犯的，依照处罚较重的规定定罪处罚。

第十七条 犯生产、销售不符合安全标准的食品罪，生产、销售有毒、有害食品罪，一般应当依法判处生产、销售金额二倍以上的罚金。

第十八条 对实施本解释规定之犯罪的犯罪分子，应当依照刑法规定的条件严格适用缓刑、免予刑事处罚。根据犯罪事实、情节和悔罪表现，对于符合刑法规定的缓刑适用条件的犯罪分子，可以适用缓刑，但是应当同时宣告禁止令，禁止其在缓刑考验期限内从事食品生产、销售及相关活动。

第十九条 单位实施本解释规定的犯罪的，依照本解释规定的定罪量刑标准处罚。

第二十条 下列物质应当认定为"有毒、有害的非食品原料"：

（一）法律、法规禁止在食品生产经营活动中添加、使用的物质；

（二）国务院有关部门公布的《食品中可能违法添加的非食用物质名单》《保健食品中可能非法添加的物质名单》上的物质；

（三）国务院有关部门公告禁止使用的农药、兽药以及其他有毒、有害物质；

（四）其他危害人体健康的物质。

第二十一条 "足以造成严重食物中毒事故或者其他严重食源性疾病""有毒、有害非食品原料"难以确定的，司法机关可以根据检验报告并结合专家意见等相关材料进行认定。必要时，人民法院可以依法通知有关专家出庭作出说明。

第二十二条 最高人民法院、最高人民检察院此前发布的司法解释与本解释不一致的，以本解释为准。

七、人民检察院办理行政执法机关移送涉嫌犯罪案件的规定

（2001年9月10日最高人民检察院第九届检察委员会第九十六次会议讨论通过）

根据《中华人民共和国刑事诉讼法》的有关规定，结合《行政执法机关移送涉嫌犯罪案件的规定》，现就人民检察院办理行政执法机关移送涉嫌犯罪案件的有关问题作如下规定：

一、对于行政执法机关移送检察机关的涉嫌犯罪案件，统一由人民检察院控告检察部门受理。

人民检察院控告检察部门受理行政执法机关移送的涉嫌犯罪案件后，应当登记，并指派两名以上检察人员进行初步审查。

二、人民检察院控告检察部门审查行政执法机关移送的涉嫌犯罪案件，应当根据不同情况，提出移送有关部门的处理意见，三日内报主管副检察长或者检察长批准，并通知移送的行政执法机关：

（一）对于不属于检察机关管辖的案件，移送其他有管辖权的机关处理；

（二）对于属于检察机关管辖，但不属于本院管辖的案件，移送有管辖权的人民检察院办理；

（三）对于属于本院管辖的案件，转本院反贪、渎职侵权检察部门办理。

对于性质不明、难以归口办理的案件，可以先由控告检察部门进行必需的调查。

三、对于不属于本院管辖但又必须采取紧急措施的案件，人民检察院控告检察部门在报经主管副检察长或者检察长批准后，应当先采取紧急措施，再行移送。

四、对于行政执法机关移送的涉嫌犯罪案件，人民检察院反贪、渎职侵权检察部门应当审查是否附有下列材料：

（一）涉嫌犯罪案件移送书；

（二）涉嫌犯罪案件情况的调查报告；

（三）涉案物品清单；

（四）有关检验报告或者鉴定结论；

（五）其他有关涉嫌犯罪的材料。

人民检察院可以要求移送案件的行政执法机关补充上述材料和证据。

五、对于行政执法机关移送的涉嫌犯罪案件，人民检察院经审查，认为符合立案条件的，应当及时作出立案决定，并通知移送的行政执法机关。

六、对于行政执法机关移送的涉嫌犯罪案件，人民检察院经审查，认为不符合立案条件的，可以作出不立案决定；对于需要给予有关责任人员行政处分、行政处罚或者没收违法所得的，可以提出检察意见，移送有关主管部门处理，并通知移送的行政执法机关。

七、对于人民检察院的不立案决定，移送涉嫌犯罪案件的行政执法机关可以在收到不立案决定书后五日内要求作出不立案决定的人民检察院复议。人民检察院刑事申诉检察部门应当指派专人进行审查，并在收到行政执法机关要求复议意见书后七日内作出复议决定。

行政执法机关对复议决定不服的，可以在收到人民检察院复议决定书后五日内向上一级人民检察院提请复核。上一级人民检察院应当在收到行政执法机关提请复核意见书后十五日内作出复核决定。对于原不立案决定错误的，应当及时纠正，并通知作出不立案决定的下级人民检察院执行。

八、对于人民检察院决定立案侦查的案件，办理案件的人民检察院应当将立案决定和案件的办理结果及时通知移送案件的行政执法机关。

九、移送涉嫌犯罪案件的行政执法机关对公安机关不予立案决定或者不予立案的复议决定有异议，建议人民检察院依法进行立案监督的，统一由人民检察院侦查监督部门办理。

十、人民检察院应当依法对公安机关办理行政执法机关移送涉嫌犯罪案件进行立案监督。对于具有下列情形之一的，人民检察院应当要求公安机关在收到人民检察院《要求说明不立案理由通知书》后七日内将关于不立案理由的说明书面答复人民检察院：

（一）人民检察院认为公安机关对应当立案侦查的案件而不立案侦查的；

（二）被害人认为公安机关对应当立案侦查的案件而不立案侦查，向人民检察院提出的；

（三）移送涉嫌犯罪案件的行政执法机关对公安机关不予立案决定或者不予立案的复议决定有异议，建议人民检察院依法进行立案监督的。

人民检察院认为公安机关不立案理由不能成立，应当通知公安机关在收到《通知立案书》后十五日内决定立案，并将立案决定书送达人民检察院。

十一、对于人民检察院认为公安机关不立案理由成立的，或者认为公安机关的不立案理由不成立而通知公安机关立案，公安机关已经立案的，人民检察院应当及时通知提出立案监督建议的行政执法机关。

十二、各级人民检察院对行政执法机关不移送涉嫌犯罪案件，具有下列情形之一的，可以提出检察意见：

（一）检察机关发现行政执法机关应当移送的涉嫌犯罪案件而不移送的；

（二）有关单位和个人举报的行政执法机关应当移送的涉嫌犯罪案件而不移送的；

（三）隐匿、销毁涉案物品或者私分涉案财物的；

（四）以行政处罚代替刑事追究而不移送的。

有关行政执法人员涉嫌犯罪的，依照刑法的有关规定，追究刑事责任。

十三、各级人民检察院对公安机关不接受行政执法机关移送的涉嫌犯罪案件，或者逾期不作出立案或者不予立案决定，在检察机关依法实施立案监督后，仍不接受或者不作出决定的，可以向公安机关提出检察意见。

有关公安人员涉嫌犯罪的，依照刑法的有关规定，追究刑事责任。

十四、最高人民检察院对地方各级人民检察院，上级人民检察院对下级人民检察院办理的行政执法机关移送的涉嫌犯罪案件，应加强指导和监督，对不依法办理以及办理过程中的违法违纪问题，要依照有关规定严肃处理；构成犯罪的，依法追究刑事责任。

十五、各级人民检察院对于其他机关和部门移送的涉嫌犯罪案件，依照本规定办理。

八、最高人民检察院、全国整顿和规范市场经济秩序领导小组办公室、公安部、监察部关于在行政执法中及时移送涉嫌犯罪案件的意见

（高检会〔2006〕2号）

各省、自治区、直辖市人民检察院、整顿和规范市场经济秩序领导小组办公室、公安厅（局）、监察厅（局），新疆生产建设兵团人民检察院、整顿和规范市场经济秩序领导小组办公室、公安局、监察局：

为了完善行政执法与刑事司法相衔接工作机制，加大对破坏社会主义市场经济秩序犯罪、妨害社会管理秩序犯罪以及其他犯罪的打击力度，根据《中华人民共和国刑事诉讼法》、国务院《行政执法机关移送涉嫌犯罪案件的规定》等有关规定，现就在行政执法中及时移送涉嫌犯罪案件提出如下意见：

一、行政执法机关在查办案件过程中，对符合刑事追诉标准、涉嫌犯罪的案件，应当制作《涉嫌犯罪案件移送书》，及时将案件向同级公安机关移送，并抄送同级人民检察院。对未能及时移送并已作出行政处罚的涉嫌犯罪案件，行政执法机关应当于作出行政处罚十日以内向同级公安机关、人民检察院抄送《行政处罚决定书》副本，并书面告知相关权利人。

现场查获的涉案货值或者案件其他情节明显达到刑事追诉标准、涉嫌犯罪的，应当立即

移送公安机关查处。

二、任何单位和个人发现行政执法机关不按规定向公安机关移送涉嫌犯罪案件，向公安机关、人民检察院、监察机关或者上级行政执法机关举报的，公安机关、人民检察院、监察机关或者上级行政执法机关应当根据有关规定及时处理，并向举报人反馈处理结果。

三、人民检察院接到控告、举报或者发现行政执法机关不移送涉嫌犯罪案件，经审查或者调查后认为情况基本属实的，可以向行政执法机关查询案件情况、要求行政执法机关提供有关案件材料或者派员查阅案卷材料，行政执法机关应当配合。确属应当移送公安机关而不移送的，人民检察院应当向行政执法机关提出移送的书面意见，行政执法机关应当移送。

四、行政执法机关在查办案件过程中，应当妥善保存案件的相关证据。对易腐烂、变质、灭失等不宜或者不易保管的涉案物品，应当采取必要措施固定证据；对需要进行检验、鉴定的涉案物品，应当由有关部门或者机构依法检验、鉴定，并出具检验报告或者鉴定结论。

行政执法机关向公安机关移送涉嫌犯罪的案件，应当附涉嫌犯罪案件的调查报告、涉案物品清单、有关检验报告或者鉴定结论及其他有关涉嫌犯罪的材料。

五、对行政执法机关移送的涉嫌犯罪案件，公安机关应当及时审查，自受理之日起十日以内作出立案或者不立案的决定；案情重大、复杂的，可以在受理之日起三十日以内作出立案或者不立案的决定。公安机关作出立案或者不立案决定，应当书面告知移送案件的行政执法机关、同级人民检察院及相关权利人。

公安机关对不属于本机关管辖的案件，应当在二十四小时以内转送有管辖权的机关，并书面告知移送案件的行政执法机关、同级人民检察院及相关权利人。

六、行政执法机关对公安机关决定立案的案件，应当自接到立案通知书之日起三日以内将涉案物品以及与案件有关的其他材料移送公安机关，并办理交接手续；法律、行政法规另有规定的，依照其规定办理。

七、行政执法机关对公安机关不立案决定有异议的，在接到不立案通知书后的三日以内，可以向作出不立案决定的公安机关提请复议，也可以建议人民检察院依法进行立案监督。

公安机关接到行政执法机关提请复议书后，应当在三日以内作出复议决定，并书面告知提请复议的行政执法机关。行政执法机关对公安机关不立案的复议决定仍有异议的，可以在接到复议决定书后的三日以内，建议人民检察院依法进行立案监督。

八、人民检察院接到行政执法机关提出的对涉嫌犯罪案件进行立案监督的建议后，应当要求公安机关说明不立案理由，公安机关应当在七日以内向人民检察院作出书面说明。对公安机关的说明，人民检察院应当进行审查，必要时可以进行调查，认为公安机关不立案理由成立的，应当将审查结论书面告知提出立案监督建议的行政执法机关；认为公安机关不立案理由不能成立的，应当通知公安机关立案。公安机关接到立案通知书后应当在十五日以内立案，同时将立案决定书送达人民检察院，并书面告知行政执法机关。

九、公安机关对发现的违法行为，经审查，没有犯罪事实，或者立案侦查后认为犯罪情节显著轻微，不需要追究刑事责任，但依法应当追究行政责任的，应当及时将案件移送行政执法机关，有关行政执法机关应当依法作出处理，并将处理结果书面告知公安机关和人民检察院。

十、行政执法机关对案情复杂、疑难，性质难以认定的案件，可以向公安机关、人民检察院咨询，公安机关、人民检察院应当认真研究，在七日以内回复意见。对有证据表明可能涉嫌犯罪的行为人可能逃匿或者销毁证据，需要公安机关参与、配合的，行政执法机关可以商请公安机关提前介入，公安机关可以派员介入。对涉嫌犯罪的，公安机关应当及时依法立案侦查。

十一、对重大、有影响的涉嫌犯罪案件，人民检察院可以根据公安机关的请求派员介入公安机关的侦查，参加案件讨论，审查相关案件材料，提出取证建议，并对侦查活动实施法律监督。

十二、行政执法机关在依法查处违法行为过程中，发现国家工作人员贪污贿赂或者国家机关工作人员渎职等违纪、犯罪线索的，应当根据案件的性质，及时向监察机关或者人民检察院移送。监察机关、人民检察院应当认真审查，依纪、依法处理，并将处理结果书面告知移送案件线索的行政执法机关。

十三、监察机关依法对行政执法机关查处违法案件和移送涉嫌犯罪案件工作进行监督，发现违纪、违法问题的，依照有关规定进行处理。发现涉嫌职务犯罪的，应当及时移送人民检察院。

十四、人民检察院依法对行政执法机关移送涉嫌犯罪案件情况实施监督，发现行政执法人员徇私舞弊，对依法应当移送的涉嫌犯罪案件不移送，情节严重，构成犯罪的，应当依照刑法有关的规定追究其刑事责任。

十五、国家机关工作人员以及在依照法律、法规规定行使国家行政管理职权的组织中从事公务的人员，或者在受国家机关委托代表国家机关行使职权的组织中从事公务的人员，或者虽未列入国家机关人员编制但在国家机关中从事公务的人员，利用职权干预行政执法机关和公安机关执法，阻挠案件移送和刑事追诉，构成犯罪的，人民检察院应当依照刑法关于渎职罪的规定追究其刑事责任。国家行政机关和法律、法规授权的具有管理公共事务职能的组织以及国家行政机关依法委托的组织及其工勤人员以外的工作人员，利用职权干预行政执法机关和公安机关执法，阻挠案件移送和刑事追诉，构成违纪的，监察机关应当依法追究其纪律责任。

十六、在查办违法犯罪案件工作中，公安机关、监察机关、行政执法机关和人民检察院应当建立联席会议、情况通报、信息共享等机制，加强联系，密切配合，各司其职，相互制约，保证准确有效地执行法律。

十七、本意见所称行政执法机关，是指依照法律、法规或者规章的规定，对破坏社会主义市场经济秩序、妨害社会管理秩序以及其他违法行为具有行政处罚权的行政机关，以及法律、法规授权的具有管理公共事务职能、在法定授权范围内实施行政处罚的组织，不包括公安机关、监察机关。

九、最高人民法院关于审理编造、故意传播虚假恐怖信息刑事案件适用法律若干问题的解释

（法释〔2013〕24 号）

为依法惩治编造、故意传播虚假恐怖信息犯罪活动，维护社会秩序，维护人民群众生命、财产安全，根据刑法有关规定，现对审理此类案件具体适用法律的若干问题解释如下：

第一条　编造恐怖信息，传播或者放任传播，严重扰乱社会秩序的，依照刑法第二百九十一条之一的规定，应认定为编造虚假恐怖信息罪。

明知是他人编造的恐怖信息而故意传播，严重扰乱社会秩序的，依照刑法第二百九十一条之一的规定，应认定为故意传播虚假恐怖信息罪。

第二条　编造、故意传播虚假恐怖信息，具有下列情形之一的，应当认定为刑法第二百九十一条之一的"严重扰乱社会秩序"：

（一）致使机场、车站、码头、商场、影剧院、运动场馆等人员密集场所秩序混乱，或者采取紧急疏散措施的；

（二）影响航空器、列车、船舶等大型客运交通工具正常运行的；

（三）致使国家机关、学校、医院、厂矿企业等单位的工作、生产、经营、教学、科研等活动中断的；

（四）造成行政村或者社区居民生活秩序严重混乱的；

（五）致使公安、武警、消防、卫生检疫等职能部门采取紧急应对措施的；

（六）其他严重扰乱社会秩序的。

第三条　编造、故意传播虚假恐怖信息，严重扰乱社会秩序，具有下列情形之一的，应当依照刑法第二百九十一条之一的规定，在五年以下有期徒刑范围内酌情从重处罚：

（一）致使航班备降或返航；或者致使列车、船舶等大型客运交通工具中断运行的；

（二）多次编造、故意传播虚假恐怖信息的；

（三）造成直接经济损失二十万元以上的；

（四）造成乡镇、街道区域范围居民生活秩序严重混乱的；

（五）具有其他酌情从重处罚情节的。

第四条 编造、故意传播虚假恐怖信息，严重扰乱社会秩序，具有下列情形之一的，应当认定为刑法第二百九十一条之一的"造成严重后果"，处五年以上有期徒刑：

（一）造成三人以上轻伤或者一人以上重伤的；

（二）造成直接经济损失五十万元以上的；

（三）造成县级以上区域范围居民生活秩序严重混乱的；

（四）妨碍国家重大活动进行的；

（五）造成其他严重后果的。

第五条 编造、故意传播虚假恐怖信息，严重扰乱社会秩序，同时又构成其他犯罪的，择一重罪处罚。

第六条 本解释所称的"虚假恐怖信息"，是指以发生爆炸威胁、生化威胁、放射威胁、劫持航空器威胁、重大灾情、重大疫情等严重威胁公共安全的事件为内容，可能引起社会恐慌或者公共安全危机的不真实信息。

十、中共中央办公厅、国务院办公厅印发关于实行国家机关"谁执法谁普法"普法责任制的意见

（2017 年）

国家机关是国家法律的制定和执行主体，同时肩负着普法的重要职责。党的十八届四中全会明确提出实行国家机关"谁执法谁普法"的普法责任制。为健全普法宣传教育机制，落实国家机关普法责任，进一步做好国家机关普法工作，现就实行国家机关"谁执法谁普法"普法责任制提出如下意见。

一、总体要求

（一）指导思想

认真贯彻落实党的十八大和十八届三中、四中、五中、六中全会精神，坚持以邓小平理论、"三个代表"重要思想、科学发展观为指导，深入贯彻落实习近平总书记系列重要讲话精神和治国理政新理念新思想新战略，紧紧围绕统筹推进"五位一体"总体布局和协调推进"四个全面"战略布局，全面贯彻落实党中央关于法治宣传教育的决策部署，按照"谁执法谁普法"的要求，进一步明确国家机关普法职责任务，健全工作制度，加强督促检查，不断推进国家机关普法工作深入开展，努力形成党委统一领导，部门分工负责、各司其职、齐抓共管的工作格局，为全面依法治国作出积极贡献。

（二）基本原则

坚持普法工作与法治实践相结合。把法治宣传教育融入法治实践全过程，在法治实践中

加强法治宣传教育，不断提高国家机关法治宣传教育的实际效果。

坚持系统内普法与社会普法并重。国家机关在履行好系统内普法责任的同时，积极承担面向社会的普法责任，努力提高国家工作人员法律素质，增强社会公众的法治意识。

坚持条块结合、密切协作。国家机关普法实行部门管理与属地管理相结合，加强部门与地方的衔接配合，完善分工负责、共同参与的普法工作机制，形成普法工作合力。

坚持从实际出发、注重实效。立足国家机关实际，结合部门工作特点，创新普法理念、工作机制和方式方法，积极推动各项普法责任的落实，切实增强普法的针对性和实效性。

二、职责任务

（一）建立普法责任制。国家机关要把普法作为推进法治建设的基础性工作来抓，纳入本部门工作总体布局，做到与其他业务工作同部署、同检查、同落实。按照普法责任制的要求，制定本部门普法规划、年度普法计划和普法责任清单，明确普法任务和工作要求。建立健全普法领导和工作机构，明确具体责任部门和责任人员。

（二）明确普法内容。深入学习宣传习近平总书记关于全面依法治国的重要论述，宣传以习近平同志为核心的党中央关于全面依法治国的重要部署。突出学习宣传宪法，弘扬宪法精神，树立宪法权威。深入学习宣传中国特色社会主义法律体系，深入学习宣传与本部门职责相关的法律法规，增强国家工作人员依法履职能力，特别是领导干部运用法治思维和法治方式开展工作的能力，提高社会公众对相关法律法规的知晓度。深入学习宣传党内法规，增强广大党员党章党规党纪意识。坚持普治并举，积极推进国家机关法治实践活动，不断提高社会治理法治化水平。

（三）切实做好本系统普法。健全完善国家机关党组（党委）理论学习中心组学法制度，坚持领导干部带头尊法学法守法用法。健全完善日常学法制度，推进国家工作人员学法经常化。加强对国家工作人员的法治培训，把宪法法律和党内法规作为重要内容，建立新颁布的国家法律和党内法规学习培训制度，不断提高培训质量。加强对国家工作人员学法用法的考试考核，完善评估机制。大力开展"法律进机关"、机关法治文化建设等活动，营造良好的机关学法氛围。

（四）充分利用法律法规规章和司法解释起草制定过程向社会开展普法。在法律法规规章和司法解释起草制定过程中，对社会关注度高、涉及公众切身利益的重大事项，要广泛听取公众意见。除依法需要保密的外，法律法规规章和司法解释草案要向社会公开征求意见，并说明相关制度设计，动员社会各方面广泛参与。加强与社会公众的沟通，及时向社会通报征求意见的有关情况，增强社会公众对法律的理解和认知。法律法规规章和司法解释出台后，以通俗易懂的语言将公民、法人和其他组织的权利义务、权利救济方式等主要内容，通过政府网站、新闻媒体公布或在公共场所陈列，方便社会公众理解掌握。

（五）围绕热点难点问题向社会开展普法。执法司法机关在处理教育就业、医疗卫生、征地拆迁、食品安全、环境保护、安全生产、社会救助等群众关心的热点难点问题过程中，要加强对当事人等诉讼参与人、行政相对人、利害关系人以及相关重点人群的政策宣讲和法律法规讲解，把矛盾纠纷排查化解与法律法规宣传教育有机结合起来，把普法教育贯穿于事前、事中、事后全过程，让群众在解决问题中学习法律知识，树立法律面前人人平等、权利义务相一致等法治观念。针对网络热点问题和事件，组织执法司法人员和专家学者进行权威的法律解读，组织普法讲师团、普法志愿者广泛开展宣传讲解，弘扬法治精神，正确引导舆论。

（六）建立法官、检察官、行政执法人员、律师等以案释法制度。法官、检察官在司法办案过程中要落实好以案释法制度，利用办案各个环节宣讲法律，及时解疑释惑。判决书、裁定书、抗诉书、决定书等法律文书应当围绕争议焦点充分说理，深入解读法律。要通过公开开庭、巡回法庭、庭审现场直播、生效法律文书统一上网和公开查询等生动直观的形式，开展以案释法。行政执法人员在行政执法过程中，要结合案情进行充分释法说理，并将行政执法相关的法律依据、救济途径等告知行政相对人。各级司法行政机关要加强对律师的教育培训，鼓励和支持律师在刑事辩护、诉讼代理和提供法律咨询、代拟法律文书、担任法律顾问、参与矛盾纠纷调处等活动中，告知当事人相关的法律权利、义务和有关法律程序等，及时解答有关法律问题；在参与涉法涉诉信访案件处理过程中，切实做好释法析理工作，引导当事人依法按程序表达诉求，理性维护合法权益，自觉运用法律手段解决矛盾纠纷。审判机关、检察机关、行政执法机关、司法行政机关要加强典型案例的收集、整理、研究和发布工作，建立以案释法资源库，充分发挥典型案例的引导、规范、预防与教育功能。要以法律进机关、进乡村、进社区、进学校、进企业、进单位等为载体，组织法官、检察官、行政执法人员、律师开展经常性以案释法活动。

（七）创新普法工作方式方法。在巩固国家机关橱窗、板报等基础宣传阵地的同时，积极探索电子显示屏、电子触摸屏等新型载体在普法宣传中的运用，建好用好法治宣传教育基地，切实将法治教育纳入国民教育体系，在中小学设立法治知识课程。充分发挥广播、电视、报刊等传统媒体优势，不断创新普法节目、专栏、频道，开展形式多样、丰富多彩的法治宣传教育。进一步深化司法公开，依托现代信息技术，打造阳光司法工程。注重依托政府网站、专业普法网站和微博、微信、微视频、客户端等新媒体新技术开展普法活动，努力构建多层次、立体化、全方位的法治宣传教育网络。坚持以社会主义核心价值观为引领，大力加强法治文化建设，在做好日常宣传的同时，充分利用国家宪法日、法律颁布实施纪念日等时间节点，积极组织开展集中普法活动，不断增强法治宣传实效。

三、组织领导

各级党委（党组）要高度重视，切实加强对普法工作的领导。各级国家机关要充分认识普法责任制在健全普法宣传教育机制、推进社会主义法治国家建设中的重要作用，把建立普法责任制摆上重要日程，及时研究解决普法工作中的重大问题，加强人员、经费、物质保障，为普法工作开展创造条件。要把普法责任制落实情况作为法治建设的重要内容，纳入国家机关工作目标考核和领导干部政绩考核，推动本部门普法责任制的各项要求落到实处。上级国家机关要加强对下级国家机关普法责任制建立和落实情况的督促检查，强化工作指导，确保普法工作取得实效。对于综合性法律，各有关部门要加强协调配合，增强法治宣传社会整体效果。

各级司法行政机关和普法依法治理领导小组办公室要充分发挥职能作用，加强对国家机关普法工作的指导检查，对涉及多部门的法律法规，要加强组织协调，形成工作合力。要定期召开联席会议，研究解决部门普法工作遇到的困难和问题，推动普法责任制的落实。要健全完善普法工作考核激励机制，建立考核评估体系，对照年度普法计划和普法责任清单，加强对国家机关普法责任制落实情况的检查考核，对责任落实到位、普法工作成效显著的部门，按照国家有关规定予以表彰奖励；对责任不落实、普法工作目标未完成的部门，予以通报。要注重总结落实普法责任制好的做法，积极推广普法工作好的经验，加强宣传，不断提高国家机关普法工作水平。

各地区各部门要按照本意见精神，研究制定具体措施，认真组织实施。

十一、中共中央办公厅、国务院办公厅转发国务院法制办关于加强行政执法与刑事司法衔接工作的意见

（中办发〔2011〕8号）

做好行政执法与刑事司法衔接工作，事关依法行政和公正司法，事关经济社会秩序维护，事关人民群众切身利益保障。近年来，特别是《行政执法机关移送涉嫌犯罪案件的规定》实行以来，各地区各有关部门建立健全行政执法与刑事司法衔接工作机制，行政执法机关移送涉嫌犯罪案件工作得到加强，一大批危害社会主义市场经济秩序和社会管理秩序的犯罪行为受到刑事制裁，有力遏制了违法罪犯活动。但也要看到，在一些行政执法领域，有案不移、有案难移、以罚代刑的问题仍难比较突出。为加强行政执法与刑事司法衔接工作，现提出如下意见。

（一）严格履行法定职责

1. 行政执法机关和公安机关要严格依法履行职责，对涉嫌犯罪的案件，切实做到该移送的移送、该受理的受理、该立案的立案。

2. 行政执法机关在执法检查时，发现违法行为明显涉嫌犯罪的，应当及时向公安机关通报。接到通报后，公安机关应当立即派人进行调查，并依法作出立案或者不予立案的决定。公安机关立案后依法提请行政执法机关作出检验、鉴定、认定等协助的，行政执法机关应当予以协助。

3. 行政执法机关向公安机关移送涉嫌犯罪案件，应当移交案件的全部材料，同时将案件移送书及有关材料目录抄送人民检察院。行政执法机关在移送案件时已经作出行政处罚决定的，应当将行政处罚决定书一并抄送公安机关、人民检察院；未作出行政处罚决定的，原则上应当在公安机关决定不予立案或者撤销案件、人民检察院作出不起诉决定、人民法院作出无罪判决或者免予刑事处罚后，再决定是否给予行政处罚。

4. 公安机关对行政执法机关移送的涉嫌犯罪案件，应当以书面形式予以受理。受理后认为不属于本机关管辖的，应当及时转送有管辖权的机关，并书面告知移送案件的行政执法机关，同时抄送人民检察院。对受理的案件，公安机关应当及时审查，依法作出立案或者不予立案的决定并书面通知行政执法机关，同时抄送人民检察院。公安机关立案后决定撤销案件的，应当书面通知行政执法机关，同时抄送人民检察院。公安机关作出不立案决定或者撤销案件的，应当将案卷材料退回行政执法机关，行政执法机关应当对案件依法作出处理。

5. 人民检察院对作出不起诉决定的案件、人民法院对作出无罪判决或者免予刑事处罚的案件，认为依法应当给予行政处罚的，应当提出检察建议或者司法建议，移送有关行政执法机关处理。

6. 行政执法机关在查处违法行为，以及公安机关在审查、侦查行政执法机关移送的涉嫌犯罪案件过程中，发现国家工作人员涉嫌贪污受贿。渎职侵权等违纪违法线索的，应当根据案件的性质，及时向检察机关或者人民检察院移送。检察机关、人民检察院应当对行政执法机关、公安机关移送的违纪或者职务犯罪案件线索及时认真审查，依纪依法处理，并将处理结果及时书面告知行政执法机关。

7. 行政执法机关在查处违法行为过程中，发现危害国家安全犯罪案件线索，依法应当向国家安全机关移送的，参照《行政执法机关移送涉嫌犯罪案件的规定》和本意见执行。

（二）完善衔接工作机制

8. 各地区各有关部门要针对行政执法与刑事司法衔接工作的薄弱环节，建立健全衔接工作机制，促进各有关单位之间的协调配合，形成工作合力。

9. 各地要根据实际情况，确定行政执法与刑事司法衔接工作牵头单位。牵头单位要发挥综合协调作用，组织推动各项工作顺利开展。

10. 建立行政执法与刑事司法衔接工作联席会议制度。牵头单位要定期组织召开联席会议，由有关单位相互通报查处破坏社会主义市场经济秩序、妨害社会管理秩序等违法犯罪行为以及衔接工作的有关情况，研究衔接工作中存在的问题，提出加强衔接工作的对策。

11. 健全案件咨询制度。对案情重大、复杂、疑难，性质难以认定的案件，行政执法机关可以就刑事案件立案追诉标准、证据的固定和保全等问题咨询公安机关、人民检察院，公安机关、人民检察院可以就案件办理中的专业性问题咨询行政执法机关，收咨询的机关应当认真研究、及时答复。

12. 建立衔接工作信息共享平台。各地要充分利用已有电子政务网络和信息共享公共基础设施等资源，将行政执法与刑事司法衔接工作信息共享平台建设纳入电子政务建设规划，拟定信息共享平台建设工作计划，明确完成时间，加大投入，加快工作进度，充分运用现代信息及时实现行政执法机关、公安机关、人民检察院之间执法、司法信息互联互通。行政执法机关应当在规定时间内，将查处的符合刑事追诉标准、涉嫌犯罪的案件信息以及虽未达到刑事追诉标准、但又其他严重情节的案件信息等录入信息共享平台。各有关单位应当在规定时间内，将移送案件、办理移送案件的相关信息录入信息共享平台。加强对信息共享平台的管理，严格遵守共享信息的使用权限，防止泄密。积极推进网上移送、网上受理、网上监督，提高衔接工作效率。

（三）加强对衔接工作的监督

13. 县级以上地方人民政府、人民检察院和监察机关要依法履行监督职责，严格责任追究，确保行政执法与刑事司法衔接工作有关制度落到实处。

14. 完善行政执法与刑事司法衔接工作举报制度。县级以上地方人民政府、人民检察院和监察机关对行政执法机关应当移送涉嫌犯罪案件而不移送或者公安机关应当受理而不受理、应当立案而不立案的举报，要认真调查处理，并将调查处理结果告知实名举报人。人民检察院、监察机关在调查时，应当及时向行政执法机关、公安机关查询案件情况，必要时，可以派人查阅、复印案件材料，行政执法机关、公安机关应当予以配合。

15. 行政执法机关不移送涉嫌犯罪案件或者与其未移送出的，由本级或者上级人民政府，或者实行垂直管理的上级行政机关，责令限期移送；情节严重的，对负有责任的主管人员和其他直接责任人员依法给予处分；构成犯罪的，依法追究刑事责任。人民检察院发现行政执法机关不移送或者逾期未移动的，应当向行政执法机关提出意见，建议其移送，并将有关材料及时抄送人民检察院；行政执法机关仍不移送的，人民检察院应当将有关情况书面通知公安机关，公安机关应当根据人民检察院的意见，主动向行政执法机关查询案件，必要时直接立案侦查。

16. 公安机关不受理行政执法机关移送的案件，或者未在法定期限内作出立案或者不予立案决定的，行政执法机关可以建议人民检察院进行立案监督。行政执法机关对公安机关作出的不予立案决定有异议的，可以向作出决定的公安机关提出复议，也可以建议人民检察院进行立案监督；对公安机关不予立案的复议决定仍有异议的，可以建议人民检察院进行立案监督。行政执法机关对公安机关立案后作出撤销案件的决定有异议的，可以建议人民检察院进行立案监督。人民检察院对行政执法机关提出的立案监督建议，应当依法受理并进行审查。

17. 人民检察院发现行政执法人员不移动涉嫌犯罪案件，公安机关工作人员不依法受理、立案，需要追究行政纪律责任的，应当将可以正忙违法违纪事实的材料移送检察机关，由检察机关依纪依法处理，涉嫌犯罪的，应当依法追究刑事责任。

18. 检察机关发现行政执法人员不移送涉嫌犯罪案件，公安机关工作人员不依法受理、立案，违反行政纪律、需要追究责任的，应当依纪依法处理；情节严重、涉嫌犯罪的，应当移送人民检察院。对行政执法机关或者人民检察院移送检察机关的违纪案件线索，检察机关应当及时受理，认真审查，依纪依法处理，并将处理结果及时书面告知移送案件线索的行政执法机关或者人民检察院。

（四）切实加强组织领导

19. 各地区各有关部门要把加强行政执法与形式司法衔接工作列入重要议事日程，按照执法为民的要求，精心组织，认真督办，狠抓落实。加大培训力度，使行政执法人员和公安机关、检察机关、检察机关相关工作人员熟悉行政执法与刑事司法衔接工作的有关知识和具体要求，强化依法移送、依法办案的意识。加强对行政执法与刑事司法衔接工作的检察和考核，把是否依法移送、受理、立案、办案等情况，纳入政府和有关部门的综合考核评价体系。

十二、国务院食品安全办等五部门关于进一步加强农村食品安全治理工作的意见

食安办〔2015〕18 号

各省、自治区、直辖市食品（食品药品）安全委员会办公室、公安厅（局）、农业（畜牧兽医、渔业）厅（局、委）、工商行政管理局、食品药品监督管理局，新疆生产建设兵团食品安全办、公安局、农业局、食品药品监督管理局：

为深入贯彻习近平总书记就加强食品安全工作提出的"四个最严"的总体要求，全面落实李克强总理关于加强农村食品安全监管的重要批示精神，着力治理和解决农村食品安全突出问题，完善农村食品生产经营全链条监管，积极推进监管重心下移，切实加强农村食品安全日常监管，以"零容忍"的举措惩治食品安全违法犯罪，努力形成全方位、全环节、全覆盖的农村食品安全治理长效机制，不断提高农村食品安全保障能力和水平，保障广大农村群众"舌尖上的安全"，现就进一步加强农村食品安全治理工作提出如下意见：

（一）明确工作目标和原则，强化农村食品安全治理责任意识

1. 工作目标。大力发展名特优新农产品，促进农村食品生产经营产业转型升级和食品消费方式及习惯转变，不断改变农村食品生产经营小、散、乱的状况。加大食品安全突出问题和重点隐患专项治理力度，净化农村食品生产经营环境。以网格化管理为依托建立健全食品安全监管责任落实制度，按照"有责、有岗、有人、有手段"的"四有"要求，构建农村

食品安全统一监管、综合监管、协同监管工作机制，消除监管盲区，构建从农田到餐桌的全程监管体系。

2. 主要原则。坚持问题导向。认真查找和梳理农村食品问题多发、易发等重点区域的食品生产经营突出违法违规问题和陋习顽疾，做到主动发现问题、研究问题、解决问题。坚持风险管控。以风险管理为核心，强化日常监管和重点区域、重点业态、重点时段的专项治理。坚持全程监管。统筹兼顾食品以及食用农产品生产、销售、餐饮服务各个环节和领域，实施全方位、全环节、全链条的监管。坚持监管信息公开。定期公布农村食品安全监管和整治措施、成果、案例等方面的信息，主动接受社会监督。

（二）加大打击力度，净化农村食品安全环境

3. 深入开展食用农产品质量安全"清源"行动。各地农业部门要根据当地实际，会同食品药品监管等部门部署开展食用农产品质量安全"清源"行动。从整治农残兽残超标和违法使用高毒农药入手，以治理食品和食用农产品农兽药残留超标和违规使用高毒禁限用农药为重点，按年度确定阶段性重点整治品种，以食用农产品种养殖基地、畜禽屠宰厂、农资销售单位、农副产品批发市场等重点场所，采取随机抽查等突击检查方式，深入排查、严肃查处违规使用禁用农药兽药、高剧毒农药、滥用抗生素、非法使用"瘦肉精"、非法收购屠宰病死畜禽和制售假劣农资等突出违法违规行为，严查私屠滥宰窝点，严打畜禽肉类注水行为。

4. 深入开展农村食品安全"净流"行动。各地工商行政管理部门要会同食品药品监管等部门，以打击制售"三无食品"和假冒伪劣食品为重点，针对在城乡结合部，尤其是乡镇一级的农村市场假冒伪劣窝点，开展打击制售假冒伪劣食品和"红盾护农"农资打假行动，严厉整治农村市场的商标假冒、侵权，仿冒知名商品名称、包装装潢、厂名、厂址，伪造或冒用认证标志等质量标志，虚假表示等类型食品，以及"假农药""假化肥"，坚决从严查处商标违法、不正当竞争等违法行为；加大对虚假违法广告的查处力度，进一步规范和整治农村食品市场秩序。对发现食品生产经营者生产经营商标假冒、侵权，仿冒知名商品名称、包装装潢、厂名、厂址，伪造或冒用认证标志等质量标志，虚假表示等类型食品的，工商行政管理部门和食品药品监管部门要认真核查并严格依法查处。

5. 深入开展农村食品安全"扫雷"行动。各地食品药品监管部门要会同工商行政管理等部门，以食品加工小作坊、批发市场、乡镇集贸市场、农村中小学校园及其周边食品经营者和学校（含托幼机构）食堂、农村集体聚餐等高风险业态为重点业态，以农村食品消费高风险时段和节日期间为重点时段，组织开展重点治理行动。要全面清理农村食品生产经营者的主体资格，依法查处无证无照生产经营食品的违法行为，重点取缔违法"黑工厂""黑窝点"和不符合卫生规范、生产制售假冒伪劣食品的"黑作坊"，打击非法添加非食用物质和超范围、超限量使用食品添加剂等"一非两超"违法行为，以及销售使用无合法来源食品和原料，使用劣质原料生产或加工制作食品、经营腐败变质或超过保质期的食品等违法行为。

6. 深入开展打击食品违法犯罪"利剑"行动。地方各级农业、工商、食品药品监管、公安部门要密切配合，实现行政执法和刑事司法的无缝衔接，切实形成打击合力，深挖食品违法犯罪案件、严惩违法犯罪分子。对发现的问题及时依法立案查处，要确保有案必查、违法必究。对涉嫌食品安全犯罪的案件，及时移交公安机关；公安机关对涉嫌犯罪的，坚决依法追究刑事责任。不断打压违法经营者和假冒伪劣食品的生存空间，让违法犯罪者无处藏身。

（三）强化监督检查，加大农村食品日常监管力度

7. 强化食用农产品源头治理。各级农业部门要会同相关部门，严格落实农兽药登记使用制度，完善食品中农兽药残留标准，制定农兽药合理使用准则和食用农产品种养殖等良好农业操作行为规范，加大食用农产品质量安全监督抽查和风险监测力度，建立健全覆盖食用农产品种养殖、加工、销售等各环节去向可查、来源可溯、责任可追的食用农产品追溯体系，着力解决农药兽药残留问题。同时，加大食用农产品监管力度，大力推行标准化生产，严格管控化肥、农药、兽药等农业投入品使用，组织实施"到 2020 年化肥、农药使用量零增长行动"，加快淘汰剧毒、高毒、高残留农药，鼓励使用高效低毒低残留农药，推动测土配方施肥、病虫害绿色防控和统防统治，建立健全畜禽屠宰管理制度，完善病死畜禽无害化处理机制。

8. 强化对农村食品生产经营行为全过程监管。各地要尽快制定和完善食品生产加工小作坊、小摊贩、小餐饮、农村集体用餐管理措施和办法。各省、自治区、直辖市应抓紧制定食品生产加工小作坊和食品摊贩等的具体管理办法。各级食品药品监管部门要会同相关部门，加强对农村食品大型生产经营企业的现场监督检查力度，将农村集市和庙会等农民群众临时性集中消费场所纳入监管范围，规范对小作坊、小摊贩、小餐饮的管理。围绕群众日常大宗消费食品、儿童食品以及民俗食品等重点品种，针对食品标识不符合规定、销售超过保质期食品、回收食品再加工或更换包装再销售等突出问题，加大以农产品主产区、城乡结合部、旅游景区等为重点区域，以农产品和食品批发市场、农村集贸市场等为重点场所的监管力度。加强对校园及其周边和农村集体聚餐活动的食品安全管理工作，制定管理制度措施，规范餐饮加工操作人员的食品加工制作行为和健康管理、食品原料来源以及卫生环境，防范食物中毒事故的发生。

9. 强化农村食品风险隐患排查力度。地方各级食品药品监管部门要以与农村地区群众日常生活消费关系密切、监督检查中发现问题较多、消费者投诉举报较为集中、社会反映突出的食品为重点品种，以农村和面向农村销售食品的批发市场、农村食用农产品批发市场、农贸市场、城乡结合部、校园及其周边、旅游景区、自然村等农村食品问题多发、易发的区域为重点区域，有针对性地组织开展食品安全监督抽检和风险监测工作，加大对农村地区或面向农村地区生产的食品的监督抽检和风险监测力度，积极探索和实践基层蹲点调研、随机抽查等工作模式，及时发现农村食品安全问题，研究制定问题和解决措施清单，采取有针对性的措施，实施清单式监管，及时消除隐患。对消费者投诉举报和媒体反映的食品安全问题，要及时、深入调查核实和依法处置，主动回应农民食品安全方面的诉求和关切。

（四）加强规范引导，构建农村食品安全共治格局

10. 严格落实属地管理和监管责任。地方各级食品安全委员会要充分发挥统筹协调、监督指导作用，督促落实地方政府对农村食品安全工作的属地管理责任，加大农村食品安全监管投入力度，充实基层食品安全监管力量，优化监管装备和监管资源配置，配备日常检查、市场抽检、样品检验所必需的设备；监督指导农业、食品药品监管、工商等部门落实监管责任、健全工作配合和衔接机制。推进食用农产品质量安全监管体系建设，将食用农产品质量安全监管执法纳入农业综合执法范围。各基层食品安全监管部门要按照食品安全风险控制的要求，将包括生产经营过程的日常监督检查职责和食用农产品、食品中农药、兽药残留和非法添加的抽检职责作为保障食品安全重要职责，科学划定食用农产品、食品安全监管网格，明确监管责任人员以及相应的监管职责、目标和要求，并在监管网格内进行公示，建立并不断完善网格化监管方式。实施市场监管执法机构综合改革的地方，基层市场监管部门要进一步明确职责和权限，建立健全食品安全监管工作制度和工作机制，切实将食品安全监管作为首要职责。加强食用农产品、食品安全监管部门的沟通、协调，健全各部门间、区域间信息通报、形势会商、联合执法、行政执法与刑事司法衔接、事故处置等协调联动机制，凝聚齐抓共管合力。

11. 构建社会共治格局。地方各级食品安全办要会同相关部门畅通投诉举报渠道，落实有奖举报制度，引导村民自治组织和广大农村消费者积极参与食品安全工作，积极构建守信激励、失信惩戒机制。要发挥行业协会的桥梁和纽带作用，推动行业规范自律和诚信体系建设。加强与新闻媒体的合作，适时曝光查处的农村食品安全违法典型案例，有效震慑违法犯罪分子。支持和发挥好各级供销合作社、农民专业合作社的渠道作用。探索建立县、乡、村三级农村食品安全监督网络，大力发展农村舆论监督员、协管员、信息员等群众性队伍，充分发挥社会监督作用，推动各地建立举报奖励制度，鼓励社会力量参与食用农产品与食品质量安全监管和协同共治，处理好政府、企业、社会的关系，形成全社会共同推进农村食用农产品及食品安全的良好氛围。农业、食品药品监管、工商等部门至少每季度要公布一次本部门的工作情况，特别是重点整治、抽检监测、监管执法等有关情况。食品安全办要定期汇总、上报、考核和公布农村食品安全治理工作情况。

12. 加强宣传教育。地方各级食品安全办要会同相关部门积极开展宣传教育工作，特别

是新修订食品安全法的宣传普及工作。要充分利用全国食品安全宣传周等重点宣传活动，强化对食品生产经营者经常性的教育宣传和政策引导，提高食品生产经营者质量安全意识，推动食品生产经营者遵守从业道德，恪守法度。动员社会力量参与农村食品安全公益宣传科普工作，采取贴近广大农民生活和消费的渠道和方式，通过社区志愿者、农村教师和中小学生，以更加通俗、形象、生动的食品安全宣传教育方式向农村消费者宣传食品安全知识，增强农村消费者的自我防范意识、消费维权意识和识假辨假能力，引导农村消费者自觉抵制假冒伪劣食品，培训指导农民规范使用化肥、农药、兽药等农业投入品开展农产品种养殖生产活动，并主动反映食品生产经营违法行为及其他食品安全问题。新修订食品安全法的宣传教育要采取进村庄、进校园、进农户等方式，做到家家知、户户晓。

（五）加强组织领导和督促检查，落实监管责任

13. 加强组织领导。地方各级政府要将农村食品安全纳入经济社会发展规划和公共安全体系，将农村食品安全治理工作列入重要议事日程，制定食品安全工作计划，认真落实、统筹协调，强化组织保障，切实将相关工作责任落实到部门、到岗位、到人员，并强化对各相关部门工作落实情况的督查和考核。地方各级食品安全办要强化统一组织协调和督查考核，定期分析当地农村和城乡结合部食品安全状况、梳理食品安全风险隐患、研究应对措施，及时部署农村食品安全治理工作，对各食品安全监管部门实施专项督查和定期考核。各级食品安全办和食品安全监管部门要采取飞行检查等方式，强化现场督促检查，一级抓一级，层层抓落实。对责任不落实、监管不作为、情况不报告、问题不解决、敷衍塞责的单位和工作人员，要严肃追究责任。

14. 强化阶段性工作报告制度。地方各级食品安全办要于每年 7 月 15 日前和 12 月 15 日前，分别将本年度上半年和全年本省（区、市）农村食品市场监管工作情况书面总结报送国务院食品安全办。要重点总结农村食品市场整治和监管措施、做法和经验、典型案例，分析主要问题，提出农村食品安全治理的意见建议。

国务院食品安全委员会办公室

公安部

农业部

国家工商行政管理总局

国家食品药品监督管理总局

十三、国务院食品安全办等 11 部门关于做好食品药品重大违法犯罪案件信息通报和发布有关工作的通知

（2017 年）

国务院食品安全办会同中宣部、公安部、农业部、国家卫生计生委、海关总署、质检总局、食品药品监管总局、国家网信办、最高法、最高检 11 个部门印发通知，就做好食品和药品重大违法犯罪案件信息的通报及发布工作提出要求。

通知要求，对于涉及婴幼儿、孕产妇等特定群体，以及疫苗、血液制品、注射剂、乳制品等高敏感性产品的重大违法犯罪案件，要规范信息通报和发布的程序，及时发布权威信息，主动回应社会关切。农业、质监、食药等食品和药品监管部门与公安机关、检察机关、海关缉私部门要建立案件查办信息互通机制，及时采取责令下架、封存、召回、销毁等措施，有效控制涉案产品的安全风险，保护公众利益。监管部门要支持新闻媒体舆论监督。新闻媒体关于食品和药品违法犯罪案件的报道应实事求是、表述严禁、措辞准确。未经核实，不得使用"毒""致命""致癌"等字样。对捏造事实、制造谣言，造成严重社会影响的，要依法追究有关人员法律责任。

十四、农业部关于加强农业行政执法与刑事司法衔接工作的实施意见

（农政发［2011］2 号）

各省、自治区、直辖市农业（农牧、农村经济）、畜牧、农机、渔业、农垦、乡镇企业厅（局、委），部机关有关司局、直属有关单位：

近年来，各地农业部门不断加大农业行政执法力度，及时将涉嫌犯罪案件移送司法机关追究刑事责任，有力打击了农业违法行为，取得了明显的制裁效果和威慑作用。但是，在一些地区和部门中有案不移、以罚代刑的问题仍然不同程度地存在。为加强农业行政执法与刑事司法衔接工作，根据国务院《行政执法机关移送涉嫌犯罪案件的规定》，以及最高人民检察院、公安部、监察部等部门的有关要求，现就在农业行政执法中做好涉嫌犯罪案件移送工作提出如下意见：

（一）切实提高对衔接工作重要性的认识

1. 加强农业行政执法与刑事司法衔接工作是严厉打击农业违法行为的迫切要求和重要手段，事关依法行政，事关农资市场秩序维护和农产品质量安全，事关农民和消费者合法权益保障。农业部门及时将涉嫌犯罪案件移送公安机关，使违法行为人不仅受到行政责任和民

事责任追究，而且还要依法承担刑事责任，有利于最大限度地打击违法行为，遏制违法犯罪活动。当前，农业违法行为特别是制售假劣农资行为呈现专业化、隐蔽化、网络化和区域化特征，农业部门及时将涉嫌犯罪案件移送公安机关，可以借助公安机关强有力的侦查手段和丰富的办案经验，有利于及早抓获违法行为人，彻查制售假劣农资源头，捣毁制假售假网络。各级农业部门要进一步统一思想，提高做好涉嫌犯罪案件移送工作的认识，增强紧迫感和责任感。

（二）严格履行法定职责

2. 各级农业部门要严格依法履行职责，对涉嫌生产、销售伪劣种子、农药、兽药、化肥、饲料，生产、销售有毒有害食用农产品，非法经营、伪造、变造、买卖国家机关公文、证件、印章，非法制造、买卖、运输、储存危险物质等犯罪案件，切实做到该移送的移送，不得以罚代刑。

3. 各级农业部门在执法检查时，发现违法行为明显涉嫌犯罪的，应当及时向公安机关通报。公安机关经调查立案后依法提请农业部门作出检验、鉴定、认定等协助的，农业部门应当予以协助。

4. 各级农业部门在查处农业违法案件过程中，发现违法行为涉嫌犯罪的，应当及时向公安机关移送。移送时应当移交案件的全部材料，同时将案件移送书及有关材料目录抄送人民检察院。农业部门在移送案件时已经作出行政处罚决定的，应当将行政处罚决定书一并抄送公安机关、人民检察院；未作出行政处罚决定的，原则上应当在公安机关决定不予立案或者撤销案件、人民检察院作出不起诉决定、人民法院作出无罪判决或者免予刑事处罚后，再决定是否给予行政处罚。

5. 各级农业部门在查处违法行为过程中，发现国家工作人员涉嫌贪污贿赂、渎职侵权等违纪违法线索的，应当根据案件的性质，及时向监察机关或者人民检察院移送。

6. 农业部门对公安机关不受理本部门移送的案件，或者未在法定期限内作出立案或者不予立案决定的，可以建议人民检察院进行立案监督。对公安机关作出的不予立案决定有异议的，可以向作出决定的公安机关提请复议，也可以建议人民检察院进行立案监督；对公安机关不予立案的复议决定仍有异议的，可以建议人民检察院进行立案监督。对公安机关立案后作出撤销案件的决定有异议的，可以建议人民检察院进行立案监督。

（三）完善衔接工作机制

7. 各地农业部门要针对农业行政执法与刑事司法衔接工作的薄弱环节，建立健全衔接工作机制，明确细化移送涉嫌犯罪案件的标准和程序，促进农业部门与公安机关等有关单位的协调配合，形成工作合力。

8. 完善联席会议制度。要充分发挥农业部门农资打假牵头单位作用，定期组织召开联席会议，由有关单位相互通报查处违法犯罪行为以及行政执法与刑事司法衔接工作的有关情况，研究衔接工作中存在的问题，提出加强衔接工作的对策。

9．健全案件咨询和会商制度。对案情重大、复杂、疑难，性质难以认定的案件，农业部门可以就刑事案件立案追诉标准、证据的固定和保全等问题咨询和会商公安机关、人民检察院，避免因证据不足或定性不准而导致应移送的案件无法移送。

10．健全信息通报制度。要通过工作简报、情况通报会议、电子政务网络等多种形式实现信息共享，推动农业行政执法与刑事司法衔接工作深入开展。

（四）加强对衔接工作的组织领导和监督

11．各级农业部门要把加强农业行政执法与刑事司法衔接工作列入重要议事日程，精心组织，严格责任追究，确保农业行政执法与刑事司法衔接工作落到实处。努力争取各级政府和财政部门的支持，积极探索案件查办专项奖励机制，为协作办案提供经费保障。

12．各级农业部门要将行政执法与刑事司法衔接工作的有关规定和具体要求纳入培训内容，强化农业执法人员依法移送、依法办案的意识。

13．地方各级农业部门要定期向地方人民政府、人民检察院和监察机关报告农业行政执法与刑事司法衔接工作，主动接受监督。要加强对农业行政执法与刑事司法衔接工作的检查和考核，把是否依法移送的情况纳入各级农业部门的综合考核评价体系。各省级农业部门每年底前要将本省农业行政执法与刑事司法衔接工作情况报送我部。

二〇一一年三月十一日

十五、《中华人民共和国刑法》及修正案摘选

第八十七条　犯罪经过下列期限不再追诉：

（一）法定最高刑为不满五年有期徒刑的，经过五年；

（二）法定最高刑为五年以上不满十年有期徒刑的，经过十年；

（三）法定最高刑为十年以上有期徒刑的，经过十五年；

（四）法定最高刑为无期徒刑、死刑的，经过二十年。如果二十年以后认为必须追诉的，须报请最高人民检察院核准。

第八十八条　在人民检察院、公安机关、国家安全机关立案侦查或者在人民法院受理案件以后，逃避侦查或者审判的，不受追诉期限的限制。

第一百一十四条　放火、决水、爆炸以及投放毒害性、放射性、传染病病原体等物质或者以其他危险方法危害公共安全，尚未造成严重后果的，处三年以上十年以下有期徒刑。

第一百一十五条　放火、决水、爆炸以及投放毒害性、放射性、传染病病原体等物质或者以其他危险方法致人重伤、死亡或者使公私财产遭受重大损失的，处十年以上有期徒刑、无期徒刑或者死刑。

过失犯前款罪的，处三年以上七年以下有期徒刑；情节较轻的，处三年以下有期徒刑或者拘役。

第一百二十五条 非法制造、买卖、运输、邮寄、储存枪支、弹药、爆炸物的，处三年以上十年以下有期徒刑；情节严重的，处十年以上有期徒刑、无期徒刑或者死刑。

非法制造、买卖、运输、储存毒害性、放射性、传染病病原体等物质，危害公共安全的，依照前款的规定处罚。

单位犯前两款罪的，对单位判处罚金，并对其直接负责的主管人员和其他直接责任人员，依照第一款的规定处罚。

第一百四十条 生产者、销售者在产品中掺杂、掺假，以假充真，以次充好或者以不合格产品冒充合格产品，销售金额五万元以上不满二十万元的，处二年以下有期徒刑或者拘役，并处或者单处销售金额百分之五十以上二倍以下罚金；销售金额二十万元以上不满五十万元的，处二年以上七年以下有期徒刑，并处销售金额百分之五十以上二倍以下罚金；销售金额五十万元以上不满二百万元的，处七年以上有期徒刑，并处销售金额百分之五十以上二倍以下罚金；销售金额二百万元以上的，处十五年有期徒刑或者无期徒刑，并处销售金额百分之五十以上二倍以下罚金或者没收财产。

第一百四十三条 生产、销售不符合食品安全标准的食品，足以造成严重食物中毒事故或者其他严重食源性疾病的，处三年以下有期徒刑或者拘役，并处罚金；对人体健康造成严重危害或者有其他严重情节的，处三年以上七年以下有期徒刑，并处罚金；后果特别严重的，处七年以上有期徒刑或者无期徒刑，并处罚金或者没收财产。

第一百四十四条 在生产、销售的食品中掺入有毒、有害的非食品原料的，或者销售明知掺有有毒、有害的非食品原料的食品的，处五年以下有期徒刑，并处罚金；对人体健康造成严重危害或者有其他严重情节的，处五年以上十年以下有期徒刑，并处罚金；致人死亡或者有其他特别严重情节的，依照本法第一百四十一条的规定处罚。

第一百四十七条 生产假农药、假兽药、假化肥，销售明知是假的或者失去使用效能的农药、兽药、化肥、种子，或者生产者、销售者以不合格的农药、兽药、化肥、种子冒充合格的农药、兽药、化肥、种子，使生产遭受较大损失的，处三年以下有期徒刑或者拘役，并处或者单处销售金额百分之五十以上二倍以下罚金；使生产遭受重大损失的，处三年以上七年以下有期徒刑，并处销售金额百分之五十以上二倍以下罚金；使生产遭受特别重大损失的，处七年以上有期徒刑或者无期徒刑，并处销售金额百分之五十以上二倍以下罚金或者没收财产。

第一百四十九条 生产、销售本节第一百四十一条至第一百四十八条所列产品，不构成各该条规定的犯罪，但是销售金额在五万元以上的，依照本节第一百四十条的规定定罪处罚。

生产、销售本节第一百四十一条至第一百四十八条所列产品，构成各该条规定的犯罪，同时又构成本节第一百四十条规定之罪的，依照处罚较重的规定定罪处罚。

第一百五十条 单位犯本节第一百四十条至第一百四十八条规定之罪的，对单位判处罚金，并对其直接负责的主管人员和其他直接责任人员，依照各该条的规定处罚。

第一百五十一条第二、三、四款 走私国家禁止出口的文物、黄金、白银和其他贵重金属或者国家禁止进出口的珍贵动物及其制品的，处五年以上十年以下有期徒刑，并处罚金；情节特别严重的，处十年以上有期徒刑或者无期徒刑，并处没收财产；情节较轻的，处五年以下有期徒刑，并处罚金。

走私珍稀植物及其制品等国家禁止进出口的其他货物、物品的，处五年以下有期徒刑或者拘役，并处或者单处罚金；情节严重的，处五年以上有期徒刑，并处罚金。

单位犯本条规定之罪的，对单位判处罚金，并对其直接负责的主管人员和其他直接责任人员，依照本条各款的规定处罚。

第一百五十三条 走私本法第一百五十一条、第一百五十二条、第三百四十七条规定以外的货物、物品的，根据情节轻重，分别依照下列规定处罚：

（一）走私货物、物品偷逃应缴税额较大或者一年内曾因走私被给予二次行政处罚后又走私的，处三年以下有期徒刑或者拘役，并处偷逃应缴税额一倍以上五倍以下罚金。

（二）走私货物、物品偷逃应缴税额巨大或者有其他严重情节的，处三年以上十年以下有期徒刑，并处偷逃应缴税额一倍以上五倍以下罚金。

（三）走私货物、物品偷逃应缴税额特别巨大或者有其他特别严重情节的，处十年以上有期徒刑或者无期徒刑，并处偷逃应缴税额一倍以上五倍以下罚金或者没收财产。

单位犯前款罪的，对单位判处罚金，并对其直接负责的主管人员和其他直接责任人员，处三年以下有期徒刑或者拘役；情节严重的，处三年以上十年以下有期徒刑；情节特别严重的，处十年以上有期徒刑。

对多次走私未经处理的，按照累计走私货物、物品的偷逃应缴税额处罚。

第一百五十六条 与走私罪犯通谋，为其提供贷款、资金、账号、发票、证明，或者为其提供运输、保管、邮寄或者其他方便的，以走私罪的共犯论处。

第二百二十五条 违反国家规定，有下列非法经营行为之一，扰乱市场秩序，情节严重的，处五年以下有期徒刑或者拘役，并处或者单处违法所得一倍以上五倍以下罚金；情节特别严重的，处五年以上有期徒刑，并处违法所得一倍以上五倍以下罚金或者没收财产：（一）未经许可经营法律、行政法规规定的专营、专卖物品或者其他限制买卖的物品的；……；（四）其他严重扰乱市场秩序的非法经营行为。

第二百七十七条 以暴力、威胁方法阻碍国家机关工作人员依法执行职务的，处三年以下有期徒刑、拘役、管制或者罚金。

第二百七十八条 煽动群众暴力抗拒国家法律、行政法规实施的，处三年以下有期徒刑、拘役、管制或者剥夺政治权利；造成严重后果的，处三年以上七年以下有期徒刑。

第二百八十条 伪造、变造、买卖或者盗窃、抢夺、毁灭国家机关的公文、证件、印章的，处三年以下有期徒刑、拘役、管制或者剥夺政治权利，并处罚金；情节严重的，处三年以上十年以下有期徒刑，并处罚金。

第三百三十一条 从事实验、保藏、携带、运输传染病菌种、毒种的人员，违反国务院卫生行政部门的有关规定，造成传染病菌种、毒种扩散，后果严重的，处三年以下有期徒刑或者拘役；后果特别严重的，处三年以上七年以下有期徒刑。

第三百三十七条 违反有关动植物防疫、检疫的国家规定，引起重大动植物疫情的，或者有引起重大动植物疫情危险，情节严重的，处三年以下有期徒刑或者拘役，并处或者单处罚金。

第三百三十八条 违反国家规定，排放、倾倒或者处置有放射性的废物、含传染病病原体的废物、有毒物质或者其他有害物质，严重污染环境的，处三年以下有期徒刑或者拘役，并处或者单处罚金；后果特别严重的，处三年以上七年以下有期徒刑，并处罚金。

第三百九十七条 国家机关工作人员滥用职权或者玩忽职守，致使公共财产、国家和人民利益遭受重大损失的，处三年以下有期徒刑或者拘役；情节特别严重的，处三年以上七年以下有期徒刑。本法另有规定的，依照规定。

国家机关工作人员徇私舞弊，犯前款罪的，处五年以下有期徒刑或者拘役；情节特别严重的，处五年以上十年以下有期徒刑。本法另有规定的，依照规定。

第四百零二条 行政执法人员徇私舞弊，对依法应当移交司法机关追究刑事责任的不移交，情节严重的，处三年以下有期徒刑或者拘役；造成严重后果的，处三年以上七年以下有期徒刑。

第四百零八条 负有食品安全监督管理职责的国家机关工作人员，滥用职权或者玩忽职守，导致发生重大食品安全事故或者造成其他严重后果的，处五年以下有期徒刑或者拘役；造成特别严重后果的，处五年以上十年以下有期徒刑。

徇私舞弊犯食品监管渎职前款罪的，从重处罚。

第四百一十三条 动植物检疫机关的检疫人员徇私舞弊，伪造检疫结果的，处五年以下有期徒刑或者拘役；造成严重后果的，处五年以上十年以下有期徒刑。

前款所列人员严重不负责任，对应当检疫的检疫物不检疫，或者延误检疫出证、错误出证，致使国家利益遭受重大损失的，处三年以下有期徒刑或者拘役。

第四百一十四条 对生产、销售伪劣商品犯罪行为负有追究责任的国家机关工作人员，徇私舞弊，不履行法律规定的追究职责，情节严重的，处五年以下有期徒刑或者拘役。

第四百一十七条 有查禁犯罪活动职责的国家机关工作人员，向犯罪分子通风报信、提供便利，帮助犯罪分子逃避处罚的，处三年以下有期徒刑或者拘役；情节严重的，处三年以上十年以下有期徒刑。

十六、相关法律法规规定摘录

1. 《中华人民共和国动物防疫法》第八十四条　违反本法规定，构成犯罪的，依法追究刑事责任。

2. 《中华人民共和国畜牧法》第七十一条　违反本法规定，构成犯罪的，依法追究刑事责任。

3. 《中华人民共和国农产品质量安全法》第五十三条　违反本法规定，构成犯罪的，依法追究刑事责任。

4. 《中华人民共和国食品安全法》第一百四十九条　违反本法规定，构成犯罪的，依法追究刑事责任。

5. 《中华人民共和国进出境动植物检疫法》第四十二条　违反本法规定，引起重大动植物疫情的，比照刑法规定追究刑事责任。

6. 《中华人民共和国环境保护法》第六十三条　企业事业单位和其他生产经营者有下列行为之一，尚不构成犯罪的，除依照有关法律法规规定予以处罚外，由县级以上人民政府环境保护主管部门或者其他有关部门将案件移送公安机关，对其直接负责的主管人员和其他直接责任人员，处十日以上十五日以下拘留；情节较轻的，处五日以上十日以下拘留：

（1）建设项目未依法进行环境影响评价，被责令停止建设，拒不执行的；

（2）违反法律规定，未取得排污许可证排放污染物，被责令停止排污，拒不执行的；

（3）通过暗管、渗井、渗坑、灌注或者篡改、伪造监测数据，或者不正常运行防治污染设施等逃避监管的方式违法排放污染物的；

（4）生产、使用国家明令禁止生产、使用的农药，被责令改正，拒不改正的。

第六十九条　违反本法规定，构成犯罪的，依法追究刑事责任。

7. 《重大动物疫情应急条例》第四十六条　违反本条例规定，拒绝、阻碍动物防疫监督机构进行重大动物疫情监测，或者发现动物出现群体发病或者死亡，不向当地动物防疫监督机构报告的，由动物防疫监督机构给予警告，并处 2 000 元以上 5 000 元以下的罚款；构成犯罪的，依法追究刑事责任。

第四十七条　违反本条例规定，擅自采集重大动物疫病病料，或者在重大动物疫病病原分离时不遵守国家有关生物安全管理规定的，由动物防疫监督机构给予警告，并处 5 000 元以下的罚款；构成犯罪的，依法追究刑事责任。

第四十八条　在重大动物疫情发生期间，哄抬物价、欺骗消费者，散布谣言、扰乱社会秩序和市场秩序的，由价格主管部门、工商行政管理部门或者公安机关依法给予行政处罚；

构成犯罪的，依法追究刑事责任。

8.《生猪屠宰管理条例》第二十九条　从事生猪产品销售、肉食品生产加工的单位和个人以及餐饮服务经营者、集体伙食单位，销售、使用非生猪定点屠宰厂（场）屠宰的生猪产品、未经肉品品质检验或者经肉品品质检验不合格的生猪产品以及注水或者注入其他物质的生猪产品的，由食品药品监督管理部门没收尚未销售、使用的相关生猪产品以及违法所得，并处货值金额 3 倍以上 5 倍以下的罚款；货值金额难以确定的，对单位处 5 万元以上 10 万元以下的罚款，对个人处 1 万元以上 2 万元以下的罚款；情节严重的，由发证（照）机关吊销有关证照；构成犯罪的，依法追究刑事责任。

9.《病原微生物实验室生物安全管理条例》第六十四条　认可机构对不符合实验室生物安全国家标准以及本条例规定条件的实验室予以认可，或者对符合实验室生物安全国家标准以及本条例规定条件的实验室不予认可的，由国务院认证认可监督管理部门责令限期改正，给予警告；造成传染病传播、流行或者其他严重后果的，由国务院认证认可监督管理部门撤销其认可资格，有上级主管部门的，由其上级主管部门对主要负责人、直接负责的主管人员和其他直接责任人员依法给予撤职、开除的处分；构成犯罪的，依法追究刑事责任。

第六十五条　实验室工作人员出现该实验室从事的病原微生物相关实验活动有关的感染临床症状或者体征，以及实验室发生高致病性病原微生物泄漏时，实验室负责人、实验室工作人员、负责实验室感染控制的专门机构或者人员未依照规定报告，或者未依照规定采取控制措施的，由县级以上地方人民政府卫生主管部门、兽医主管部门依照各自职责，责令限期改正，给予警告；造成传染病传播、流行或者其他严重后果的，由其设立单位对实验室主要负责人、直接负责的主管人员和其他直接责任人员，依法给予撤职、开除的处分；有许可证件的，并由原发证部门吊销有关许可证件；构成犯罪的，依法追究刑事责任。

第六十六条　拒绝接受卫生主管部门、兽医主管部门依法开展有关高致病性病原微生物扩散的调查取证、采集样品等活动或者依照本条例规定采取有关预防、控制措施的，由县级以上人民政府卫生主管部门、兽医主管部门依照各自职责，责令改正，给予警告；造成传染病传播、流行以及其他严重后果的，由实验室的设立单位对实验室主要负责人、直接负责的主管人员和其他直接责任人员，依法给予降级、撤职、开除的处分；有许可证件的，并由原发证部门吊销有关许可证件；构成犯罪的，依法追究刑事责任。

第六十七条　发生病原微生物被盗、被抢、丢失、泄漏，承运单位、护送人、保藏机构和实验室的设立单位未依照本条例的规定报告的，由所在地的县级人民政府卫生主管部门或者兽医主管部门给予警告；造成传染病传播、流行或者其他严重后果的，由实验室的设立单位或者承运单位、保藏机构的上级主管部门对主要负责人、直接负责的主管人员和其他直接责任人员，依法给予撤职、开除的处分；构成犯罪的，依法追究刑事责任。

第六十八条　保藏机构未依照规定储存实验室送交的菌（毒）种和样本，或者未依照规定提供菌（毒）种和样本的，由其指定部门责令限期改正，收回违法提供的菌（毒）种和样本，并给予警告；造成传染病传播、流行或者其他严重后果的，由其所在单位或者其上级主管部门对主要负责人、直接负责的主管人员和其他直接责任人员，依法给予撤职、开除的处分；构成犯罪的，依法追究刑事责任。

10.《兽药管理条例》第五十六条　违反本条例规定，无兽药生产许可证、兽药经营许可证生产、经营兽药的，或者虽有兽药生产许可证、兽药经营许可证，生产、经营假、劣兽药的，或者兽药经营企业经营人用药品的，责令其停止生产、经营，没收用于违法生产的原料、辅料、包装材料及生产、经营的兽药和违法所得，并处违法生产、经营的兽药（包括已出售的和未出售的兽药，下同）货值金额2倍以上5倍以下罚款，货值金额无法查证核实的，处10万元以上20万元以下罚款；无兽药生产许可证生产兽药，情节严重的，没收其生产设备；生产、经营假、劣兽药，情节严重的，吊销兽药生产许可证、兽药经营许可证；构成犯罪的，依法追究刑事责任。

第五十八条　买卖、出租、出借兽药生产许可证、兽药经营许可证和兽药批准证明文件的，没收违法所得，并处1万元以上10万元以下罚款；情节严重的，吊销兽药生产许可证、兽药经营许可证或者撤销兽药批准证明文件；构成犯罪的，依法追究刑事责任。

第五十九条　违反本条例规定，研制新兽药不具备规定的条件擅自使用一类病原微生物或者在实验室阶段前未经批准的，责令其停止实验，并处5万元以上10万元以下罚款；构成犯罪的，依法追究刑事责任。

第六十三条　违反本条例规定，销售尚在用药期、休药期内的动物及其产品用于食品消费的，或者销售含有违禁药物和兽药残留超标的动物产品用于食品消费的，责令其对含有违禁药物和兽药残留超标的动物产品进行无害化处理，没收违法所得，并处3万元以上10万元以下罚款；构成犯罪的，依法追究刑事责任。

11.《国务院关于加强食品等产品安全监督管理的特别规定》第三条　生产经营者应当对其生产、销售的产品安全负责，不得生产、销售不符合法定要求的产品。

依照法律、行政法规规定生产、销售产品需要取得许可证照或者需要经过认证的，应当按照法定条件、要求从事生产经营活动。不按照法定条件、要求从事生产经营活动或者生产、销售不符合法定要求产品的，由农业、卫生、质检、商务、工商、药品等监督管理部门依据各自职责，没收违法所得、产品和用于违法生产的工具、设备、原材料等物品，货值金额不足5 000元的，并处5万元罚款；货值金额5 000元以上不足1万元的，并处10万元罚款；货值金额1万元以上的，并处货值金额10倍以上20倍以下的罚款；造成严重后果的，由原发证部门吊销许可证照；构成非法经营罪或者生产、销售伪劣商品罪等犯罪的，依法追究刑事责任。

生产经营者不再符合法定条件、要求，继续从事生产经营活动的，由原发证部门吊销许可证照，并在当地主要媒体上公告被吊销许可证照的生产经营者名单；构成非法经营罪或者生产、销售伪劣商品罪等犯罪的，依法追究刑事责任。

依法应当取得许可证照而未取得许可证照从事生产经营活动的，由农业、卫生、质检、商务、工商、药品等监督管理部门依据各自职责，没收违法所得、产品和用于违法生产的工具、设备、原材料等物品，货值金额不足 1 万元的，并处 10 万元罚款；货值金额 1 万元以上的，并处货值金额 10 倍以上 20 倍以下的罚款；构成非法经营罪的，依法追究刑事责任。

第四条 生产者生产产品所使用的原料、辅料、添加剂、农业投入品，应当符合法律、行政法规的规定和国家强制性标准。

违反前款规定，违法使用原料、辅料、添加剂、农业投入品的，由农业、卫生、质检、商务、药品等监督管理部门依据各自职责没收违法所得，货值金额不足 5 000 元的，并处 2 万元罚款；货值金额 5 000 元以上不足 1 万元的，并处 5 万元罚款；货值金额 1 万元以上的，并处货值金额 5 倍以上 10 倍以下的罚款；造成严重后果的，由原发证部门吊销许可证照；构成生产、销售伪劣商品罪的，依法追究刑事责任。

第七条 出口产品的生产经营者逃避产品检验或者弄虚作假的，由出入境检验检疫机构和药品监督管理部门依据各自职责，没收违法所得和产品，并处货值金额 3 倍的罚款；构成犯罪的，依法追究刑事责任。

第十二条 县级以上人民政府及其部门对产品安全实施监督管理，应当按照法定权限和程序履行职责，做到公开、公平、公正。对生产经营者同一违法行为，不得给予 2 次以上罚款的行政处罚；对涉嫌构成犯罪、依法需要追究刑事责任的，应当依照《行政执法机关移送涉嫌犯罪案件的规定》，向公安机关移送。

12.《饲料和饲料添加剂管理条例》**第四十七条** 养殖者有下列行为之一的，由县级人民政府饲料管理部门没收违法使用的产品和非法添加物质，对单位处 1 万元以上 5 万元以下罚款，对个人处 5 000 元以下罚款；构成犯罪的，依法追究刑事责任。

在饲料或者动物饮用水中添加国务院农业行政主管部门公布禁用的物质以及对人体具有直接或者潜在危害的其他物质，或者直接使用上述物质养殖动物的，由县级以上地方人民政府饲料管理部门责令其对饲喂了违禁物质的动物进行无害化处理，处 3 万元以上 10 万元以下罚款；构成犯罪的，依法追究刑事责任。

13.《乳品质量安全监督管理条例》**第五十九条** 奶畜养殖者、生鲜乳收购者、乳制品生产企业和销售者在发生乳品质量安全事故后未报告、处置的，由畜牧兽医、质量监督、工商行政管理、食品药品监督等部门依据各自职责，责令改正，给予警告；毁灭有关证据的，责令停产停业，并处 10 万元以上 20 万元以下罚款；造成严重后果的，由发证机关吊销许可证照；构成犯罪的，依法追究刑事责任。

14.《中华人民共和国行政处罚法》**第七条** 违法行为构成犯罪的，应当依法追究刑事责任，不得以行政处罚代替刑事处罚；

第二十二条 违法行为构成犯罪的，行政机关必须将案件移送司法机关，依法追究刑事责任；

第三十八条 调查终结，行政机关负责人应当对调查结果进行审查，违法行为已构成犯罪的，移送司法机关。

第六十一条 行政机关为牟取本单位私利，对应当依法移交司法机关追究刑事责任的不移交，以行政处罚代替刑罚，由上级行政机关或者有关部门责令纠正；拒不纠正的，对直接负责的主管人员给予行政处分；徇私舞弊、包庇纵容违法行为的，比照刑法第一百八十八条的规定追究刑事责任。

15. 《中华人民共和国治安处罚法》**第二十三条** 有下列行为之一的，处警告或者二百元以下罚款；情节较重的，处五日以上十日以下拘留，可以并处五百元以下罚款：

（1）扰乱机关、团体、企业、事业单位秩序，致使工作、生产、营业、医疗、教学、科研不能正常进行，尚未造成严重损失的；

聚众实施前款行为的，对首要分子处十日以上十五日以下拘留，可以并处一千元以下罚款。

第三十条 违反国家规定，制造、买卖、储存、运输、邮寄、携带、使用、提供、处置爆炸性、毒害性、放射性、腐蚀性物质或者传染病病原体等危险物质的，处十日以上十五日以下拘留；情节较轻的，处五日以上十日以下拘留。

第三十一条 爆炸性、毒害性、放射性、腐蚀性物质或者传染病病原体等危险物质被盗、被抢或者丢失，未按规定报告的，处五日以下拘留；故意隐瞒不报的，处五日以上十日以下拘留。

第五十条 有下列行为之一的，处警告或者二百元以下罚款；情节严醀的，处五日以上十日以下拘留，可以并处五百元以下罚款：

（1）拒不执行人民政府在紧急状态情况下依法发布的决定、命令的；

（2）阻碍国家机关工作人员依法执行职务的；

（3）阻碍执行紧急任务的消防车、救护车、工程抢险车、警车等车辆通行的；

第五十二条 有下列行为之一的，处十日以上十五日以下拘留，可以并处一千元以下罚款；情节较轻的，处五日以上十日以下拘留，可以并处五百元以下罚款：

（1）伪造、变造或者买卖国家机关、人民团体、企业、事业单位或者其他组织的公文、证件、证明文件、印章的；

（2）买卖或者使用伪造、变造的国家机关、人民团体、企业、事业单位或者其他组织的公文、证件、证明文件的……。

后 记

本书需要说明的几个问题：

1. 本书的案例摘自新闻报道和公开的刑事判决记录，严禁任何单位和个人利用相关信息牟取非法利益。非法使用相关信息给他人造成损害的，由非法使用人承担法律责任。其中，笔者对对部分刑事案例所在区县用字母进行了代替。

2. 本书主要涉及农业执法领域中畜牧兽医版块的行政执法案例，同时也收集了动物产品流通领域以市场监管、海关等多个部门为行政执法主体的案例。

3. 对部分案例行政执法与刑事司法衔接方面的分析，为笔者的个人观点，一方面想借此推广各地好的做法和经验，一方面也想借此推进司法衔接的顶层设计完善。

4. 对于书中仍有较大争议的法院判决，我们应当从规范自身行政执法行为的角度来思考和认识。

通过本书的编写和培训参考，拟推动以下几方面工作：

1. 提高对司法衔接工作重要性的认识。加强行政执法与刑事司法衔接工作是严厉打击各行政执法领域违法行为的迫切要求和重要手段，事关依法行政，事关市场秩序维护、动物疫病防控和农产品、食品质量安全，事关农民和消费者合法权益保障。严厉打击涉嫌犯罪行为，使违法行为人不仅受到行政责任和民事责任追究，而且还要依法承担刑事责任，有利于最大限度地打击违法行为，遏制违法犯罪活动。

2. 加强对行业领域内违法行为的罪与非罪的研究。我们通常所说的犯罪和一般性违法是性质截然不同的两种行为，犯罪是具有严重社会危害性的违法行为即刑事违法行为，而违法仅具有一般的社会危害性。由于性质不同，社会公众对犯罪与违法的评价和感知也是截然不同的。对于犯罪，人们持强烈的否定和遣责态度，认为该行为罪过严重，社会不能容忍，犯罪人也自感罪过深重。社会和公众特别在意一种行为是违法还是犯罪，对于社会而言，是违法还是犯罪是评价行为造成危害严重与否的标尺。因此，对行业领域内违法行为的罪与非罪的研究，具有十分重要的意义，其过程也将是一个漫长的过程。

3. 提高对行政执法领域犯罪理论和实践研究工作重要性的认识。面对市场经济法治化的基本要求，《刑法》上出现了大量犯罪形态为行政执法领域犯罪的罪名，客观上形成行政执法与刑事执法所针对的对象和范围存在交叉现象。为此,我们要充分关注和加强行政与刑事交叉的法律范畴理论和案例分析研究,健全完善行政执法与刑事司法衔接机制,对各地成功的追刑成功案例进行深入研究,从进一步加强司法衔接顶层制度设计上进行深入思考,并借此推进司法衔接的顶层设计制度完善。

4. 提升对违法犯罪行为的打击力度和水平。近年来,通过农业农村部门和司法部门的配合,一些如违反动物防疫检疫规定引发疫情和畜禽屠宰环节注水注药等违法分子受到刑事制裁,但同时,还有大量的违反规定引发疫情和注水注药违法行为并没有受到刑事打击,这也是该类违法行为屡禁不止的重要原因之一。因此,本书重点针对各地在打击违反动物防疫检疫规定引发疫情、注水注药和非法屠宰等违法犯罪行为中存在的行政执法与刑事司法衔接不畅的问题,通过对成功追刑责案件的关键点进行分析、比对、总结,找出了衔接不畅的问题所在,有针对性地提出了解决措施,对进一步完善行政执法与刑事司法衔接机制提供了有力借鉴和指导。

5. 提高行政执法人员熟悉掌握《刑法》相关法条和具体犯罪涉刑行为的水平。准确理解相关司法解释和立案追诉标准,应与《中华人民共和国动物防疫法》《中华人民共和国食品安全法》《生猪屠宰管理条例》《兽药管理条例》等规定衔接起来掌握。同时,通过对典型案例的分析,结合行政执法实践,掌握哪些具体行为或违法情节达到何种程度时才涉嫌犯罪,以便于行政执法部门及时向司法部门移送案件,快速有效地打击违法犯罪活动。

6. 提高严格自律、依法行政的能力。切实把依法行政作为行政执法的刚性约束,强化法律法规和职业道德教育培训,有效提升守法意识、业务能力。对有令不行、有禁不止的行为,要发现一起、查处一起,绝不姑息、绝不手软。

7. 提高调查取证、证据审查的能力。部分案件中对证据收集、调查经过、诉求采信、司法裁决等进行了较为详细的描述,主要是为了让行政执法人员学习司法部门查处违法行为时缜密的逻辑推理、严密的证据收集和精准的裁决;学习司法部门如何固定书证、物证、视听资料,如何勘验和鉴定等关键证据,如何对众多的证据进行采纳与采信,以证据链为手段,根据证据之间相互吻合、佐证的情况,来认定违法事实,并制作说理式的文书。

8. 提高普法宣传的能力和水平。按照"谁执法、谁普法"的要求,各地可以通过以案说法的方法,向不同的管理相对人宣传禁止性法规规范和违法的危害性、后果的严重性、守法的重要性,共同筑牢预防违法犯罪的"防火墙"。

本书牵头的主编邓勇同志是重庆市动物卫生监督所副所长,农业农村部动物卫生监督法规标准起草小组、《中华人民共和国动物防疫法》修订小组、《生猪屠宰管理条例》释义起草小组成员,农业农村部风险评估专家委员会委员、全国畜禽屠宰技术标准委员会委员、《中国动物检疫》编辑委员会委员,长期参加国家层面动物防疫、屠宰管理方面政策法规的制、修定,长期担任全国官方兽医师资培训班授课教师,在全国官方兽医师资培训、全国动监所长高研班、全国屠宰监管高研班、全国动监执法骨干培训班、全国畜牧大县局长培训班，以及各省市举办的培训班上授课近 200 余次。2009 年主编出版了全国第一本研究执法文书案卷并列为"全国动物卫生监督执法培训教材"的《动物卫生监督执法案卷汇编》。2016 年主编出版了全国第一本研究畜牧兽医领域行政执法与刑事衔接的《动物养殖、屠宰和动物产品流通环节涉刑案例汇编》，并与公安部和最高人民检察院的专家在全国行业高研班上同台讲授司法衔接案例和实务。

在这里，感谢相关领导和专家、同仁对该书编写、修订的指导、关心和支持。由于本书资料汇总编写时间较紧，加之水平有限，不完善之处，敬请批评指正。

编 者

2019 年 6 月

图书在版编目（CIP）数据

非洲猪瘟等动物疫病防控及畜产品质量安全涉刑案例
与实务 / 中国动物卫生与流行病学中心组编 . —北京：
中国农业出版社，2019.6
　　ISBN 978-7-109-25128-1

　　Ⅰ．①非…　Ⅱ．①中…　Ⅲ．①动物防疫法－刑事犯罪
－案例－中国 ②畜产品－食品安全－刑事犯罪－案例－中
国　Ⅳ．①D924.365

　　中国版本图书馆 CIP 数据核字（2019）第 017376 号

非洲猪瘟等动物疫病防控及畜产品质量安全涉刑案例与实务
FEIZHOU ZHUWEN DENG DONGWU YIBING FANGKONG JI XUCHANPIN ZHILIANG
ANQUAN SHEXING ANLI YU SHIWU

中国农业出版社
地址：北京市朝阳区麦子店街 18 号楼
邮编：100125
责任编辑：肖　邦
责任校对：刘丽香
印刷：北京印刷一厂
版次：2019 年 6 月第 1 版
印次：2019 年 6 月北京第 1 次印刷
发行：新华书店北京发行所
开本：787mm×1092mm　1/16
印张：19.75
字数：410 千字
定价：75.00 元